100개의 사례로 알아보는
식품 표시광고

100개의 사례로 알아보는
식품 표시광고

초판 1쇄 발행 2023년 9월 23일

지은이 전대훈
펴낸이 이기봉
편집 좋은땅 편집팀
펴낸곳 도서출판 좋은땅
주소 서울특별시 마포구 양화로12길 26 지월드빌딩 (서교동 395-7)
전화 02)374-8616~7
팩스 02)374-8614
이메일 gworldbook@naver.com
홈페이지 www.g-world.co.kr

ISBN 979-11-388-1991-6 (13590)

Food Labelling & Advertising
100개의
사례로
알아보는
식품
표시광고
전대훈 지음
좋은땅

일러두기

이 책은 식품 표시광고 업무와 관련이 있는 식품업체 실무자는 물론 식품업체로부터 의뢰를 받아 라벨을 디자인하는 라벨 제작자, 광고 카페라이터 등이 빠른 시간 안에 식품 표시광고를 이해하고 업무에 적용하는 데 도움을 주기 위해 쓰였다. 다른 표시광고와 마찬가지로 식품 표시광고는 법률, 고시, 유권해석 등이 많아 복잡하고 내용이 까다롭기 때문에 반드시 이에 대한 이해가 필요하다.

이 책은 다른 책들과는 달리 식품 표시광고 업무 관련 실무자들이 궁금해하는 사례 내용과 그에 대한 답변을 중심으로 구성되었고, 그렇게 답이 나온 이유를 관련 규정에 근거하여 상세하게 기술되었다. 또한 우리나라 식품 표시광고의 기본 법률인 「식품 등의 표시·광고에 관한 법률」을 기반으로 같은 법 시행령, 시행규칙, 고시, 지침, 유권해석(질의답변) 등의 자료를 이해하기 쉽고 체계적으로 새롭게 구성하였기 때문에 식품 표시광고를 공부하는 학생들에게도 도움이 되리라 생각한다.

이 책에는 일반식품, 기능성을 포함한 일반식품, 식품첨가물, 식품 기구용 살균소독제, 식품용 기구, 건강기능식품, 유전변형식품(GMO), 어린이기호식품은 물론 원산지, 위생용품 표시까지 식품 관련 표시광고에 대한 내용이 포함되어 있다. 여기서 GMO의 표시광고는 「식품위생법」을, 어린이기호식품은 「어린이 식생활안전관리 특별법」을, 그리고 원산지 표시는 「농수산물의 원산지 표시 등에 관한 법률」을, 위생용품은 「위생용품의 관리법」에 근거하여 기술하였다. 식품 표시광고는 영업의 종류에 따라 표시의무가 부여되기도 하고, 어떤 경우는 일부만 부여되기도 하며, 면제가 되는 경우도 있다. 따라서 영업의 종류를 아는 것이 중요하며, 이를 주로 「식품위생법」, 「축산물 위생관리법」 등에 근거하여 기술하였다. 식품 표시 관련 법률을 비롯한 고시, 지침, 유권해석(질의답변) 등은 규제가 완화되거나 또는 강화되는 과정에서 내용이 바뀔 수 있으므로 관련 부처에 확인하는 등 주기적으로 보완하면서 이 책을 읽어야 한다.

「식품등의 표시기준」의 내용 중 일부는 「식품의 기준 및 규격」이나 「식품첨가물의 기준 및 규격」 등의 내용이 개정되는 경우 그에 맞추어 바로 바뀌어야만 하는 경우가 많다. 하지만, 행정절차에 시간이 많이 소요되어 「식품등의 표시기준」을 바로 개정하기 어려우므로 "이 고시와 관련된 내용으로 「식품의 기준 및 규격」, 「식품첨가물의 기준 및 규격」 및 「기구 및 용기·포장의 기준 및 규격」의 변경이 있는 경우에는 변경된 사항을 우선 적용할 수 있다."라고 규정을 두고 있다. 「부당한 표시 또는 광고로 보지 아니하는 식품등의 기능성 표시 또는 광고에 관한 규정」에서도 "이 고시와 관련된 기준 및 규격 등의 내용으로 「건강기능식품의 기준 및 규격」 또는 「식품등의 표시기준」에 변경된 사항이 있는 경우에는 변경된 사항을 우선 적용한다."라고 규정을 두고 있다. 또한 「건강기능식품의 기준 및 규격」에서는 이 규정에서 정하지 않은 식품첨가물, 기구 또는 용기·포장, '방사선조사', '포장재질', '인삼의 유래 기본문안', '한국인 영양섭취기준', '명칭과 용도를 함께 표시하여야 하는 식품첨가물', '식품첨가물의 간략명 및 주용도' 등에 대하여는 「식품등의 표시기준」을 준용하도록 하고 있다.

이 책은 식의약법령정보, 식품안전나라, 식품의약품안전처 홈페이지, 국립농산물품질관리원 홈페이지 등에 게재된 식품 표시광고 관련 규정(원산지 표시 규정 포함)과 공공누리로 개방한 자주하는 질문집을 이용하였으며, 해당 저작물은 식품의약품안전처(www.mfds.go.kr)에서 무료로 다운받을 수 있다. 규정과 자주하는 질문 내용 등을 참고할 때 문장을 수정할 경우 원래의 의미와 달라질 수 있어 가급적 그 내용을 그대로 기술하려 노력하였다.

목차

일러두기 04

표 목차 12

그림 목차 14

Ⅰ. 식품 표시광고 개요 15

1. 식품 표시의 중요성 **16**
2. 식품 표시의 기능 **17**
3. 식품 등의 표시광고 규정 **18**
4. 표시와 광고의 정의 **26**

Ⅱ. 일반식품 등 표시광고 29

1. 표시 의무자 **30**
2. 식품, 식품첨가물 제품 또는 식품용 기구 제품 표시내용 **32**
   1) 식품 32
   2) 식품첨가물로 판매하는 제품 34
   3) 기구 등의 살균소독제로 판매하는 제품 37
   4) 식품용 기구 제품 38
3. 표시방법 **41**
   1) 표시위치 및 글씨 크기 42
   2) 최소판매단위 표시 47
   3) 세트포장 50

4) 표시사항 인쇄 또는 스티커 처리 51
5) 표시사항 중 일부 표시 또는 생략 54
6) 소분제품 57
7) 식품 포장지의 용기포장 재질 표시 57
4. 제품명 표시 **58**
1) 품목제조보고 명칭 사용 58
2) 소분제품 60
3) 원재료명을 제품명으로 사용 60
4) 성분명을 제품명으로 사용 68
5. 원재료명 표시 **69**
1) 원재료명 표시방법 69
2) 추출 또는 농축액 표시 75
3) 원재료명 선정 77
4) 원재료명 표시 여부 79
5) 복합원재료 표시 81
6) 식품에 사용된 식품첨가물 표시 84
7) 강조 표시 89
6. 성분명 표시 **91**
7. 나트륨 함량 비교 표시 **100**
8. 영양성분 표시 **103**
1) 영양성분 표시대상 식품 103
2) 표시대상 영양성분 105
3) 영양성분 시험 112
4) 측정값 허용오차 114
5) 영양성분의 표시단위 116
6) 표시단위에 따른 영양성분 함량 산출 118
7) 1일 영양성분 기준치 비율 121
8) 영양성분 표시서식 도안 124
9) 영양성분 강조 표시 130
9. 일자 표시 **138**
1) 제조연월일 138

2) 소비기한 140
3) 산란일자 143
4) 세트상품 일자 표시 145
5) 소분제품 일자 표시 146
6) 수입제품 일자 표시 147
7) 일자 표시방법 148
8) 일자 표시 오류 149
9) 일자 경과 제품 판매 등 150
10. 내용량 표시 **151**
11. 업소명 및 소재지 표시 **155**
1) 표시방법 155
2) 유통전문판매업소에서 의뢰한 생산제품의 업소명 표시 159
3) 소분제품 업소명 표시 162
4) 수입제품 업소명 표시 164
5) 자연상태 식품의 업소명 표시 165
6) 식용란 업소명 표시 166
12. 알레르기 유발물질 표시 **167**
1) 표시대상 알레르기 유발물질 167
2) 알레르기 유발물질 표시 예외 171
3) 혼입 가능 알레르기 유발물질 표시 174
4) 알레르기 유발물질 표시방법 176
13. 주의사항 표시 **178**
14. 보관방법 표시 **182**
15. 식품유형별 표시 **184**
1) 냉동식품 185
2) 식육가공품 및 포장육 188
3) 주류 193
4) 그 밖의 식품 195
16. 광고 **197**

Ⅲ. 일반식품 표시광고 내용의 실증 199

1. 실증자료 준비 및 표시광고 200
2. 영업자 책임 207
3. 실증 예외 209

Ⅳ. 일반식품의 부당한 표시광고 금지 211

1. 질병 예방 · 치료 표방 표시광고 213
2. 의약품 표방 표시광고 215
3. 건강기능식품 표방 표시광고 218
4. 거짓 또는 과장 표시광고 220
5. 소비자 기만 표시광고 222
6. 비방 또는 부당 비교 표시광고 235
7. 상표 · 로고 표시 237
8. 부당한 표시광고의 예외 239

Ⅴ. 기능성 표시 일반식품 표시광고 241

1. 적용 범위 242
2. 기능성 범위 247
3. 제조관리 요건 253
4. 기능성 원료 충족 요건 257
5. 표시광고 방법 261

VI. 건강기능식품 표시광고 267

1. 개요 268
2. 표시방법 270
3. 제품명 274
4. 원재료명 276
5. 내용량 279
6. 업소명 280
7. 영양정보 및 기능정보 282
8. 섭취량, 섭취방법 및 섭취 시 주의사항 287
9. 소비기한 289
10. 표시광고 심의 290
11. 부당한 표시광고의 금지 291
    1) 일반사항 291
    2) 기능성 인정 294
    3) 영업자 책임 295

VII. 유전자변형식품(GMO) 표시 297

1. 표시대상 식품 298
2. 표시 의무자 302
3. 표시방법 302

VIII. 어린이 기호식품 표시광고 307

1. 영양성분 표시 308
2. 광고의 제한 및 금지 311

3. 영양성분 함량 표시 색상 및 모양 314
4. 고카페인 함유 식품 색상 표시 315

IX. 원산지 표시 317

1. 표시대상자 318
2. 표시대상 품목 318
3. 원산지 표시방법 321
4. 대상품목별 원산지 표시방법 330
5. 통신판매할 때 표시방법 331
6. 건강기능식품 333

X. 위생용품 표시광고 335

1. 표시대상 336
2. 표시내용 337
3. 표시방법 346
4. 부당한 표시광고 금지 350

XI. 법률 및 고시 제·개정 과정 361

사례 목차 364

표 목차

표 1. 「식품 등의 표시·광고에 관한 법률」 구성 19
표 2. 「식품 등의 표시·광고에 관한 법률」 등에 따른 식품 등 및 건강기능 식품 표시 관련 고시 19
표 3. 「식품 등의 표시·광고에 관한 법률」 등에 따른 나트륨 표시 관련 고시 20
표 4. 「식품 등의 표시·광고에 관한 법률」 등에 따른 부당한 표시광고 관련 고시 20
표 5. 소·돼지 식육의 표시 관련 규정 21
표 6. 유전자변형식품 표시 관련 규정 21
표 7. 어린이 기호식품 표시광고 관련 규정 21
표 8. 원산지 표시 관련 규정 22
표 9. 주류 관련 규정 23
표 10. 포장재 분리배출 표시 관련 규정 25
표 11. 위생용품 관련 표시광고 규정 26
표 12. 식품첨가물의 용도별 분류 34
표 13. 과산화수소제제의 사용기준 37
표 14. 합성수지제 재질의 종류 39
표 15. 공용포장재 구분 표시 예시 49
표 16. 소고기 및 돼지고기의 분할상태별 부위명칭 66
표 17. 1회 섭취참고량 92
표 18. 나트륨 함량 비교 표시대상 식품의 세부분류 및 비교 표준값 101
표 19. 영양성분 표시대상 식품 103
표 20. 1일 영양성분 기준치 108
표 21. 식품 내 영양성분 함유량에 따른 표시량과 실제 측정값의 허용오차 범위 114
표 22. 영양성분별 단위 및 표시방법 120
표 23. 영양성분 함량 강조 표시기준 132
표 24. CODEX 및 주요 국가별 일자 표시제도 운영 현황 141

표 25. 유통기한 및 소비기한 개념 비교 141

표 26. 달걀 껍데기의 사육환경번호 표시방법 144

표 27. 용기포장에 표시된 양과 실제량의 부족량 허용오차 범위 151

표 28. 자연상태 식품(「축산물 위생관리법」에서 정한 축산물 제외) 표시사항 165

표 29. 보관방법별 온도 범위 183

표 30. 보존 및 유통온도를 별도로 규정하고 있는 제품 183

표 31. 한약의 처방명 및 이와 유사한 명칭 215

표 32. 최소한의 물리적 공정 용어 정의와 범위 225

표 33. 기능성 표시 식품 등의 영양성분 함량 기준 243

표 34. 기능성 원재료 또는 성분별 기능성에 따른 영양성분 "저" 표시기준 244

표 35. 원재료 또는 성분별 기능성 및 1일 섭취기준량 248

표 36. 자율심의기구에 미리 심의를 받아야 하는 대상 식품 및 심의 기관 253

표 37. 표시된 양과 실제량의 부족량 허용오차(범위) 279

표 38. 영양성분 및 기능성 원료의 기능성 표시 286

표 39. 유전자변형식품 표시대상 299

표 40. 어린이 기호식품의 범위 309

표 41. 고열량 저영양 식품 영양성분 기준 313

표 42. 원산지 표시대상 농산물 가공품 318

표 43. 원산지 표시대상 수산물 가공품 320

표 44. 위생용품 종류별 표시내용 337

표 45. 사례별 영업소의 명칭 및 소재지 표시기준 341

표 46. 화장지, 일회용 행주, 일회용 타월, 일회용 종이냅킨의 내용량 표시 방법 341

표 47. 용기포장에 표시된 양과 실제량의 부족량 허용오차(범위) 342

표 48. 세척제 종류별 사용기준 345

표 49. 주표시면, 정보표면별 표시내용 347

표 50. 허위 표시광고의 내용 351

그림 목차

그림 1. 식품용 기구 도안 41
그림 2. 용기포장의 주표시면 및 정보표시면 구분 43
그림 3. 표시사항 표시서식 도안 45
그림 4. 정보표시면 제품 사례 45
그림 5. 소고기 대분할 부위 위치도 65
그림 6. 돼지고기 대분할 부위 위치도 65
그림 7. 추출액에서 고형분 함량을 표시하여야 하는 이유 예시 75
그림 8. 나트륨 함량 비교 표시 도안 102
그림 9. 영양성분 표시단위 결정 프로세스 117
그림 10. 열량 계산법 예시 119
그림 11. 영양성분 표시서식 도안 126
그림 12. 영양성분 주표시면 표시서식 도안 128
그림 13. 알레르기 유발물질 표시방법 및 위치 예시 176
그림 14. 식육 표시사항 192
그림 15. 표시광고 내용의 실증 과정 및 처리 201
그림 16. 개별인정형 원료의 일반식품 원료 사용 가능 여부 의사결정도 250
그림 17. 기능성 표시 식품에 표시하여야 하는 사항 262
그림 18. 건강기능식품의 표시사항 및 표시위치 272
그림 19. 영양정보 및 기능정보 표시방법 285
그림 20. 건강기능식품 자율심의와 다른 광고 위반 사례 292
그림 21. 영양성분의 함량에 따른 모양 표시 도안 315

I.

식품 표시광고 개요

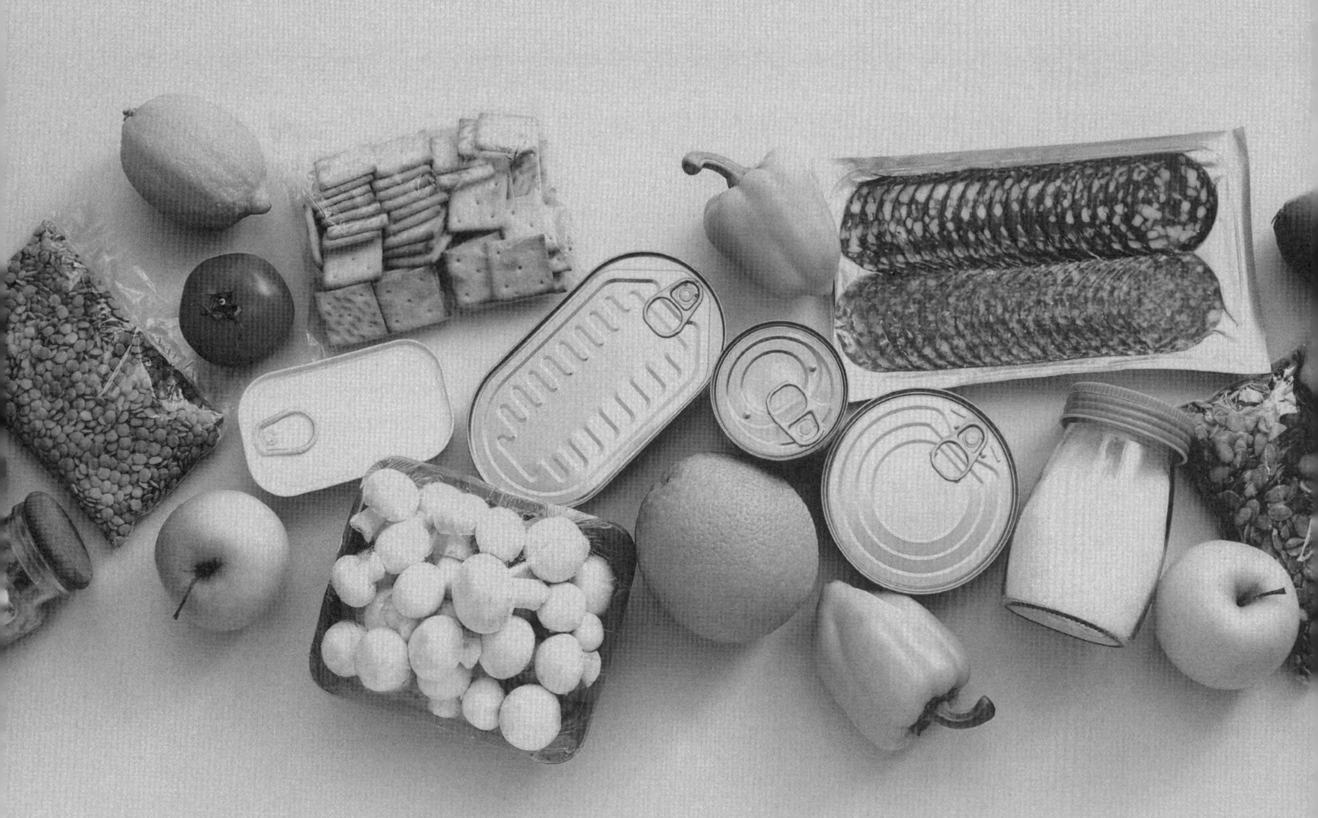

1. 식품 표시의 중요성

사례 1. 식품에 표시 의무를 부여하는 이유

업체가 식품을 생산할 때 그 식품에 대한 모든 정보는 생산 업체만이 가지고 있으며 소비자는 내용을 전혀 알지 못한다. 제품을 만들 때 어떤 원료를 넣었는지, 언제까지 먹을 수 있는지, 열량, 나트륨, 당류 등 영양 정보는 어떤지 등을 소비자에게 알리기 위해 법률로서 제조 업체에게 표시 의무를 부여하고, 이에 따라 소비자는 원하는 제품을 선택할 수 있다. 소비자의 알 권리를 보장하고 건전한 거래질서 확립하기 위함이다.
(근거: 「식품 등의 표시·광고에 관한 법률」, 국어사전)

업체가 제품을 생산할 때 그 제품에 대한 모든 정보는 업체만이 알고 있으며 소비자는 전혀 알 수가 없다. 제품을 만들 때 어떤 원료를 넣었는지, 언제까지 먹을 수 있는지, 어떻게 보관해야 안전한지 등에 대한 정보는 업체만이 가지게 되는데 이와 같이 어느 한쪽만이 정보를 가지고 있을 때 이를 '정보의 비대칭성'이라 한다. 정보의 비대칭성하에서 소비자는 자신이 원하는 제품을 구매하기 어렵고 자원의 효율적 분배가 이루어지지 않아 필요하지 않은 제품을 구매하거나 잘못된 제품을 구매하는 등 시장 실패를 가져온다. 이렇게 소비자의 정보 부재로 인한 불리한 상황을 해소하기 위해 국외뿐만 아니라 국내에서도 법률로 표시의무를 부여하고 있다. 법률에서는 식품업체가 제품을 만들어 판매할 때 의무적으로 표시해야 하는 내용이나 하지 말아야 하는 내용을 규정하여 소비자가 원하는 선호하는 제품을 구매토록 알 권리를 보장한다. 결국 식품 표시는 업체와 소비자 간 의사소통 수단의 장이다.

식품 표시 의무화가 과연 소비자만을 위한 것일까? 식품 표시사항 중 영양성분 표시를 예로 들어 보자. 과자와 같은 식품에는 해당 식품의 열량, 나트륨, 당류, 탄수화물 등을 표시하도록 하고 있다. 실제 기업의 입장에서 이러한 내용을 식품에 표시하기 위해 영양성분 분석 등 많은 비용을 투자해야 한다. 그러면, 소비자 입장에서는 어떨까? 소비자들은 식품에 표시된 영양성분 표시 내용을 보고 본인의 상황에 따라 제품을 선택할 수 있다. 내가 다이어트 중인지, 고혈압이나 당뇨는 없는지 등에 따라 표시된 열량, 나트륨, 당류, 탄수화물 등 정보를 통해 제품 선택하거나 하지 않거나 또는 선택하는 경우에도 그 양을 조절할 수 있다. 기업의 입장에서는 편익보다 비용이 크지만 국민 전체의 건강, 의료비 절감 등 거시적 시각으로 볼 때 사회적 편익이 비용보다 훨씬 크다.

사례 2. 식품의 부당한 표시광고 내용을 제한하는 이유

업체에서는 강조 표시를 통해 자기 제품을 드러내 보이려 한다. 이 과정에서 표시광고 내용이 사실에 입각하지 아니한 것이거나 소비자를 속이거나 경쟁업체를 비방하는 경우가 있어 정부에서는 이러한 불공정한 경쟁자로부터 소비자나 경쟁사를 보호하기 위해 부당한 표시광고 내용을 금지한다.
(근거: 「식품 등의 표시·광고에 관한 법률」 제1조)

이제 업체의 편익을 생각해 보자. 업체의 입장에서 표시광고는 마케팅을 위한 수단으로 활용할 수 있다. 내가 만든 제품을 소비자에게 적극 홍보할 수 있는 장이 되는 것이다. 규정에 따라 표시하는 사항 외에 자기 제품의 마케팅을 극대화하기 위해 업체들은 각종 강조 표시로 자기 제품을 부각하고 있다. "○○성분 함유", "○○인증", "저지방", "저콜레스테롤", "식이섬유 풍부" 등 소비자에게 자기 제품이 선택되도록 문구 선택 및 개발에 사력을 다하고 있다. 업체 간 과열현상으로 이러한 일련의 표시광고 행위는 종종 사실에 입각하지 아니한 것이거나 소비자를 속이거나 경쟁업체를 비방하는 등 부작용이 나타나기도 한다. 이를 제한하기 정부에서는 이러한 불공정한 경쟁자로부터 소비자나 다른 경쟁사가 피해를 입지 않도록 규정을 만들어 보호하고 있다.

2. 식품 표시의 기능

식품 표시의 기능은 다음의 3가지로 구분할 수 있다. 첫째가 제품명, 내용량, 업소명 및 소재지, 원재료명, 소비기한 등과 같이 제품의 기본적인 정보 제공에 관한 것이다. 제품의 가장 기본이 되는 소비자의 알 권리를 충족시켜 주는 사항이라 할 수 있다. 다음으로 소비자들이 식품을 안전하게 소비하기 위한 표시사항이 있다. 보관 및 취급방법, 소비자 안전을 위한 주의사항, 열량, 나트륨, 당류, 탄수화물, 지방 등 영양성분 표시 등이 있다. 대표적인 소비자 안전을 위한 주의사항 표시에 알레르기를 유발할 수 있는 달걀, 우유, 메밀, 땅콩, 대두 등 물질이 포함되어 있는 경우에는 이 원재료명에 대한 정보를 제공하여야 한다. 당알코올류를 주요 원재료로 사용한 제품에는 해당 당알코올의 종류 및 함량이나 "과량 섭취 시 설사를 일으킬 수 있습니다" 등의 표시를 해야 한다. 식품 표시의 마지막 기능은 앞서 언급한 식품 판매, 홍보, 광고를 위한 수단으로의 활용이다. 저지방, 저콜레스테롤, 식이섬유 풍부 등 판매 촉진을 위한 일련의 강조 표시로 업체가 가장 강조하고 싶어하는 표시광고라 할 수 있다.

3. 식품 등의 표시광고 규정

사례 3. 식품 등에 표시광고할 때 「식품 등의 표시·광고에 관한 법률」 규정만 준수해도 되는지 여부

식품 등에 표시광고를 하기 위해 「식품 등의 표시·광고에 관한 법률」 규정만 준수해서는 안 된다. 식품에 따라 이 법률 외에 추가로 다른 법률을 준수하여야 하는 경우가 있다. 사례를 살펴보면 다음과 같다.

- 유전자변형식품 표시: 「식품위생법」
- 원산지표시: 「농수산물의 원산지 표시 등에 관한 법률」
- 과음 경고문구 표시: 「국민건강증진법」
- 청소년 유해 표시: 「청소년보호법」
- 민속주 및 용도구분 표시: 「주세법」
- 지리적 표시: 「농수산물 품질 관리법」
- 전통주 품질인증 표시: 「전통주 등의 산업진흥에 관한 법률」
- 분리배출 표시, 재활용 표시: 「자원의 절약과 재활용 촉진에 관한 법률」

식품 등(식품, 건강기능식품, 식품첨가물, 기구 등의 살균소독제, 기구 및 용기포장을 말함)의 표시광고 내용 전반을 규율하는 대표적인 규정으로 「식품 등의 표시 · 광고에 관한 법률」과 이에 따른 대통령인 「식품 등의 표시 · 광고에 관한 법률 시행령」 및 총리령인 「식품 등의 표시 · 광고에 관한 법률 시행규칙」과 이에 따른 각종 고시가 있다. 유전자변형식품(GMO)의 표시는 아직 「식품위생법」에서 분리되지 않고 남아 관리되고 있다.

「식품 등의 표시·광고에 관한 법률」, 「식품 등의 표시·광고에 관한 법률 시행령」 및 「식품 등의 표시·광고에 관한 법률 시행규칙」에 따른 조항 및 [별표], 고시는 아래 표 1~표 5에 기술하였다.

이 이외에 유전자변형식품, 어린이 기호식품, 원산지, 주류, 포장재 분리배출 및 위생용품 표시 관련 법률과 그에 따른 조항 및 [별표], 고시는 아래 표 6~표 11에 기술하였다.

표 1. 「식품 등의 표시 · 광고에 관한 법률」 구성

구분	「식품 등의 표시 · 광고에 관한 법률」	「식품 등의 표시 · 광고에 관한 법률 시행령」	「식품 등의 표시 · 광고에 관한 법률 시행규칙」
본문	31개 조항	16개 조항	20개 조항
[별표]		1. 부당한 표시 또는 광고의 내용 2. 영업정지 등의 처분을 갈음하여 부과하는 과징금의 산정기준 3. 과태료의 부과기준	1. 식품등의 일부 표시사항 2. 소비자 안전을 위한 표시사항 3. 식품등의 표시방법 4. 영양표시대상 식품 등 5. 1일 영양성분 기준치 6. 식품등 광고 시 준수사항 7. 행정처분 기준 8. 과징금 부과 제외 대상

표 2. 「식품 등의 표시 · 광고에 관한 법률」 등에 따른 식품 등 및 건강기능식품 표시 관련 고시

구분	「식품등의 표시기준」	「건강기능식품의 표시기준」
본문	3개 장	10개 조항
[별표]	1. 인삼의 유래 기본문안 2. 한국인 영양섭취기준 3. 1회 섭취참고량 4. 명칭과 용도를 함께 표시하여야 하는 식품첨가물 5. 명칭 또는 간략명을 표시하여야 하는 식품첨가물 6. 명칭, 간략명 또는 주용도를 표시하여야 하는 식품첨가물	1. 영양 · 기능정보 표시요령과 방법 2. GMP 도안 3. 표시된 양과 실제량과의 부족량의 허용오차(범위)

[별지]	1. 표시사항별 세부표시기준	
[별도]	1. 용기 · 포장의 주표시면 및 정보표시면 구분 2. 표시사항 표시서식도안 3. 영양성분 표시서식도안 4. 영양성분 주표시면 표시서식도안 5. 달걀 껍데기의 사육환경번호 표시방법 6. 닭 · 오리의 식육의 합격표시 7. 식품용 기구 도안	

표 3. 「식품 등의 표시 · 광고에 관한 법률」 등에 따른 나트륨 표시 관련 고시

구분	「나트륨 함량 비교 표시 기준 및 방법」	「나트륨 · 당류 저감 표시기준」
본문	8개 조항	6개 조항
[별표]	1. 나트륨 함량 비교 표시 기준 2. 나트륨 함량 비교 표시방법 3. 나트륨 함량 비교 표시 기준의 재평가 등	나트륨 · 당류 저감 표시 식품의 세부분류

표 4. 「식품 등의 표시 · 광고에 관한 법률」 등에 따른 부당한 표시광고 관련 고시

구분	「부당한 표시 또는 광고로 보지 아니하는 식품등의 기능성 표시 또는 광고에 관한 규정」	「식품등의 표시 또는 광고 실증에 관한 규정」	「식품등의 부당한 표시 또는 광고의 내용 기준」
본문	8개 조항	9개 조항	3개 조항
[별표]	1. 기능성 표시 식품등의 영양성분 함량 기준 2. 기능성 범위	인체적용시험 자료와 인체 외 시험 자료의 기준	1. 한약의 처방명 및 이와 유사 명칭 2. 최소한의 물리적 공정 용어 정의와 범위
[별지]	기능성을 나타내는 원재료의 일반식품 사용 신청서		
[별도]	기능성 표시 서식 도안		

이 이외에 「식품 등의 표시 또는 광고 심의 및 이의신청 기준」(본문 6개 조항)이 있다.

표 5. 소·돼지 식육의 표시 관련 규정

구분	「식품 등의 표시·광고에 관한 법률 시행규칙」	「농수산물의 원산지 표시에 관한 법률 시행규칙」	「소돼지 식육의 표시방법 및 부위 구분기준」
본문	[별표 1] 식품 등의 일부 표시사항	[별표 1] 농수산물 등의 원산지 표시방법	10개 조항
[별표]			소고기 및 돼지고기의 분할상태별 부위명칭 소고기 등급표시대상 부위 소고기 및 돼지고기의 부위별 분할정형기준 식육판매표지판(예시))

식품에 식품용으로 승인된 유전자변형농·축·수산물을 사용하거나 이를 원재료로 하여 제조·가공한 제품에 유전자변형 DNA 또는 유전자변형 단백질이 남아 있다면 「식품위생법」 및 그에 따른 「유전자변형식품등의 표시기준」에 따라 추가로 표시해야 한다.

표 6. 유전자변형식품 표시 관련 규정

구분	「식품위생법」	「건강기능식품에 관한 법률」	「식품 등의 표시·광고에 관한 법률」	「농수산물 품질관리법 시행령」	「유전자변형식품 등의 표시기준」
본문	제12조의2 (유전자변형식품 등의 표시)	제17조의2 (유전자변형건강기능식품의 표시 등)	제4조 (표시의 기준)	제20조 (유전자변형농수산물의 표시기준 등)	7개 조항

표 7. 어린이 기호식품 표시광고 관련 규정

구분	「어린이 식생활안전관리 특별법」	「어린이 기호식품 등의 영양성분과 고카페인 함유 식품 표시기준 및 방법에 관한 규정」	「어린이 기호식품 등의 알레르기 유발 식품 표시기준 및 방법」
본문	제11조 (영양성분 표시), 제11조의2(알레르기 유발 식품 표시), 제12조(영양성분의 함량 색상 · 모양 표시), 제12조의2(고카페인 함유 식품의 색상 표시)	7개 조항	5개 조항

[별표]		1. 어린이 기호식품 등의 영양성분 표시기준 및 방법 2. 어린이 기호식품의 영양성분 함량 색상·모양 표시 기준 및 방법 3. 고카페인 함유 식품의 색상 표시기준 및 방법	

농림축산식품부장관과 해양수산부장관이 고시한 「(농림축산식품부) 농수산물의 원산지표시 요령」 및 「(해양수산부) 농수산물의 원산지표시 요령」에서 정하는 농수산물 또는 그 가공품에 대해서는 원산지를 표시하여야 한다.

표 8. 원산지 표시 관련 규정

구분	「농수산물의 원산지 표시 등에 관한 법률」	「농수산물의 원산지 표시 등에 관한 법률 시행령」	「농수산물의 원산지 표시 등에 관한 법률 시행규칙」	「농수산물의 원산지표시 요령」
본문	24개 조항	17개 조항	11개 조항	8개 조항
[별표]		1. 원산지의 표시기준 1의2. 과징금의 부과기준 2. 과태료의 부과기준	1. 농수산물 등의 원산지 표시방법 2. 농수산물 가공품의 원산지 표시방법 3. 통신판매의 경우 원산지 표시방법 4. 영업소 및 집단급식소의 원산지 표시방법 5. 원산지를 혼동하게 할 우려가 있는 표시 및 위장판매의 범위	1. 농산물 등의 원산지 표시대상 품목 2. 수산물 등의 원산지 표시대상 품목 3. 이식 · 이동 등으로 인한 세부 원산지 표시기준

제품이 주류인 경우에는 「국민건강증진법」에 따른 '과음 경고문구 표시', 「청소년보호법」에 따른 '청소년 유해표시' 등도 표시해야 한다.

표 9. 주류 관련 규정

구분	「국민건강증진법」	「국민건강증진법 시행규칙」	
본문	제8조 (금연 및 절주운동 등)	제4조 (과음에 관한 경고문구의 표시내용 등)	
고시		「과음 경고문구 표기내용」	
[별표]			「과음에 대한 경고문구의 표시 방법」

식품 포장재는 환경의 보전을 위해 만들어진 「자원의 절약과 재활용 촉진에 관한 법률」에 따라 분리배출 표시를 하여야 한다. 분리배출 표시 사업자가 「식품 등의 표시·광고에 관한 법률」 제4조의 규정에 의하여 합성수지제의 용기·포장에 대한 재질표시를 한 경우에는 일괄표시를 함에 있어서 구성부분의 명칭과 재질명을 표시하지 아니할 수 있다.

분리배출 표시와 관련된 내용을 살펴보겠다. 포장재의 재활용이 쉽도록 하기 위하여 재질·구조의 포장재를 사용하여야 하며 음식료품류와 식품, 건강기능식품, 식육가공품, 유가공품, 알가공품, 먹는 물 등 음식료품류를 제외한 1차 생산물인 농·수·축산물, 위생용 종이제품 및 가정용 고무장갑 제품의 포장에 사용되는 종이팩(합성수지 또는 알루미늄박이 부착된 종이팩만 해당한다), 유리병, 금속캔, 합성수지 재질의 포장재[용기류, 필름·시트형 포장재 및 쟁반형 용기(tray)를 포함한다]에는 재활용을 촉진하기 위하여 분리수거 관련 표시를 하여야 한다. 다만, 자원순환보증금이 포함된 제품의 용기, 표면에 인쇄, 각인((刻印: 새김도장) 또는 라벨 부착 등 일체의 표시를 하지 아니하는 필름·시트형 포장재 및 표면적, 용량 또는 소재로 인하여 분리배출을 표시하는 것이 어려운 포장재 등은 분리배출 표시를 하지 않아도 된다.

분리배출 표시 사업자는 다음의 기준과 방법에 따라 분리배출 표시를 하여야 한다. 표시대상 제품·포장재의 표면 한 곳 이상에 인쇄 또는 각인을 하거나 라벨을 부착하는 방법으로 분리배출 표시를 하여야 한다. 표시재질을 제외한 분리배출 표시 도안의 최소 크기는 가로, 세로 각각 8 ㎜ 이상으로 한다. 표시 도안의 색상은 표시대상 제품·포장재의 전체 색채에 대비되는 색채로 하여 식별이 용이하게 하여야 하며, 제품·포장재에 컬러로 인쇄하는 경우 「재활용가능자원의 분리수거 등에 관한 지침」에 따라 정한 품목별 분리수거용기와 동일한 색상을 사용하도록 노력하여야 한다. 분리배출 표시의 위치는 제품·포장재의 정면, 측면 또는 바코드(bar code) 상하좌우로 한다. 다만, 포장재의 형태, 구조상 정면, 측면 또는 바코드 상하좌우 표시가 불가능한 경우에는 밑면 또는 뚜껑 등에 표시할 수 있다. 2개 이상의 분리된 포장재가 사용되거나 분리되는 다중포장재는 분리되는 각 부분품 또는 포장재마다 분리배출 표시를 하여야 한다. 다만, 분리되지 않고 일체를 이루는 다중포장재와 각 포장재의 표면적이 50 ㎠ 미만(필름 포장재의 경우 100 ㎠ 미만)인 포장재, 내용물의 용량이 30 ㎖ 또는 30 g 이하인 포장재 및 소재, 구조면에서 기술적으로 인쇄, 각인 또는 라벨 부착 등의 방법으로 표시를 할 수 없는 포장재에 해당하는 포장재가 포함된 다중포장재는 주요부분 한 곳에 일괄표시를 할 수 있으며 종이 재질의 포장재와 합성수지 재질의 포장재로 일체를 이루는 다중포장재는 별도의 지정승인 절차 없이 종이 재질의 포장재에 일괄표시를 할 수 있다. 복합 재질 포장재는 구성부분의 표면적, 무게 등을 고려하여 주요 재질 부분에 분리배출 표시를 하되, 그 주요 재질명을 분리배출 표시 도안에 표시하고, 그 밖의 다른 재질명은 일괄표시 할 수 있다. 외포장재가 밀봉된 상태로 수입되는 제품 중 내포장재에 분리배출 표시를 하는 경우 손상될 우려가 있는 제품에 대하여는 재질명 등을 외포장재에 일괄표시를 할 수 있다. 이 경우 외포장재 내부에 다수의 내포장재의 재질이 같은 경우 그 재질을 하나로 표시할 수 있으며, 외포장재가 종이 재질의 포장재인 경우에는 별도의 지정승인 절차 없이 일괄표시를 할 수 있다. 분리배출 표시의 기준일은 제품의 제조일로 적용한다. 다만, 각 포장재의 표면적이 50 ㎠ 미만(필름 포장재의 경우 100 ㎠ 미만)인 포장재, 내용물의 용량이 30 ㎖ 또는 30 g 이하인 포장재, 소재·구조 면에서 기술적으로 인쇄, 각인 또는 라벨 부착 등의 방법으로 표시를 할 수 없는 포장재, 랩 필름(두께가 20 ㎛ 미만인 랩 필름형 포장재를 말한다) 분리배출 표시를 하지 않을 수 있다.

표 10. 포장재 분리배출 표시 관련 규정

구분	「자원의 절약과 재활용촉진에 관한 법률」	「자원의 절약과 재활용촉진에 관한 법률 시행령」	「자원의 절약과 재활용촉진에 관한 법률 시행규칙」	「분리배출 표시에 관한 지침」
본문	42개 조항	50개 조항	28개 조항	8개 조항
[별표]		1. 1회용품 1의2. 중단명령을 갈음한 과징금의 부과기준 1의3. 폐기물부담금 부과대상 업종 2. 폐기물부담금의 산출기준 3. 내장품 또는 부품으로 전지류가 들어가는 제품 3의2. 합성수지 재질의 제품 중 재활용의무대상 제품 4. 제품 · 포장재의 재활용의무 면제 대상 사업장의 업종 및 규모 관련 5. 재활용의무율 산정기준 6. 제품 · 포장재별 재활용기준 비용 7. 재활용의무량 미이행률별 가산금액 7의2. 금지명령을 갈음한 과징금의 과기준 8. 과태료의 부과기준	1. 재활용제품 1의2. 제조 · 수입 · 판매 중단기간의 산정기준 2. 사용억제 · 무상제공금지 대상 1회용품과 그 세부 준수사항 3. 폐기물배출자의 폐기물의 재활용 및 분리 보관에 관한 기준 4. 자원순환보증금액 5. 보증금대상사업자 등이 지켜야 할 사항 6. 제품 · 포장재별 재활용의 방법 및 기준 7. 고형연료제품의 품질기준 7의2. 고형연료제품 품질등급 구분기준 8. 고형연료제품의 품질검사 수수료 8의2. 고형연료제품 사용시설 운영계획서의 포함 사항 9. 고형연료제품 제조시설 · 사용시설의 검사기준 10. 고형연료제품 수입자 · 제조자 및 사용자의 준수사항 11. 고형연료제품의 수입 · 제조 또는 사용 금지나 개선명령의 기준	분리배출 표시 도안

"위생용품"에는 우리 실생활에서 사용하는 다양한 제품이 포함되어 있다. 우선 과일, 채소나 식품용 기구를 세척하는 데 사용되는 세척제, 헹굼보조제가 있다. 헹굼보조제는 자동식기

세척기의 최종 헹굼 과정에서 식기류에 남아 있는 잔류물 제거, 건조 촉진 등 보조적 역할을 위하여 사용된다. 「식품위생법」의 식품용 기구와 유사한 제품들로 일회용 컵, 일회용 숟가락, 일회용 젓가락, 일회용 포크, 일회용 나이프, 일회용 빨대가 있다. 이러한 위생용품은 식품용 기구와 다르게 일회용으로 사용되고 있는 제품이다. 화장지, 일회용 행주, 일회용 타월, 일회용 종이냅킨, 식품접객업의 영업소에서 손을 닦는 용도 등으로 사용할 수 있도록 포장된 물티슈는 종이를 기본으로 합성수지 재질이 사용되어 입, 손과 같이 우리 몸에 사용되는 제품이다. 일회용 면봉, 일회용 기저귀, 「약사법」에 따른 의약외품을 제외한 일회용 팬티라이너, 손을 닦는 용도 등으로 사용할 수 있도록 포장된 마른 티슈로서 최종 단계에서 물을 첨가하여 사용하는 제품 등도 있다. 또한 위생용품에는 구강에 사용되는 일회용 이쑤시개도 있다.

표 11. 위생용품 관련 표시광고 규정

구분	「위생용품 관리법」	「위생용품 관리법 시행령」	「농수산물의 원산지 표시 등에 관한 법률 시행규칙」	「위생용품의 표시기준」
본문	34개 조항	15개 조항	28개 조항	3개 장
[별표]		1. 위생용품의 종류 2. 과징금 산정기준 3. 과태료의 부과기준	1. 영업의 종류별 시설기준 2. 영업자 등의 준수사항 3. 수입 위생용품의 검사방법 4. 허위·과대·비방 표시·광고의 범위 5. 자가품질검사 항목 및 검사 절차 6. 위생용품의 무상수거대상 및 수거량 7. 행정처분 기준 8. 과징금 제외대상 9. 수수료	표시사항별 세부 표시기준

4. 표시와 광고의 정의

우리나라에서 식품의 "표시"와 "광고"에 대한 정의는 「식품 등의 표시·광고에 관한 법률」에서 규정하고 있다. "표시"는 식품 자체 및 식품의 포장지나 용기에 적는 문자, 도형을 말한다. 일반적으로 알고 있는 제품명, 소비기한 등 표시사항 이외에 '○○ 무첨가', '○○○○년 ○○ 신문이 선정한 최다 판매 제품' 등 흔히 광고성 문구로 불리는 것도 식품 자체 및 식품의 포장지나 용기에 적었다면 이 법에서는 "표시"에 해당된다. 식품 영업자가 제품 판매 촉진을 위하여 제품 포장지나 용기가 아닌 라디오, 텔레비전, 신문, 잡지, 인터넷, 인쇄물, 간판 또는 그 밖의 매체를 통하여 음성, 음향, 영상 등의 방법으로 식품 등에 관한 정보를 나타내거나 알리는 행위는 "광고"로 정의한다. 즉 문구의 내용이 문제가 아니라 제품에 대한 해당 문구가 어디에 있는가가 구별하는 기준이 된다.

「위생용품 관리법」에서는 "표시"를 정의하고 있지 않으나, 제11조에서는 판매, 대여를 목적으로 하는 위생용품의 제품명, 업체명 및 제조연월일 등을 용기포장에 기재하는 사항을 관리하고 있다. "위생용품 광고"란 위생용품 제조업자나 수입업자가 용기포장, 라디오, 텔레비전, 신문, 잡지, 음악, 영상, 인쇄물, 간판, 인터넷, SNS 또는 그 밖의 방법으로 위생용품의 명칭, 제조 방법, 품질, 원료, 성분 또는 사용에 대한 정보를 나타내거나 알리는 행위를 말한다.

식품 이외의 제품에 대해서는 「표시·광고의 공정화에 관한 법」에서 표시 및 광고를 정의하고 있다. "표시"란 사업자 또는 사업자단체(이하 '사업자등'이라 한다)가 상품 또는 용역(이하 '상품등'이라 한다)에 관한 자기 또는 다른 사업자 등에 관한 사항 또는 자기 또는 다른 사업자 등의 상품 등의 내용, 거래 조건을 말한다. 그 밖에 그 거래에 관한 사항에 해당하는 사항을 소비자에게 알리기 위하여 상품의 용기포장(첨부물과 내용물을 포함한다), 사업장 등의 게시물 또는 상품권, 회원권, 분양권 등 상품등에 관한 권리를 나타내는 증서에 쓰거나 붙인 문자, 도형과 상품의 특성을 나타내는 용기포장을 말한다. "광고"란 사업자등이 상품등에 관한 표시사항을 「신문 등의 진흥에 관한 법률」 제2조에 따른 신문, 인터넷신문, 「잡지 등 정기간행물의 진흥에 관한 법률」 제2조에 따른 정기간행물, 「방송법」 제2조에 따른 방송, 「전기통신기본법」 제2조에 따른 전기통신, 그 밖에 대통령령으로 정하는 방법으로 소비자에게 널리 알리거나 제시하는 것을 말한다.

II.

일반식품 등 표시광고

1. 표시 의무자

사례 4. 일반음식점에서 알레르기 유발물질이 포함된 식품을 고객에게 제공하는 경우 알레르기 유발물질 표기 여부

일반음식점은 알레르기 유발물질 표시 의무자가 아니다. 다만, 고객의 안전을 위해 사실에 입각하여 영업자의 판단하에 실제 사용된 알레르기 유발물질을 안내할 수 있다.
(근거: 「식품 등의 표시·광고에 관한 법률 시행규칙」 제4조)

「식품 등의 표시·광고에 관한 법률」에서 식품분야 표시 의무자는 「식품위생법 시행령」에서 식품제조가공업자(식용얼음의 경우에는 용기포장에 5 ㎏ 이하로 넣거나 싸서 생산하는 자만 해당한다), 즉석판매제조가공업자, 식품첨가물제조업자, 식품소분업자, 식용얼음판매업자(얼음을 용기포장에 5 ㎏ 이하로 넣거나 싸서 유통 또는 판매하는 자만 해당한다) 및 집단급식소 식품판매업자, 용기포장류제조업자 등이다.

즉석판매제조가공업자가 만든 식품도 표시대상이나, 영업장소에서 표시사항을 진열상자에 표시하거나 별도의 표지판에 기재하여 게시하는 때에는 개개의 제품별 표시를 생략할 수 있다. 식품용 기구 제조업의 경우는 「식품위생법」에서 영업자가 아니나 표시내용을 표시할 의무가 있다.

즉석판매제조가공업소가 만든 식품도 표시대상이라 하였는데, 표시사항 중 품목보고번호도 표시하여야 할까? 품목보고번호는 「식품위생법」에 따른 식품제조가공업 영업자 또는 「축산물 위생관리법」에 따른 축산물가공업, 식육포장처리업 영업자가 관할기관에 품목제조를 보고할 때 부여하는 번호로 이들 영업자는 품목보고번호를 표시하여야 한다. 하지만, 즉석판매제조가공업소에서 제조한 식품은 품목제조보고 대상에 해당되지 않아 품목보고번호를 표시하지 않는다. 참고로, 수입식품 및 수입식품을 소분하여 판매하는 경우에도 표시하지 않는다. 다만, 국내에서 제조·가공하여 품목제조보고를 한 식품으로 이를 소분하여 재포장한 경우 원래 제품에 표시된 품목보고번호를 동일하게 표시하여야 한다.

식품소분업소에서 식품을 소분하여 재포장한 경우, 즉석판매제조가공업소에서 식품제조가공업 영업자가 제조·가공한 식품을 최종 소비자에게 덜어서 판매하는 경우, 식육즉석판매가공업소에서 식육가공업 영업자가 제조·가공한 축산물을 최종 소비자에게 덜어서 판매하는 경우 및 식용란수집판매업의 영업자가 달걀을 재포장하여 판매하는 경우[다만, 제품명의 경우(수입달걀 제외)에는 재포장에 따라 내용을 변경하여 표시할 수 있다]에는 해당 식품의 원래 표시사항을 변경하여서는 안 된다. 그러나 이 경우에도 내용량과 영양성분 표시는 소분 또는 재포장에 맞게 표시하여야 하며, 식품소분업소 영업소(장)의 명칭(상호) 및 소재지를 추가로 표시해야 한다.

「식품 등의 표시·광고에 관한 법률」에 따른 축산물분야 표시의무자는 도축업자(닭·오리 식육을 포장하는 자만 해당한다), 축산물가공업자, 식용란선별포장업자, 식육포장처리업자, 식육판매업자, 식육부산물전문판매업자, 식용란수집판매업자, 식육즉석판매가공업자 등이다.

건강기능식품제조업자, 수입식품 등 수입판매업자, 가축사육업자 중 식용란을 출하하는 자, 농산물, 임산물, 수산물 또는 축산물을 용기포장에 넣거나 싸서 출하, 판매하는 자, 기구를 생산, 유통 또는 판매하는 자가 표시의무 대상자이다.

휴게음식점영업, 일반음식점영업 및 제과점영업자는 「식품 등의 표시·광고에 관한 법률」에서는 표시 의무를 부여하고 있지 않으나 「어린이 식생활안전관리 특별법 시행령」에서 휴게음식점영업, 일반음식점영업 및 제과점영업자 중 그 영업이 「가맹사업거래의 공정화에 관한 법률」에 따른 가맹사업이고, 그 가맹사업의 직영점과 가맹점을 포함한 점포 수가 50개 이상인 경우에 해당하는 영업자는 영양성분 및 알레르기 유발물질을 점포에 표시하여야 한다.

휴게음식점에서 점주가 구매한 가공식품을 뜯어 표시사항이 없는 낱개 포장 제품을 손님에게 제공할 때 해당 낱개 제품에도 표시하여야 할까? 휴게음식점 등 식품접객업자는 「식품 등의 표시·광고에 관한 법률」에 따른 '표시의무자'에 해당하지 않는다. 휴게음식점에서 조리한 음식을 손님이 취식토록 제공하는 형태의 영업을 하면서, 식품제조가공업자가 제조·가공한 완제품을 개봉하여 낱개로 포장된 제품을 손님이 매장 내에서 취식토록 제공하거나, 배달 시 주문음식과 함께 제공하는 것은 휴게음식점의 영업 범위에 포함되므로 낱개 포장 제품의 표시사항은 없어도 된다.

2. 식품, 식품첨가물 제품 또는 식품용 기구 제품 표시내용

1) 식품

제품명, 내용량 및 원재료명, 영업소 명칭 및 소재지, 소비자 안전을 위한 주의사항, 제조연월일, 소비기한 또는 품질유지기한, 그 밖에 식품유형, 품목보고번호, 성분명 및 함량, 용기포장의 재질, 조사처리(照射處理) 표시, 보관방법 또는 취급방법, 식육(食肉)의 종류, 부위 명칭, 등급 및 도축장명, 포장일자, 생산연월일 또는 산란일 등이 의무표시사항 중 기본 표시사항이다.

식품은 「식품의 기준 및 규격」에 따라 다양한 유형(종류)을 가지고 있는데, '식품유형'에 따라 표시사항이 각각 다르기 때문에 표시해야 할 식품의 '식품유형'을 아는 것이 가장 먼저 해야 할 일이다. 식품유형에 따라 포장지에 표시해야 할 내용이 달라지기 때문이다. 식품에는 '식품유형'이 너무 많아 이 책에서 모두 설명할 수 없어 과자류, 빵류 또는 떡류에 대해서만 예를 들어 설명하겠다. 과자류, 빵류 또는 떡류에는 제품명, 식품유형, 영업소(장)의 명칭(상호) 및 소재지, 소비기한, 내용량 및 내용량에 해당하는 열량(단, 열량은 과자, 캔디류, 빵류, 떡류에 한하며 내용량 뒤에 괄호로 표시), 원재료명, 영양성분(과자, 캔디류, 빵류, 떡류에 한함), 용기포장 재질, 품목보고번호, 성분명 및 함량(해당 경우에 한함), 보관방법(해당 경우에 한함) 및 부정불량식품신고표시를 하여야 한다. 소비자 안전을 위한 주의사항 표시사항은 알레르기 유발물질 표시와 일반 주의사항이 있다. 「식품 등의 표시·광고에 관한 법률 시행규칙」 [별표]에 따라 알레르기 유발물질이 포함된 식품이거나 일반 주의 사항 표시대상 식품인 경우에는 이를 반드시 표시하여야 한다. 다른 표시사항과 달리 소비자 안전을 위한 표시사항은 소비자의 안전과 건강 문제와 직결되므로 빠뜨려서는 안 되는 표시사항이다.

〈TIP〉

'식품유형'이 정해졌다면 「식품등의 표시기준」 III. 개별표시사항 및 표시기준(식의약법령정보(https://www.mfds.go.kr/law)에서 '식품등의 표시기준'을 검색하여 일부 개정고시 고시 전문을 확인한다!

그 밖에 기타표시사항이 있는데, 이는 해당 제품이 아래 어떤 제품인지에 따라 선택하여 표시하면 된다.

유탕 또는 유처리한 제품은 "유탕처리제품" 또는 "유처리제품"으로 표시하여야 한다(과자에 한함).

유산균 함유 과자, 캔디류는 그 함유된 유산균 수를 표시하여야 한다. 특정 균의 함유 사실을 표시하고자 할 때에는 그 균의 함유균 수를 표시하여야 한다.

[예시]

"유산균 100,000,000(1억) CFU/g", "유산균 1억 CFU/g", "Lactobacillus acidophilus 100,000,000(1억) CFU/g", "Lactobacillus acidophilus 1억 CFU/g" 등

한 입 크기로서 작은 용기에 담겨 있는 젤리제품(소위 미니컵젤리 제품)에 대하여는 잘못 섭취에 따른 질식을 방지하기 위한 경고문구를 표시하여야 한다.

[예시]

"얼려서 드시지 마십시오. 한 번에 드실 경우 질식의 위험이 있으니 잘 씹어 드십시오. 5세 이하 어린이 및 노약자는 섭취를 금하여 주십시오" 등의 표시

식품제조가공업 영업자가 냉동식품인 빵류 및 떡류를 해동하여 유통하려는 경우에는 제조연월일, 해동연월일, 냉동식품으로서의 소비기한 이내로 설정한 해동 후 소비기한, 해동한 제조업체의 명칭과 소재지(냉동제품의 제조업체와 동일한 경우는 생략할 수 있다), 해동 후 보

관방법 및 주의사항을 표시하여야 한다. 또한, "이 제품은 냉동식품을 해동한 제품이니 재냉동시키지 마시길 바랍니다" 등의 표시를 하여야 한다. 다만, 이 경우에는 스티커, 라벨(Label) 또는 꼬리표(Tag)를 사용할 수 있으나 떨어지지 아니하게 부착하여야 한다.

식품제조가공업 영업자가 냉동식품인 빵류 및 떡류를 해동하여 유통할 때에는 껌 베이스 제조에 사용되는 식품첨가물 중 에스테르검, 폴리부텐, 폴리이소부틸렌, 초산비닐수지, 글리세린지방산에스테르, 자당지방산에스테르, 소르비탄지방산에스테르, 탄산칼슘, 석유왁스, 검레진, 탤크, 트리아세틴, 글리세린디아세틸주석산지방산에스테르, 폴리글리세린지방산에스테르, 폴리글리세린축합리시놀레인산에스테르를 "껌기초제" 또는 "껌베이스"로 표시할 수 있다.

〈TIP〉

식품유형에 따른 표시사항을 확인한 후, 해당 식품이 통·병조림 식품, 레토르트식품, 냉동식품 등 장기보존식품, 인삼 또는 홍삼성분 함유 식품, 또는 조사처리(照射處理) 식품인 경우 표시사항이 「식품등의 표시기준」의 공통표시기준에 추가 내용이 규정되어 있으니 살펴보자!

2) 식품첨가물로 판매하는 제품

식품첨가물은 식품을 제조·가공, 조리 또는 보존하는 과정에서 감미(甘味), 착색(着色), 표백(漂白) 또는 산화 방지 등을 목적으로 식품에 사용되는 물질을 말한다. 다음 표 12는 식품첨가물의 용도 및 용도에 따른 식품첨가물의 종류 예시이다.

표 12. 식품첨가물의 용도별 분류

용도	설명	예시
감미료	식품에 단맛을 부여하는 식품첨가물	아세설팜칼륨
고결방지제	식품의 입자 등이 서로 부착되어 고형화되는 것을 감소시키는 식품첨가물	이산화규소
거품제거제	식품의 거품 생성을 방지하거나 감소시키는 식품첨가물	규소수지
껌기초제	적당한 점성과 탄력성을 갖는 비영양성의 씹는 물질로서 껌 제조의 기초 원료가 되는 식품첨가물	로진
밀가루개량제	밀가루나 반죽에 첨가되어 제빵 품질이나 색을 증진시키는 식품첨가물	염소
발색제	식품의 색을 안정화시키거나, 유지 또는 강화시키는 식품첨가물	아질산나트륨

보존료	미생물에 의한 품질 저하를 방지하여 식품의 보존기간을 연장시키는 식품첨가물	소브산, 안식향산
분사제	용기에서 식품을 방출시키는 가스 식품첨가물	이산화탄소
산도조절제	식품의 산도 또는 알칼리도를 조절하는 식품첨가물	구연산
산화방지제	산화에 의한 식품의 품질 저하를 방지하는 식품첨가물	이.디.티.에이.이나트륨
살균제	식품 표면의 미생물을 단시간 내에 사멸시키는 작용을 하는 식품첨가물	차아염소산나트륨
습윤제	식품이 건조되는 것을 방지하는 식품첨가물	폴리덱스트로스
안정제	두 가지 또는 그 이상의 성분을 일정한 분산 형태로 유지시키는 식품첨가물	결정셀룰로스
여과보조제	불순물 또는 미세한 입자를 흡착하여 제거하기 위해 사용되는 식품첨가물	규조토
영양강화제	식품의 영양학적 품질을 유지하기 위해 제조공정 중 손실된 영양소를 복원하거나, 영양소를 강화시키는 식품첨가물	비타민C
유화제	물과 기름 등 섞이지 않는 두 가지 또는 그 이상의 상(phases)을 균질하게 섞어 주거나 유지시키는 식품첨가물	레시틴
이형제	식품의 형태를 유지하기 위해 원료가 용기에 붙는 것을 방지하여 분리하기 쉽도록 하는 식품첨가물	유동파라핀
응고제	식품 성분을 결착 또는 응고시키거나, 과일 및 채소류의 조직을 단단하거나 바삭하게 유지시키는 식품첨가물	염화마그네슘
제조용제	식품의 제조·가공 시 촉매, 침전, 분해, 청징 등의 역할을 하는 보조제 식품첨가물	니켈
젤형성제	젤을 형성하여 식품에 물성을 부여하는 식품첨가물	젤라틴
증점제	식품의 점도를 증가시키는 식품첨가물	펙틴
착색료	식품에 색을 부여하거나 복원시키는 식품첨가물	포도과피색소
청관제	식품에 직접 접촉하는 스팀을 생산하는 보일러 내부의 결석, 물때 형성, 부식 등을 방지하기 위하여 투입하는 식품첨가물	청관제
추출용제	유용한 성분 등을 추출하거나 용해시키는 식품첨가물	이소프로필알콜
충전제	산화나 부패로부터 식품을 보호하기 위해 식품의 제조 시 용기포장에 의도적으로 주입시키는 가스 식품첨가물	질소
팽창제	가스를 방출하여 반죽의 부피를 증가시키는 식품첨가물	탄산수소나트륨
표백제	식품의 색을 제거하기 위해 사용되는 식품첨가물	무수아황산
표면처리제	식품의 표면을 매끄럽게 하거나 정돈하기 위해 사용되는 식품첨가물	탤크
피막제	식품의 표면에 광택을 내거나 보호막을 형성하는 식품첨가물	밀납
향미증진제	식품의 맛 또는 향미를 증진시키는 식품첨가물	L-글루탐산나트륨

향료	식품에 특유한 향을 부여하거나 제조공정 중 손실된 식품 본래의 향을 보강시키는 식품첨가물	바닐린
효소제	특정한 생화학 반응의 촉매 작용을 하는 식품첨가물	알파-아밀라아제

식품첨가물에는 일반 식품첨가물과, 혼합제제, 식품 기구용 살균소독제(기구 등의 살균소독제)가 있으며 각각의 표시사항이 조금씩 다르다.

가. 일반 식품첨가물

제품명은 「식품첨가물의 기준 및 규격」에 고시된 명칭을 그대로 사용하거나, 제품명에 그 첨가물의 명칭을 포함하여 표시하여야 한다.

[예시]

안식향산나트륨, ○○○ 안식향산나트륨 또는 ○○○(안식향산나트륨)

영업소(장)의 명칭(상호) 및 소재지, 제조연월일 또는 소비기한, 내용량, 원재료명 또는 성분명, 용기포장 재질, 품목보고번호, 보관방법 및 사용기준(다만, 동 사항을 표시하기가 곤란할 경우 QR코드 또는 속지를 사용할 수 있다)을 표시하여야 하며 유전자변형 식품첨가물에 해당하는 경우 이 사실를 표시해야 한다.

기타 표시사항으로 타르색소를 혼합 또는 희석한 제제에 있어서는 "혼합" 또는 "희석"이라는 표시와 실제의 색깔 명칭을 표시하여야 한다. 「식품 등의 표시·광고에 관한 법률 시행규칙」 [별표 2] 소비자 안전을 위한 표시사항에 따라 알레르기 유발물질 등을 표시하여야 한다.

나. 혼합제제 식품첨가물

제품명, 영업소(장)의 명칭(상호) 및 소재지, 제조연월일 또는 소비기한, 내용량, 원재료명 또는 성분명, 용기포장 재질, 품목보고번호, 보관방법 및 사용기준(다만, 동 사항을 표시하기가 곤란할 경우 QR코드 또는 속지를 사용할 수 있다)을 표시하여야 하며 유전자변형 식품첨가물에 해당하는 경우 이 사실를 표시해야 한다.

기타 표시사항으로 혼합제제류 제품은 「식품첨가물의 기준 및 규격」에 고시된 혼합제제류 명칭 및 혼합제제류를 구성하는 식품첨가물의 함량을 표시하여야 한다. 다만, 사용기준이 정해지지 않은 식품첨가물은 함량 표시를 제외할 수 있다.

「식품 등의 표시·광고에 관한 법률 시행규칙」 [별표] 소비자 안전을 위한 표시사항에 따른 소비자 안전을 위한 알레르기 유발물질 및 일반 주의사항도 표시하여야 한다.

3) 기구 등의 살균소독제로 판매하는 제품

기구 등의 살균소독제는 식품용 기구의 살균소독 목적에 사용되는 것으로 식품용에 사용되는 일반 식품첨가물과 구별된다. 기구 등의 살균소독제로 과산화수소제제, 과산화초산제제, 구연산제제, 에탄올제제, 염화-N-데실-N, N-디메틸-1-데칸아미늄제제, 염화알킬(C12-C18)벤질디메틸암모늄제제, 요오드제제, 이산화염소제제, 이염화이소시아뉼산나트륨제제, 젖산제제, 차아염소산나트륨제제, 차아염소산수, 폴리(헥사메틸렌비구아니드)하이드로 등의 품목이 지정되어 있다. 과산화수소제제를 예로 들면 다음 표와 같다.

표 13. 과산화수소제제의 사용기준

아래의 식품용 기구등 이외에 사용하여서는 아니 된다.		
식품용 기구등의 살균·소독 목적으로 사용한 경우 사용량	식품 조리·판매용 기구등	91 ㎎/L 이하 (과산화수소로서)
	유가공용 기구등	465 ㎎/L 이하 (과산화수소로서)
	식품등 제조·가공·소분용 기구등	1,100 ㎎/L 이하 (과산화수소로서)
식품용 용기·포장의 멸균 목적으로 사용한 경우	멸균수로 헹구거나 열풍건조시켜 제거하여야 한다.	
	아래의 잔류량 실험을 실시하여야 하며, 용기·포장 중의 과산화수소 잔류량은 0.5 ㎎/L 이하이어야 한다.	
• 잔류량시험 시험용액의 조제: 식품용 용기포장을 멸균 처리한 후에는 멸균수로 헹구거나 열풍건조시킨 다음 최종식품을 넣기 전의 용기포장에 물을 채운 액을 시험용액으로 한다.		

특별히 표시사항에 있어서 식품첨가물이나 혼합제제와 다른 점이 있다면 제품의 희석방법, 살균·소독 대상별 사용방법 및 사용량 등 사용방법과 기타표시사항 사항으로 "기구등의 살균소독제"로 표시하여야 하는데 이는 이 제품이 식품용으로 사용되어 안전문제를 일으킬 수 있기 때문이다.

제품명, 영업소(장)의 명칭(상호) 및 소재지, 제조연월일 또는 소비기한, 내용량, 원재료명 또는 성분명(유효성분의 성분명 및 함량에 한한다), 용기·포장 재질, 품목보고번호, 보관방법 및 사용기준(다만, 동 사항을 표시하기가 곤란할 경우 QR코드 또는 속지를 사용할 수 있다), 제품의 희석방법, 살균·소독 대상별 사용방법 및 사용량, 주의사항(해당 경우에 한함) 등 사용 방법과 기타 표시사항으로 "기구등의 살균소독제"임을 표시하여야 한다.

"기구등의 살균·소독제"로 표시하는 것과 관련하여 기구 등의 살균소독제로만 품목제조보고 하고 제품에 해당 용도와 무관한 병원 내 감염 관리·소독, 어류 양식장 살균·녹조 방지, 장난감 소독 등 용도를 추가로 표시하는 경우가 많다. 기본적으로 살균소독제는 식품용 기구뿐만이 아니라 병원 내 감염 관리·소독에도 효과가 있기 때문이다. 기구 등의 살균소독제는 「식품첨가물의 기준 및 규격」에서 식품용 기구 및 용기포장에 한하여 살균소독 목적으로 사용하도록 규정하고 있고, 「식품 등의 표시·광고에 관한 법률 시행령」 [별표 2]에서 사용정보를 사실과 다른 내용으로 거짓, 과장되게 표시광고하는 것은 부당한 표시광고로 규정하고 있다. 따라서, 기구 등의 살균소독제로 품목제조보고에 대해 추가로 무관한 용도를 표시한 제품은 해당 추가 표시사항을 삭제하여야 하며, 만일 표시하고자 하는 경우에는 별도로 구분하여 표시하여야 한다.

4) 식품용 기구 제품

식품용 기구는 음식을 먹을 때 사용하거나 담는 것 또는 식품 또는 식품첨가물을 채취, 제조, 가공, 조리, 저장, 소분(小分: 완제품을 나누어 유통을 목적으로 재포장하는 것을 말한다. 이하 같다), 운반, 진열할 때 사용하는 것으로 식품 또는 식품첨가물에 직접 닿는 기계, 기구나 그 밖의 물건(농업과 수산업에서 식품을 채취하는 데에 쓰는 기계, 기구나 그 밖의 물건 및 「위생용품 관리법」 제2조에 따른 위생용품은 제외한다)을 말한다. 용기포장은 식품 또는 식품첨가물을 넣거나 싸는 것으로서 식품 또는 식품첨가물을 주고받을 때 함께 건네는 물품을 말한다.

식품용 기구의 재질 종류로는 합성수지제, 가공셀룰로스제, 고무제, 종이제, 금속제, 목재류, 유리제, 도자기제, 법랑 및 옹기류, 전분제가 있고, 합성수지지제에는 다음이 있다.

표 14. 합성수지제 재질의 종류

구분	재질명
올레핀계	가. 에틸렌-초산비닐 공중합체(ethylene-vinylacetate copolymer: EVA) 나. 폴리메틸펜텐(polymethylpentene: PMP) 다. 폴리부텐(polybutene-1: PB-1) 라. 폴리비닐알코올(poly(vinyl alcohol): PVA) 마. 폴리에틸렌(polyethylene: PE) 바. 폴리프로필렌(polypropylene: PP)
에스테르계	가. 경화폴리에스터수지(cross-linked polyester resin) 나. 부틸렌숙시네이트 공중합체(butylenesuccinate copolymer: PBS) 다. 부틸렌숙시네이트-아디페이트 공중합체(butylenesuccinate-adipate copolymer: PBSA) 라. 폴리부틸렌테레프탈레이트(poly(butylene terephthalate): PBT) 마. 폴리시클로헥산-1,4-디메틸렌테레프탈레이트(poly(cyclohexane-1,4-dimethylene terephthalate): PCT) 바. 폴리아릴레이트(polyarylate: PAR) 사. 폴리에틸렌나프탈레이트(poly(ethylene naphthalate): PEN) 아. 폴리에틸렌테레프탈레이트(poly(ethylene terephthalate): PET) 자. 폴리락타이드(polylactide, poly(lactic acid): PLA) 차. 폴리카보네이트(polycarbonate: PC) 카. 히드록시부틸폴리에스테르(hydroxybutyl polyester: HBP) 타. 히드록시안식향산폴리에스테르(hydroxybenzoic acid polyester) 파. 폴리부틸렌아디페이트테레프탈레이트
스티렌계	가. 메틸메타크릴레이트-아크릴로니트릴-부타디엔-스티렌 공중합체(methylmethacrylate-acrylonitrile-butadiene-styrene copolymer: MABS) 나. 아크릴로니트릴-부타디엔-스티렌 공중합체(acrylonitrile-butadiene-styrene copolymer: ABS) 다. 아크릴로니트릴-스티렌 공중합체(acrylonitrile-styrene copolymer: AS) 라. 폴리메타크릴스티렌(polymethacrylstyrene: MS) 마. 폴리스티렌(polystyrene: PS)

아민계	가. 폴리아미드(polyamide: PA) 나. 폴리우레탄(polyurethane: PU) 다. 폴리이미드(polyimide: PI)
아크릴계	가. 아크릴수지(acrylic resin) 나. 이오노머수지(ionomeric resin) 다. 폴리아크릴로니트릴(polyacrylonitrile: PAN)
알데히드계	가. 멜라민수지(melamine-formaldehyde resin: MF) 나. 요소수지(urea-formaldehyde resin: UF) 다. 페놀수지(phenol-formaldehyde resin: PF) 라. 폴리아세탈(polyacetal, polyoxymethylene(POM))
에테르계	가. 폴리아릴설폰(polyacrylsulfone: PASF) 나. 폴리에테르에테르케톤(polyetheretherketone: PEEK) 다. 폴리에테르설폰(poly(ether sulfone): PES) 라. 폴리페닐렌설파이드(poly(phenylene sulfide): PPS) 마. 폴리페닐렌에테르(poly(phenylene ether): PPE)
염화비닐계	가. 폴리염화비닐(poly(vinyl chloride): PVC) 나. 폴리염화비닐리덴(poly(vinylidene chloride): PVDC)
기타	가. 불소수지(fluorocarbon resin: FR) 나. 에폭시수지(epoxy resin) 다. 폴리케톤(polyketone, PK)

기본적으로 재질, 영업소 명칭 및 소재지, 소비자 안전을 위한 주의사항, 그 밖에 식품용이라는 단어 또는 식품용 기구를 나타내는 도안을 표시하여야 한다. 표시사항별로 좀 더 구체적을 살펴보면 다음과 같다.

영업소(장)의 명칭(상호) 및 소재지를 표시해야 하나, 식품 영업등록을 받은 업소의 주문에 의하여 생산하거나 식품제조업소가 그 자신의 제품을 넣기 위하여 제조하는 경우에는 영업소(장)의 명칭과 소재지를 표시하지 않는다.

합성수지제 또는 고무제는 재질명을 표시해야 하나, 재질이 금속제, 도자기제, 유리제 등의 경우에는 재질를 표시할 필요가 없으며, 재질 표시대상인 합성수지제 또는 고무제는 재질에 따라 폴리에틸렌, 폴리프로필렌, 폴리에틸렌테레프탈레이트 등 구체적인 재질명로 각각 구분하여 표시하여야 하며, 이 경우 PE, PP, PET 등 약자로도 표시할 수 있다.

식품용 기구에 대해서는 '식품용' 단어 또는 다음 그림 1의 '식품용 기구 도안'을 표시하여야 한다. 다만, 식품제조가공업, 즉석판매제조가공업, 식품첨가물제조업체로 납품되어 제품의 용기포장으로 사용되는 품목은 제외한다.

그림 1. 식품용 기구 도안

식품포장용 랩의 경우에는 제조에 사용하는 원재료 명칭 및 가소제, 안정제, 산화방지제 등의 첨가제의 명칭을 표시하여야 한다.

3. 표시방법

표시방법을 알아보기 전에 영업자가 궁금해하는 식품 표시사항을 시각화된 이미지 등으로 우선 신속하게 확인 가능한 온라인 플랫폼을 먼저 살펴보자. 식품안전나라(www.foodsafetykorea.go.kr)에 '식품표시봇(한글 표시사항 견본)을 통해 영업자가 표시하고자 하는 「식품 등의 표시기준」상의 식품유형, 포장유형(봉지, 병, 상자)을 선택하고 주표시면, 정보표시면에 표시할 사항을 주어진 정보에 따라 입력하면 한글 표시사항 견본을 참고용으로 볼 수 있다. 이 참고용 견분을 통해 기초적인 표시 라벨을 우선 확인하고 영업자의 필요에 따라 보완할 수 있다.

1) 표시위치 및 글씨 크기

사례 5. 제품명을 주표시면에 표시하고 정보표시면에도 표시하는지 여부

주표시면에는 제품명, 내용량 및 내용량에 해당하는 열량을 표시하여야 한다. 다만, 주표시면에 제품명과 내용량 및 내용량에 해당하는 열량 이외의 사항을 표시한 경우 정보표시면에는 그 표시사항을 생략할 수 있다.
(근거: 「식품등의 표시기준」 II. 1. 가.)

식품을 어떤 용기 또는 포장지에 넣을 것인지에 따라 주표시면과 정보표시면이 구분된다. 그림 2의 "사과음료"와 같은 경우 주표시면은 앞면과 윗면이고 정보표시면은 뒷면이다. 주표시면에 정보표시면의 표시사항을 표시하는 경우에는 정보표시면의 표시사항을 생략할 수 있다. 여기서 정보표시면의 면적은 주표시면에 준하는 포장지 인쇄 등을 위한 최소 여백을 제외한 면적으로 하여야 한다. 쉽게 말해 주표시면과 정보표시면의 면적이 같아야 한다는 말이다. 이는 영업자들이 주표시면을 크게 하여 상표나 로고 등은 크게 하고, 정작 소비자에게 필요한 정보인 정보표시면의 표시사항을 작게 하는 것을 방지하기 위한 규정이다. 그림 2의 "오렌지 주스"에서 주표시면은 앞면, 뒷면, 윗면이고 정보표시면은 양측면이다. 정보표시면에 들어가야 할 내용을 왼쪽 및 오른쪽 양 측면에 나누어 표시하면 된다. 그림 2의 "냉동새우"는 포장지에 인쇄를 할 수 없는 경우로, 스티커를 붙일 때 주표시면과 정보표시면의 구분으로 반반씩 표시하면 된다. 이 경우는 외국어가 표시되어 있는 수입제품에 한글 스티커를 붙일 때도 적용되는데, 주표시면에 정보표시면의 표시사항을 표시할 수 있으므로 주표시면과 정보표시면의 경계 구분은 의미가 없어지는 경우가 많다.

그림 2. 용기포장의 주표시면 및 정보표시면 구분

〈TIP〉

용기나 포장지에 표시사항을 디자인할 때 '용기포장의 주표시면 및 정보표시면 구분' 그림을 우선 확인한다!

주표시면이라 함은 식품을 넣거나 싸는 용기포장의 표시면 중 상표, 로고 등이 인쇄되어 있어 소비자가 선반에 진열된 식품 등을 구매할 때, 진열 상태로 소비자에게 소비자에게 보이는 면을 말한다. 주표시면에는 제품명, 내용량 및 내용량에 해당하는 열량(단, 열량은 내용량 뒤에 괄호로 표시하되, 영양성분 표시대상 식품 등만 해당)을 표시하여야 한다. 다만, 주표시면에 제품명과 내용량 및 내용량에 해당하는 열량 이외의 사항을 표시한 경우 정보표시면에는 그 표시사항을 생략할 수 있다.

정보표시면이라 함은 식품을 넣거나 싸는 용기포장의 표시면 중 소비자가 표시사항을 한눈에 알아볼 수 있도록 표시사항을 모아서 표시하는 면을 말한다. 정보표시면에는 식품유형, 영업소(장)의 명칭(상호) 및 소재지, 소비기한(제조연월일 또는 품질유지기한), 원재료명, 주의사항 등을 표시사항별로 표시할 때 그림 3 또는 그림 4와 같이 표 또는 단락 등으로 나누어 표시하여야 한다. 이렇게 정보표시면을 표 또는 단락으로 하는 이유는 소비자에게 각 표시사항에 대한 정보를 명확히 제공하기 위함이다. 여기서 단락은 표에서 줄을 제거한 경우이며 각 표시사항이 명확히 구분되어 있다면 단락이라 해석할 수 있다. 예외가 있는데 정보표시면 면적이 시중에 유통되는 슬라이스 치즈 정도의 크기인 100 ㎠ 미만인 경우에는 표 또는 단락으로 표시하지 아니할 수 있는데, 이때 「식품등의 표시기준」에서 정한 표시(조리법, 사용법, 섭취방법, 용도, 주의사항, 바코드, 타 법에서 정한 표시사항 포함)사항만을 표시토록 규정하고 있다.

<table>
<tr><td>제품명</td><td>○○○ ○○</td><td rowspan="9">[예시]
• 이 제품은 ○○○를 사용한 제품과 같은 시설에서 제조
• 타법 의무표시사항: 정당한 소비자의 피해에 대해 교환, 환불
• 업체 추가표시사항: 서늘하고 건조한 곳에 보관, 부정불량식품 신고: 국번없이 1399
• 업체 추가표시사항: 고객상담실: ○○○-○○○-○○○○</td></tr>
<tr><td>식품유형</td><td>○○○(○○○○○○*)
* 기타표시사항</td></tr>
<tr><td>영업소(장)의 명칭(상호) 및 소재지</td><td>○○식품, ○○시 ○○구 ○○로 ○○길○○</td></tr>
<tr><td>소비기한</td><td>○○년 ○○월 ○○일까지</td></tr>
<tr><td>내용량</td><td>○○○ g</td></tr>
<tr><td rowspan="2">원재료명</td><td>○○○○○○○○, ○○○○, ○○○○○○, ○○○○○</td></tr>
<tr><td>○○*, ○○○*, ○○* 함유
* 알레르기 유발물질</td></tr>
<tr><td>성분명 및 함량</td><td>○○○(○○ ㎎)</td></tr>
<tr><td></td><td></td></tr>
<tr><td>용기(포장)재질</td><td>○○○○○</td><td rowspan="2">영양성분*
* 주표시면 표시 가능</td></tr>
<tr><td>품목보고번호</td><td>○○○○○○○○○○○-○○○</td></tr>
</table>

그림 3. 표시사항 표시서식 도안

<table>
<tr><td>제품명</td><td>화순 국화꽃 작설차</td><td>내용량</td><td>18 g(1.5 g × 12개)</td><td>식품유형</td><td>침출차</td></tr>
<tr><td>품목보고번호</td><td>1995050929032</td><td>여과지 재질</td><td colspan="3">폴리락타이드(PLA) 생분해필터</td></tr>
<tr><td>원재료 및 함량</td><td colspan="5">차나무잎 95%(국산/순천), 국화꽃 5%(국산/화순)</td></tr>
<tr><td>소비기한</td><td>상단 표기일까지</td><td>포장재질</td><td>폴리에틸렌</td><td>고객센터</td><td>02-325-1114</td></tr>
<tr><td>유통전문판매원</td><td colspan="5">차시간/서울 마포구 성미산로 28길25, 101호</td></tr>
<tr><td>제조원</td><td colspan="5">명인 신광수차/전남 순천시 승즈읍 승주괴목2길 25</td></tr>
<tr><td colspan="6">* 제품 내 차시간 음용가이드를 참고하시어 티백을 물로 우려내십시오 * 직사광선을 피하고 건냉한 곳에 보관하십시오 * 본 제품은 공정거래위원회 고시 소비자 분쟁 해결 기준에 의거 교환 또는 보상받으실 수 있습니다 * 교환은 구입처에 문의해 주십시오 * 부정불량 신고는 국번없이 1399</td></tr>
</table>

그림 4. 정보표시면 제품 사례

기본적으로 포장지 표시사항의 글씨 크기는 10포인트 이상으로 해야 한다. 특히, 정보표시면의 경우에는 글자 가로세로 비율(장평) 90% 이상, 글자 간격(자간) -5% 이상으로 표시해야 한다. 글씨 크기가 10포인트 이상이 되더라도 글씨의 자평, 자간을 지나치게 줄일 경우 표시사항을 읽기 어려운 문제가 있어 장평, 자간 규정이 도입되었다.

정보표시면에 의무로 규정한 표시(조리법, 사용법, 섭취방법, 용도, 주의사항, 바코드, 타 법에서 정한 표시사항 포함)사항만을 표시하였는데도 불구하고 표시할 내용이 많아 정보표시면 밖으로 표시내용이 나올 경우에는 정보표시면이 꽉 찬 상태를 유지하면서 글씨 크기를 9.9, 9.8, 9.7포인트 등으로 점차 줄여 쓸 수 있다. 장평, 자간 규정도 정보표시면 면적이 100 ㎠ 미만인 경우에는 글자 비율 50% 이상, 글자 간격 -5% 이상으로 표시할 수 있다.

그러면, 정보표시면의 면적이 부족하여 표시사항의 글씨 크기를 10포인트보다 작게 표시한 경우 '회사 홈페이지 주소'를 추가로 표시해도 될까? 제품의 정보표시면 면적이 부족하여 10포인트 이상의 글씨 크기로 표시사항을 표시할 수 없는 경우라면, 10포인트보다 작은 글씨 크기로 표시사항을 표시할 수 있다. 이 경우 정보표시면에는 「식품등의 표시기준」에서 정한 표시사항(조리법, 사용법, 섭취방법, 용도, 주의사항, 바코드, 타 법에서 정한 표시사항 포함)만을 표시하여야 하므로 '제품 홈페이지 주소'를 추가로 표시하는 것은 적절치 않다.

자간 및 장평 기준을 의무표시사항이 아닌 표시사항에도 꼭 적용해야 할까? 자간 및 장평 기준은 「식품 등의 표시·광고에 관한 법률」 제4조 및 같은 법 시행규칙 [별표 3]에 따른 의무표시사항(제품명, 내용량, 원재료명, 영업소 명칭 및 소재지, 소비기한, 식품유형, 품목보고번호 등)에 대해서만 적용되며 그 외의 추가 표시사항에 대해서는 적용되지 않는다. 따라서 '조리법'이라든지 국민건강증진법, 주세법 등 다른 법률에서 규정하는 표시사항은 이 규정을 따를 필요가 없다. 다만, 다른 법률에서 규정하는 사항을 표시할 때 해당 법률에서 자간, 장평 기준을 규정하고 있다면 이를 지켜야 하므로 추가 확인이 필요하다.

참고로, 「국민건강증진법」에서는 과음에 대한 경고문구를 표시하도록 하고 있다. 사각형의 선안에 한글로 "경고: ○○○○○○○"라고 경고문구를 표시하여야 한다. 경고문구는 "지나친 음주는 암 발생의 원인이 됩니다. 청소년 음주는 성장과 뇌 발달을 저해하며, 임신 중 음주는 태아의 기형 발생이나 유산의 위험을 높입니다." 또는 "지나친 음주는 뇌졸중, 기억력 손상이나 치매를 유발합니다. 임신 중 음주는 기형아 출생 위험을 높입니다." 문구 중에서 1개를 선택하여 사용할 수 있다. 경고문구는 판매용 용기에 부착되거나 새겨진 상표 또는 경고문구가 표시된 스티커에 상표면적의 10분의 1 이상에 해당하는 면적의 크기로 표기하여야 하며, 글자의 크기는 상표에 사용된 활자의 크기로 하되, 그 최소 크기는 용기의 용량이 300 ㎖ 미만인 경우는 7포인트 이상, 용기의 용량이 300 ㎖ 이상인 경우는 9포인트 이상으로 규정하고 있다.

면, 스프, 건조 채소 등이 들어 있는 라면과 같은 식품의 주표시면에는 화려하게 조리된 식품 그림이 그려지는 경우가 많다. 그러나 실제 파 등과 같은 재료가 들어 있지 않은 경우 그려진 그림과 너무 달라 소비자가 오인, 혼동하는 경우가 있다. 이러한 오인, 혼동을 방지하기 위한 규정으로 주표시면에 조리식품 사진이나 그림을 사용하는 경우 사용한 사진이나 그림 근처에 "조리예", "이미지 사진", "연출된 예" 등의 표현을 10포인트 이상의 글씨로 표시토록 하는 규정이 만들어졌다.

그러면, 주표시면이 아닌 정보표시면에 조리된 음식 사진이 들어갈 경우에도 조리예를 표시하여야 할까? 주표시면에 조리식품 사진이나 그림을 사용하는 경우, 사용한 사진이나 그림 근처에 "조리예", "이미지 사진", "연출된 예" 등의 표현을 10포인트 이상의 글씨로 표시하여야 하나 정보표시면에 음식 사진이나 그림을 사용하는 경우 "조리예" 등의 표시기준을 정하고 있지 않아 표시 의무가 없다.

그 밖에 식품 등을 제조·가공·소분하거나 수입하는 자는 식품 등에 시각·청각장애인이 활용할 수 있는 점자, 음성·수어영상변환용 코드의 표시를 할 수 있다.

2) 최소판매단위 표시

사례 6. **여러 개의 최소판매단위별 제품을 큰 박스에 담아 판매할 때 해당 박스에도 표시사항을 표시하는지 여부**

표시사항은 소비자에게 판매하는 최소판매단위별 용기포장에 표시하여야 하며, 큰 박스가 여러 개의 최소판매단위 제품을 담아 유통, 운반 등의 목적인 경우라면 해당 박스는 '운반용 상자'로 판단되므로 표시사항을 표시하지 않아도 된다.

다만, '운반용 상자'에도 표시하고자 한다면 최소판매단위별 용기포장의 표시와 동일하게 하여야 한다.

(근거: 「식품 등의 표시·광고에 관한 법률 시행규칙」[별표 3] 1., 「식품등의 표시기준」 II. 1. 라.)

소비자에게 판매하는 제품의 최소판매단위별 용기나 포장에는 「식품 등의 표시·광고에 관한 법률」에서 규정하는 표시사항을 반드시 표시해야 한다. 다만, 캔디류, 추잉껌, 초콜릿류 및 잼류가 최소판매단위 제품의 가장 넓은 면 면적이 30 ㎠ 이하이고, 여러 개의 최소판매단위 제품이 하나의 용기포장으로 진열, 판매될 수 있도록 포장된 경우에는 그 용기포장에 대신 표시할 수 있다.

커피믹스 스틱 100개가 종이박스에 들어 있는 제품이 있을 때 커피믹스 스틱은 내포장(최소판매단위 포장 안에 내용물을 2개 이상으로 나누어 개별포장한 것)이 되고 종이박스는 최소판매단위별 포장이 된다. 소비자는 100개들이 종이박스 제품을 살 때 커피믹스 스틱이 아닌 종이박스의 표시사항을 보기 때문이다. 이 경우 내포장에는 표시사항을 표시하지 않아도 되나 표시하는 경우에는 최소판매단위인 종이박스 표시사항과 반드시 같아야 한다. 최소판매단위와 내포장의 표시 내용이 달라 스티커 처리하는 경우가 의외로 많기 때문에 주의가 필요하다. 표시사항이 모두 표시된 제품 여러 개를 상자에 넣어 택배로 발송하는 경우 안의 내용이 최소판매단위에 해당하며 바깥 상자는 '운반용 상자'로 보아 표시사항이 필요하지 않다. 운반용 상자에 소비기한 등을 표시하는 경우 안의 최소판매단위에 기재된 소비기한과 같아야 하나 일치하지 않아 문제가 되곤 한다. 결국 최소판매단위의 결정은 영업자가 하는 것이나, 내포장과 운반용 박스에 표시된 내용이 반드시 일치하도록 하여야 한다.

개별 낱개 포장 제품 여러 개를 1개의 완제품으로 판매할 때, 개별 낱개 포장에 표시하여야 하는 사항의 글씨 크기는 10포인트 이상되어야 할까? 제품이 개별 낱개 포장 제품 여러 개를 묶어 1개의 완제품으로 판매하는 경우라면, 표시사항은 최소판매단위인 완제품 포장에 모두 표시하여야 한다. 개별 낱개 포장(내포장) 제품에는 표시사항을 표시하지 않을 수 있으나, 소비자에게 올바른 정보를 제공할 수 있도록 내포장별로 제품명, 내용량 및 내용량에 해당하는 열량, 소비기한 또는 품질유지기한, 영양성분을 표시할 수 있으며, 이 경우에는 글씨 크기를 10포인트보다 작게 표시할 수 있다.

〈TIP〉

- 최소판매단위로 포장한 내용물을 2개 이상으로 나누어 개별포장한 제품의 경우 내포장에는 제품 식별을 위한 최소한의 내용 이외에 표시사항을 넣지 않는다!
- 운반용 박스에는 제품 식별을 위한 최소한의 표시사항 이외에 표시사항을 표시하지 않는다!

→ 내용물이나 운반용 박스에 자세한 표시사항을 표시하여 최소판매단위별 표시 내용과 다르거나 잘못되는 경우 내포장지나 포장박스를 다시 제작해야 한다!

그 밖에 식품 표시사항은 한글로 표시하는 것을 원칙으로 하되, 한자나 외국어를 병기하거나 혼용(건강기능식품은 제외한다)하여 표시할 수 있으며, 한자나 외국어의 글씨 크기는 한글의 글씨 크기와 같거나 한글의 글씨 크기보다 작게 표시해야 한다. 다만, 주문자상표부착수입식품을 제외한 수입식품이나 「상표법」에 따라 등록된 상표 및 주류의 제품명의 경우 한자나 외국어를 한글 글씨보다 크게 표시하거나 한글 표시를 생략할 수 있는 경우도 있다.

유사품목을 소량 생산하는 업체와 같이 비용 문제로 포장재를 따로따로 준비하기가 어려운 경우, 여러 제품의 표시사항이 함께 들어가 있는 공용 포장재를 만들 수 있다. 표 15의 공용 포장재 구분표시 예시와 같이 최종 제품의 표시사항에 체크하는 방식을 활용할 수 있다.

표 15. 공용포장재 구분 표시 예시

최종 제품 표시사항	제품명	식품유형	원재료명	영양정보	내용량
√	화이트	건면	쌀가루, 타피오카전분, 말토덱스트린, 설탕, 식초	영양정보 총 내용량 00g 000kcal 총 내용량당 / 1일 영양성분 기준치에 대한 비율 나트륨 00mg 00% 탄수화물 00g 00% 당류 00g 00% 지방 00g 00% 트랜스지방 00g 포화지방 00g 00% 콜레스테롤 00mg 00% 단백질 00g 00% 1일 영양성분 기준치에 대한 비율(%)은 2,000kcal 기준이므로 개인의 필요 열량에 따라 다를 수 있습니다.	100개 /500 g
	오렌지	건면	쌀가루, 타피오카전분, 안나토색소, 말토덱스트린, 설탕, 식초		80개 /500 g
	블랙	건면	쌀가루, 타피오카전분, 치자청색소, 말토덱스트린, 설탕, 식초		45개 /500 g
보관방법: 서늘한 곳에 보관하세요 제조원: ○○제조원, 유통전문판매원: △△판매원 반품 및 교환: 1234-4567					

3) 세트포장

사례 7. **표시사항이 모두 표시된 개별 낱개포장 제품 여러 개를 투명한 비닐 팩에 넣어 판매하는 경우 비닐팩(외포장)에 표시사항을 표시하는지 여부**

최소판매단위 포장지인 비닐팩(외포장)에는 제품에 대한 표시사항을 모두 표시하여야 한다. 다만, 외포장지가 투명하여 소비자가 해당 제품 안에 들어 있는 개별 낱개 제품의 표시사항을 확인할 수 있는 경우라면 외포장지에 표시사항을 생략할 수 있다.
(근거: 「식품 등의 표시·광고에 관한 법률 시행규칙」 [별표 3] 1., 「식품등의 표시기준」 II. 1. 아.)

세트포장 제품은 각각 품목제조보고된 완제품, 수입신고된 완제품 또는 농산물 등 두 종류 이상으로 함께 포장하여 판매하는 제품을 말한다. 식품의 표시사항은 소비자가 제품을 구매하는 시점에서 볼 수 있어야 하므로 세트포장 제품의 외포장지에는 이를 구성하고 있는 각 제품에 대한 표시사항을 각각 표시하여야 한다. 이때 세트포장 제품을 구성하는 각 개별 제품에는 표시사항을 표시할 필요가 없으나, 표시를 하는 경우에는 외포장의 내용과 동일해야 한다. 세프포장 제품에서 각 개별 제품의 소비기한은 다를 수밖에 없는데 이때에는 외포장지에 구성제품 가운데 가장 짧은 소비기한 또는 그 이내로 표시하여야 한다. 세트포장 제품에서 소비자가 제품을 구매하는 시점에서 세트포장을 구성하는 각 개별 제품에 표시를 한 경우로서 소비자가 이를 명확히 확인할 수 있거나, 온라인 판매 페이지 등에서 표시사항이 확인되어 구매한 소비자에게 직접 배송되는 세트포장은 외포장지에 표시를 하지 아니할 수 있다. 각각 개별제품으로 품목제조보고된 완제품, 수입신고된 완제품 또는 농산물 등을 함께 포장한 세트포장 제품은 별도로 품목제조보고가 필요 없으나, 원하는 경우 세트포장 제품의 제품의 제품명을 별도로 만들어 세트제품에 대한 품목제조보고도 할 수 있다. 수입 신고하는 식품이 세트포장 제품에 해당하는 경우는 '수입식품등의 수입신고서'에 '세트포장 여부'를 기재하고, 구성하고 있는 제품의 수량을 기재하여야 한다.

타사 제조 식품을 자사 제조 식품과 함께 세트포장 제품으로 만들어 판매할 때 대표 제품명을 만들어 표시할 수 있을까? 자사 제품과 타사의 제품을 세트포장 제품으로 구성하여 판매하는 경우 대표 제품명을 표시하는 것은 가능하다. 다만, 대표 제품명을 표시하는 경우라도 세트포장 제품의 외포장지에 구성 제품에 대한 표시사항(제품명 포함)을 각각 구분하여 표시하여야 한다.

각각 수입신고한 '바나나치즈빵'과 '딸기치즈빵'을 세트포장한 '치즈빵세트'를 대표 제품명으로 표시하는 경우 치즈 함량을 표시하여야 할까? 각각 수입신고 또는 품목제조보고한 제품을 하나로 포장하여 최종 소비자에게 판매하는 경우는 세트포장 제품에 해당하므로 해당 세트포장 제품의 외포장지에 각각의 구성 품목에 대한 표시사항을 각각 표시하여야 한다. 또한, 세트포장 제품에 대하여 대표 제품명을 선정하는 경우 세트포장 제품을 구성하고 있는 개별 제품에 제품명의 일부로 원재료명을 표시하여 제품명에 대한 해당 원재료명과 함량을 표시하였다면 별도로 세트포장 제품의 대표 제품명에 대한 원재료명과 함량을 표시하지 않아도 된다.

최근 들어 가정에서 맥주를 제조하여 먹을 수 있도록 여러 가지 제품을 세트로 포장하여 판매하는 제품이 많이 있다. 가정용 맥주 제조 세트포장 제품에 식품첨가물 혼합제제가 포함된 경우 겉포장지에 혼합제제의 사용기준을 표시해야 할까? 세트포장 제품에 대해서는 외포장지에 이를 구성하고 있는 각 제품에 대한 표시사항을 표시하도록 하고 있고 구성된 개별 제품 중 식품첨가물(또는 혼합제제)에 대해서는 해당 식품첨가물의 사용기준을 표시하도록 규정되어 있다. 다만, 구성품(혼합제제)이 일반 소비자에게 판매되어 여러 식품에 사용되는 것이 아니고 하나의 제품(맥주)을 만드는 데 필요한 중량(용량)으로 포장된 경우, 표시된 사용기준으로 인한 소비자 오인 소지 등을 고려할 때 식품첨가물의 사용기준 표시는 생략할 수 있다.

4) 표시사항 인쇄 또는 스티커 처리

사례 8. 수입제품에 한글 표시사항을 스티커로 표시하는 경우 가리지 말아야 하는 주요 표시사항

해당 수입제품의 수출국 표시사항에 표시되어 있는 제품명, 일자 표시, 원재료명 및 해외제조업소명을 가리지 아니한 범위 내에서 한글 표시사항을 스티커 등으로 떨어지지 않도록 부착하여야 한다.
한글 표시사항 중 일자 표시는 읽는 방법과 일자가 모두 포함된다.
(근거: 「식품 등의 표시·광고에 관한 법률 시행규칙」[별표 3] 4., 「식품등의 표시기준」 II. 1. 너.)

기본적으로 식품 표시사항은 바탕색의 색상과 대비되는 색상을 사용하여 소비자가 쉽게 알아볼 수 있도록 하여야 하며, 표시를 할 때에는 지워지지 않는 잉크, 각인 또는 소인(燒印: 열에 달구어 찍는 도장) 등을 사용해야 한다. 다만, 원료용 제품 또는 잉크, 각인 또는 소인 등이 어려운 경우는 스티커, 라벨(Label) 또는 꼬리표(Tag)를 사용할 수 있으나 떨어지지 아니하게 부착하여야 한다.

수입식품(수출국에서 유통되고 있는 식품)의 경우, 소비자에게 직접 판매되지 아니하고 식품제조가공업소, 축산물가공업소 및 식품첨가물제조업소에 제품의 원재료로 사용될 목적으로 공급되는 원재료용 제품의 경우, 식품제조공업소 또는 축산물가공업소에서 제조·가공하여 식품접객업소 또는 집단급식소에만 납품 판매되는 원료용 제품의 경우, 방사선조사 관련 문구를 표시하고자 하는 경우, 즉석판매제조가공 또는 식육즉석판매가공 대상식품 중 선식 및 우편 또는 택배 등의 방법으로 최종소비자에게 배달하는 식품의 경우는 스티커, 라벨 또는 꼬리표를 사용할 수 있다.

수입식품(수출국에서 유통되고 있는 식품)의 경우는 수출국에서 표시한 표시사항이 있어야 하고, 한글이 인쇄된 스티커, 라벨 또는 꼬리표를 사용할 수 있으나 떨어지지 아니하게 부착하여야 하며, 원래의 용기포장에 표시된 제품명, 일자 표시에 관한 사항(소비기한 등) 등 주요 표시사항을 가려서는 안 된다.

수입제품의 영양성분 표시는 스티커로 가릴 수 있을까? 영양성분 표시는 국가별로 표시기준이 달라 스티커로 가릴 수 있다. 또한, 국내 표시규정에 부합하지 않은 원재료 명칭 등 표시 일부를 스티커 등으로 수정하는 것은 가능하다.

수입제품에 영어와 프랑스어 2개 언어의 표시사항이 있을 때 2개 언어로 표시된 제품명, 일자 표시에 관한 사항 등 주요 표시사항을 모두 가리지 말아야 하나? 그렇지 않다. 해당 수입제품의 수출국 표시사항에 2개 언어의 표시사항이 동일한 경우 2개 언어의 원표시사항 모두를 남겨둘 필요가 없으므로 영업자 선택에 따라 둘 중 하나의 언어 표시사항은 스티커로 가릴 수 있다.

수입식품 중 「수입식품안전관리 특별법」에 따라 국내 식품 영업자가 수출국 제조가공업소에 계약의 방식으로 식품 생산을 위탁하여 주문자의 상표를 표시하여 수입하는 식품 등이 있는데 이를 "주문자상표부착식품등(OEM, Original Equipment Manufacturing)"이라 한다. 주문자상표부착수입식품은 소비자가 국내에서 생산된 것으로 오인할 우려가 있기 때문에 「수입식품안전관리 특별법」에 따라 주문자(상표권자)에게 현지 위생평가, 소비기한 설정사유서 제출, 자가품질검사 및 위탁생산표시 의무를 부여하여 국내 생산 제품 수준의 관리가 이루어질 수 있도록 주문자(상표권자)의 책임을 강화하고 있다(참조: 「수입식품안전관리 특별법」 제18조 제2항 및 「수입식품안전관리 특별법」 제20조 제9항). 상표와 관련하여 OEM 제품 여부를 판단할 때 「상표법」에 따라 상표 등록된 것만 OEM으로 볼 것인가, 그렇지 않은 것도 OEM으로 볼 것인가가 문제가 되는데 소비자 입장에서 소비자를 보호하고 오인, 혼동하지 않게 하기 위해 둘을 구분하지는 않는다. OEM 식품은 14포인트 이상의 글씨로 주표시면에 「대외무역법」에 따른 원산지 표시의 국가명 옆에 괄호로 위탁생산제품임을 표시하여야 한다. 다만, 농산물, 임산물, 축산물, 수산물로서 자연 상태의 식품, 기구 또는 용기포장과 유통전문판매업소가 표시된 제품은 제외한다.

[예시]

"원산지: ○○ (위탁생산제품)", "○○ 산 (위탁생산제품)", "원산지: ○○(위탁생산)", "○○ 산(위탁생산)", "원산지: ○○(OEM)" 또는 "○○ 산(OEM)"

OEM 제품은 국내 영업자와 국외 영업자 간의 국내 수입과 관련된 사항으로 국내 식품 영업자가 국내 제조가공업소에 계약의 방식으로 식품 생산을 위탁하여 주문자의 상표를 표시하는 식품인 유통전문판매업 방식과 구별할 수 있어야 한다.

기존에 지워지지 않는 잉크, 각인 또는 소인 등을 사용하여 표시한 사항에 대해 허가(등록 또는 신고)권자가 변경허가(등록 또는 신고)된 영업소(장)의 명칭(상호) 및 소재지를 표시하는 경우, 제조연월일, 소비기한 또는 품질유지기한을 제외한 식품의 안전과 관련이 없는 경미한 표시사항으로 관할 허가(등록 또는 신고)관청에서 승인한 경우, 자연 상태의 농산물, 임산물, 축산물(「축산물 위생관리법」에서 정한 축산물 제외) 및 수산물의 경우는 스티커 처리가 가능하다.

농산물 표시사항을 스티커로 수정하는 경우 관할관청의 승인을 받아야 할까? 식품제조가공업소 등에서 제조한 식품의 경우 제조연월일, 소비기한 또는 품질유지기한을 제외한 표시사항에 대하여 해당 영업소의 영업을 허가(등록 또는 신고) 처리한 관청의 승인하에 스티커 등을 사용하여 표시사항을 수정하여야 한다. 다만, 자연 상태인 농산물의 경우 별도의 영업허가(등록 또는 신고) 대상에 해당되지 않으므로 제조연월일, 소비기한 또는 품질유지기한을 제외한 내용물의 명칭 또는 제품명(제품명의 경우 내용물의 명칭 포함) 등 표시사항은 별도의 승인 절차 없이 영업자 책임하에 표시사항을 수정할 수 있다.

5) 표시사항 중 일부 표시 또는 생략

사례 9. 식품제조가공업소에서 과자를 일반음식점에 납품할 때 표시사항을 모두 기재하는지 여부

식품제조가공업소에서 일반음식점에 제품을 납품할 때 「식품 등의 표시·광고에 관한 법률」에 따라 표시사항을 모두 기재하여야 한다.

다만, 식품제조가공업 영업자가 「가맹사업거래의 공정화에 관한 법률」에 따른 가맹본부 또는 가맹점 사업자에게 제조·가공 또는 조리를 목적으로 공급하는 식품에는 일부 표시사항*만 표시가 가능하다.

* 제품명, 영업소의 명칭 및 소재지, 제조연월일, 소비기한 또는 품질유지기한, 보관방법 또는 취급방법, 알레르기 유발물질

(근거: 「식품 등의 표시·광고에 관한 법률 시행규칙」 [별표 1] 3.)

자사(自社)에서 제조·가공할 목적으로 수입하는 식품, 식품제조가공업 및 식품첨가물제조업, 축산물가공업, 건강기능식품제조업에 사용될 목적으로 공급되는 원료용 식품, 식품제조가공업 또는 축산물가공업 영업자가 「가맹사업거래의 공정화에 관한 법률」에 따른 가맹본부 또는 가맹점사업자에게 제조·가공 또는 조리를 목적으로 공급하는 식품 및 축산물, 식육판매업 및 식육즉석판매가공업 영업자가 보관·판매하는 식육, 식육부산물전문판매업 영업자가 보관·판매하는 식육부산물(도축 당일 도축장에서 위생용기에 넣어 운반, 판매하는 경우

에는 도축검사증명서로 그 표시를 대신할 수 있다), 모든 표시사항의 정보를 바코드 등을 이용하여 소비자에게 제공하는 식품 등의 경우에는 식품 제품명, 내용량 및 원재료명, 영업소 명칭 및 소재지, 소비자 안전을 위한 주의사항, 제조연월일, 소비기한 또는 품질유지기한, 품목보고번호 등 표시사항의 일부만을 표시할 수 있다.

식품제조가공업소에서 기내식(飛內食)用으로 납품하는 식품의 경우는 알레르기 유발물질만 표시할 수 있고 별도의 메뉴판, 안내장 등으로 알레르기 유발물질정보를 제공하는 경우에는 그 표시를 생략할 수 있다.

다음(①~③)에 해당하는 경우로서 표시사항을 진열상자에 표시하거나 별도의 표지판에 기재하여 게시하는 때에는 개개의 제품별 표시를 생략할 수 있으며, 진열상자 또는 별도의 표지판의 기재사항 중 영업소(장)의 명칭(상호) 및 소재지를 생략할 수 있다.

① 즉석판매제조가공업의 영업자가 즉석판매제조가공 대상식품*을 판매하는 경우(다만, 즉석판매제조가공 대상식품 중 선식 및 우편 또는 택배 등의 방법으로 최종 소비자에게 배달하는 식품의 경우 제품별 표시를 생략하여서는 아니 된다.)

* 즉석판매제조가공 대상식품은 식품제조가공업 및 축산물가공업에서 제조·가공할 수 있는 식품에 해당하는 모든 식품(통·병조림 식품 제외)이다. 또한, 식품제조가공업의 영업자 및 축산물가공업의 영업자가 제조·가공한 식품 또는 수입식품 등 수입판매업 영업자가 수입판매한 식품으로 즉석판매제조가공업소 내에서 소비자가 원하는 만큼 덜어서 직접 최종 소비자에게 판매하는 식품도 포함되나 통·병조림 제품, 레토르트식품, 냉동식품, 어육 제품, 특수용도식품(체중조절용 조제식품은 제외한다), 식초, 전분, 알가공품, 유가공품은 제외한다.

② 소규모 주류제조자가 직접 제조한 탁주, 약주, 청주, 맥주를 해당 제조자가 같은 장소에서 운영하는 식품접객업소의 고객들에 한해 직접 판매하는 경우

③ 식육즉석판매가공업 영업자가 식육가공품을 만들거나 다시 나누어 판매하는 경우(다만, 식육즉석판매가공업 대상 축산물 중 우편 또는 택배 등의 방법으로 최종 소비자에게

배달하는 식육가공품의 경우 개개의 제품별 표시를 생략하여서는 아니 된다)

즉석판매제조가공업자가 개별포장된 낱개 과자와 낱개 초콜릿을 함께 포장하여 우편, 택배로 판매할 때 표시사항을 낱개 포장지에 하는 대신에 별도의 종이에 적어 동봉하는 것이 가능할까? 즉석판매제조가공업소에서 떡, 초콜릿 등을 합포장(세트상품)하여 우편, 택배 등으로 판매하는 경우, 최소판매단위별 용기포장에 표시사항을 표시하여야 하므로 표시사항을 인쇄하여 동봉하는 것으로 대신할 수 없다.

한글 표시사항은 소비자에게 판매를 목적으로 하는 식품에 대해 표시하도록 규정하고 있어 연구·개발·조사 목적으로 국내 수입되는 식품의 경우에는 한글 표시사항을 생략할 수 있다.

일반식품의 정보표시면에 '식품위생법에 의한 한글 표시사항' 문구를 반드시 표시해야 할까? 「식품위생법」, 「축산물위생관리법」, 「건강기능 식품에 관한 법률」 중 표시광고와 관련된 규정이 「식품 등의 표시·광고에 관한 법률」로 통합제정('19.3.14. 시행)되었으며, 「식품 등의 표시·광고에 관한 법률」에서는 '식품위생법에 의한 한글 표시사항', '축산물위생관리법에 의한 한글 표시사항' 등의 문구표시를 의무사항으로 규정하지 않아 표시할 필요가 없다. 다만, 표시하고자 하는 경우에는 "「식품 등의 표시·광고에 관한 법률」에 의한 한글 표시사항"으로 바르게 표시하여야 한다.

식품제조업자가 다른 업체의 식품에 사은품 형식으로 들어가는 식품을 납품하는 경우 영양성분을 표시하여야 할까? 「식품위생법」에 따라 "판매"는 판매 외의 불특정 다수인에게 제공하는 것을 포함하므로 불특정 다수인을 대상으로 식품 등을 증정하는 행위도 판매에 해당하며, 「식품 등의 표시·광고에 관한 법률」에 따른 표시가 없거나 표시방법을 위반한 식품 등은 판매하거나 판매할 목적으로 제조, 가공, 소분, 수입, 포장, 보관, 진열 또는 운반하거나 영업에 사용해서는 안 된다. 따라서 제품이 사은품 형태로 최종 소비자에게 제공되기 때문에 위 규정에 따라 판매에 해당되므로 최소판매단위에 모든 표시사항을 표시하여야 한다.

6) 소분제품

사례 10. 소분할 때 표시규정이 개정되어 원제품의 표시사항이 개정 전의 내용일 경우 소분업자의 표시 변경 의무 여부

소분하는 경우 식품의 원래 표시사항을 변경하여서는 아니 되므로, 개정 규정 시행일 이전에 생산된 제품의 표시 내용은 시행일 이후 소분하는 경우 표시내용 변경 대상이 아니다.
(근거: 「식품등의 표시 기준」 II. 1. 라.)

소분하는 경우 해당 식품의 원래 표시사항을 변경해서는 안 된다. 다만, 내용량, 영업소(장)의 명칭(상호) 및 소재지, 용기포장 재질, 영양성분 표시는 소분하여 재포장하였기 때문에 소분 또는 재포장에 맞게 표시하여야 한다. 여기서 소분은 식품소분업소에서 식품을 소분하여 재포장한 경우, 즉석판매제조가공업소에서 식품제조가공업 영업자가 제조·가공한 식품을 최종 소비자에게 덜어서 판매하는 경우, 식육즉석판매가공업소에서 식육가공업 영업자가 제조·가공한 축산물을 최종 소비자에게 덜어서 판매하는 경우 및 식용란수집판매업의 영업자가 달걀을 재포장하여 판매하는 경우[다만, 제품명의 경우(수입달걀 제외)에는 재포장에 따라 변경하여 표시할 수 있다]를 말한다.

7) 식품 포장지의 용기포장 재질 표시

사례 11. 식품의 용기포장 재질명으로 "LDPE" 표시 가능 여부

폴리에틸렌(PE, Polyethylene)은 저밀도폴리에틸렌(LDPE, Low Density Polyethylene), 고밀도폴리에틸렌(HDPE, High Density Polyethylene) 등으로 구분할 수 있어 약자를 PE가 아닌 "LDPE"로 표시할 수 있다.
(근거: 「식품등의 표시기준」 II. 1. 타.)

식품을 넣거나 싼 포장지에는 그 포장지의 재질을 표시하여야 한다. 용기포장 재질로 종이제, 금속제, 합성수지제 또는 고무제 등이 사용되는데 종이제나 금속제 등은 직관적으로 소비자가 재질을 알 수 있으나 합성수지제와 고무제는 구체적으로 어떤 재질인지 알 수 없어 표시하도록 하고 있다. 합성수지제 또는 고무제는 재질에 따라 「기구 및 용기·포장의 기준 및 규격」에 등재된 재질 명칭인 염화비닐수지, 폴리에틸렌, 폴리프로필렌, 폴리스티렌, 폴리염화비닐리덴, 폴리에틸렌테레프탈레이트, 페놀수지, 실리콘고무 등으로 각각 구분하여 표시하여야 하며, 이 경우 해당되는 PVC, PE, PP, PS, PVDC, PET 등의 약자로 표시할 수 있다.

식품포장지의 재질 표시는 「자원의 절약과 재활용 촉진에 관한 법률」에 따라 분리배출을 위한 목적이 더 클 수 있기 때문에 폴리에틸렌, 폴리프로필렌, 폴리에틸렌테레프탈레이트, 폴리스티렌, 염화비닐수지가 표시되어 있으면 별도 재질 표시를 생략할 수 있다.

4. 제품명 표시

1) 품목제조보고 명칭 사용

사례 12. "OO과자"로 품목제조보고된 제품명 앞 또는 뒤에 "A", "B" 등의 기호 추가 가능 여부

제품명은 그 제품의 고유명칭으로 허가관청(수입식품의 경우 신고관청)에 보고 또는 신고한 명칭으로 표시하여야 하므로 품목제조보고된 제품명과 다른 명칭으로 표시하여서는 안 된다.
다만, 제품의 구분 또는 식별 등을 위해 주표시면과 정보표시면에 제품명을 명확히 표시한 경우라면 작업상 편의를 위해 "1A" 등의 문구를 제품명과 구분되도록 추가 표시하는 것은 가능하다.
(근거: 「식품등의 표시기준」 [별지 1] 1. 가.)

제품명은 제품을 대표하는 가장 기본적인 정보이기 때문에 언제든지 추적 가능해야 한다. 따라서 기본적으로 제품명은 그 제품의 고유명칭으로서 지자체에 품목제조보고하거나 수입할 때 지방청에 신고하는 명칭으로 표시하여야 한다. 제품명에 상호·로고 또는 상표 등의 표현을 함께 사용할 수 있다. 다른 회사가 사용하는 제품의 명칭, 상호, 로고 또는 상표 등의 사용 여부 문제는 「식품 등의 표시·광고에 관한 법률」이 아닌 「특허법」 소관이다.

〈TIP〉

제품명을 갑자기 변경할 사정이 생겨 포장지를 다시 제작하여야 하는 경우에는 품목제조보고서의 제품명을 변경하는 것이 좀 더 쉬운 방법일 수 있다!

각각 품목제조보고된 2개의 제품을 함께 포장하여 1개의 품목으로 또 품목제조보고한 경우라면 품목제조보고에 따른 제품명, 식품유형 등을 표시하고, 원재료명 표시는 2종의 식품을 구분하여 표시하여야 한다. 대표적인 사례로 라면과 간편조리세트(밀키트)*가 있는데, 라면의 경우 면과 스프의 원재료를, 간편조리세트의 경우 농·축·수산물과 가공식품 등 조리에 필요한 정량의 식재료와 양념을 각각 구분하여 표시하여야 한다.

* 조리되지 않은, 손질된 농·축·수산물과 가공식품 등 조리에 필요한 정량의 식재료와 양념 및 조리법으로 구성되어, 제공되는 조리법에 따라 소비자가 가정에서 간편하게 조리하여 섭취할 수 있도록 제조한 제품

수입제품에서 수출국에서 표시한 수입식품의 제품명을 한글로 표시할 때「외래어 표기법」에 따라 표시하거나 번역하여 그대로 표시하는 것이 원칙이다. 우리나라와의 문화 차이 등으로 수입 현품의 제품명이 소비자가 이해하기 어려운 경우일 때에는 추가 문구를 사용할 수 있으며, 소비자가 잘 알 수 없는 숫자나 문자 등이 포함되어 있을 경우 생략할 수 있다. 다만, 다른 나라는 우리나라와 같이 별도로 식품유형(식품의 종류)을 규정하고 있지 않기 때문에 제품명에 해당 제품과 다른 식품유형(식품의 종류)을 명칭으로 사용하는 경우가 많다. 이 경우 보통의 주의력을 가진 소비자가 제품명으로 식품유형을 오인, 혼동하지 않는다면 표시가 가능할 것으로 판단된다.

수출 식품, 국내에 전혀 판매하지 않는 식품에 대하여는 수입국 표시기준에 따라 표시할 수 있다. '공진단'과 같이 일반식품에 한약명 등 의약품명을 표방하는 표시광고는 우리나라에서 부당한 표시광고에 해당(「식품 등의 표시·광고에 관한 법률」 제8조) 하지만 제품이 전량 국내에 유통되지 않고 수출되는 식품인 경우 수입국 표시기준에 적합하다면 표시할 수도 있다. 다만 국내 판매용과 수출용의 겸용의 제품을 만들어 표시하는 경우에는 국내 판매 목적이 포함되어 있으므로 주의가 필요하다.

2) 소분제품

사례 13. 원제품 "○○과자"를 소분하고 그 제품명으로 "상큼한 ○○과자"라고 표시 가능한지 여부

식품소분업소에서 식품을 소분하여 재포장하는 경우, 해당 제품의 원래 표시사항을 변경하여서는 아니 되므로(단, 내용량, 영업소명 및 소재지, 영양성분 표시는 재포장에 맞게 변경 가능), 제품을 소분하여 재포장하는 경우에는 기존 제품의 제품명인 "○○과자"를 그대로 표시하여야 한다.
다만, 제품의 구분을 위해 주표시면과 정보표시면에 제품명을 명확히 표시한 경우라면 제품명과 구분되도록 '상큼한'을 추가 표시하는 것은 가능하다.
(근거: 「식품등의 표시기준」 II. 1. 자.)

소분하여 재포장하기 때문에 소분 또는 재포장에 맞게 표시하여야 하는 내용량, 영업소(장)의 명칭(상호) 및 소재지, 용기포장 재질, 영양성분 표시를 제외하고 소분제품은 해당 식품의 원래 표시사항을 변경해서는 안 되지만 원래의 제품명을 그대로 두고 일부 추가하는 것은 가능하다.

3) 원재료명을 제품명으로 사용

사례 14. 제품명의 일부로 "채소"를 사용하고 주표시면에 일부 채소만 원재료명 및 함량 표시 가능한지 여부

통칭명인 '채소'를 제품명의 일부로 사용하고자 하는 경우, '채소'에 해당하는 모든 원재료명과 그 함량을 주표시면에 14포인트 이상의 글씨로 표시하여야 한다.
[예시] 채소○○(오이 ○○%, 당근 ○○%)
(근거: 「식품등의 표시기준」 [별지 1] 1. 가.)

제품명에 해당 제품에 사용한 원재료나 원재료에 포함된 성분을 표시하여 그 제품이 다른 제품과 차별됨을 강조할 수 있다. 「식품등의 표시기준」에서 "원재료"는 식품 또는 식품첨가물의 처리, 제조·가공 또는 조리에 사용되는 물질로서 최종 제품 내에 들어 있는 것을 말하며,

"성분"은 제품에 따로 첨가한 영양성분 또는 비영양성분이거나 원재료를 구성하는 단일물질로서 최종 제품에 함유되어 있는 것을 말한다. 현행 규정에 따라 원재료나 성분을 강조하는 것이 가능하며 이때에는 강조한 원재료나 성분의 함량(백분율, 중량, 용량)을 주표시면에 14포인트 이상의 글씨로 표시하여야 한다. 일반적으로 소비자는 제품명에 원재료명이 포함되어 있을 때 그 원재료가 아주 많을 것으로 기대하는 경우가 많다. 따라서 소비자에게 해당 원재료나 성분이 얼마나 들어 있는지 정확한 정보를 주기 위한 규정이다.

[예시]

제품명이 "흑마늘○○"일 때, 주표시면에 14포인트 이상의 글씨로 최종 제품에 함유되어 있는 흑마늘의 함량을 "흑마늘 ○○%"와 같이 표시

원재료의 함량이 1~2% 미만으로 아주 적은 경우 해당 원재료를 제품명으로 사용할 수 없도록 하자는 일부 의견도 있다. 식품에 따라 해당 원료가 미량이어도 그 원료가 해당 식품을 대표하는 경우가 있어 이를 규제하기는 현실적으로 어렵다. 예를 들어 과일 1~2%에 물이 대부분인 음료류의 경우 과일 1~2%는 음료류에서는 중요한 역할을 할 수 있기 때문이다.

제품명에 특정 원재료가 아닌 과실, 채소, 생선, 해물, 식육 등 여러 원재료를 통칭하는 명칭을 제품명 또는 제품명의 일부로 사용하고자 하는 경우에는 해당 통칭명에 해당하는 각각의 원재료명과 함량을 표시해야 한다.

[예시]

제품명이 "과일○○"일 때, 해당 제품에 포함된 구체적인 과일의 이름과 함량을 "사과 ○○%, 배 ○○%" 등과 같이 표시

배추, 죽순, 양파를 원재료로 사용한 제품에서 제품명의 일부로 '채소맛'을 사용할 수 있을까? 배추, 죽순, 양파를 원재료로 사용하여 소비자가 일반적으로 기대하는 채소맛에 적합하다면 제품명의 일부로 '채소맛'을 사용하는 것은 가능하다. 또한, 채소는 통칭명에 해당되어 각각의 원재료명 및 함량을 주표시면에 14포인트 이상의 글씨로 표시하여야 한다. 이와 유사한 사례로 원재료로 쌀가루와 볶음콩가루를 사용하여 제품명의 일부로 '인절미맛'이라 표시할 수 있다.

어떤 경우에는 원재료로 추출물이나 농축액을 사용하고 제품명으로 표시하는 경우가 있는데, 이 경우에는 그 추출물의 함량과 그 추출물에 함유된 고형분의 함량을 백분율로 함께 표시하여야 한다. 국어사전에서 "추출"은 고체 또는 액체의 혼합물에서 용매를 가하여 혼합물 속의 어떤 물질을 용매에 녹여 뽑아내는 일로 정의하고 있으며, 일반적으로 "농축"은 액체를 진하게 바짝 졸이는 일로, "고형분(전고형분)"은 물속에 함유되어 있는 고형물의 총량으로, 현탁고형물과 용해고형물의 합으로 나타내며, 물을 증발시켜 건조하였을 때 남은 총량으로 정의한다. 추출물의 함량을 표시할 때에는 고형분의 함량을 표시하는 것이 원칙이지만 여러 원재료를 혼합하여 추출하는 경우 특정 원재료의 고형분 함량을 알기 어려우므로 이 경우에는 배합함량으로 표시할 수 있다.

[예시]

- **제품명이 "딸기○○"일 때, "딸기추출물 ○○%(고형분 함량 ○○%)" 등과 같이 표시**
- **제품명이 "과일○○"일 때 "과일추출물 ○○%(배합함량 사과 ○○%, 배 ○○%)" 등과 같이 표시**

여기서 추출물(액)은 딸기 등의 원재료를 물에 끓이는 등의 방법으로 추출한 다음 건더기를 건져 내고 남은 액으로, 딸기 등의 원재료를 물리적으로 압착하여 짜내는 착즙액이나 엑기스와는 다르다. 착즙액이나 엑기스는 제조·가공 과정 중 물을 사용하지 않기 때문에 표시를 할 때에도 고형분의 함량을 표시할 필요가 없다.

농축액은 두 가지 의미를 내포하고 있는데, 추출액을 농축하는 경우와 착즙액을 농축하는 경우다. 따라서 굳이 용어로 구분한다면 각각 추출농축액과 착즙농축액이 된다. 앞서 언급한 대로 추출농축액은 추출하여 물을 증발시켜 농축한 것이므로 고형분 함량을 표기해야 하고,

착즙농축액은 고형분의 함량을 표시할 필요가 없다.

제품명이 "소뼈소스"이고, 원재료로 소뼈추출액(소뼈, 토마토, 소금)을 사용한 제품에서 원재료명 및 함량을 어떻게 표시할까? 소뼈추출액과 같이 소뼈 이외에 토마토, 소금을 혼합하여 추출한 추출액의 경우, '소뼈추출액 ○○%(고형분 ○○%, 소뼈, 소금, 물)' 등으로 추출물 명칭 및 함량(백분율)과 고형분의 함량(백분율)을 소뼈추출액 제조 시 사용된 원재료와 함께 표시하여야 한다.

"맛" 또는 "향"을 내기 위하여 원재료로 합성향료물질로만 구성된 "향료"만을 사용하고 제품명 또는 제품명의 일부로 "맛" 또는 "향"을 사용하고자 하는 때에는 원재료명 또는 성분명 다음에 "향" 자를 사용하되, 그 글씨 크기는 제품명과 같거나 크게 표시하고, 제품명 주위에 "합성○○향 첨가(함유)" 또는 "합성향료 첨가(함유)" 등의 표시를 하여야 한다.

[예시]

딸기향캔디(합성딸기향 첨가)

그러면 천연향료 식품첨가물 '운향'을 원재료로 사용하고 제품명으로 "운향○○"을 사용할 수 있을까? 최종 제품에 '운향'이 남아 있는 경우라면 제품명으로 표시가 가능하며, 이 경우 주표시면에는 '운향'에 해당하는 원재료의 명칭 및 함량을 14포인트 이상의 글씨 크기로 표시하여야 한다.

카라멜 사용 없이 과당을 카라멜화하여 만든 제품의 제품명 일부로 "카라멜" 사용이 가능할까? 식품 또는 식품첨가물인 카라멜(카라멜색소)을 직접 사용하지 않았으나, 해당 제품의 제조과정 중에 자연적으로 카라멜이 생성된 경우, 제품명으로 카라멜 표시는 가능하다. 이 경우 카라멜, 과당의 함량을 표시하지 않아도 된다.

제품명 일부로 '신맛'을 사용하는 경우 맛에 해당하는 원재료 명칭을 표시해야 할까? 제품명의 일부로 원재료를 포함하는 경우에는 해당 원재료의 명칭과 함량을 표시하여야 하나, 단맛 또는 신맛과 같은 맛을 표시하는 경우에는 원재료명과 함량을 표시하지 않아도 된다.

바베큐 맛을 내기 위해 복합조미식품을 원재료로 사용한 제품에서 제품명으로 "바베큐 맛

스낵"을 사용할 수 있을까? 복합조미식품을 사용하여 바베큐 맛을 낸 경우, 소비자가 일반적으로 기대하는 바베큐 맛에 적합하다면 제품명으로 바베큐 맛을 사용하는 것은 가능하다. 또한, 바베큐는 요리명에 해당되어 원재료명 및 함량을 주표시면에 표시하지 않을 수 있다.

원재료명이 아니고 해당 식품유형명, 즉석섭취편의식품류명 또는 요리명을 제품명 또는 제품명의 일부로 사용하는 경우는 그 식품유형명, 즉석섭취편의식품류명 또는 요리명의 함량 표시를 하지 않을 수 있다.

[예시]

- **식품유형명: "○○토마토케첩"(식품유형: 토마토케첩), "○○조미김"(식품유형: 조미김)**
- **즉석섭취편의 식품류명: "○○햄버거", "○○김밥", "○○순대"**
- **요리명: "수정과○○", "식혜○○", "불고기○○", "피자○○", "짬뽕○○", "바비큐○○", "갈비○○", "통닭○○"**

제품명이 "전복죽"일 때 원재료 함량을 어떻게 표시하여야 할까? 제품명의 일부로 사용한 "죽"은 요리명에 해당되나 "전복"은 원재료의 명칭이므로 해당 원재료 명칭을 제품명의 일부로 표시한 경우에는 그 원재료명과 함량을 주표시면에 14포인트 이상의 글씨로 표시하여야 한다. 이와 유사한 사례로 "고추잡채", "고추짬뽕", "낙지불고기"가 있다.

식품 표시광고 관련 규정에서 함량을 표시할 때 '이상', '이하, '초과, '미만'을 사용하여서는 안 된다. 영업자 책임하에 정확한 함량을 표시하여야 하며, 정확한 함량값은 알기 어려우므로 식품 표시광고 규정에서는 대부분 허용오차를 두고 있다.

도라지추출물 100%를 사용한 제품에서 제품명이 "도라지진액"인 경우 원재료명 및 함량을 표기할 때 고형분 8% 이상으로 표시해도 될까? 제품명이 도라지진액인 경우, 도라지추출물 100%(고형분 ○○%)로 표시하여야 한다. 다만, 이 경우 고형분 8% 이상으로 표시할 수 없으며, 정확한 고형분의 함량(백분율)으로 표시하여야 한다. 참고로, 정확한 고형분 함량을 측정하기 어려운 경우, 배합함량(백분율)으로도 표시할 수 있음을 참고하기 바란다.

식육의 종류(품종명을 포함한다) 또는 부위명을 제품명으로 사용하고자 할 경우 다음에서 정하는 대로 주표시면에 표시하여야 한다(식육함유가공품, 수입하는 식육 제외). 가장 많이 사용한 원료 식육의 종류(품종명을 포함한다) 또는 부위명을 제품명으로 사용하여야 하며, 이 경우 제품에 사용한 모든 식육의 종류(품종명을 포함한다) 또는 부위명과 그 함량을 표시하여야 한다. 2가지 이상의 식육의 종류(품종명을 포함한다) 또는 부위명을 서로 합성하여 제품명 또는 제품명의 일부로 사용하고자 하는 경우, 많이 사용한 순서에 따라 각각의 식육의 종류(품종명을 포함한다) 또는 부위명의 함량을 표시하여야 한다.

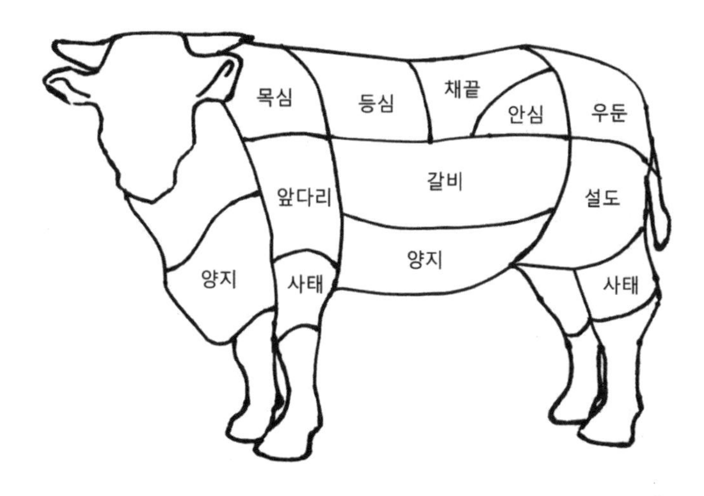

그림 5. 소고기 대분할 부위 위치도

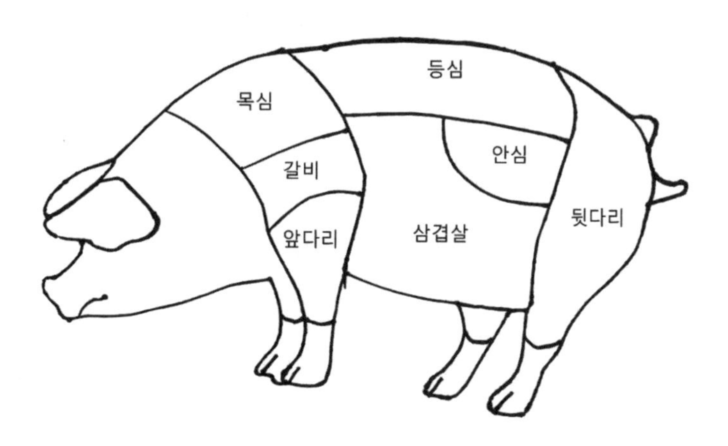

그림 6. 돼지고기 대분할 부위 위치도

표 16. 소고기 및 돼지고기의 분할상태별 부위명칭

소고기		돼지고기	
대분할 부위명칭	소분할 부위명칭	대분할 부위명칭	소분할 부위명칭
안심	안심살	안심	안심살
등심	윗등심살 꽃등심살 아래등심살 살치살	등심	등심살 알등심살 등심덧살
채끝	채끝살	목심	목심살
목심	목심살		
앞다리	꾸리살 부채살 앞다리살 갈비덧살 부채덮개살	앞다리	앞다리살 앞사태살 항정살 꾸리살 부채살 주걱살
우둔	우둔살 홍두깨살		
설도	보섭살 설깃살 설깃머리살 도가니살 삼각살	뒷다리	볼기살 설깃살 홍두깨살 보섭살 뒷다리살
양지	양지머리 차돌박이 업진살 치마양지 치마살 앞치마살		
사태	앞사태 뒷사태 뭉치사태 아롱사태 상박살	삼겹살	삼겹살 갈매기살 등갈비 토시살 오돌삼겹

갈비	본갈비 꽃갈비 참갈비 갈비살 마구리 토시살 안창살 제비추리	갈비	갈비 갈비살 마구리
10개 부위	39개 부위	7개 부위	25개 부위

돼지고기 등심 30%, 앞다리 20%를 사용한 제품의 제품명이 "등심돈까스"일 때 원재료명과 함량을 어떻게 표시해야 할까? 등심돈까스(유형: 분쇄가공육제품)인 경우, 식육명과 부위명을 제품명으로 사용하였으므로 주표시면에 표시하는 원재료명 및 함량은 '돼지고기 50%(등심 30%, 앞다리 20%)'로 표시하여야 한다.

소고기 제품명으로 "우삼겹"을 사용할 수 있을까? '우삼겹'은 소고기 부위 중 양지(대분할)의 업진살(소분할)*로서 '업진살'의 다른 명칭으로 수년간 일반화되어 사용하고 있기 때문에 부위가 '업진살'이라면 '우삼겹'을 제품명으로 사용한다 하여 소비자가 돼지고기로 오인, 혼동할 여지는 없을 것으로 판단하고 있다.

* 소지육(한우) 약 290 kg 중 업진살은 7 kg 정도 차지(2.4%)

돼지고기에서 '삼겹살' 명칭이 대분할 부위에도 있고 소분할 부위에도 있는데 문제가 되지는 않을까? 돼지고기 부위명 중 대분할, 소분할 명칭인 '삼겹살'과 관련하여 삼겹살은 돼지고기 뱃살 전체 부위에 대한 명칭으로서 외관으로 부위를 정확히 알 수 있기 때문에 소분할 명칭인 갈매기살, 등갈비 등을 대분할 명칭인 '삼겹살'로 사용하지는 않아 현 부위명칭에 문제가 없다고 판단하고 있다.*

* 갈매기살, 등갈비 등은 판매 가격이 '삼겹살'만큼 비싸고 토시살은 부위 양이 매우 적으므로 '삼겹살'로 표시해서 판매되기는 어려움

닭가슴살, 닭다리로 만든 식육가공품의 제품명으로 "닭고기"를 사용하는 제품에서 원재료명는 어떻게 표시해야 할까? 식육가공품의 제품명 일부로 "닭고기"를 사용한 경우, 사용된 원

재료가 닭가슴살, 닭다리에 해당되는 경우, 사용한 모든 식육의 종류 또는 부위명과 그 함량을 주표시면에 표시하여야 하므로 '닭고기 ○○%(닭가슴살 ○○%, 닭다리 ○○%)' 등으로 표시할 수 있다.

즉석판매제조가공업소에서 설렁탕을 제조·판매할 때 원재료로 사용된 모든 뼈(사골, 도가니, 우족)의 함량 표시를 생략할 수 있을까? 제품의 식품유형이 '식육추출가공품'인 경우라면 제품에 사용한 모든 식육의 종류 및 함량을 표시하여야 하므로 사용된 뼈의 함량을 반드시 표시하여야 한다.

레몬을 원재료로 사용하는 제품에 레몬 이미지를 넣거나 "레몬으로 새콤한 맛을"이라는 문구를 사용한 제품의 주표시면에 원재료명 및 함량을 표시하여야 할까? 「식품등의 표시기준」에 따르면 원재료명을 주표시면에 표시하는 경우 해당 원재료명과 그 함량을 주표시면에 12포인트 이상의 글씨로 표시하여야 한다. 해당 제품의 주표시면에 추가문구로 "레몬으로 새콤한 맛을" 표시를 한 경우에도 해당 원재료의 명칭 및 함량을 주표시면에 12포인트 이상의 글씨 크기로 표시하여야 한다. 다만, 제조·가공에 사용한 원재료의 이미지를 주표시면에 표시한 경우에는 상기 규정의 대상이 아니므로 원재료의 함량 표시를 하지 않을 수 있다.

4) 성분명을 제품명으로 사용

사례 15. 복분자즙 제품에 '안토시안' 함유 표시 가능 여부

객관적인 사실에 입각하여 최종 제품 중에 함유되어 있는 '안토시안' 성분 및 그 함량을 표시할 수 있다. 다만, 성분명을 영양성분 강조 표시에 준하여 표시할 때에는 영양성분 강조 표시 관련 규정을 준용할 수 있다 (근거: 「식품등의 표시기준」 [별지 1] 1. 가.)

제품에 직접 첨가하지 아니한 제품에 사용된 원재료 중에 함유된 성분명을 표시하고자 할 때에는 그 명칭과 실제 그 제품에 함유된 함량을 중량 또는 용량으로 표시하여야 한다. 다만, 이러한 성분명을 영양성분 강조 표시에 준하여 표시하고자 하는 때에는 이 책 Ⅱ. 8.의 '영양성분 표시'에 언급되어 있는 영양성분 강조 표시 규정을 준용하여 표시하여야 한다. 성분명과 함량을 표시할 때 표시 위치를 별도로 정하고 있지 않다.

5. 원재료명 표시

1) 원재료명 표시방법

사례 16. 품목제조보고서상에 원재료로 "밀 90%, 물 10%"를 기재하고 제조과정 중 물이 증발하는 경우 표시방법

식품의 제조·가공 시 사용한 모든 원재료는 사용한 순서에 따라 표시하여야 하며, 이 경우 최종 제품에 남아 있지 않은 물은 제외할 수 있으므로 제품에 투입된 원재료 중 물이 증발되어 최종 제품에 남아 있지 않은 경우라면, 물에 대한 원재료명 표시를 생략할 수 있다.
(근거: 「식품등의 표시기준」 [별지1] 1. 바.)

식품원료는 「식품위생법」 제7조에 따라 식품에 사용할 수 있는 원료, 식품에 제한적으로 사용할 수 있는 원료 및 한시적 기준규격에서 전환된 원료로 구분하여 관리하고 있다.

먼저, "식품에 사용할 수 있는 원료"란 식품에 조건 없이 사용할 수 있는 원료를 말한다. 「식품의 기준 및 규격」 [별표 1]에서 식품에 사용할 수 있는 원료목록에서 확인할 수 있다. 예를 들어 '가지여지' 품목의 경우 '가시여지'의 열매가 식품원료로 사용 가능하다는 것을 의미한다.

품목명	이명 또는 영명	학명	사용부위
가시여지	그라비올라, Soursop, Guanabana	*Annona muricata L.*	열매

"식품에 제한적으로 사용할 수 있는 원료"란 식품 사용에 조건이 있는 식품원료를 말한다. 향신료, 침출차, 주류 등 특정 식품에만 제한적 사용근거가 있는 것, 독성이나 부작용 원인 물

질을 완전 제거하고 사용해야 하는 것, 독성이나 부작용 원인 물질의 잔류기준이 필요한 것 등은 제한적 원료로 판단한다. "식품에 제한적으로 사용할 수 있는 원료" 목록은 「식품의 기준 및 규격」 [별표 2]에서 확인할 수 있다. 예를 들어 은행나무, 식물성스테롤 품목의 경우 은행나무의 은행잎은 침출차의 원료로만 사용할 수 있다. 건강기능식품 기능성 원료로도 사용되고 있는 식품스테롤은 사용조건뿐 만 아니라 사용량이 정해져 있다. 제품의 ㎏당 6.5 g 이하로 사용할 수 있으며, 1일 섭취량이 3 g을 초과하지 않도록 사용해야 한다.

품목명	이명 또는 영명	학명	사용부위	사용조건
은행나무	Ginko	*Ginko biloba L*	잎	침출차의 원료로만 사용
식물스테롤	Plant sterol			제품의 ㎏당 6.5 g 이하를 사용할 수 있으나, 1일 섭취량이 3 g을 초과하지 않도록 사용해야 한다.

"식품에 제한적으로 사용할 수 있는 원료"를 이용하여 식품을 제조할 경우, 특별히 사용조건이 명시되어 있지 않은 원료는 다음의 사용조건을 따라야 한다. "식품에 제한적으로 사용할 수 있는 원료"로 명시되어 있는 동, 식품 등은 가공 전 원재료의 중량을 기준으로 원료배합 시 50% 미만(배합수는 제외한다) 사용하여야 한다. "식품에 제한적으로 사용할 수 있는 원료"에 속하는 원료를 혼합할 경우, 혼합성분의 총량이 제품의 50% 미만(배합수는 제외한다) 이어야 한다. 다만, 최종 소비자에게 판매되지 아니하고 제조업소에 공급되는 원료용 제품을 제조하고자 하는 경우에는 위의 50% 미만 기준을 적용받지 아니할 수 있다. 음료류, 주류 및 향신료 제조 시에는 제품의 구성원료 중 "제한적 사용 원료"에 속하는 식물성원료가 1가지인 경우에는 "식품에 사용할 수 있는 원료"로 사용할 수 있다.

마지막으로 "식품에 사용할 수 없는 원료"는 안전성 등의 이유로 식품의 제조, 가공, 조리에 사용할 수 없는 원료를 말한다. 또한, 「야생동물 보호 및 관리에 관한 법률」을 위반하여 포획한 야생동물을 식품제조·가공에 사용하는 것을 금지하고 있다. 기존에 섭취하지 않았던 새로운 원료를 식품원료로 사용하고자 하는 경우에는 "한시적 기준 및 규격 인정" 제도를 통해 식품의약품안전처장이 정하는 자료를 구비하여 안전성 평가를 거쳐야 식품 원료로 사용할 수 있다.

학명은 왜 필요할까? 식품 원재료는 여러 가지 이름이 있다. 예를 들면, 경기도 지역에서 '부추'라고 부르는 식물을, 경상도 지역에서는 '정구지', 전라도 지역에서는 '솔', 충남 지역에서는 '졸'이라고 부른다. 여러 식물을 한 가지 이름으로 부르는 경우도 있다. '참나무'는 갈참나무, 졸참나무, 신갈나무, 떡갈나무, 상수리나무, 굴참나무 등을 지칭하는 말로서, 실제로는 참나무라는 하나의 종은 존재하지 않는다. 생약명도 여러 식물을 하나의 이름으로 부르는 경우가 있다. 예를 들면, '오가피'는 오갈피나무 및 그 동속식물의 뿌리껍질 및 줄기껍질을 말한다. 즉, 오갈피나무가 아닌 비슷한 나무의 뿌리껍질이거나 줄기껍질이면, '오가피'라고 부를 수도 있다(다만, 가시오가피의 뿌리껍질과 줄기껍질은 '저오가'라고 한다). 영명도 여러 식물에 대해 혼동이 생길 수 있다. 우리나라에서는 대추를 'date'로 번역해서 쓰기도 하지만, 열대지방에서는 'date'를 'date palm'의 이명으로 사용하여 대추야자를 뜻하기도 한다. 이렇게 지방명, 일반명, 생약명, 외국명은 여러 식물에 대한 이름이거나 여러 식물을 합쳐서 부르는 말이기도 하므로, 무분별하게 사용할 경우 원재료에 대한 정보교류에 혼동이 생길 수 있다. 이러한 문제를 피하기 위해서, 표준화된 이름을 사용하게 된다. 국제적으로는 명명규약에 따라서 절차에 맞게 공표한 이름만을 '학명'으로 인정하는 규칙이 있다. 학명의 규칙은 식물, 동물, 미생물 각각 별개로 정해져 있다. 학명은 라틴어를 이용하거나 라틴어화한 단어를 사용한다. 그 이유는 라틴어가 사용되지 않는 '죽은 언어'로서 뜻이나 철자가 변할 가능성이 가장 적기 때문이다. 분류 체계는 계, 문, 강, 목, 과, 속, 종 등으로 계층화되어 있다. 이러한 계층 중에서 속명 이하(속, 종, 변종·아종·품종)만을 표기하는 이명법(Binomial Nomenclature)을 사용한다. 예를 들어, 브로콜리는 아래와 같이 표기한다.

Brassica	*oleracea var. italica*	*Plenck*
속명	종소명	명명자

여기서 종소명(final epithet)은 종 이하의 명칭을 말한다. 속명, 종명 등 라틴어로 된 부분은 '라틴글꼴'로 기울여 쓴다. 변종은 'var.', 아종은 'subsp.' 품종은 'f.'로 약어를 표기한다(var.:

variety, subsp.: subspecies, f.: forms). 재배종은 재배식물명명규약에 따라 라틴어가 아닌 현대어를 사용한다(예시: Camellia japonica 'Purple Dawn'). 재배종 이름은 속명 다음 또는 잡종명 다음, 일반명 다음에 기재하기도 한다. 명명자는 이름 전체를 적기도 하고 약어를 적기도 한다. 명명자의 약어도 표준적으로 따르도록 권고되는 기준이 있다. 인터넷에서는 IPNI에서 명명자의 약어 데이터베이스 서비스를 하고 있으므로, 이를 참고하면 된다. 식물의 학명을 확인할 수 있는 인터넷 사이트는 국가표준식물목록(산림청), 국제식물명목록(IPNI, International Plant Nomenclature Index), eFLORA, TROPICOS(미국 미주리대학교 식물원), 미국 농무성 NRCS 데이터베이스 등이 있다.

식품의 처리, 제조, 가공 시 사용한 모든 원재료명(최종 제품에 남지 않는 물은 제외한다. 이하 같다)을 많이 사용한 순서에 따라 표시하여야 한다. 다만, 중량비율로서 2% 미만인 나머지 원재료는 상기 순서 다음에 함량 순서에 따르지 않아도 된다. 원재료명란에 원재료의 함량은 표시할 필요가 없다. 함량을 표시하고자 하는 경우에는 원재료의 함량은 투입량이 아닌 최종 제품에 남아 있는 함량을 표시하여야 한다.

원재료명을 주표시면에 표시하는 경우 해당 원재료명과 그 함량을 주표시면에 12포인트 이상의 글씨로 표시하여야 한다.

캡슐(젤라틴, 글리세린, 감색소)에 식용유지만이 들어 있는 제품에서 식용유지 100% 표시가 가능할까? 그렇다면 원재료명 표시방법은 어떻게 될까? 캡슐기제를 제외한 원재료가 식용유지(크릴오일)만으로 구성된 경우 해당 원재료의 100% 표시는 가능하다. 따라서 최종 제품의 원재료명 표시는 크릴오일(100%), 캡슐기제(젤라틴, 글리세린, 감색소) 등으로 표시 가능하다.

두부 제조 후 제품의 보존을 위해 포장된 용기 내에 충진한 물은 원재료로 표시하지 않을 수 있다.

냉동된 구운 고구마를 수입한 후 국내에서 해동, 건조하여 군고구마 말랭이를 제조하는 경우, 원재료명을 "100% 군고구마"로 표시가 가능할까? 수입된 원재료인 냉동 군고구마를 단순히 해동, 건조하여 제품을 제조한 경우 원재료명은 "군고구마" 또는 "냉동 군고구마"로 표시하여야 하며, 군고구마 이외에 어떠한 원재료도 남아 있지 않은 경우에는 100% 표시가 가능하므로 "군고구마 100%" 등으로 표시할 수 있다.

바나나주스 89.9%와 물을 원재료로 음료를 제조하는 경우 주표시면에 "바나나주스 90%"로 표시할 수 있을까? 「식품등의 표시기준」에서 소수점 자릿수에 대하여 규정하고 있지 않아 최종 제품에 남아 있는 해당 원재료의 함량을 표시하면 된다. 다만, 실제 함량보다 많이 있는 것처럼 표시하여서는 안 된다.

농축, 추출, 발효, 당화 등의 제조·가공 과정을 거쳐 원래 원재료의 성상이 변한 것을 원재료로 사용한 경우에는 그 제조·가공 공정의 명칭 및 성상(예시: ○○농축액, ○○추출액, ○○발효액, 당화○○)을 함께 표시할 수도 있고, 농축, 추출, 발효, 당화 등 제조·가공 공정의 명칭이나 성상 언급 없이 사용된 원재료명만을 그대로 표시할 수도 있다.

멸치, 파, 마늘로 육수를 만든 후 건져 내고 육수만 사용하는 경우 육수의 원재료명은 어떻게 표시해야 할까? 육수 제조 후 원재료를 건져 내더라도 최종 제품인 육수에는 원재료의 성분이 추출된 것으로 보아 원재료명 표시는 "멸치, 파, 마늘" 또는 "멸치육수(멸치, 파, 마늘)"로 표시 가능하다.

소시지, 개별포장된 양념(고추장, 간장, 설탕 사용) 및 개별포장된 육수(멸치, 파, 마늘 사용)를 하나의 용기에 포장하여 판매하는 경우의 원재료 표시방법을 살펴본다. 소시지를 포함하여 양념, 육수 제조에 사용한 모든 원재료를 풀어서 많이 사용한 순서에 따라 표시하여야 한다. 다만, 양념 및 육수가 반제품인 경우 소시지를 표시하고 개별포장된 양념 및 육수는 별도로 표시가 가능하며 양념 및 육수는 복합원재료가 아니므로 사용한 모든 원재료를 표시하여야 한다.

[예시]

소시지, 고추장, 간장, 설탕, 멸치, 파, 마늘 또는 소시지, 양념(고추장, 간장, 설탕), 육수(멸치, 파 마늘)

일반정육이 아닌 기계적으로 회수한 식육만을 원재료로 사용할 경우에는 원재료명 다음에 괄호를 하고 "기계발골육" 사용 표시를 하여야 하는데, 일반정육과 기계발골육이 혼합되어 있을 경우에는 혼합비율을 표시하여야 한다.

[예시]

원재료로 기계발골육 100% 사용 시: "닭고기(기계발골육)"

「식품의 기준 및 규격」에서 아마씨(아마씨유 제외)는 식품원료로 효소불활성화 등을 위해 열처리한 씨에 한하여 1일 섭취량이 16 g을 초과하지 않아야 하며, 1회 섭취량은 4 g을 초과하지 않도록 사용하도록 규정되어 있다. 따라서 표시기준에서는 아마씨(아마씨유 제외)를 원재료로 사용한 경우 주의사항으로 "아마씨를 섭취할 때에는 1일 섭취량이 16 g을 초과하지 않아야 하며, 1회 섭취량은 4 g을 초과하지 않도록 주의하십시오" 등의 표시를 하고, 소비자가 아마씨의 섭취량 알 수 있도록 해당 식품에 그 함량(중량)을 주표시면에 표시하도록 하였다.

식용유지는 "식용유지명" 또는 "동물성 유지", "식물성 유지(올리브유 제외)"로 표시할 수 있다. 다만 수소첨가로 경화한 식용유지에 대하여는 경화유 또는 부분경화유임을 표시하여야 한다.

[예시]

식물성유지(부분경화유) 또는 대두부분경화유 등

전분은 "전분명(○○○전분)" 또는 "전분"으로, 총 중량비율이 10% 미만인 당절임과일은 "당절임과일"로, 식품공전 제1. 3. 식품원재료 분류 1), 2)에 해당하는 원재료 중 개별 원재료의 중량비율이 2% 미만인 경우에는 분류명칭으로 표시할 수 있다.

그러면 대두유와 옥수수유를 사용한 제품에 원재료명으로 통칭명인 "식물성유지"이라고 표시할 수 있을까? 제품의 원재료로 대두유, 옥수수유를 사용한 경우, "식물성유지 2종"으로 표시하거나, 또는 "대두유, 옥수수유"로 사용된 식물성유지의 명칭을 모두 표시하여야 한다.

2) 추출 또는 농축액 표시

사례 17. 홍삼 2%, 물 98%로 제조한 홍삼추출액에 "홍삼추출액 100%"라는 원재료명 표시 가능 여부

홍삼을 추출하여 만든 홍삼추출액으로만 구성된 제품의 경우, "홍삼추출액"으로 표시 가능할 것으로 판단되며, 추출액의 함량을 표시하고자 하는 경우 고형분 또는 배합 함량(백분율)을 표시하여야 하므로 "홍삼추출액 100%(고형분 함량 ○○%)"으로 표시하여야 한다.
(근거: 「식품등의 표시기준」 [별지1] 1. 바.)

추출물(또는 농축액)의 함량을 표시하는 경우, 그 추출물(또는 농축액) 중에 함유된 고형분 함량(백분율)을 함께 표시하여야 한다. 다만, 고형분 함량의 측정이 어려운 경우 물을 포함하여 계산한 배합함량으로 표시할 수 있다.

[예시]

- 딸기 추출물(또는 농축액) ○○%(고형분 함량 ○○% 또는 배합 함량 ○○%)
- 딸기 바나나 추출물(또는 농축액) ○○%(고형분 함량 딸기 ○○%, 바나나 ○○% 또는 배합 함량 딸기 ○○%, 바나나 ○○%)

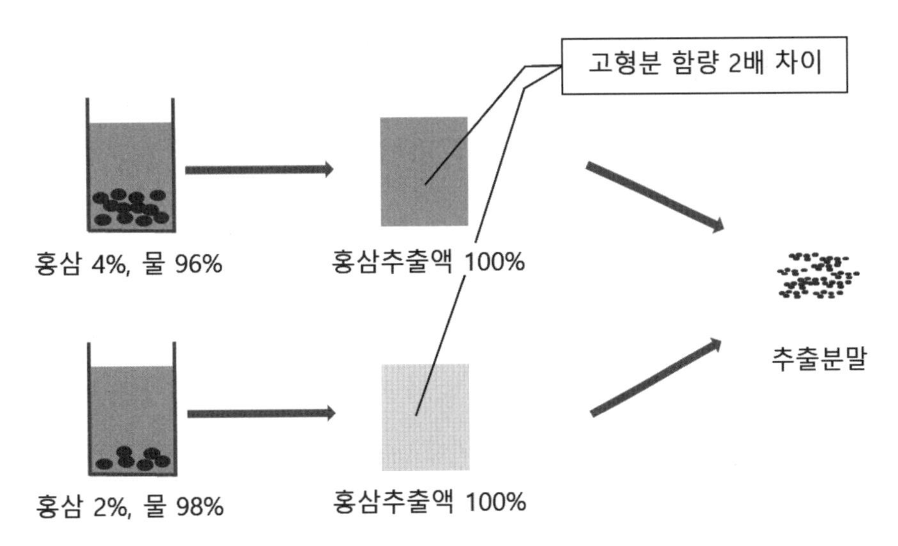

그림 7. 추출액에서 고형분 함량을 표시하여야 하는 이유 예시

원재료로 추출물을 사용하는 경우가 있는데 이 경우 제품명 또는 제품명의 일부로 추출이나 농축에 사용한 원재료를 사용한 경우 이외에 원재료명란에는 함량을 표시할 필요가 없으나, 추출물의 함량을 표시하는 경우에는 반드시 괄호로 고형분의 함량을 표시하여야 한다. 고형분 함량을 표시하여야 하는 이유를 사례를 통해 설명하겠다. 그림 7에서 홍삼만을 추출하여 만든 홍삼추출액 제품이 있다고 가정할 때, 원재료명란에 "홍삼추출액"으로 표시가 가능하다. 이때 추출액의 함량을 표시하지 않는다면 상관없지만 추출액의 함량을 표시한다면 "홍삼추출액 100%"가 될 것이다. 이 그림에서 두 경우 모두 "홍삼추출액 100%"인데 어떤 경우는 홍삼을 4%, 또 다른 경우는 홍삼을 2% 사용하여 추출한 제품으로 고형분의 함량이 2배 차이가 난다. 고형분의 함량을 표시하지 않는다면 소비자에게 추출액에 대한 정확한 정보를 제공할 수 없게 된다.

만일 '홍삼추출액'을 가지고 물을 일부 날려 보낼 경우 농축되었으므로 '홍삼농축액'이라 부를 수 있을 것이다. 이 경우 '홍삼추출액'에서 얼마만큼의 물을 날려 보내느냐에 따라 '홍삼농축액'에서 홍삼의 양은 다를 것이다. 따라서, 만일 "홍삼농축액 100%"라고 표시하고자 한다면 추출액과 마찬가지로 고형분의 함량을 함께 표시하여야 한다.

위 경우에서 추출물이나 농축액에서 물을 다 날려 보내고 분말화한 경우는 물이 남아 있지 않으므로 "홍삼분말"로 표시할 수 있으며, 만일 홍삼을 물로 추출하는 것이 아니라 착즙을 하였다면 이 경우에도 물이 전혀 사용되지 않았으므로 고형분의 함량을 표시할 필요가 없다. 다만, 부형제와 같은 다른 물질과 함께 홍삼을 추출한 액에서 물을 날려 보내 분말화한 경우는 "홍삼분말"로만 표시할 수 없다.

제품에 원재료로 '홍삼추출분말'을 사용하고 제품명의 일부로 "홍삼"를 사용 하였을 경우 원재료명 및 함량은 어떻게 표시할까? 해당 원재료가 '홍삼추출분말'로 표시된 경우라면 고형분 함량 표시대상이 아니므로 고형분 함량 표시 없이 최종 제품 내에 남아 있는 '홍삼추출분말'의 함량만을 표시할 수 있으며, 이때 주표시면에 14포인트 이상의 활자로 표시하여야 한다. 해당 원재료를 단순 착즙한 착즙액의 경우에는 고형분 함량 또는 배합 함량을 없이 표시할 수 있으며, 이때 주표시면에 14포인트 이상의 활자로 표시하여야 한다.

3) 원재료명 선정

사례 18. 천도복숭아를 원재료로 사용하고 원재료명을 "넥타린"으로 표시 가능한지 여부

넥타린(Nectarine)은 과육이 황색인 복숭아 품종으로 정의되어 있다(출처: 국어사전). 따라서, 원재료명은 "복숭아", "천도복숭아" 또는 "넥타린"으로 표시가 가능하다.
(근거: 「식품등의 표시기준」[별지1] 1. 바.)

원재료명은 「식품의 기준 및 규격」, 표준국어대사전 등을 기준으로 대표명을 선정한다. 품종명을 원재료명으로도 사용할 수 있다(예시: 청사과, ○○소고기, ○○돼지고기).

수산물의 경우에는 「식품의 기준 및 규격」에 고시된 명칭(기타명칭 또는 시장명칭, 외래어의 경우 한글표기법에 따른 외국어 명칭 포함)으로 표시하여야 한다. 고시된 명칭에도 불구하고 시장에서 널리 통용되는 형태학적 분류에 따른 명칭으로 표시할 수 있다. 다만, 민어과에 대해서는 고시된 명칭에 따른 명칭으로 표시하여야 한다. 고시된 명칭 및 시장에서 널리 통용되는 형태학적 분류에 따른 명칭에 따라 표시한 명칭 바로 뒤에 괄호로 생물 분류 중 "○○속" 또는 "○○과"의 명칭을 추가로 표시할 수 있다.

[예시]
긴가이석태(민어과)

시중에 유통·판매되는 수산물의 명칭이 생물 분류학에 따라 같은 어류라도 어떤 경우는 종(種)으로 또 다른 경우는 과(科)의 명칭 등으로 혼용되어 소비자 혼란을 초래하였다. 수산물의 경우, 유사 어종 간 가격 차이 등이 발생할 수 있어 소비자 오인하지 않도록 원재료명 표시방법을 명확화할 필요가 있다. 수산식품의 형태학적 및 유전학적 분류 매뉴얼은 식품의약품안전처 홈페이지의 '수입식품 전자민원 창구'의 '자료실'에서 확인할 수 있다. 따라서, 「식품의 기준 및 규격」에 고시된 명칭(기타명칭 또는 시장명칭, 외래어의 경우 한글표기법에 따른 외국어 명칭 포함) 또는 시장에서 널리 통용되는 형태학적 분류에 따른 명칭으로 표시할 수 있도록 하였다. 다만, 언론, 국회 등에서 문제가 되었던 민어과에 대해서는 「식품의 기준 및 규격」에 따른 원료 명칭으로만 표시(추가로 과명 또는 속명 표시 가능)하게 하였다. 참고로, 「식품의 기준 및 규격」에 민어과 어종으로 흑조기, 황강달이, 눈강달이, 민태, 부세, 참조기, 민어, 수조기, 동갈민어, 보구치, 꼬마민어, 긴가이석태, 대서양꼬마민어, 대서양조기, 작은흑조기 등 15종이 등재되어 있으며, 시장에서 민어의 가격은 꼬마민어보다 2.5배 정도 비싸다.

표준국어대사전, 식품과학기술대사전 등을 기준으로 하여 원재료명 선정과 관련한 몇 가지 사례를 살펴본다.

설탕을 원재료로 사용하고 "정백당" 표시가 가능할까? 표준국어대사전에 따르면 정백당은 '깨끗하고 빛깔이 흰 설탕'으로 정의되고 있다. 따라서, 해당 제품의 원재료로 위 의미에 부합하는 설탕을 사용한 경우에는 원재료명으로 "정백당"으로 표시가 가능하다.

*Lactobacillus casei*를 원료로 사용하고 "유산균(*Lactobacillus casei*)"으로 표시할 수 있을까? 유산균이라 함은 젖산균이라고도 하며, 당류를 발효하여 에너지를 획득하고 다량의 락트산을 생성하는 세균의 총칭으로 유산균의 정의에 적합한 것은 *Lactobacillus, Lactococcus, Leuconostoc* 등의 균속으로 정의되어 있다(출처: 식품과학기술대사전). 원재료로 사용한 유산균을 사용하고 원재료명의 표시를 "유산균(*Lactobacillus casei*)"으로 표시하는 것은 가능하다.

우유와 젖산균을 사용하여 만든 버터 제품에 원재료명을 우유와 젖산균이 아닌 "유크림 및 젖산균"으로 표시할 수 있을까? 우유와 젖산균을 원재료로 제조공정을 거쳐 제조한 제품의 경우, 원재료명 표시는 "우유", "젖산균"으로 표시하여야 한다. 다만, 해당 제품의 제조공정 중 우유에서 유크림을 분리하여 사용하는 경우에 한하여 "유크림", "젖산균"으로 표시하는 것도 가능하다.

원재료로 '건조마늘', '건조오징어'를 사용한 제품에 원재료명으로 '건조'를 빼고 "마늘", "오징어"로 표시할 수 있을까? 건조마늘, 건조오징어가 단순 건조공정만을 거친 경우라면, 원재료의 성상이 변한 것으로 보기 어려우므로 "건조마늘" 또는 "마늘", "건조오징어" 또는 "오징어"로 표시 가능하다.

'느타리버섯 가루'를 원재료로 사용하고 원재료명으로 "느타리버섯"이라고 표시할 수 있을까? 원재료의 종류가 동일한 느타리버섯이고, 제품의 화학적 변화 없이 단순히 형태만 변화된 것이므로 "느타리버섯" 또는 "느타리버섯가루" 모두 표시 가능하다.

분유를 원재료로 사용하고 주표시면에 "우유 함유"라고 표시하고 제품명의 일부로는 "우유" 표시가 가능할까? 「식품의 기준 및 규격」에 따른 '분유류'의 정의를 참고하여, 원재료로 '분유'를 사용한 경우에도 주표시면에 "우유 함유", 제품명의 일부로 "우유" 표시는 가능하며, 주표시면에 표시한 경우라면 12포인트 이상의 글씨 크기로, 제품명으로 사용한 경우라면 14포인트 이상의 글씨 크기로 분유의 명칭과 함량을 표시하여야 한다. 참고로, 「식품의 기준 및 규격」에서 '분유류'라 함은 원유 또는 탈지유를 그대로 또는 이에 식품 또는 식품첨가물을 가하여 가공한 분말상의 것으로 정의하고 있다.

프로바이오틱스를 원재료로 사용한 일반식품의 주표시면에 프로바이오틱스 함량 표시하기 위해 충족해야 할 조건이 있을까? 일반식품에 원재료로 사용한 프로바이오틱스가 최종 제품에서 살아 있는 상태로 남아 있는 경우라면, 객관적 사실에 따라 제품의 주표시면에 함량 표시는 가능하며, 이 경우 해당 문구는 주표시면에서 12포인트 이상의 글씨로 표시하되, 함량 표시는 최종 제품 내 살아 있는 프로바이오틱스의 균수로 표시해야 한다.

4) 원재료명 표시 여부

사례 19. **조미액(물, 소금, 산도조절제)을 채운 삶은 달걀의 경우 원재료명에 "조미액" 표시 여부**

물, 소금, 산도조절제 등이 충진액으로 알가열제품에 사용된 경우, 충진액을 구성하는 모든 원재료명을 표시하여야 하므로 달걀, 물, 소금, 산도조절제 등을 많이 사용한 순서에 따라 표시하여야 한다.
(근거: 「식품등의 표시기준」 [별지1] 1. 바.)

원재료는 식품 또는 식품첨가물의 처리, 제조, 가공 또는 조리에 사용되는 물질로서 최종 제품 내에 들어 있는 것을 말한다. 따라서, 식품의 제조·가공 등에 사용되었으나 최종에 남아 있지 않다면 표시할 필요는 없다. 한편, 식품을 제조·가공 중에 원재료를 사용하지 않았는데 자연적으로 유래하는 성분이 있는 경우, 그 성분을 알기도 어렵고 그 성분까지 표시해야 할 의무는 없다. 원재료명을 표시해야 하는 경우와 그렇지 않은 경우의 사례를 살펴본다.

떡이 서로 붙지 않게 하기 위해 주정을 사용하였는데 "주정"을 원재료명으로 표시해야 할까? 원재료는 최종 제품 내에 들어 있는 것으로 제품에 사용한 모든 원재료를 표시하여야 하므로 원재료명으로 "주정"을 표시하여야 한다. 다만, 최종 제품 내에 들어 있지 않은 경우에 한하여 표시하지 아니할 수 있다.

제품의 제조과정 중에 자연적으로 생성된 이산화황은 원재료명 표시란에 원재료명으로 표시해야 할까? 이산화황을 제품의 제조·가공 시 원재료로 사용하지 않았고, 자연유래 사실을 객관적인 자료를 통해 입증한 경우라면 원재료명에 표시해야 하는 대상에 해당되지 않는다.

그럼 훈연공정에 사용한 참나무칩의 원재료명과 함량은 표시해야 할까? 훈연공정 중에 참나무칩을 사용한 경우 원재료명을 표시하지 않아도 되며, 추가문구로 주표시면에 "참나무칩을 사용하였다" 등으로 표시한 경우에도 원재료명 및 함량을 표시하지 않아도 된다.

제품에 사용된 원재료의 함량을 반드시 표시해야 하는가? 원재료의 함량 표시는 제품명의 일부로 원재료명을 사용하거나, 원재료명을 주표시면에 표시하거나, 또는 식육가공품 등과 같이 식품유형별 개별표시기준에서 별도로 원재료명과 함량을 표시하도록 규정하고 있는 경우이다. 따라서 이에 해당되지 않은 때에는 원재료의 함량을 표시할 필요가 없다.

〈TIP〉

원재료 함량을 강조하기 위하여 필요한 경우를 제외하고 원재료 함량은 표시하지 않는다!

5) 복합원재료 표시

사례 20. 생강액의 원재료가 생강 40%, 물 60%인 경우 복합원재료 해당 여부

생강액이 생강 40%, 물 60%로 제조·가공된 제품으로 행정관청에 품목제조보고되거나 수입신고된 식품에 해당되는 경우에 한하여 복합원재료에 해당되므로, 이 제품을 이용하여 식품 제조에 사용 시 복합원재료의 표시방법에 따라 표시하여야 한다.
(근거: 「식품등의 표시기준」 [별지1] 1. 바.)

'복합원재료'라 함은 2종류 이상의 원재료 또는 성분으로 제조·가공하여 다른 식품의 원료로 사용되는 것으로서 행정관청에 품목제조보고되거나 수입신고된 식품을 말한다.

복합원재료를 표시할 때 '복합원재료'와 '반제품'을 구별할 필요가 있다. '복합원재료'와 다르게 최종 제품의 제조·가공 중 사용되는 ○○추출액 등과 같은 원재료를 자체적으로 생산한 경우라면 '반제품'에 해당된다. 따라서, 반제품은 복합원재료 표시방법에 따르지 않고 식품의 처리, 제조·가공 시 사용한 모든 원재료명을 표시하여야 한다.

[예시]
'○○추출액'에 A, B, C 원료가 사용된 경우 원재료명은 "A, B, C" 또는 "○○추출액(A, B, C)"으로 표시

복합원재료는 복합원재료를 나타내는 명칭(제품명을 포함한다) 또는 식품의 유형을 표시하고 괄호로 물을 제외하고 많이 사용한 순서에 따라 5가지 이상의 원재료명 또는 성분명을 표시하여야 한다. 식품의 원재료로 사용한 복합원재료를 표시할 때는 행정관청에 품목제조보고되거나 수입신고된 제품명을 그대로 표시하는 것보다는 식품유형을 표시하는 것이 좋다. 예를 들어 '불고기양념' 제품을 만드는 데 A회사의 '○○간장'을 사용하는 경우 "○○간장"으로 제품명을 그대로 써도 되지만, 간장 수급 상황에 따라 B회사의 '□□간장'으로 교체하는

경우 포장지를 새로 만들어야 문제가 발생할 수 있으므로 특정 회사의 간장을 강조하고 싶은 경우가 아니라면 식품유형인 "간장"으로 표시하는 것이 좋다.

복합원재료 '스위트콘'의 수급 문제로 동일한 원료로 구성된 '홀 커널 스위트콘'을 사용할 때 "스위트콘"이라 인쇄된 포장재를 사용할 수 있을까? '홀 커널 스위트콘'이 기존에 사용하던 복합원재료인 '스위트콘'과 동일한 원재료로 구성된 경우라면 제품명이 다르다 하더라도 복합원재료의 명칭으로 "스위트콘" 표시는 가능하다.

〈TIP〉

복합원재료를 표시할 때 행정관청에 품목제조보고되거나 수입신고된 제품명을 그대로 표시하는 것보다는 식품유형을 표시한다!

복합원재료가 당해 제품의 원재료에서 차지하는 중량 비율이 5% 미만에 해당하는 경우 또는 복합원재료 안에 복합원재료가 들어 있는 경우에서 안에 들어 있는 복합원재료는 구성하는 원재료를 표시하지 않고 그 복합원재료를 나타내는 명칭(제품명을 포함한다) 또는 식품의 유형만을 표시할 수 있다. 기본적으로 식품에 남아 있는 모든 원재료에 대한 정보를 소비자에게 제공하는 것이 맞지만 포장지의 표시 공간이 한정되어 있어 주어진 특례이며, 이 경우는 복합원재료의 함량이 적고, 또한 표시하지 않더라도 이 복합원재료는 품목제조보고되거나 수입신고된 제품이므로 어떤 원료가 사용되었는지 필요한 경우 추적이 가능하기 때문이다.

복합원재료로 '식물성 크림'을 사용할 때 위와 같은 표시방법 외에 복합원재료의 명칭(제품명을 포함한다), 식품의 유형 표시를 생략하고 이에 포함된 모든 원재료를 많이 사용한 순서대로 표시할 수 있는데, 이때 중복된 원재료는 아래 예시와 같이 한 번만 표시할 수 있다. 이는 표시할 수 있는 포장지의 한정된 표시 공간을 효율적으로 사용하기 위함이다.

[예시]

물, 설탕, 식물성 크림(야자수, 설탕, 안식향산나트륨) → "물, 설탕, 야자수, 안식향산나트륨"

복합원재료 함량 순서에 따라 5가지를 표시할 때 5순위가 1개가 아니고 여러 개일 경우에는 어떻게 할까? 복합원재료의 경우, 복합원재료를 나타내는 명칭(제품명을 포함한다) 또는 식품의 유형을 표시하고 괄호로 물을 제외하고 많이 사용한 순서에 따라 5가지 이상의 원재료명 또는 성분명을 표시하여야 하므로 5순위 중 1개만 표시하거나 5순위에 해당하는 여러 개 원재료를 모두 표시할 수 있다.

만약 제품명 일부로 복합원재료 내 6순위 원재료명을 사용한 경우 정보표시면에 복합원재료 내 6순위 원재료명을 표시해야 할까? 제품명의 일부로 복합원재료 내 원재료(6순위) 명칭을 표시한 경우 주표시면에는 해당 원재료명(6순위 원재료명) 및 함량을 14포인트 이상으로 표시하여야 하며, 정보표시면(한글 표시사항)에는 복합원재료 내 6순위에 해당하는 원재료명을 표시하지 않아도 된다.

복합원재료 내 원재료 2종류를 수급 상황에 따라 달리 사용할 수 밖에 없는데 표시방법이 있을까? 사용된 원재료가 변경된 경우, 원칙적으로 해당 원재료명으로 겉포장지의 표시가 변경하여야 하나, 체크박스, 음영 등으로 하나의 포장지에 각각의 복합원재료명과 하위 원재료명을 구분하여 표시할 수 있으며, 체크 표시 등이 지워지지 않도록 하여야 한다.

제품에서 복합원재료가 5% 미만 차지하는데, 이 복합원재료에 식품첨가물이 포함되어 있다. 해당 식품첨가물을 표시해야 할까? 최종 제품에서 중량비율로 5% 미만을 차지하는 복합원재료인 경우라면 구성원재료(식품첨가물, 혼합제제류 식품첨가물 포함)를 표시하지 않고 해당 복합원재료의 명칭(제품명 포함) 또는 식품유형만으로 표시할 수 있다.

여기에 해당하는 사례로는 당류가 있는데, 당류에는 설탕(설탕, 기타설탕), 당시럽류, 올리고당류(올리고당, 올리고당가공품), 포도당, 과당류(과당, 기타과당), 엿류(물엿, 기타엿, 덱스트린), 당류가공품이 있다.

이 중 올리고당가공품은 「식품등의 표시기준」에서 혼합된 올리고당의 명칭 및 함량을 각각 표시하도록 규정되어 있는데, 올리고당가공품을 복합원재료로 사용하는 경우에도 올리고당의 명칭과 함량을 표시하여야 할까? 「식품등의 표시기준」에서 올리고당가공품의 표시규정은 식품유형이 '올리고당가공품'일 때 적용하는 규정으로서, '올리고당가공품'을 원재료로 사용하였을 때 적용하는 규정이 아니다.

아래는 당류 표시에 관한 사항들이다.

① 설탕은 "천연설탕" 또는 "자연설탕"이란 용어를 표시하여서는 아니 된다.

② 올리고당류는 해당 올리고당 명칭 및 함량을 표시하여야 한다.

③ 올리고당가공품은 혼합된 올리고당의 명칭 및 함량을 각각 표시하여야 한다.

④ 포도당은 포도당 외의 원재료명 또는 성분명을 제품명으로 사용하여서는 아니 된다.

⑤ 산으로 당화한 엿류는 "산당화엿"으로 표시하여야 한다.

⑥ 당류가공품 중 유탕유처리식품은 "유탕유처리식품"으로 살균제품, 멸균제품은 "살균제품" 또는 "멸균제품"으로 각각 표시하여야 한다.

⑦ 당류가공품은 식품별 기준 및 규격상의 식품군, 식품종, 식품유형의 명칭을 표시하여서는 아니 된다.

6) 식품에 사용된 식품첨가물 표시

사례 21. 산도조절제 용도의 식품첨가물을 여러 종류 사용하는 경우 원재료명 표시방법

식품첨가물이 「식품등의 표시기준」 [표 6]에 해당하는 주용도로 사용된 경우, 주용도로 표시 가능하고, 같은 주용도에 해당하는 여러 식품첨가물을 사용한 경우라면 '산도조절제 1, 산도조절제2, 산도조절제3…' 또는 '산도조절제 OO종' 등으로 표시 가능하다.
(근거: 「식품등의 표시기준」 [별지1] 1. 바.)

「식품첨가물의 기준 및 규격」에서는 각 식품첨가물에 대하여 명칭과 용도를 정하여 고시하고 있다. 식품을 제조·가공하는 데 사용하는 식품첨가물의 표시와 관련된 표시 관련 규정에서는 식품첨가물에 따라 어떤 경우는 고시한 명칭과 용도를 함께 표시하도록 하고, 또 다른 식품첨가물은 고시한 명칭이나 간략명이 있는 경우 간략명을 표시하도록 하고 있다. 또 어떤 식품첨가물은 고시한 명칭이나 간략명이 있는 경우 간략명 또는 주용도를 표시하도록 규정하고 있다.

예를 들어 사카린나트륨, 아스파탐 등 감미료, 식용색소녹색 제3호, 이산화티타늄, β-카로틴 등 착색료, 소브산, 안식향산, 프로피온산 등 보존료, 디부틸히드록시톨루엔, 이·디·티·에이 이나트륨 등 산화방지제, 차아염소산칼슘, 차아염소산나트륨 등 산균제 또는 표백제, 아질산나트륨 등 발색제, 카페인, L-글루탐산나트륨 등 향미증진제 등은「식품첨가물 기준 및 규격」에서 고시한 명칭과 용도를 함께 표시하여야 한다[「식품등의 표시기준」[표 4] 명칭과 용도를 함께 표시하여야 하는 식품첨가물{식의약법령정보(https://www.mfds.go.kr/law)에서 '식품등의 표시기준'을 검색하여 일부 개정고시 고시 전문} 참조].

한편, 규산마그네슘(간략명: 규산Mg), D-리보오스(간략명: 리보오스), 알긴산프로필렌글리콜(간략명: 알긴산에스테르), 카복시메틸셀룰로스나트륨(간략명: 카복시메틸셀룰로스Na, 섬유소글리콘산나트륨, 섬유소글리콘산Na, CMC나트륨, CMC-Na, CMC, 셀룰로스검) 등의 식품첨가물은 고시한 명칭이나 간략명으로 표시하여야 한다[「식품등의 표시기준」[표 5] 명칭 또는 간략명을 표시하여야 하는 식품첨가물{식의약법령정보(https://www.mfds.go.kr/law)에서 '식품 등의 표시기준'을 검색하여 일부 개정고시 고시 전문} 참조].

그리고 5-구아닐산이나트륨(간략명: 구아닐산이나트륨, 구아닐산나트륨, 구아닐산Na, 주용도: 영양강화제, 향미증진제), 구연산칼슘(간략명: 구연산Ca, 주용도: 산도조절제, 영양강화제), 수산화칼슘(간략명: 수산화Ca, 소석회, 주용도: 산도조절제) 등의 식품첨가물은 고시한 명칭이나 간략명 또는 주용도(중복된 사용 목적을 가질 경우에는 주요 목적을 주용도로 한다)로 표시하여야 한다. 다만, 해당 식품첨가물을 규정한 주용도가 아닌 다른 용도로 사용한 경우에는 고시한 식품첨가물의 명칭 또는 간략명으로 표시하여야 한다[「식품등의 표시기준」[표 6] 명칭, 간략명 또는 주용도를 표시하여야 하는 식품첨가물{식의약법령정보(https://www.mfds.go.kr/law)에서 '식품등의 표시기준'을 검색하여 일부 개정고시 고시 전문} 참조].

만약 β-카로틴의 용도를 '착색료'가 아닌 '영양강화제'로 사용하였을 때 표시가 가능할까? β-카로틴의 경우「식품등의 표시기준」[표 4]에 의하면 명칭과 용도를 함께 표시하여야 하며, 용도가 '착색료'로만 규정되어 있으나, 「식품첨가물의 기준 및 규격」에서 β-카로틴의 주용도를 '영양강화제, 착색료'로 정하고 있고, 제품에 영양강화제의 목적으로만 사용한 경우라면 "β-카로틴(영양강화제)"로 표시하는 것은 가능하다.

수산화칼슘을 응고제의 용도로 사용한 경우 원재료명을 "수산화칼슘(응고제)"로 표시할 수 있을까? 「식품첨가물의 기준 및 규격」에서 '수산화칼슘'의 주용도는 '산도조절제' 및 '영양강화제'로 고시되어 있으므로, 해당 제품에 사용된 '수산화칼슘'의 주용도가 같은 고시에서 규정한 '산도조절제' 또는 '영양강화제'가 아닌 '응고제'의 용도로 사용된 경우라면, 위에 따라 고시된 식품첨가물의 명칭 또는 간략명으로 표시하여야 하며, 용도를 표시하여서는 아니 되므로 "응고제"라고 표시하여서는 안 된다.

아황산나트륨은 「식품등의 표시기준」 [표 4]에서 '표백제, 보존료, 산화방지제' 용도로 규정되어 있으나 밀가루개량제로 사용하였다. 어떻게 표시해야 할까? 아황산나트륨이 [표 4]에 해당하는 용도(표백제, 보존료, 산화방지제) 이외에 밀가루개량제로 사용한 경우라면 「식품첨가물 기준 및 규격」에서 고시한 식품첨가물의 명칭으로 표시하여야 한다.

[예시]

아황산나트륨

「식품첨가물의 기준 및 규격」에서 혼합제제류 식품첨가물은 글루탐산나트륨제제, 면류첨가알칼리제, 보존료제제, 사카린나트륨제제, 타르색소제제, 합성팽창제, 혼합제제 등 7종이 고시되어 있다. 혼합제제류 식품첨가물은 「식품첨가물 기준 및 규격」에서 고시한 혼합제제류의 명칭을 표시하고 괄호로 혼합제제류를 구성하는 식품첨가물 명칭, 농수축산물, 복합원재료 등을 모두 표시하여야 한다. 이 경우 식품첨가물 명칭은 고시한 명칭 대신 간략명으로 표시할 수 있다.

[예시]

- 면류첨가알칼리제(탄산나트륨, 탄산칼륨)
- 혼합제제(설탕, 안식향산나트륨)

혼합제제류 식품첨가물의 경우에는 고시된 혼합제제류의 명칭 표시를 생략하고 이에 포함된 식품첨가물 또는 원재료를 많이 사용한 순서대로 모두 표시할 수도 있다. 다만, 중복된 명칭은 한 번만 표시할 수 있다.

[예시]

물, 설탕, 식물성 크림(야자수, 설탕, 유화제), 혼합제제(설탕, 안식향산나트륨)

→ "물, 설탕, 야자수, 유화제, 안식향산나트륨"

제품에 직접 사용하지 않았으나 식품의 원재료에서 이행(carry-over)된 식품첨가물이 당해 제품에 효과를 발휘할 수 있는 양보다 적게 함유된 경우, 식품의 가공과정 중 첨가되어 최종 제품에서 불활성화되는 효소나 제거되는 식품첨가물의 경우에는 그 식품첨가물의 명칭을 표시하지 아니할 수 있다.

식품의 원재료로 착향 목적의 혼합제제가 사용되고 그 혼합제제에 향료가 포함되어 있는 경우 어떻게 표시해야 해야 할까? 해당 원재료의 식품유형이 혼합제제이므로 혼합제제류의 명칭을 표시하고 괄호로 혼합제제류를 구성하는 식품첨가물 등을 모두 표시해야 한다. 혼합제제류를 구성하는 향료는 "천연향료" 또는 "합성향료"로 표시해야 하며, 향료의 명칭을 추가로 표시할 수 있다.

[예시]

혼합제제(○○, □□, 합성향료(△△향), ▽▽)

착향의 목적으로 혼합제제를 5% 미만 사용한 경우라면 원재료명을 어떻게 표시해야 할까? 혼합제제류 식품첨가물의 표시는 사용량과 관계없이 혼합제제류의 명칭*을 표시하고 괄호로 혼합제제류를 구성하는 식품첨가물과 식품을 모두 표시하여야 하며, 구성 원재료 중 합성향료는 합성향료 또는 '합성향료(○○향)'으로 표시하여야 한다.

* L-글루탐산나트륨제제, 면류첨가알칼리제, 보존료제제, 사카린나트륨제제, 타르색소제제, 합성팽창제, 혼합제제

혼합제제에 합성향료 2종이 포함된 경우에는 중복된 품목명으로 보아 "합성향료"로만 표시할 수 있을까? 혼합제제류 식품첨가물의 경우에는 이에 포함된 식품첨가물 또는 원재료를 많이 사용한 순서대로 모두 표시하되, 중복된 명칭은 한 번만 표시할 수 있다. 다만, 합성향료 2종을 사용한 경우라면 서로 다른 품목을 사용한 것에 해당되어 "합성향료 1, 합성향료 2", "합성향료 2종", "합성향료(딸기향, 포도향)" 등으로 각각 표시하여야 한다.

혼합제제가 2개의 식품첨가물로 구성되어 있는데 2개의 식품첨가물 중 1개는 주용도로, 다른 1개는 간략명으로 표시할 수 있을까? 원재료로 사용한 '혼합제제'의 두 구성 식품첨가물에 대하여 '주용도'로 표시할 수 없고, 각각 「식품첨가물의 기준 및 규격」에서 고시한 명칭으로 표시하여야 하며, [표 5] 또는 [표 6]에서 규정하고 있는 간략명이 있다면 간략명으로 표시하는 것은 가능하다.

복합원재료 내 6순위에 혼합제제가 포함될 경우에도 이 혼합제제를 표시해야 할까? 복합원재료의 경우, 복합원재료를 나타내는 명칭(제품명을 포함한다) 또는 식품의 유형을 표시하고 괄호로 물을 제외하고 많이 사용한 순서에 따라 5가지 이상의 원재료명 또는 성분명을 표시하여야 한다. 따라서, 복합원재료명을 표시하고 괄호로 물을 제외하고 많이 사용한 순서에 따라 5가지의 원재료명을 표시한 경우라면 6순위에 있는 원재료는 혼합제제에 해당되더라도 표시하지 아니할 수 있다. 다만, 복합원재료 중 혼합제제가 5순위에 해당하는 경우, 고시된 혼합제제류의 명칭을 표시하고 괄호로 이를 구성하는 식품첨가물과 식품을 모두 표시하여야 한다.

혼합제제류 식품첨가물 내 복합원재료가 포함되어 있을 때 복합원재료는 어떻게 표시해야

할까? 혼합제제류 식품첨가물 내 복합원재료가 최종 제품에서 차지하는 중량비율이 ① 5% 이상인 경우라면 해당 복합원재료의 구성원재료를 물을 제외하고 많이 사용한 순서로 5가지 이상 표시하여야 하며, ② 5% 미만인 경우라면 구성원재료(식품첨가물, 혼합제제류 식품첨가물 포함)를 표시하지 않고 해당 복합원재료의 명칭 (제품명 포함) 또는 식품유형만으로 표시할 수 있다.

[예시]

복합원재료 명칭(○○, ○○, ○○, ○○, ○○) 또는 복합원재료 명칭.

7) 강조 표시

사례 22. 레몬농축액을 희석하여 원상태로 환원한 후 천연향료(사과향)를 추가하는 경우 "100% 레몬주스" 표시 가능 여부

레몬농축액을 희석하여 원상태로 환원한 제품의 경우 환원된 단일 원재료의 농도가 100% 이상이면 제품 내에 식품첨가물(표시대상 원재료가 아닌 원재료가 포함된 혼합제제류 식품첨가물은 제외)이 포함되어 있다 하더라도 "100%"라고 표시할 수 있으며, 이 경우 "100%" 표시 바로 옆 또는 아래에 괄호로 "100%" 표시와 동일한 글씨 크기로 식품첨가물의 명칭 또는 용도를 표시하여야 하므로 "100% 레몬주스 [천연향료(레몬향) 포함]" 등으로 표시하여야 한다.

(근거: 「식품등의 부당한 표시 또는 광고의 내용 기준」 제2조제3호)

최종 제품에 표시한 1개의 원재료를 제외하고 어떤 물질이 남아 있는 경우 "100%" 표시는 할 수 없다. 다만, 농축액을 희석하여 원상태로 환원한 제품의 경우 환원된 단일 원재료의 농도가 100% 이상이면 제품 내에 식품첨가물(표시대상 원재료가 아닌 원재료가 포함된 혼합제제류 식품첨가물은 제외)이 포함되어 있다 하더라도 "100%"라고 표시할 수 있다. 이 경우 100% 표시 바로 옆 또는 아래에 괄호로 "100%" 표시와 동일한 글씨 크기로 식품첨가물의 명칭 또는 용도를 표시하여야 한다.

[예시]

"100% 오렌지주스(구연산 포함)", "100% 오렌지주스(산도조절제 포함)"

국외에서 제조된 과일주스를 착즙된 상태 그대로 수입할 경우 물이 포함되어 있어 운송료 부담이 크다. 운송료 절감을 위하여 착즙액을 농축하여 농축된 착즙액 상태로 수입하고 국내에 들여와서 다시 농축 전의 착즙 상태로 환원하는 공정을 거치는 경우가 있다. 착즙액을 농축하는 과정에서 과일에 포함되어 있는 향이 물과 같이 날아가 버리기 때문에 환원하는 제품에는 원래 과일의 향을 재현하기 위해 향 성분의 식품첨가물을 사용하는 경우가 많다.

예를 들어 '성환'배로 만든 배착즙액 70% 제품의 주표시면에 "배착즙액 70%(성환배 100%)"로 표시할 수 있을까? 지역명 표시에 관하여 별도로 규정하고 있지 않으나, 제품과 해당 지역과의 연관성(해당 지역에서 생산한 원재료, 해당 지역에서 제조한 제품 등)을 객관적으로 입증할 수 있고, 타 법에 저촉되지 않은 범위에서 영업자 책임하에 표시 가능하며, "100%" 표시가 원재료 함량이 아닌 해당 지역의 원재료로 제조된 것을 올바르게 이해할 수 있도록 표시하여야 한다. 따라서 "배착즙액 70%(성환배 100%)" 표시는 가능하다. 아울러, 원산지 표시 법령은 농림축산식품부 소관사항이므로 확인이 필요하다.

사과, 비트, 당근으로 만든 음료의 주표시면에 "제주산 비트 100%" 표시가 가능할까? 사과, 비트, 당근을 사용한 음료의 주표시면에 "제주산 비트 100%" 표시는, 해당 제품에 사용된 비트가 제주산이라는 원재료 특성이나 원산지 등을 강조하는 표현으로 표시가 가능하다.*

* "100%" 표시광고 규정: 최종 제품에 표시한 1개의 원재료를 제외하고 어떤 물질이 남아 있는 경우의 "100%" 표시광고는 부당한 표시광고에 해당

6. 성분명 표시

사례 23. 제품 원재료에 함유된 '안토시안' 표시를 위한 함량 충족 기준 여부

제품에 직접 첨가하지 아니하고, 제품에 사용된 원재료 중에 '안토시안'이 함유되어 있다는 표시를 하기 위한 별도의 함량 충족 기준은 없다.

따라서 영업자가 분석 등을 통하여 얻은 안토시안의 함량을 객관적인 사실에 입각하여 표시하면 된다. 이 경우 안토시안의 명칭과 실제 제품에 함유된 함량을 중량 또는 용량으로 표시하여야 한다.

(근거: 「식품등의 표시기준」 [별지 1] 1. 사.)

제품에 직접 첨가하지 아니한, 제품에 사용된 원재료 중에 함유된 성분명을 표시하고자 할 때에는 그 명칭과 실제 그 제품에 함유된 함량을 중량 또는 용량으로 표시하여야 한다. 다만, 이러한 성분명을 영양성분 강조 표시에 준하여 표시하고자 하는 때에는 영양성분 강조 표시 관련 규정을 준용할 수 있다.

예를 들어 제품명의 일부로 영양성분의 명칭인 "프로틴"을 사용할 수 있을까? 영양성분 표시 이외의 위치(제품명의 일부 포함)에 '프로틴(단백질)'과 같이 특정 영양성분의 명칭을 사용하는 것은 영양성분 함량 강조 표시에 해당되며, 이 경우 「식품등의 표시기준」에 따른 영양성분 함량 강조 표시 세부기준에 적합하게 제조되어야 한다. 참고로, 단백질 함유 또는 급원 표시조건은 식품 100 g당 1일 영양성분 기준치(표 20)의 10% 이상, 식품 100 ㎖당 1일 영양성분 기준치의 5% 이상, 식품 100 ㎉당 1일 영양성분 기준치의 5% 이상일 때 또는 1회 섭취참고량(표 17)당 1일 영양성분 기준치의 10% 이상일 때이다. 여기서, 표 17의 1회 섭취참고량은 만 3세 이상 소비 계층이 통상적으로 소비하는 식품별 1회 섭취량과 시장조사 결과 등을 바탕으로 설정한 값을 말한다.

표 17. 1회 섭취참고량

번호	식품군	식품종	식품유형	세부	1회 섭취참고량
1	과자류, 빵류 또는 떡류		과자	강냉이, 팝콘	20 g
				기타	30 g
			캔디류	양갱	50 g
				푸딩	100 g
				그 밖의 해당식품	10 g
			추잉껌		3 g
			빵류	피자	150 g
				그 밖의 해당식품	70 g
			떡류		100 g
2	빙과류	아이스크림류			100 ㎖ 또는 제품별로 이에 해당하는 g
		아이스크림믹스류			
		빙과	빙과		100 g(㎖)
		얼음류			
3	코코아가공품류 또는 초콜릿류	코코아가공품류			
		초콜릿류	초콜릿가공품		30 g
			초콜릿가공품을 제외한 초콜릿류		15 g
4	당류	설탕류	설탕		5 g
			기타설탕		5 g
		당시럽류	당시럽류		10 g
		올리고당류	올리고당		10 g
		포도당			
		과당류			
		엿류	물엿		10 g
			기타엿	덩어리엿	10 g
				가루엿	5 g
		당류가공품			

5	잼류		잼		20 g
			기타잼		20 g
6	두부류 또는 묵류		두부		80 g
			유바		80 g
			가공두부		80 g
			묵류		80 g
7	식용유지류	식물성유지류	콩기름(대두유)		5 g(㎖)
			옥수수기름 (옥배유)		5 g(㎖)
			채종유 (유채유 또는 카놀라유)		5 g(㎖)
			미강유(현미유)		5 g(㎖)
			참기름		5 g(㎖)
			추출참깨유		5 g(㎖)
			들기름		5 g(㎖)
			추출들깨유		5 g(㎖)
			홍화유 (사플라워유 또는 잇꽃유)		5 g(㎖)
			해바라기유		5 g(㎖)
			목화씨기름 (면실유)		5 g(㎖)
			땅콩기름 (낙화생유)		5 g(㎖)
			올리브유		5 g(㎖)
			팜유류		5 g(㎖)
			야자유		5 g(㎖)
			고추씨기름		5 g(㎖)
			기타식물성유지		5 g(㎖)
		동물성유지류			

			혼합식용유		5 g(㎖)
			향미유		5 g(㎖)
			가공유지		5 g(㎖)
		식용유지가공품	쇼트닝		5 g(㎖)
			마가린		5 g(㎖)
			모조치즈		20 g
			식물성크림		5 g
			기타 식용유지가공품		
8	면류		생면		200 g
			숙면		200 g
			건면	당면을 제외한 건면	100 g
				당면	30 g
			유탕면	봉지	120 g
				용기	80 g
9	음료류	다류	침출차	당류 포함	200 ㎖
				당류 비포함	300 ㎖
			액상차	당류 포함	200 ㎖
				당류 비포함	300 ㎖
			고형차		200 ㎖
		커피	커피		240 ㎖
		과일·채소류음료	농축과·채즙 (또는 과·채분)		100 ㎖
			과·채주스		200 ㎖
			과·채음료		200 ㎖
		탄산음료류	탄산음료		200 ㎖
			탄산수		300 ㎖
		두유류			200 ㎖
		발효음료류			100 ㎖
		인삼·홍삼음료			100 ㎖
		기타음료	혼합음료		200 ㎖
			음료베이스		150 ㎖

10	특수영양식품	조제유류			
		영아용 조제식			
		성장기용 조제식			
		영·유아용 이유식		밥	100 g
				미음/죽	5~6개월 30~80 g 7~10개월 100 g 11개월 이상 150 g
				국, 탕	100 ㎖(g)
		기타영·유아식			
		특수의료용도 등 식품			
		체중조절용 조제식품			40 g
		임산·수유부용 식품		분말	20 g
				액상	200 ㎖
11	특수의료용도식품	표준형 영양조제식품	일반환자용 균형영양조제식품		200 ㎖
			당뇨환자용 영양조제식품		200 ㎖
			신장질환자용 영양조제식품		200 ㎖
			장질환자용 단백가수분해 영양조제식품		200 ㎖
			열량 및 영양공급용 식품		200 ㎖
			연하곤란자용 점도조절 식품	분말	3 g
		맞춤형 영양조제식품	선천성대사질환자용 조제식품		
			영·유아용 특수조제식품		
			기타환자용 영양조제식품		
		식단형 식사관리식품	당뇨환자용 식단형 식품		1식
			신장질환자용 식단형 식품		1식

12	장류		메주		
			한식간장		5 ㎖
			양조간장		5 ㎖
			산분해간장		5 ㎖
			효소분해간장		5 ㎖
			혼합간장		5 ㎖
			한식된장		10 g
			된장		10 g
			고추장		10 g
			춘장		25 g
			청국장		25 g
				낫토	50 g
			혼합장		10 g
			기타장류		10 g
13	조미식품	식초			5 ㎖
		소스류	소스	드레싱	15 g
				덮밥소스	165 g
			마요네즈		10 g
			토마토케첩		10 g
			복합조미식품		
		카레(커리)	레토르트식품		200 g
			기타		25 g
		고춧가루 또는 실고추			
		향신료가공품			
		식염			
14	절임류 또는 조림류	김치류	김칫속		
			김치	배추김치	40 g
				물김치	80 g
				기타김치	40 g

		절임류	절임식품	장류절임 중 장아찌	15 g
				그 밖의 해당식품	25 g
			당절임		25 g
		조림류			
15	주류	발효주류			
		증류주류			
		기타 주류			
		주정			
16	농산가공식품류	전분류			
		밀가루류			
		땅콩 또는 견과류 가공품류	땅콩버터		5 g
			땅콩 또는 견과류가공품		10 g
		시리얼류	시리얼류		30 g
		찐쌀	찐쌀		
		효소식품	효소식품		
		기타 농산가공품류	과·채가공품	견과류	15 g
				기타	30 g
			곡류가공품	누룽지	60 g
			서류가공품	감자튀김	40 g
17	식육가공품 및 포장육	햄류	햄		30 g
			프레스햄		30 g
		소시지류	소시지		30 g
			발효소시지		30 g
			혼합소시지		30 g
		베이컨류	베이컨류		30 g
		건조저장육류	건조저장육류		15 g
		양념육류	양념육		100 g
			분쇄가공육제품		50 g
			갈비가공품		100 g
		식육추출가공품	식육추출가공품		240 g

		식육함유가공품	식육함유가공품	육포 등 육류 말린 것	15 g
				그 밖의 해당식품	50 g
		포장육			
18	알가공품류	알가공품			50 g
		알함유가공품			50 g
19	유가공품	우유류	우유		200 ㎖
			환원유		200 ㎖
		가공유류	강화우유		200 ㎖
			유산균첨가우유		200 ㎖
			유당분해우유		200 ㎖
			가공유		200 ㎖
		산양유	산양유		200 ㎖
		발효유	발효유		80 ㎖ 또는 80 g
			발효유와 발효유분말을 제외한 발효유류		액상 150 ㎖, 호상 100 ㎖ 또는 100 g
		버터유	버터유		
		농축유류			
		유크림류			
		버터류	버터		5 g
			가공버터		5 g
		치즈류	자연치즈		20 g
			가공치즈		20 g
		분유류			
		유청류			
		유당			
		유단백 가수분해식품			

20	수산가공식품류	어육가공품류	어육살		30 g
			연육		30 g
			어육반제품		30 g
			어묵		30 g
			어육소시지		45 g
			기타 어육가공품		30 g
		젓갈류			
		건포류	조미건어포		15 g
			건어포		15 g
			기타 건포류		15 g
		조미김	조미김		4 g
				김자반	5 g
		한천			
		기타 수산물가공품			
21	동물성가공식품류	기타식육 또는 기타알제품	기타식육 또는 기타알		60 g
		곤충가공식품		번데기 통조림	30 g
		자라가공식품			
		추출가공식품			80 g
22	벌꿀 및 화분가공품류	벌꿀류			20 g
		로얄젤리류			
		화분가공식품			
23	즉석식품류	생식류			40 g
		즉석섭취·편의식품류	즉석섭취식품	도시락, 김밥류 등	1식
				햄버거, 샌드위치류	150 g
				그 밖의 해당식품	1식

				밥	210 g
			즉석조리식품	국, 탕	250 ㎖(g)
				찌개	200 ㎖(g)
				죽	250 ㎖(g)
				스프	150 ㎖(g)
		만두류	만두		150 g
24	기타식품류	효모식품	효모식품		
		기타가공품	기타가공품		
25	식용란		식용란		50 g
26	닭·오리의식육				
27	자연상태 식품				

7. 나트륨 함량 비교 표시

사례 24. 사발면(건면, 액상소스, 분말스프, 건더기스프로 구성)의 나트륨 함량 비교 표시 세부분류

제품이 건면, 액상소스, 분말스프, 건더기스프를 포함한 국물형* 식품인 경우라면 '국수(국물형)'에 해당한다.

* 국물형: 조리 시, 국물을 그대로 유지하고 분말스프 등을 첨가하여 불리거나 끓여서 섭취하는 제품 또는 제품에 있는 국물 또는 분말스프 등을 희석한 국물을 익힌 면과 함께 섭취하는 제품

(근거: 「나트륨 함량 비교 표시 기준 및 방법」 [별표 1])

식품을 제조·가공하거나 수입하는 경우에는 식품에 나트륨 함량 비교 표시를 하여야 하는데 나트륨 함량 비교단위는 총 내용량으로 한다. 다만, 개 또는 조각 등으로 나눌 수 있는 단위제품에서 그 단위 내용량이 100 g 이상이거나 1회 섭취참고량 이상인 식품의 비교단위는 단위 내용량으로 한다. 현재는 일부 식품에 대해서 나트륨 함량을 비교 표시하도록 되어 있다. 나트륨 함량 비교 표시대상 식품의 세부분류 및 비교 표준값을 표 18에 나타내었다. 여기

서 '세부분류'란 나트륨 함량 비교 표준값을 동일하게 적용할 식품별 기준 및 규격에 따른 식품유형에 대한 추가적인 분류이며, '비교 표준값'은 소비자가 동일하거나 유사한 것으로 인식하는 식품 간의 나트륨 함량의 많고 적음을 비교하기 위한 기준을 말한다. 나트륨 함량 비교 표시대상 식품은 비교 단위의 나트륨 함량, 1일 영양성분 기준치(표 20)를 기준으로 한 세부구간과 유사식품의 비교표준값을 표시하여야 한다.

표 18. 나트륨 함량 비교 표시대상 식품의 세부분류 및 비교 표준값

식품유형	세부분류	비교 표준값	해당 제품형태(예시)
국수 (스프 포함)	국물형	1,640 ㎎	잔치국수, 칼국수, 쌀국수, 우동, 메밀소바
	비국물형	1,230 ㎎	짜장국수, 비빔국수, 비빔쫄면, 볶음우동, 볶음짬뽕면
냉면 (스프 포함)	국물형	1,520 ㎎	물냉면
	비국물형	1,160 ㎎	비빔냉면
유탕면류 (스프 포함)	국물형	1,730 ㎎	국물라면, 짬뽕라면, 튀김우동라면, 카레라면 등 기타 국물라면
	비국물형	1,140 ㎎	짜장라면, 비빔라면, 볶음라면
즉석섭취식품	햄버거	1,220 ㎎	-
	샌드위치	730 ㎎	-
• 국물형 조리 시, 국물을 그대로 유지하고 분말스프 등을 첨가하여 불리거나 끓여서 섭취하는 제품 또는 제품에 있는 국물 또는 분말스프 등을 희석한 국물을 익힌 면과 함께 섭취하는 제품 • 비국물형 조리 시, 국물을 버리고 불리거나 익힌 면에 분말스프 등을 첨가하여 섭취하는 제품			

나트륨 함량을 비교 표시할 때 나트륨 함량 비교 표시사항을 주표시면 또는 정보표시면에 표시하거나 QR코드 등과 연계하여 전자적으로 표시하여야 한다. 다만, QR코드와 연계하여 전자적 표시하는 경우는 포장지 면적이 50 ㎠ 이하인 경우에 한한다. 다음의 그림 8은 유탕면류(국물형)의 나트륨 함량 비교 표시 예시이다. 그림 8에서는 0부터 200 ㎎ 간격을 두고 8단계 구분선으로 구분한다. 나트륨 함량 비교 표시의 색상은 테두리 색은 흑색, 바탕색은 백색, 나트륨 함량이 해당하는 구간은 황색, 2,000 ㎎ 구분선은 두 줄의 흑색으로 표시하여야 한다. 다만, 나트륨 함량이 2,000 ㎎을 초과하여 8단계에 해당하는 경우에는 나트륨 함량이 해당하

는 구간은 적색을 활용하여 표시한다.

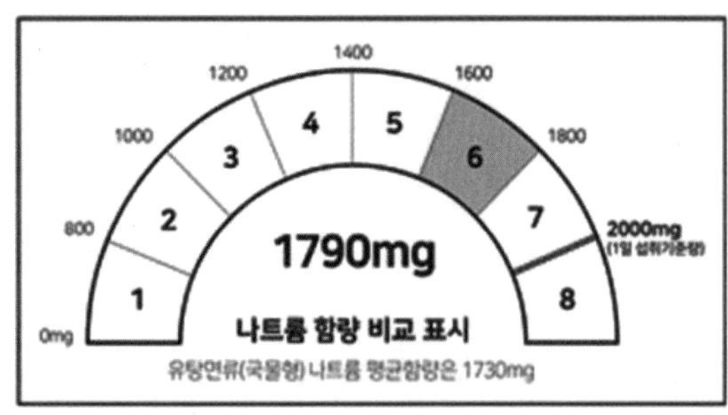

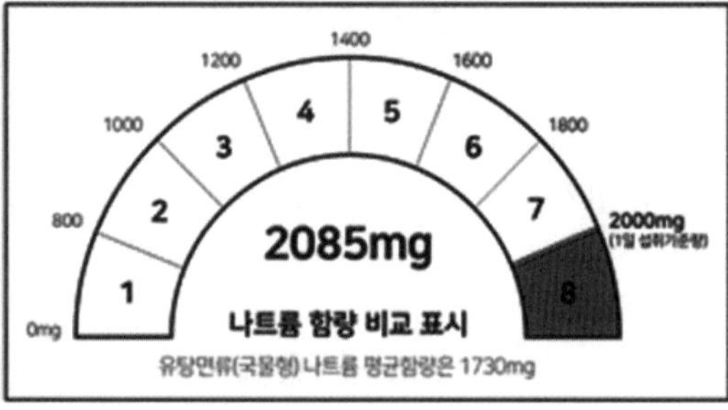

그림 8. 나트륨 함량 비교 표시 도안

예를 들어 스프가 들어 있는 개별포장 유탕면(95 g) 4개를 1개의 외포장지에 담아 판매라는 경우 외포장지에 나트륨 함량 비교 표시를 해도 될까? 나트륨 함량 비교단위는 총 내용량으로 하되, 개 또는 조각 등으로 나눌 수 있는 단위제품에서 그 단위 내용량이 100 g 이상이거나 1회 섭취참고량 이상인 식품의 비교단위는 단위 내용량으로 한다. 개별포장 제품의 단위 내용량이 95 g이고, 총 내용량이 380 g(95 g × 4개)인 경우라면, 나트륨 함량 비교단위는 '총 내용량(380 g)'으로 하여야 한다. 개별포장 유탕면에 나트륨 함량 비교표시는 추가로 할 수 있다.

박스단위 판매 제품의 박스에 나트륨 함량 비교 표시방법에서 1가지 색상으로 표시가 가능할까? 앞에서도 언급했듯이, 나트륨 함량 비교 표시의 색상은 테두리 색은 흑색, 바탕색은 백색, 나트륨 함량이 해당하는 구간은 황색, 2,000 ㎎ 구분선은 두 줄의 흑색으로 표시하여야 한다. 다만, 나트륨 함량이 2,000 ㎎을 초과하여 8단계에 해당하는 경우 적색을 활용하여 표시하여야 한다. 다만, 박스의 특성과 인쇄 기술상 문제로 위의 색상을 활용할 수 없는 경우 박스에 소비자가 확인하기 용이하도록 바탕색과 구분되는 검정색 1가지로 나트륨 함량 비교 표시 전체를 표시하는 것은 가능하다. 이 경우, 박스 안의 내포장에는 관련 규정에 적합한 색상을 활용하여 나트륨 함량 비교 표시를 하여야 한다.

8. 영양성분 표시

1) 영양성분 표시대상 식품

사례 25. 영양성분 표시 의무대상 식품이 아닌 '한천'에 '칼슘' 함량 강조 표시방법

'한천'은 영양성분 표시대상 식품은 아니지만, 영업자가 스스로 영양성분 표시를 하거나, 강조 표시를 할 경우에는 「식품등의 표시기준」에 적합하도록 영양성분 표시를 하여야 하며, 9가지 의무표시 영양성분과 강조하고자 하는 영양성분(칼슘)의 명칭, 함량 및 1일 영양성분 기준치에 대한 비율(%)을 표시하여야 한다.
(근거: 「식품 등의 표시·광고에 관한 법률 시행규칙」[별표 4] 1., 「식품등의 표시기준」[별지1] 1. 아.)

표 19. 영양성분 표시대상 식품

식품유형	식 품
레토르트식품 (조리가공한 식품을 특수한 주머니에 넣어 밀봉한 후 고열로 가열 살균한 가공식품을 말하며, 축산물은 제외한다)	
과자류, 빵류 또는 떡류	과자, 캔디류, 빵류 및 떡류
빙과류	아이스크림류 및 빙과
코코아 가공품류 또는 초콜릿류	
당류	당류가공품
잼류	
두부류 또는 묵류	
식용유지류	식물성유지류 및 식용유지가공품(모조치즈 및 기타 식용유지가공품은 제외한다)
면류	
음료류	다류(침출차, 고형차는 제외한다), 커피(볶은커피, 인스턴트커피는 제외한다), 과일·채소류음료, 탄산음료류, 두유류, 발효음료류, 인삼·홍삼음료 및 기타 음료
특수영양식품	
특수의료용도식품	

장류	개량메주, 한식간장(한식메주를 이용한 한식간장은 제외한다), 양조간장, 산분해간장, 효소분해간장, 혼합간장, 된장, 고추장, 춘장, 혼합장 및 기타 장류
조미식품	식초(발효식초만 해당한다), 소스류, 카레(카레만 해당한다) 및 향신료가공품(향신료조제품만 해당한다)
절임류 또는 조림류	김치류(김치는 배추김치만 해당한다), 절임류(절임식품 중 절임배추는 제외한다) 및 조림류
농산가공식품류	전분류, 밀가루류, 땅콩 또는 견과류가공품류, 시리얼류 및 기타 농산가공품류
식육가공품	햄류, 소시지류, 베이컨류, 건조저장육류, 양념육류(양념육·분쇄가공육제품만 해당한다), 식육추출가공품 및 식육함유가공품
알가공품류 (알 내용물 100% 제품은 제외한다)	
유가공품	우유류, 가공유류, 산양유, 발효유류, 치즈류 및 분유류
수산가공식품류 (수산물 100% 제품은 제외한다)	어육가공품류, 젓갈류, 건포류, 조미김 및 기타 수산물가공품
즉석식품류	
즉석섭취·편의식품류 (즉석섭취식품, 즉석조리식품만 해당한다) 및 만두류	
위에 해당하지 않는 식품 및 축산물로서 영업자가 스스로 영양 표시를 하는 식품 및 축산물	

표 19의 영양성분 표시대상 가공식품은 영양성분을 표시하여야 한다. 다만, 즉석판매제조가공업 영업자가 제조·가공하거나 덜어서 판매하는 식품, 식육즉석판매가공업 영업자가 만들거나 다시 나누어 판매하는 식육가공품, 식품, 축산물 및 건강기능식품의 원료로 사용되어 그 자체로는 최종 소비자에게 제공되지 않는 식품, 축산물 및 건강기능식품, 포장 또는 용기의 주표시면 면적이 30 ㎠ 이하인 식품 및 축산물, 농산물, 임산물, 수산물, 식육 및 알류 등은 영양성분 표시대상이 아니다.

만약 어느 회사의 캔디 제품에 영양성분 표시가 없다면 위반인가? 제품이 캔디류라면 「식품 등의 표시·광고에 관한 법률」에 따른 영양성분 표시대상 식품이다. 다만, 제품의 최소판매단위의 포장 또는 용기의 주표시면 면적이 30 ㎠ 이하인 식품이라면 영양성분 표시를 생략할 수 있다.

급식업체에만 제공되는 냉동만두 제품도 영양성분 표시를 해야 할까? 냉동만두 제품은「식품 등의 표시·광고에 관한 법률」에 따른 영양성분 표시대상 식품에 해당되지만, 그 자체로 최종 소비자에게 제공되지 않고 다른 식품을 제조·가공할 때 원료로 사용하기 위한 경우라면 영양성분 표시를 하지 않아도 된다.

2) 표시대상 영양성분

사례 26. 음료에 영양성분인 비타민 함량 표시방법

비타민의 경우 9가지 의무표시 영양성분에 포함되지 않는다. 다만,「식품 등의 표시·광고에 관한 법률시행규칙」[별표 5]의 '1일 영양성분 기준치'에 명시된 비타민 등의 영양성분 표시를 하거나 영양성분 강조 표시를 하고자 하는 경우 영양성분 도안에 9가지 의무표시 영양성분과 함께 해당 영양성분의 명칭 및 함량, 1일 영양성분 기준치에 대한 비율(%)을 표시하여야 한다.
(근거:「식품등의 표시기준」[별지 1] 1. 아.)

영양성분 표시제도는 가공식품에 들어 있는 영양성분 등에 관한 정보를 일정한 기준에 따라 표시하도록 관리하는 제도로, 제품의 영양정보를 제공하여 소비자가 건강한 식사에 필요한 식품을 확인하고 잘 선택할 수 있도록 도움으로써 국민 건강 증진에 기여하기 위한 것이다. 건강에 대한 소비자의 욕구와 관심이 점차 높아짐에 따라 건강과 밀접한 관련이 있는 식품의 영양성분은 중요한 표시사항으로 자리매김하고 있다. 소비자는 제품의 영양성분 표시 확인을 통해 자신의 건강에 적합한 제품을 선택할 수 있다. 또한, 산업체에서 영양성분 표시를 하는 것은 업체 이미지를 향상시키고, 제품의 경쟁력을 높이는 데 기여할 수 있다. 소비자의 알 권리가 중요해짐에 따라 영양성분 표시대상 식품은 점점 확대되고 있는 추세이다. 제품의 영양적 성질을 표시하는 영양성분 표시방법은 크게 영양성분 표시와 영양성분 강조 표시로 분류할 수 있다. 먼저 영양성분 표시는 제품에 함유된 영양성분의 함량을 일정한 규격의 서식 도안에 표시하는 것이다. 다음으로 영양성분 강조 표시는 제품에 함유된 영양성분의 함량이 일정한 기준보다 적거나 많을 경우 "저", "무", "고", "함유" 등의 용어와 함께 해당 영양성분을 강조하여 표시하는 것이다.

열량은 식품에 함유된 에너지의 양을 의미한다. 열량은 영양성분표에서 여러 영양성분 중 가장 먼저 표시된다. 일반적으로 열량은 주로 탄수화물, 단백질, 지방에서 얻으며 그 외 알코올이나 유기산에서 얻기도 한다. 탄수화물, 단백질, 지방은 각각 1 g당 약 4 ㎉, 4 ㎉, 9 ㎉의 열량을 낸다. 따라서 탄수화물, 단백질, 지방을 많이 섭취하면 열량 또한 많이 섭취하게 되는 셈이다. 지방은 탄수화물, 단백질에 비하여 단위당 두 배 이상의 열량을 내므로 지방 함량이 높은 식품은 열량도 높다. 열량에서 나온 에너지는 호흡, 체온 유지 등 생명 유지를 위한 기본 활동부터 학습 위한 두뇌 활동, 소화 활동 등 다양한 신체활동에 사용된다. 이처럼 다양한 활동으로 소비한 에너지가 섭취한 에너지보다 작을 경우 체중이 증가하고 소비한 에너지가 더 클 경우에는 체중이 감소한다.

탄수화물은 당류(sugars), 전분(starch), 식이섬유(fiber)로 구분된다. 당류와 전분은 주로 체내에서 에너지(4 ㎉/1 g)를 내고 식이섬유는 소화효소로 분해되지 않고 대장 내 발효과정을 통해 4 ㎉보다 적은 1.5~2.5 ㎉ 정도의 에너지를 내며 혈당 상승 억제, 콜레스테롤 조절 등의 역할을 한다. 탄수화물과 당류는 의무 표시대상이나 전분, 식이섬유소는 의무 표시대상이 아니다. 영양성분표에 표시되는 당류는 포도당, 과당, 갈락토스 등의 단당류와 단당류 두 개가 결합된 맥아당, 유당, 자당 등의 이당류를 합한 값이다. 당류는 1 g당 4 ㎉의 열량을 내는 에너지원이다. 포도당은 두뇌가 사용하는 유일한 에너지원이다.

그러나 당류 과다 섭취는 주의력 결핍과 과잉행동 장애, 충치, 비만의 위험을 높이므로, 과잉 섭취하지 않도록 주의해야 한다. 당류는 곡류, 과일 및 채소류 등 식품에 자연적으로 함유되어 있는 경우도 있고 가공식품에 인공적으로 첨가된 경우도 있다. 영양성분표에 표시된 당류의 함량은 자연적인 당과 첨가된 당을 합산한 수치를 의미한다. 가공식품을 구매할 때 영양성분 표시를 확인하고 당이 적은 식품을 선택하여 당류 섭취를 줄일 수 있다. 영양성분표에 당류의 함량은 표시되나 %영양성분 기준치는 표시되지 않는다. 이는 당류에 대하여 규정된 1일 영양성분 기준치(표 20)가 없기 때문이다.

지방은 탄수화물, 단백질과 함께 열량을 내는 영양성분이다. 지방은 1 g당 9 ㎉를 내며 과다 섭취 시 비만으로 이어질 수 있으나, 체온 유지, 지용성비타민 흡수 등에 중요한 역할을 한다.

지방은 구조에 따라 크게 불포화지방과 포화지방으로 구분하며, 이 중 영양성분 표시정보에서 불포화지방은 의무 표시대상이 아니며 지방, 포화지방, 트랜스지방은 의무 표시대상이다. 액체 상태의 불포화지방을 고체 상태로 만들기 위하여 불포화지방에 수소를 첨가하는 과정에서 트랜스지방이 생성된다. 트랜스지방은 트랜스구조를 1개 이상 가지고 있는 비공액형의 모든 불포화지방을 말한다. 포화지방과 트랜스지방이 건강에 나쁜 이유는 '나쁜 콜레스테롤'이라고 불리는 LDL 콜레스테롤 수치를 높이기 때문이다. LDL 콜레스테롤은 혈관에 축적되어 우리 몸에 필요한 산소, 영양분을 운반하는 혈액의 흐름을 방해한다. 그 결과 심혈관계 질환의 발생 위험이 높아진다. 또한 트랜스지방은 '나쁜 콜레스테롤'을 청소하는 역할을 하는 '좋은 콜레스테롤'인 HDL 콜레스테롤 수치를 낮춰 심혈관계 질환 발생 가능성을 더욱 높인다. 포화지방은 동물성 식품에, 트랜스지방은 가공식품에 특히 다량 함유되어 있다. 영양성분표에는 포화지방과 트랜스지방에 대한 정보가 필수적으로 표시되므로 영양성분 표시정보를 확인하고 식품을 선택하면 해로운 지방 섭취를 줄일 수 있다. 트랜스지방 함량이 낮은 식품에 대해서는 "저", 포화지방 함량이 낮은 식품에 대해서는 "저" 또는 "무" 표시가 가능하므로 이들 표시가 있는 식품을 선택할 수 있다. 최근 트랜스지방에 대한 대중의 관심이 높아지면서 트랜스지방 함량이 줄고 있다. 콜레스테롤은 지방의 일종이다. 콜레스테롤은 체내에서 자연적으로 합성되는 것과 식품을 통해 섭취하는 것으로 나눌 수 있다. 콜레스테롤은 계란 노른자, 돼지고기, 새우 등 동물성 식품에서만 발견된다. 다량의 콜레스테롤을 섭취하면 혈중 콜레스테롤 수치가 상승하여 심혈관계 질환의 위험이 높아진다.

반드시 표시해야 하는 영양성분은 열량, 나트륨, 탄수화물, 당류[식품, 축산물, 건강기능식품에 존재하는 모든 단당류(單糖類)와 이당류(二糖類)를 말한다. 다만, 캡슐, 정제, 환, 분말 형태의 건강기능식품은 제외한다], 지방, 트랜스지방, 포화지방, 콜레스테롤, 단백질까지 총 9가지이며, 이외에 영양성분 표시나 영양성분 강조 표시를 하려는 경우에는 표 20의 1일 영양성분 기준치에 명시된 영양성분을 표시할 수 있다. 이때 9개 의무표시 영양성분과 함께 표시하여야 한다. 여기서 '영양성분'은 식품에 함유된 성분으로서 에너지를 공급하거나 신체의 성장, 발달, 유지에 필요한 것 또는 결핍 시 특별한 생화학적, 생리적 변화가 일어나게 하는 것이며, '1일 영양성분 기준치'는 소비자가 하루의 식사 중 해당 식품이 차지하는 영양적 가치를 보다 잘 이해하고, 식품 간의 영양성분을 쉽게 비교할 수 있도록 식품 표시에서 사용하는 영양성분의 평균적인 1일 섭취기준량을 말한다.

표 20. 1일 영양성분 기준치

영양성분	기준치(단위)	영양성분	기준치(단위)	영양성분	기준치(단위)
탄수화물	324 g	비타민E	11 ㎎α-TE	인	700 ㎎
당류	100 g	비타민K	70 ㎍	나트륨	2,000 ㎎
식이섬유	25 g	비타민C	100 ㎎	칼륨	3,500 ㎎
단백질	55 g	비타민B1	1.2 ㎎	마그네슘	315 ㎎
지방	54 g	비타민B2	1.4 ㎎	철분	12 ㎎
리놀레산	10 g	나이아신	15 ㎎ NE	아연	8.5 ㎎
알파-리놀렌산	1.3 g	비타민B6	1.5 ㎎	구리	0.8 ㎎
EPA와 DHA의 합	330 ㎎	엽산	400 ㎍ DFE	망간	3.0 ㎎
포화지방	15 g	비타민B12	2.4 ㎍	요오드	150 ㎍
콜레스테롤	300 ㎎	판토텐산	5 ㎎	셀레늄	55 ㎍
비타민A	700 ㎍ RAE	바이오틴	30 ㎍	몰리브덴	25 ㎍
비타민D	10 ㎍	칼슘	700 ㎎	크롬	30 ㎍

〈비고〉
1. 비타민A, 비타민D 및 비타민E는 위 표에 따른 단위로 표시하되, 괄호를 하여 IU(국제단위) 단위를 병기할 수 있다.
2. 위 표에도 불구하고 영·유아(만 2세 이하의 사람을 말한다. 이하 같다)용으로 표시된 식품 등의 1일 영양성분 기준치에 대해서는 「국민영양관리법」 제14조제1항의 영양소 섭취기준에 따른다. 다만, 만 1세 이상 2세 이하 영·유아의 탄수화물, 당류, 단백질 및 지방의 1일 영양성분 기준치에 대해서는 탄수화물 150 g, 당류 50 g, 단백질 35 g 및 지방 30 g을 적용한다.

영양성분을 표시할 때에는 해당 영양성분의 명칭, 함량, 1일 영양성분 기준치에 대한 비율(%)을 반드시 표시하여야 한다. 다만, 열량, 트랜스지방은 1일 영양성분 기준치에 대한 비율

(%) 표시를 하지 않는다.

'체중조절용 조제식품'은「식품의 기준 및 규격」의 제조·가공기준 및 규격에 비타민류와 무기질류 표시에 관련된 별도의 규정이 있는데 이 사항까지 반영해야 될까? 체중조절용 조제식품은「식품의 기준 및 규격」 제5. 식품별 기준 및 규격 10. 특수용도식품으로 영양성분 표시 대상 식품이다. 따라서, 9가지 영양성분을 표시하여야 하며, 체중조절용 조제식품은「식품의 기준 및 규격」에 제조·가공기준이 정하여져 있으므로 9가지 영양성분 이외에도「식품의 기준 및 규격」에서 정하고 있는 영양성분들의 명칭 및 함량, 1일 영양성분 기준치에 대한 비율(%) 또한 표시하여야 한다.

「식품의 기준 및 규격」에서 '체중조절용 조제식품'은 체중의 감소 또는 증가가 필요한 사람을 위해 식사의 일부 또는 전부를 대신할 수 있도록 필요한 영양성분을 가감하여 조제된 식품을 말한다. 참고로, 체중조절용 조제식품은 특수용도식품의 한 종류로, 특수용도식품은 영·유아, 병약자, 노약자, 비만자 또는 임산유부 등 특별한 영양관리가 필요한 특정 대상을 위하여 식품과 영양성분을 배합하는 등의 방법으로 제조·가공한 식품으로 조제유류, 영아용 조제식, 성장기용 조제식, 영·유아용 이유식, 특수의료용도 등 식품, 체중조절용 조제식품, 임산수유부용이 포함된다.

체중조절용 조제식품의 제조·가공기준은 다음과 같다.

한 끼 식사의 전부 또는 일부를 대신하기 위하여 1회 섭취할 때에 비타민 A, B1, B2, B6, C, 나이아신, 엽산, 비타민 E를 영양성분 기준치의 25% 이상, 단백질, 칼슘, 철 및 아연을 영양성분 기준치의 10% 이상이 되도록 원료식품을 조합하고 영양성분을 첨가하여야 한다. 다만, 특정 인구군을 대상으로 하는 제품의 경우 해당 인구군의 한국인 영양섭취기준[「식품등의 표시기준」의 [표 2]{식의약법령정보(https://www.mfds.go.kr/law)에서 '식품 등의 표시기준'을 검색하여 일부 개정고시 고시 전문}]을 기준으로 할 수 있다.

하루 식사 모두를 대신하는 조제식품은 800 ㎉ 이상 1,200 ㎉ 이하를 제공하여야 하고, 이 제품을 하루 3~4회 나누어서 매회 식사를 대신할 수 있도록 하면서 1회에 제공되는 열량이 하루 총 열량의 1/3~1/4 정도가 되어야 한다. 하루 식사 중 1~2회를 대신하는 조제식품은 1

회 섭취할 때 200 ㎉ 이상, 400 ㎉ 이하를 제공하여야 한다. 다만, 열량기준은 제품에 표시된 섭취방법에 따라 적용할 수 있다.

체중조절용 조제식품의 규격은 다음과 같다.

- 수분(%): 10.0 이하(분말, 과립, 고형의 건조제품에 한한다)
- 조단백질(g): 표시량 이상이어야 한다.
- 비타민류: 표시량 이상이어야 한다[다만, 비타민A(㎍), B1(㎎), B2(㎎), B6(㎎), C(㎎), 나이아신(㎎), 엽산(㎍), 비타민 E(㎎)에 한하여 적용한다].
- 무기질류: 표시량 이상이어야 한다[다만, 칼슘(㎎), 철(㎎), 아연(㎎)에 한하여 적용한다].
- 대장균군: n = 5, c = 2, m = 0, M = 10
- 바실루스 세레우스: n = 5, c = 0, m = 100(단, 장류를 원료로 사용하는 제품은 n = 5, c = 0, m = 1,000)

제품에 안토시안을 첨가하지는 않았으나 이 성분이 함유되어 있을 때 안토시안의 함량을 영양성분 표시서식 도안에 표시할 수 있을까? 표시대상 영양성분은 열량, 나트륨, 탄수화물, 당류, 지방, 트랜스지방, 포화지방, 콜레스테롤, 단백질 및 영업자가 스스로 영양성분 표시를 하려는 1일 영양성분 기준치에 명시된 영양성분이다. 안토시안 성분은 1일 영양성분 기준치에 명시되어 있지 않고, 제품에 직접 첨가하지 아니하였으나 원재료 중에 함유된 성분명인 경우 영양성분표가 아닌 '성분명 및 함량' 표시기준에 따라 표시하여야 한다.

예를 들어 비타민A의 단위 환산은 어떻게 할까? 비타민A의 함량(㎍ RAE)는 레티놀과 베타카로틴의 함량(㎍)의 합으로 계산한다.

- 1 ㎍ RAE(Retinol Activity Equivalent) = 1 ㎍ 레티놀 = 12 ㎍ 베타카로틴(식이)
- 1 ㎍ RE(Retinol Equivalent) = 1 ㎍ 레티놀 = 6 ㎍ 베타카로틴(식이)

[예시]

식품에 함유된 레티놀 11 ㎍과 베타카로틴 451.23 ㎍을 비타민A ㎍ RAE로 환산: 레티놀 11 ㎍ RAE + (451.23/12) ㎍ RAE = 48.6 ㎍ RAE

그렇다면 엽산의 단위 환산은 어떻게 할까?

- 식품 중 엽산 1 ㎍ = 1 ㎍ DFE
- 강화식품 또는 보충제 중의 엽산 1 ㎍ = 1.7 ㎍ DFE(Dietary folate equivalent)

[예시]

식품에 포함된 엽산 80 ㎍을 ㎍ DFE로 환산: 엽산 80 ㎍ × 1.7 = 136 ㎍ DFE

참고로, 식품위생검사기관 지정현황은 식약처 홈페이지(www.mfds.go.kr)에서 볼 수 있다.

한편, 영양표시 대상 식품으로서 열량, 나트륨, 탄수화물, 당류, 지방, 트랜스지방, 포화지방, 콜레스테롤, 단백질 및 영양표시나 영양강조표시를 한 제품은 시·군·구에 품목제조보고를 할 때 영양성분 정보를 등록하여야 한다. 영양표시 대상 식품 등의 영야성분 정보를 공공데이터로 제공함으로써 소비자의 건강한 식생활을 유도하고 다양한 연구·산업 분야에 활용될 수 있도록 지원하기 위함이다.

3) 영양성분 시험

사례 27. 달걀 장조림의 영양성분 함량 산출 시 간장소스 포함 여부

통상적으로 먹을 수 없는 부위는 제외하고 실제 섭취하는 양을 기준으로 영양성분을 산출하여야 하므로 '달걀 장조림'의 경우 통상 달걀을 섭취하고 간장소스는 제품의 특성상 품질 유지를 위해 첨가되는 액체이므로 달걀에 대한 영양성분 함량을 산출하여야 한다.
(근거: 「식품등의 표시기준」 [별지 1] 1. 아.)

영양성분 함량은 식품 중 먹을 수 있는 부위를 기준으로 산출한다. 이 경우 먹을 수 있는 부위는 동물의 뼈, 식물의 씨앗 및 제품의 특성상 품질 유지를 위하여 첨가되는 액체(섭취 전 버리게 되는 액체) 등 통상적으로 섭취하지 않는 먹을 수 없는 부위는 제외하고 실제 섭취하는 양을 기준으로 한다.

영양성분 시험과 관련하여 다양한 사례를 살펴본다.

조리할 때 물을 추가하는 '라면'과 같은 제품의 영양성분을 산출할 때 물을 포함해야 할까? 「식품등의 표시기준」에서는 "서로 유형이 다른 2개 이상의 제품이라도 1개의 제품으로 품목제조보고한 제품이라면 그 전체의 양으로 표시한다."라고 규정하고 있다.

[예시]

라면은 면과 스프를 합하여 표시함

제품이 면과 스프가 포함된 라면 형태의 제품으로 최소판매단위로 판매되는 경우, 영양성분 표시는 제품 자체에 함유된 영양성분을 표시하는 것이므로 해당 제품이 희석하여 섭취하는 제품인 경우일지라도, 포장되어 판매되는 제품이 면, 스프로 구성되어 있는 경우 희석하는 물을 제외한, 조리 전의 제품 그 자체의 영양성분의 함량을 표시하여야 한다.

그렇다면 라면에 국물 우리는 용도의 티백이 들어 있는 경우 티백의 영양성분을 산출해야 할까? 영양성분 표시는 제품 자체에 함유된 영양성분을 표시하는 것이나, 국물을 우려내고 티백은 제거하여 섭취하는 경우라면, 실제 섭취하는 형태로 우려낸 국물에 대한 영양성분을 분석하여 함량을 표시하여야 한다.

그럼 영양성분별 분석방법이 정해져 있나? 영양성분은 「식품의 기준 및 규격」에 따른 시험방법을 사용하여 분석하여야 한다. 이 기준 및 규격에 시험방법이 없는 경우에는 이 기준 및 규격 제1. 총칙에 따라. 식품의약품안전처장이 인정한 시험방법, 국제식품규격위원회(CAC) 규정, 국제분석화학회(AOAC), 국제표준화기구(ISO), 농약분석매뉴얼(PAM) 등의 시험방법에 따라 시험하여 함량값을 구하여 표시할 수 있다. 만약, 위 시험방법에도 없는 경우에는 다른 법령에 정해져 있는 시험방법, 국제적으로 통용되는 공인시험방법에 따라 시험할 수 있다. 다만, 표시위반으로 인한 행정처분의 경우에 대비하여 표본수집, 전처리 방법, 분석방법 등 자료의 객관성을 입증할 수 있는 자료를 보유하는 것이 필요하다.

'단백질', '지방' 함량 산출을 위해 '조단백질', '조지방' 값을 사용할 수 있을까? 「식품의 기준 및 규격」 제8. 일반시험법 2. 식품성분시험법에 따라 해당 '조단백질',* '조지방'** 함량을 분석하여 '단백질', '지방' 함량으로 표시 가능하다.

* 조단백질: 제8. 일반시험법 2. 식품성분시험법 2.1.3.1 총질소 및 조단백질에 따라 시험

** 조지방: 제8. 일반시험법 2. 식품성분시험법 2.1.5.1 조지방에 따라 시험

영양성분 함량 산출을 할 때는 식품의약품안전처가 식품위생검사기관으로 지정된 시험·검사기관에서만 검사해야 할까? 식품의 영양성분 표시에 있어, 영양성분 함량 산출을 위한 방법을 별도로 규정하고 있지 않다. 따라서 공인분석기관에 의뢰하거나, 자사분석 등 모두 가능하다. 다만, 영양성분의 표시값과 실제 측정값 사이의 오차는 영양성분별로 정해진 허용오차 범위 이내이어야 한다.

영양성분 시험·검사기관으로부터 시험분석 성적서를 100 g당으로 받았다. 포장형태 및 내용량에 맞게 환산하여 사용할 수 있을까? 먼저 제품의 포장형태에 따라 표시단위를 결정하고, 100 g당으로 받은 영양성분 함량을 결정된 표시단위의 내용량에 맞도록 환산한 후, 영양성분별 세부표시방법에 따라 표시하여야 한다.

4) 측정값 허용오차

사례 28. 제품의 영양성분 표시값과 실제 제품 분석값의 항상 일치 여부

식품은 일반 공산품과 달리 계절, 토양, 수확, 처리방법 등에 따라 함유한 영양성분의 함량이 다르며, 소비기간까지 그 함량이 변화될 수 있기 때문에 영양성분에 따라 허용오차 범위가 설정되어 있다. 부족하게 섭취되기 쉬운 영양성분인 식이섬유, 비타민, 무기질 등은 분석값이 표시량의 80% 이상, 섭취를 제한하여야 할 영양성분인 열량, 지방, 콜레스테롤, 나트륨 등은 분석값이 120% 미만이면 이를 적합으로 판정한다. 예를 들어 "비타민C 100 ㎎"으로 표시된 제품은 실제 그 제품을 분석했을 때 비타민C가 80 ㎎ 이상이면 된다.

(근거: 「식품등의 표시기준」 [별지 1] 1. 아.)

영양성분 함량을 구하는 방법은 별도로 규정하고 있지 않지만, 영양성분의 표시값과 실제 측정값 사이의 허용오차를 규정하고 있으므로 유의할 필요가 있다. 열량, 나트륨, 당류, 지방, 트랜스지방, 포화지방, 콜레스테롤의 실제 측정값은 표시량의 120% 미만이어야 하며, 탄수화물, 식이섬유, 단백질, 비타민, 무기질의 실제 측정값은 표시량의 80% 이상이어야 한다. 다음 표 21은 식품 내 영양성분 함유량에 따른 표시량과 실제 측정값의 허용오차 범위를 나타낸다.

표 21. 식품 내 영양성분 함유량에 따른 표시량과 실제 측정값의 허용오차 범위

식품 내 영양성분 함유량	표시량과 실제 측정값의 허용오차
100 g(㎖)당 25 ㎎ 미만의 나트륨	+5 ㎎ 미만
100 g(㎖)당 2.5 g 미만의 당류	+0.5 g 미만
100 g(㎖)당 4 g 미만의 포화지방	+0.8 g 미만
100 g(㎖)당 25 ㎎ 미만의 콜레스테롤	+5 ㎎ 미만

이 규정에도 불구하고 「식품의 기준 및 규격」의 성분규격이 '표시량 이상'으로 되어 있는 경우에는 실제 측정값은 표시량 이상이어야 하고, 성분규격이 '표시량 이하'로 되어 있는 경우

에는 표시량 이하이어야 한다.

영양성분 표시량과 실제 측정한 값이 규정하고 있는 허용오차를 벗어나더라도 다음의 경우에 해당되면 허용오차를 예외로 인정하고 있다. 실제 측정값이 표 22의 영양성분별 단위 및 표시방법에서 인정하는 범위 이내인 경우 인정하고 있다. 또한, 「식품·의약품 분야 시험·검사 등에 관한 법률」에 따른 식품, 건강기능식품, 축산물 시험·검사기관이나 「국가표준기본법」에서 인정한 시험·검사기관 중 어느 하나의 기관을 1개 이상 포함하여 2개 이상의 기관에서 1년마다 검사한 평균값과 표시된 값의 차이가 허용오차를 벗어나지 않은 경우는 예외를 인정하고 있다. 이때 서로 다른 lot 제품을 사용하거나, 분석 일정에 차이가 있을 경우 제품의 품질관리나 분석 값의 공정성을 확보할 수 없으므로, 동일한 lot 제품에 대하여 동일한 시점에 영양성분을 분석하여야 한다.

원재료, 제조공정 등이 기존 제품과 동일한 경우 기존 제품의 영양성분 분석값을 사용해도 될까? 제품의 중량 또는 제품명이 달라지더라도 사용되는 원재료, 제조공정 등 다른 조건 등이 동일한 경우 기존의 영양성분 분석치의 사용이 가능하다. 다만, 영양성분 표시값에 대한 신뢰성은 업체의 책임으로, 영양성분의 표시값과 실제 측정값 사이의 오차는 영양성분별로 정해진 허용오차 범위 이내여야 한다.

그렇다면 나트륨의 허용오차 범위는 80~120%를 적용하여야 할까? 영양성분 허용오차 범위는 열량, 나트륨, 당류, 지방, 트랜스지방. 포화지방, 콜레스테롤는 120% 미만이며 탄수화물, 식이섬유, 단백질, 비타민, 무기질는 80% 이상을 적용하고 있다. 따라서, 나트륨의 허용오차 범위 하한치인 80%를 적용하지 않는다. 또한, 배추김치의 경우 나트륨의 실제 측정값은 표시량의 130% 미만으로 적용하고 있으며, 100 g(㎖)당 25 ㎎ 미만의 나트륨의 경우 +5 ㎎ 미만으로 허용오차 범위를 규정하고 있다.

5) 영양성분의 표시단위

사례 29. 60 g 베이글이 6개 묶음으로 포장된 빵의 표시가능단위(1회 섭취참고량: 70 g)

표시가능한 영양성분 표시단위	
총 내용량당	○
100 g(㎖)당	○
단위 내용량당	×
단위 내용량당 + 총 내용량당 병행	○
단위 내용량당 + 100 g(㎖)당 병행	○
1회 섭취참고량당 + 총 내용량당 병행	○
1회 섭취참고량당 + 100 g(㎖)당 병행	○

(근거: 「식품등의 표시기준」 [별지 1] 1. 아.)

제품의 총 중량이나 포장형태, 섭취방법 등을 고려하여 영양성분 표시단위를 결정하는데, 영양성분 표시단위는 영양성분 표시서식 도안에 영양성분의 함량을 표시할 때 기준이 되는 것으로서, '총 내용량당', '단위 내용량당', '100 g(㎖)당', '1회 섭취참고량당'을 말한다. 여기서 단위 내용량은 제품을 개, 조각, 포, 병 등 셀 수 있는 단위로 나눌 수 있는 경우에 해당 단위(개, 조각, 포, 병 등)의 중량 또는 용량을 말한다. 영양성분 표시단위를 정할 때에는 한 번에 섭취하기 적당한 양(또는 섭취하는 양), 총 내용량 등 실제 섭취량을 쉽게 파악할 수 있는지, 100 g(㎖), 1회 섭취참고량, 소용량 제품의 총 내용량 등과 같이 식품 간 함량 비교가 용이한지, 절대 비교가 가능한 100 g(㎖)과 같이 계산이 용이한지를 고려해야 한다.

'총 내용량당 영양성분 함량'은 제품의 최소판매단위당 함유된 값으로 표시하며, 제품의 총 내용량이 100 g(㎖)을 초과하고 1회 섭취참고량의 3배를 초과하는 식품인 경우는 "100 g(㎖)당 영양성분 함량"으로 표시한다. 제품이 개 또는 조각 등으로 나눌 수 있는 단위제품인 경우로서 그 단위 내용량이 100 g(㎖) 이상이거나 1회 섭취참고량 이상인 경우에는 "단위 내용량당 영양성분 함량"으로 표시하며, 단위 내용량이 100 g(㎖) 미만이고 1회 섭취참고량 미만인 경우에는 "단위 내용량당 영양성분 함량"과 함께 "총 내용량당 영양성분 함량"을 병행표기하여야 한다. 여기서 병행표기해야 할 총 내용량이 100 g(㎖)을 초과하고 1회 섭취참고량의 3배를 초과하는 식품은 "100 g(㎖)당 영양성분 함량"으로 병행표기 가능하다.

희석, 용해, 침출 등을 통해 음용하는 제품인 경우, 제품의 섭취방법에 따라 소비자가 최종 섭취하는 용량(㎖)을 만드는 데 필요한 용량(㎖) 또는 중량(g)을 단위 내용량으로 표시할 수 있다. 여기서 "1회 섭취참고량당 영양성분 함량"은 제품의 식품유형에 따라 1회 섭취참고량이 정해진 경우로서, 해당 "1회 섭취참고량당 영양성분 함량"과 함께 "총 내용량당 영양성분 함량"을 병행표기하여야 한다. 여기서 병행표기해야 할 총 내용량이 100 g(㎖)을 초과하고 1회 섭취참고량의 3배를 초과하는 식품은 "100 g(㎖)당 영양성분 함량"으로 병행표기가 가능하다.

영양성분 표시단위는 제품의 포장형태 및 해당 식품의 1회 섭취참고량 유무에 따라 그림 9의 프로세스를 따라가면 편리하게 결정할 수 있다.

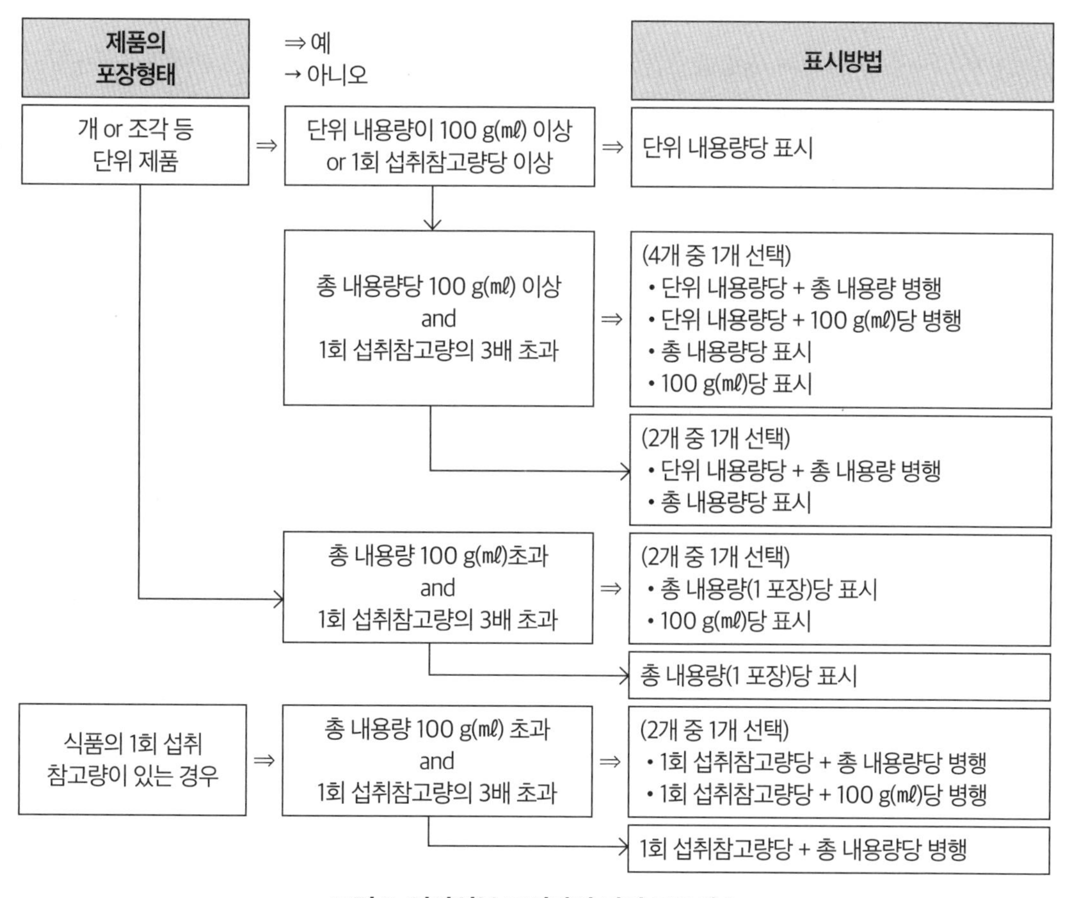

그림 9. 영양성분 표시단위 결정 프로세스

6) 표시단위에 따른 영양성분 함량 산출

사례 30. 저항성 전분을 사용한 제품의 열량 계산 시 g당 적용 열량

탄수화물 중 당알코올 및 식이섬유 등의 함량을 별도로 표시하는 경우 탄수화물에 대한 열량 산출은 당알코올은 1 g당 2.4 ㎉(에리스리톨은 0 ㎉), 식이섬유는 1 g당 2 ㎉, 타가토스는 1 g당 1.5 ㎉, 알룰로오스는 1 g당 0 ㎉, 그 밖의 탄수화물은 1 g당 4 ㎉를 각각 곱한 값의 합으로 한다.
따라서, 저항성 전분의 열량은 현행 규정에 따라 '그 밖의 탄수화물'에 해당되어 1 g당 4 ㎉를 곱하여 산출하여야 한다.
(근거: 「식품등의 표시기준」 [별지 1] 1. 아.)

열량은 단백질, 지방 등 실제 분석값을 사용하지 않고 영양성분의 표시함량을 사용하여 계산한다. 영양성분의 표시함량을 사용("○○ g 미만"으로 표시되어 있는 경우에는 그 실제 값을 그대로 사용한다)하여 열량을 계산함에 있어 탄수화물은 1 g당 4 ㎉를, 단백질은 1 g당 4 ㎉를, 지방은 1 g당 9 ㎉를 각각 곱한 값의 합으로 산출하고, 알콜 및 유기산의 경우에는 알콜은 1 g당 7 ㎉를, 유기산은 1 g당 3 ㎉를 각각 곱한 값의 합으로 한다.

탄수화물 중 당알코올 및 식이섬유 등의 함량을 별도로 표시하는 경우의 탄수화물에 대한 열량 산출은 당알코올은 1 g당 2.4 ㎉(에리스리톨은 0 ㎉), 식이섬유는 1 g당 2 ㎉, 타가토스는 1 g당 1.5 ㎉, 알룰로오스는 1 g당 0 ㎉, 그 밖의 탄수화물은 1 g당 4 ㎉를 각각 곱한 값의 합으로 한다.

또한 탄수화물의 경우 당류를 구분하여 표시하여야 한다. 탄수화물의 함량은 식품 중량에서 단백질, 지방, 수분 및 회분의 함량을 뺀 값을 말한다.

지방은 트랜스지방 및 포화지방을 구분하여 표시하여야 한다.

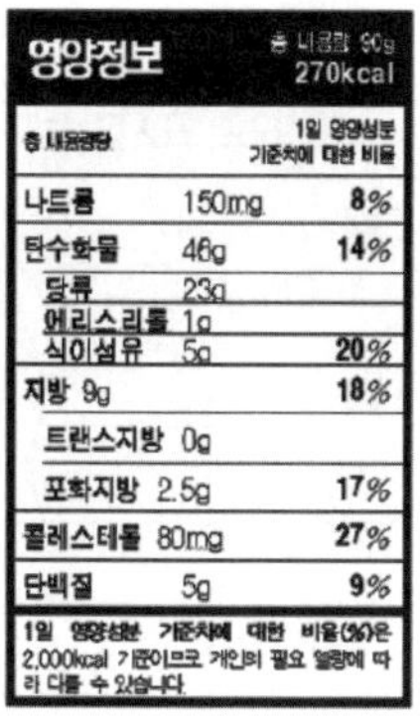

영양정보	총 내용량 90g	270kcal
총 내용량당		1일 영양성분 기준치에 대한 비율
나트륨	150mg	8%
탄수화물	46g	14%
당류	23g	
에리스리톨	1g	
식이섬유	5g	20%
지방	9g	18%
트랜스지방	0g	
포화지방	2.5g	17%
콜레스테롤	80mg	27%
단백질	5g	9%
1일 영양성분 기준치에 대한 비율(%)은 2,000kcal 기준이므로 개인의 필요 열량에 따라 다를 수 있습니다.		

열량 계산은

[{탄수화물함량g-
(식이섬유+에리스리톨} 함량g] x 4kcal
+ (식이섬유 함량g x 2kcal)
+ (에리스리톨 함량g x 0kcal)
+ (단백질 함량g x 4kcal)
+ (지방 함량g x 9kcal)]
= 열량 kcal

▶ [{46g-(5+1)g x 4kcal}]
+ (5g x 2kcal)
+ (1g x 0kcal)
+ (5g x 4kcal)
+ (9g x 9kcal)
= 271kcal

영양성분	1g당 열량(kcal)
탄수화물	4
단백질	4
지방	9
알콜	7
유기산	3
당알콜	2.4 (에리스리톨은 0)
식이섬유	2
타가토스	1.5
알룰로오스	0
그 밖의 탄수화물	4

그림 10. 열량 계산법 예시

영양성분에 식이섬유의 함량을 표시하지 않고 열량 산출에만 적용하여 계산할 수 있을까? 열량의 산출은 영양성분의 표시함량을 사용하여 열량을 계산함에 있어 탄수화물은 1 g당 4 ㎉를 곱하고, 탄수화물 중 당알코올 및 식이섬유 등의 함량을 별도로 표시하는 경우 탄수화물에 대한 열량 산출은 당알코올은 1 g당 2.4 ㎉(에리스리톨 0 ㎉), 식이섬유는 1 g당 2 ㎉, 타가토스는 1 g당 1.5 ㎉, 알룰로오스는 1 g당 0 ㎉, 그 밖의 탄수화물은 1 g당 4 ㎉를 각각 곱한 값의 합으로 한다. 따라서, 영양성분에 식이섬유의 함량을 표시하지 않고 열량 산출에만 식이섬유 1 g당 2 ㎉를 적용할 수는 없다. 식이섬유의 함량을 열량 산출에 적용하고자 하는 경우 영양성분에 식이섬유의 함량을 표시하여야 한다.

당알코올이 사용된 제품에서 영양성분을 표시할 때 탄수화물 함량에 당알코올 함량을 합산하여 표시하여야 할까? 앞서 말했듯이 탄수화물 함량을 표시할 때는 당류를 구분하여 표시하여야 한다. 특히 영양성분 표시대상 식품은 탄수화물과 당류 등으로 구분하여 표시하여야 하므로, 에리스리톨 외에 그 밖에 탄수화물이 포함된 경우라면 탄수화물 함량에 합산하여 표시하여야 한다.*

* 일반적으로 '당알코올'이라 함은 '하이드록시기가 두 개 이상인 알코올이나, 이와 동일 계열에 속하는 화합물'로 알려져 있으며, 당알코올의 종류로는 솔비톨(Sorbitol), 말티톨(Maltitol), 자일리톨(Xylitol), 에리스리톨(Erythritol), 아라비톨(Arabitol), 리비톨(Ribitol), 갈락티톨(Galactitiol), 락티톨(Lactitol), 만니톨(Mannitol) 등이 있다.

표 22. 영양성분별 단위 및 표시방법

영양성분	단위	표시방법	"0"으로 표시가능
열량	㎉	그 값 그대로 표시하거나, 가장 가까운 5 ㎉ 단위로 표시	〈 5 ㎉
나트륨	㎎	그 값 그대로 표시하거나, • 120 ㎎ 이하: 그 값에 가까운 5 ㎎ 단위로 표시 • 120 ㎎ 초과: 그 값에 가까운 10 ㎎ 단위로 표시	〈 5 ㎎
탄수화물, 당류	g	그 값 그대로 표시하거나, 가장 가까운 1 g 단위로 표시. 1 g 미만은 "1 g 미만" 표시 가능	〈 0.5 g
지방, 트랜스지방, 포화지방	g	그 값 그대로 표시하거나, • 지방, 포화지방, 트랜스지방 - 5 g 이하: 그 값에 가까운 0.1 g 단위로 표시 - 5 g 초과: 그 값에 가까운 1 g 단위로 표시 • 트랜스지방: 0.5 g 미만은 "0.5 g 미만"으로 표시	• 지방, 포화지방: 〈 0.5 g • 트랜스지방: 〈 0.2 g(식용유지류: 〈 2 g/100 g)
콜레스테롤	㎎	그 값 그대로 표시하거나, 가장 가까운 5 ㎎ 단위로 표시. 5 ㎎ 미만은 "5 ㎎ 미만"으로 표시	〈 2 ㎎
단백질	g	그 값 그대로 표시하거나, 가장 가까운 1 g 단위로 표시. 1 g 미만은 "1 g 미만"으로 표시	〈 0.5 g
비타민, 무기질		1일 영양성분 기준치의 명칭과 단위를 따름	1일 영양성분 기준치의 2%

예를 들어 열량이 128.3 ㎉인 경우 128.3 ㎉, 128 ㎉ 또는 가장 가까운 5 ㎉ 단위인 130 ㎉ 등 어느 것으로 표시해야 할까? 영양성분 표시함량에 있어서 소수점에 대하여 별도로 규정하고 있지 아니하므로, 제품의 열량이 128.3 ㎉인 경우 "128 ㎉" 또는 "128.3 ㎉"로 표시하거나, 가장 가까운 5 ㎉ 단위인 "130 ㎉"로 표시 모두 가능하다. 다만, 실제 측정값과 제품에 표시한 값 간의 차이가 「식품등의 표시기준」 [별지 1] 1.에서 규정하고 있는 허용오차 범위 이내이어야 한다.*

* 허용오차 범위: 열량, 당류, 지방, 포화지방, 트랜스지방, 콜레스테롤 및 나트륨의 실제 측정값은 표시량의 120% 미만, 비타민, 무기질, 단백질, 탄수화물, 식이섬유의 실제 측정값은 표시량의 80% 이상

식이섬유의 영양성분 함량을 표시하는 경우 3 g 대신에 3,000 ㎎으로 표시할 수 있을까? 영양성분 함량 단위는 「식품 등의 표시·광고에 관한 법률 시행규칙」 [별표 5] 1일 영양성분 기준치의 영양성분 단위와 동일하게 표시하여야 한다. 따라서, 식이섬유의 경우 1일 영양성분 기준치의 단위와 동일하게 'g' 단위를 사용하여야 한다.

1회 섭취참고량이 설정되어 있지 않은 식품유형의 경우, 100 g(㎖)당 영양성분을 표시할 수 없을까? 개 또는 조각 등 단위제품이 아닌 경우, 영양성분의 함량을 총 내용량당 함량을 표시하여야 하나, 제품의 총 내용량이 100 g(㎖)을 초과하고 1회 섭취참고량의 3배를 초과하는 식품인 경우라면, 100 g(㎖)당 영양성분을 표시할 수 있다. 다만, 1회 섭취참고량이 설정되어 있지 않은 식품유형의 경우, 총 내용량이 100 g(㎖)을 초과하는 경우라면, 100 g(㎖)당 영양성분을 표시할 수 있다.

1회 섭취참고량이 설정되어 있지 않은 식품유형의 경우, 영업자가 1회 섭취참고량을 설정하여 표시할 수 있을까? 「식품등의 표시기준」 [표 3]의 1회 섭취참고량이 설정되어 있지 아니한 식품유형의 경우, 1회 섭취참고량당 영양성분을 표시할 수 없다.

7) 1일 영양성분 기준치 비율

사례 31. 1일 영양성분 기준치에 대한 비율 표시방법

[예시] 실제 지방함량이 5.6 g인 제품의 1일 영양성분 기준치에 대한 비율(%) 계산
: 해당 제품은 표 22 영양성분별 단위 및 표시방법에 따라 실제 함량인 "5.6 g"을 표시하거나 가장 가까운 1 g 단위인 "6 g"으로 표시할 수 있다.

- 영양성분 표시에 "지방 5.6 g"으로 표시한 경우 계산방법
  5.6 g(표시함량)/54 g(지방 1일 영양성분 기준치) × 100 = 10.37 ⇒ 소수점 첫째자리 반올림하여 10%로 표시
- 영양성분 표시에 "지방 6 g"으로 표시한 경우 계산방법
  6 g(표시함량)/54 g(지방 1일 영양성분 기준치) × 100 = 11.11 ⇒ 소수점 첫째자리 반올림하여 11%로 표시

$$\frac{\text{영양성분 표시도안에 표시하는 영양성분 함량 값}}{\text{해당 영양성분의 1일 영양성분 기준치 값}} \times 100 = \text{해당 영양성분의 1일 영양성분 기준치에 대한 비율 (\%)}$$

(근거: 「식품등의 표시기준」 [별지 1] 1. 아.)

영양성분 표시의 표시함량을 토대로 '1일 영양성분 기준치'에 대한 비율(%)을 산출한 후 이를 반올림하여 정수로 표시한다. 영양성분 함량을 "○○ g 미만"으로 표시하는 경우에는 실제값을 그대로 사용하여 비율을 계산한다. 열량, 트랜스지방 등 1일 영양성분 기준치가 정해지지 않은 영양성분은 비율 표시를 공란으로 비워 둔다. 여기서 1일 영양성분 기준치에 대한 비율(%)은 해당 식품에 포함된 각 영양성분 함량의 1일 영양성분 기준치에 대한 비율로서, 하루에 섭취해야 할 영양성분의 몇 %인가를 나타내는 값으로 이를 통해 해당 식품이 차지하는 영양적 가치를 보다 쉽게 이해하고, 식품 간의 영양성분을 쉽게 비교할 수 있다.

아래는 실제 단백질 함량이 0.8 g인 제품에 영양성분 세부표시방법에 따라 "1 g 미만"으로 표시한 경우 1일 영양성분 기준치에 대한 비율 표시방법이다.

0.8 g(실제함량)/55 g(단백질 1일 영양성분 기준치) × 100 = 1.45

⇒ 소수점 첫째자리 반올림하여 "1%"로 표시

콜레스테롤을 함량을 "15 ㎎"으로 표시하고 1일 영양성분 기준치에 대한 비율(%)을 계산할 때에는 분석값인 13.5 ㎎으로 계산할 수 있을까? 이때는 13.5 ㎎으로 계산해서는 안 된다. 1일 영양성분 기준치에 대한 비율(%)은 실제 측정값이 아닌 영양성분표 도안에 표시하는 값을 사용하여 계산하여야 한다. 따라서 표시값인 15 ㎎으로 계산하여야 한다.

(15 ㎎/300 ㎎) × 100 = 5%

영·유아, 임신수유부, 환자 등 특정 집단을 대상으로 하는 특수용도식품에 대하여 표 20의 1일 영양성분 기준치에 대한 비율(%)로 표시하거나 '한국인 영양섭취기준[「식품등의 표시기준」[표 2] 한국인 영양섭취기준{식의약법령정보(https://www.mfds.go.kr/law)에서 '식품등의 표시기준'을 검색하여 일부 개정고시 고시 전문}을 확인] 중 해당 집단의 권장섭취량 또는 충분섭취량을 기준치로 하여 기준치에 대한 비율(%)로 표시할 수 있다. 다만, 해당 집단의 권장섭취량 또는 충분섭취량을 기준치로 사용할 경우에는 영양성분표 하단에 별표로 "1일 영양성분 기준치에 대한 비율(%)"이 특정 해당 집단의 섭취기준에 대한 비율(%)임을 명시하여야 한다.

[예시]
1일 영양성분 기준치에 대한 비율(%): 한국인 성인 남자(19~64세) 영양섭취기준에 대한 비율

제품의 영양성분을 분석한 결과 콜레스테롤은 13.5 ㎎, 탄수화물은 0.6 g으로 유효숫자 처리규정에 따라 콜레스테롤은 "15 ㎎", 탄수화물은 "1 g 미만"으로 각각 표시하였다. 이때 콜레스테롤과 탄수화물의 1일 영양성분 기준치에 대한 비율(%)은 어떻게 표시하여야 할까? 1일 영양성분 기준치에 대한 비율(%)은 실제 측정값이 아닌 영양성분표 도안에 표시하는 값을 사용하여 계산하여야 한다. 다만, 유효숫자 처리규정에 따라 "○○ g 미만"으로 표시하는 경우에는 실제 측정값을 사용하여 표시하여야 한다. 따라서, 콜레스테롤의 경우에는 '15 ㎎(표시값) ÷ 300 g(1일 영양성분 기준치) × 100 = 5%'이며, 탄수화물의 경우에는 '0.6 g(실제 측정값) ÷ 324 g(1일 영양성분 기준치) × 100 = 0.18% → 0%'이다.

임산부를 대상으로 하는 식품의 경우 반드시 영양성분 기준치를 사용하여 1일 영양성분 기준치에 대한 비율(%)을 계산하여야 할까? 앞에서도 언급했듯이, 「식품등의 표시기준」에 따르면, 영·유아, 임신수유부, 환자 등 특정 집단을 대상으로 하는 특수용도식품에 대하여 영양성분 표시를 하는 때에는 「식품 등의 표시·광고에 관한 법률 시행규칙」 [별표 5]의 1일 영양성분 기준치(이 책의 표 20)에 대한 비율(%)로 표시하거나 「식품등의 표시기준」 [표 2]의 한국인 영양섭취기준 중 해당 집단의 권장섭취량 또는 충분섭취량을 기준치로 하여 기준치에 대한 비율(%)로 표시할 수 있다. 따라서, 임산부를 대상으로 하는 '임신수유부 식품'이라면 한국인 영양섭취기준 중 임산부의 권장섭취량 또는 충분섭취량을 기준치로 하여 기준치에 대한 비율(%)을 표시할 수 있으며, 이 경우 하단에 별표로 "1일 영양성분 기준치에 대한 비율(%)"

이 임산부 집단의 섭취기준에 대한 비율(%)임을 명시하여야 한다.

8) 영양성분 표시서식 도안

사례 32. 영양성분 표시서식 도안 사용 의무 여부

영양성분 표시는 「식품등의 표시기준」에 제시된 [도 3], [도 4] 영양성분 표시서식 도안을 사용하여 표시해야 한다. 이것은 일관된 영양성분 표시 도안으로 소비자들로 하여금 영양성분 표시 이해도를 높이기 위함이다.

(근거: 「식품등의 표시기준」 [별지 1] 1. 아., 「식품 등의 표시·광고에 관한 법률 시행규칙」 [별표 4] 2.)

영양성분 표시는 소비자가 알아보기 쉽도록 바탕색과 구분되는 색상으로 다음의 기준에 따라 그림 11의 영양성분 표시서식 도안을 사용하여 표시하여야 한다.

중량(g) 또는 용량(㎖)을 표시함에 있어 10 g(㎖) 미만은 그 값에 가까운 0.1 g(㎖) 단위로, 10 g(㎖) 이상은 그 값에 가까운 1 g(㎖) 단위로 표시하여야 한다.

[기본형]		
총 내용량(1 포장)당	100 g(㎖)당	단위내용량당
영양정보 총 내용량 00g 000kcal 총 내용량당 / 1일 영양성분 기준치에 대한 비율 나트륨 00mg 00% 탄수화물 00g 00% 당류 00g 00% 지방 00g 00% 트랜스지방 00g 포화지방 00g 00% 콜레스테롤 00mg 00% 단백질 00g 00% 1일 영양성분 기준치에 대한 비율(%)은 2,000kcal 기준이므로 개인의 필요 열량에 따라 다를 수 있습니다.	영양정보 총 내용량 00g 100g당 000kcal 100g당 / 1일 영양성분 기준치에 대한 비율 나트륨 00mg 00% 탄수화물 00g 00% 당류 00g 00% 지방 00g 00% 트랜스지방 00g 포화지방 00g 00% 콜레스테롤 00mg 00% 단백질 00g 00% 1일 영양성분 기준치에 대한 비율(%)은 2,000kcal 기준이므로 개인의 필요 열량에 따라 다를 수 있습니다.	영양정보 총 내용량 00g(00g×0조각) 1조각(00g)당 000kcal 1조각당 / 1일 영양성분 기준치에 대한 비율 나트륨 00mg 00% 탄수화물 00g 00% 당류 00g 00% 지방 00g 00% 트랜스지방 00g 포화지방 00g 00% 콜레스테롤 00mg 00% 단백질 00g 00% 1일 영양성분 기준치에 대한 비율(%)은 2,000kcal 기준이므로 개인의 필요 열량에 따라 다를 수 있습니다.

[세로형]		
총 내용량(1 포장)당	100 g(㎖)당	단위내용량당
[가로형]		
총 내용량(1 포장)	100 g(㎖)당	단위내용량당
[그래픽형]		
총 내용량(1 포장)당	100 g(㎖)당	단위내용량당

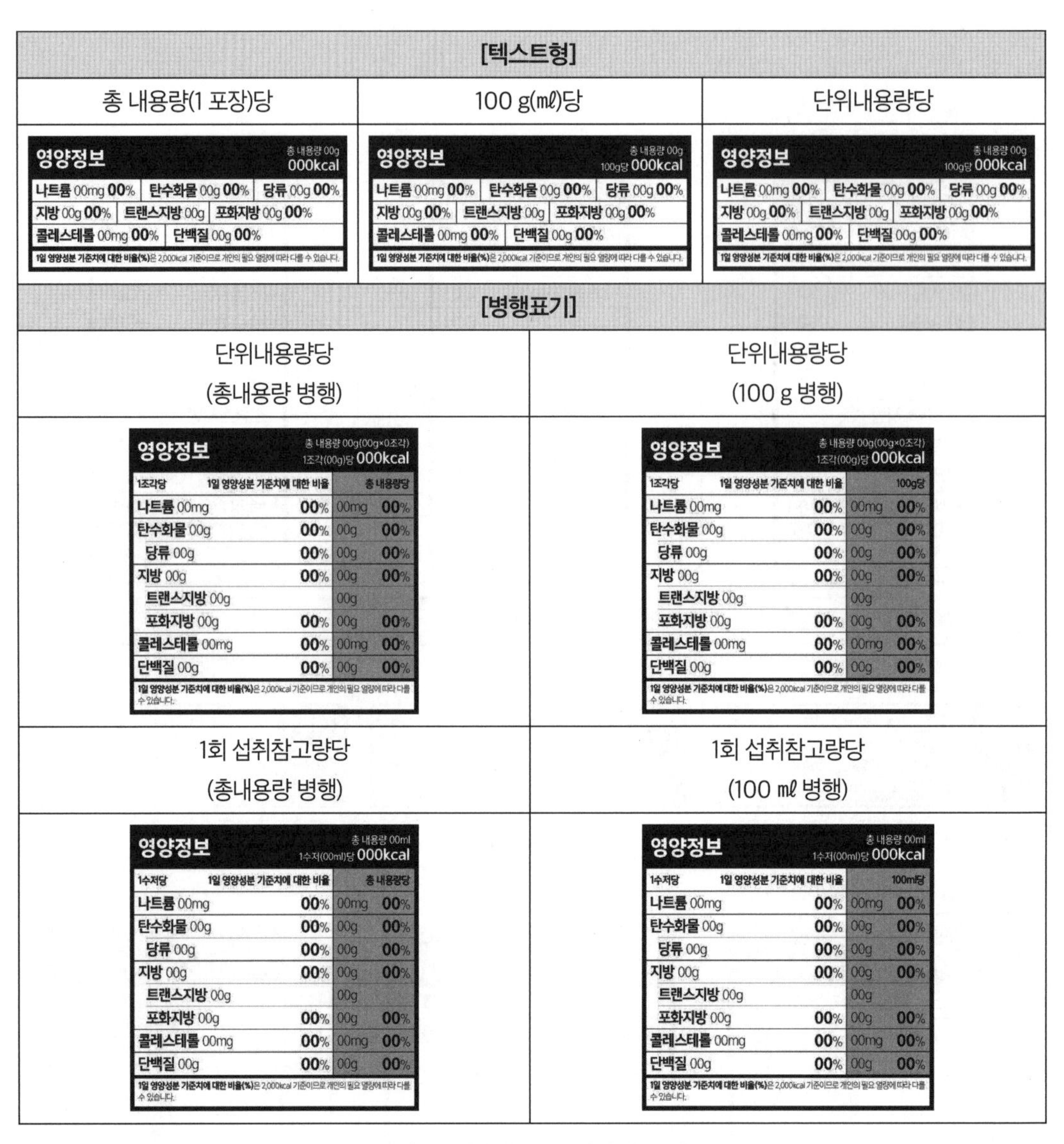

그림 11. 영양성분 표시서식 도안

제품의 포장 형태나 표시면적에 따라 적절한 영양성분 표시서식 도안을 택하여 표시할 수 있다. 영양성분의 함량은 영양성분 표시서식 도안에 있는 순서인 열량, 나트륨, 탄수화물, 당류, 지방, 포화지방, 트랜스지방, 콜레스테롤, 단백질에 따라 표시한다. 영양성분 함량이 없는 경우 해당 영양성분의 명칭과 함량을 표시하지 않거나 "없음" 또는 "-"로 표시한다. 영양성분의 함량을 "없음" 또는 "-"로 표시하는 것과 "0"으로 표시하는 것은 다르다. 예를 들어 당류의 경우 함량이 0.5 g 미만일 때 "영양성분 함량 강조 표시 기준"에서 "0"으로 표시할 수 있다.

총 내용량[△△ g(㎖)]에서 △△는 내용량을 중량(g) 또는 용량(㎖)으로 표시하고 소수점 첫째자리에서 반올림하여 1 g(㎖) 단위로 표시한다. 10 g(㎖) 미만인 경우 소수점 둘째자리에서 반올림하여 0.1 g(㎖) 단위로 표시할 수 있다. 단위내용량당 표시[총 내용량 △△ g(◇◇ g × ○○개)]에서 ◇◇는 단위 제품의 중량(g) 또는 용량(㎖)으로 표시하고 소수점 첫째자리에서 반올림하여 1 g(㎖) 단위로 표시한다. 10 g(㎖) 미만인 경우 소수점 둘째자리에서 반올림하여 0.1 g(㎖) 단위로 표시할 수 있다. ○○는 단위제품의 제공 개수는 셀 수 있는 단위(개, 조각, 봉지, 팩 등)를 사용하며 정수로 표시한다

열량, 영양성분 명칭, 함량 및 1일 영양성분 기준치에 대한 비율(%)은 10포인트 이상의 글씨 크기로 표시한다. 열량의 표시는 10포인트 이상의 글씨 크기로 하되, 총 내용량 글씨 크기보다 크거나 같아야 하고, 굵게(bold) 표시한다. 1일 영양성분 기준치에 대한 비율(%) 표시는 영양성분의 글씨 크기 및 함량의 글씨 크기보다 크거나 같아야 하며, 소수점 첫째자리에서 반올림하여 1% 단위로 표시하고 굵게(bold) 표시한다.

영양성분을 주표시면에 표시하려는 경우에는 다음의 기준에 따라 그림 12의 영양성분 주표시면 표시서식 도안을 사용하여 표시하여야 한다.

영양성분 표시는 표시서식 도안의 형태를 유지하는 범위에서 변형할 수 있다. 이 경우 특정 영양성분을 강조하여서는 아니 된다. 표시서식 도안에 따라 표시된 열량이 내용량에 해당하는 열량이 되는 경우에는 내용량에 해당하는 열량의 표시는 생략할 수 있다. 주표시면에 영양성분 표시한 경우에는 정보표시면의 영양성분 표시를 생략할 수 있다.

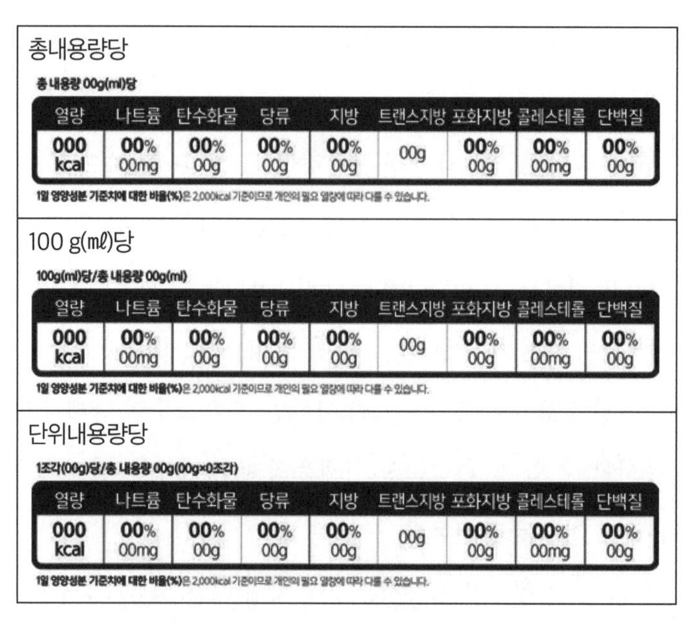

그림 12. 영양성분 주표시면 표시서식 도안

주표시면에 영양성분 표시 서식 도안을 사용하는 경우, 열량 생략이 가능할까? 「식품등의 표시기준」에 제시된 [도 4](이 책의 그림 12) 영양성분 표시서식 도안에 따라 표시된 열량이 내용량에 해당하는 열량이 되는 경우에는 내용량에 해당하는 열량의 표시는 생략할 수 있다.

만약 콜레스테롤이 없는 경우 영양성분 표에서 삭제할 수 있을까? 영양성분 함량이 없는 경우(영양성분별 세부표시방법에 따라 "0"으로 표시하는 경우 제외)에는 그 영양성분의 명칭과 함량을 표시하지 않거나, 영양성분 함량을 "없음" 또는 "-"로 표시하여야 한다. 「식품등의 표시기준」 [별지 1] 1.에 따라 9가지 영양성분을 표시하여야 하나, 최종 제품에 콜레스테롤이 남아 있지 아니한 경우라면, 콜레스테롤의 명칭과 함량을 표시하지 않아도 된다.

영양성분 표시서식 도안을 변형하여 사용할 수 있을까? 영양성분 표시서식 도안은 가능한 한 규정에 따른 도안을 그대로 준수하여야 하며, 변형을 하는 경우에도 표시서식 도안의 형태를 유지하는 범위에서 하여야 한다.

[예시]

영양성분 표시서식 도안의 바깥 윤곽선을 굵게 표기, 영양성분별로 구분이 되도록 표기, 영양성분 표시순서대로 표기 등

영양성분 표시서식 도안 내 영양정보는 반드시 10포인트 이상으로 해야 할까? 영양정보(영양성분 표시서식 도안)의 경우, 열량, 영양성분의 명칭, 함량, 1일 영양성분 기준치에 대한 비율(%)을 10포인트 이상의 글씨 크기로 표시하여야 하나, 정보표시면의 면적이 100 ㎠ 미만인 경우라면 표 또는 단락으로 표시하지 않을 수 있으며, 글씨 크기를 10포인트 이상으로 표시할 수 없는 경우 글자 비율 50% 이상, 글자 간격 -5% 이상으로 표시할 수 있으며, 그럼에도 불구하고 부족한 경우에는 10포인트보다 작게 표시할 수 있다.

그렇다면 영양성분 표시서식 도안 내 하단의 글씨 크기를 10포인트 이하로 표시할 수 있으까? 최종 제품의 정보표시면 면적이 부족한 경우, 영양성분 표시 또한 제조사 책임하에 10포인트보다 작게 표시사항을 표시하는 것은 가능하나, 가능한 범위 내에서 가장 큰 활자 크기로 표시하여야 한다.

한편, 각각 품목제조보고된 완제품 형태로 두 종류 이상의 제품을 함께 판매할 목적으로 세트포장한 경우라면, 세트포장의 외포장지에 개별제품에 대한 영양성분 표시대상 여부에 따라 각각의 개별제품의 영양성분 표시를 하여야 한다.

수입식품의 영양성분 표시내용이 우리나라와 다른데 어떻게 해야 할까? 한글 표시사항이 아닌 '수입식품 현품'의 영양성분 표시는 국내와 수출국의 표시기준, 시험법 등이 모두 동일하지 않을 수 있어, 수입식품 현품에 수출국 언어로 표시된 영양성분 함량과 국내 표시기준에 따라 표시된 함량은 다를 수 있다. 따라서, 수입식품을 국내에서 판매하고자 하는 경우, 국내기준인 「식품 등의 표시·광고에 관한 법률」, 「식품등의 표시기준」에 적합하게 영양성분 표시를 하여야 한다.

만약 제품의 정보표시면 면적이 부족하여 10포인트 이상의 글씨 크기로 표시할 수 없을 경우에는 어떻게 해야 할까? 정보표시면의 면적(주표시면에 준하는 최소 여백을 제외한 면적)

이 부족하여 10포인트 이상의 글씨 크기로 표시할 수 없을 경우에는 10포인트보다 작은 글씨 크기로 표시할 수 있다. 이 경우 식품 등의 표시기준에서 정한 표시사항만을(조리·사용법, 섭취방법, 용도, 주의사항, 바코드, 타법에서 정한 표시사항 포함) 표시하여야 한다.

참고로, 식품안전나라(www.foodsafetykorea.go.kr)에 있는 '영양성분표 산출' 프로그램에 식품 제조에 사용한 재료를 직접 추가하거나 성적서를 입력하여 영양성분표를 미리 알아볼 수 있다.

9) 영양성분 강조 표시

사례 33. 식이섬유 2.5 g이 함유된 음료 240 ㎖(10 ㎉)에 "식이섬유 함유" 기재 가능 여부

영양성분 표시서식 이외의 위치에 영양성분의 명칭(식이섬유)을 표시하는 것은 영양성분 강조 표시에 해당되며, 이 경우 「식품등의 표시기준」 [별지 1] 1. 아. 3) 영양성분 함량 강조 표시 세부기준에 따라 해당 영양성분의 '함유 또는 급원' 표시조건*을 하나 이상 충족하는 경우라면 표시가 가능하다.

* 식품 100 g당 3 g 이상, 식품 100 ㎉당 1.5 g 이상일 때 또는 1회 섭취참고량당 1일 영양성분 기준치의 10% 이상일 때

따라서 제품은 10 ㎉당 식이섬유가 2.5 g 함유되어 있는 경우 "식이섬유 함유" 표시가 가능하다.
다만, 강조하고자 하는 영양성분(식이섬유)을 포함하여 「식품등의 표시기준」 [별지1] 1. 아. 2)에 따른 9가지 의무표시 영양성분(열량, 나트륨, 탄수화물, 당류, 지방, 트랜스지방, 포화지방, 콜레스테롤, 단백질)을 함께 표시하여야 한다.
(근거: 「식품등의 표시기준」 [별지 1] 1. 아.)

의무표시 영양성분 외에 "저", "무", "고(또는 풍부)", "함유(또는 급원)" 등의 용어를 사용하여 영양성분 강조 표시를 할 수 있다. 이때 강조하고자 하는 경우 해당 영양성분은 물론 9가지 의무표시 영양성분을 모두 기재해야 한다. "무" 또는 "저"의 용어를 사용하는 경우에는 다음의 표 23의 영양성분 함량 강조 표시기준에 맞도록 제조·가공 과정을 통하여 해당 영양성분의 함량을 낮추거나 제거한 경우에만 사용 가능하다. 다만, 영양성분 함량 강조 표시 중 "저지방"에 대한 표시조건은 「식품의 기준 및 규격」에서 정한 기준을 적용할 수 있다.

[예시]

과자에 "저지방" 표시: 제품에 함유된 지방량이 100 g당 3 g 미만이 되도록 제조·가공 과정을 통하여 지방의 함량을 낮추거나 제거한 경우 사용 가능

제품에 함유된 식이섬유, 단백질, 비타민 또는 무기질에 대해 함유 사실("함유", 급원)"을 표시할 때에는 표 23 영양성분 함량 강조 표시기준에 적합한 경우에 사용할 수 있다. 표시조건에 제시된 1가지 조건을 충족하는 경우 사용할 수 있다.

"덜", "더", "감소 또는 라이트", "낮춘", "줄인", "강화", "첨가"의 용어 사용과 관련하여 영양성분 함량의 차이를 다른 제품의 표준값과 비교하여 백분율 또는 절대값으로 표시하며, 아래의 조건을 충족하여야 표시 가능하다.

① 다른 제품의 표준값을 동일한 식품유형 중 시장점유율이 높은 3개 이상의 유사식품 대상으로 산출

② 제품의 영양성분 함량과 산출한 표준값과 비교 시 일정 기준 이상 차이가 있어야 함

- 열량, 나트륨, 탄수화물, 당류, 식이섬유, 지방, 트랜스지방, 포화지방, 콜레스테롤, 단백질: 다른 제품 표준값과 비교 시 최소 25% 이상 차이
- 1일 영양성분 기준치에 제시된 비타민, 무기질(나트륨 제외): 다른 제품 표준값과 비교 시 1일 영양성분 기준치의 10% 이상 차이

③ 제품의 영양성분 함량과 다른 제품 표준값 차이의 절대값이 일정 기준보다 커야 함

- "덜, 라이트, 감소": 절대값이 해당 영양성분 "저"의 기준값보다 커야 함
- "더, 강화, 첨가": 절대값이 해당 영양성분 "함유"의 기준값보다 커야 함

"설탕무첨가, 무가당"의 용어 사용과 관련하여 다음의 모두에 해당하는 경우 "설탕무첨가, 무가당" 표시 가능하다.

① 당류를 첨가하지 않은 제품

② 당류를 기능적으로 대체하는 원재료(꿀, 당시럽, 올리고당, 당류가공품 등. 다만, 당류에 해당하지 않는 식품첨가물은 제외)를 사용하지 않은 제품

③ 당류가 첨가된 원재료(잼, 젤리, 감미과일 등)를 사용하지 않은 제품

④ 농축, 건조 등으로 당 함량이 높아진 원재료(말린 과일페이스트, 농축과일주스 등)를 사용하지 않은 제품

⑤ 효소분해 등으로 식품의 당 함량이 높아지지 않은 제품

"나트륨 무첨가 또는 무가염"의 용어 사용과 관련하여 다음의 모두에 해당하는 경우 "나트륨 무첨가, 무가염" 표시 가능하다.

① 염화나트륨, 삼인산나트륨 등 나트륨염을 첨가하지 않은 제품

② 나트륨염을 첨가한 원재료(젓갈류, 소금에 절인 생선 등)를 사용하지 않은 제품

③ 나트륨염을 기능적으로 대체하기 위하여 사용하는 원재료(건조 해조류, 건조 해산물 등)를 사용하지 않은 제품

- 다만, 해당 제품이 표 23의 영양성분 함량 강조 표시기준의 나트륨/소금(염)의 "무" 강조 표시 조건에 적합하지 않은 경우에는 "무염 제품이 아님" 또는 "나트륨 함유 제품임"을 해당 강조 표시 근처에 함께 표시하여야 한다.

표 23. 영양성분 함량 강조 표시기준

영양성분	강조 표시	표시조건
열량	저	식품 100 g당 40 ㎉ 미만 또는 식품 100 ㎖당 20 ㎉ 미만일 때
	무	식품 100 ㎖당 4 ㎉ 미만일 때
나트륨/ 소금(염)	저	식품 100 g당 120 ㎎ 미만일 때 [소금(염)은 식품 100 g당 305 ㎎ 미만일 때]
	무	식품 100 g당 5 ㎎ 미만일 때 [소금(염)은 식품 100 g당 13 ㎎ 미만일 때]

당류	저	식품 100 g당 5 g 미만 또는 식품 100 ㎖당 2.5 g 미만일 때
	무	식품 100 g당 또는 식품 100 ㎖당 0.5 g 미만일 때
지방	저	식품 100 g당 3 g 미만 또는 식품 100 ㎖당 1.5 g 미만일 때
	무	식품 100 g당 또는 식품 100 ㎖당 0.5 g 미만일 때
트랜스지방	저	식품 100 g당 0.5 g 미만일 때
포화지방	저	식품 100 g당 1.5 g 미만 또는 식품 100 ㎖당 0.75 g 미만이고, 열량의 10% 미만일 때
	무	식품 100 g당 0.1 g 미만 또는 식품 100 ㎖당 0.1 g 미만일 때
콜레스테롤	저	식품 100 g당 20 ㎎ 미만 또는 식품 100 ㎖당 10 ㎎ 미만이고, 포화지방이 식품 100 g당 1.5 g 미만 또는 식품 100 ㎖당 0.75 g 미만이며, 포화지방이 열량의 10% 미만일 때
	무	식품 100 g당 5 ㎎ 미만 또는 식품 100 ㎖당 5 ㎎ 미만이고, 포화지방이 식품 100 g당 1.5 g 또는 식품 100 ㎖당 0.75 g 미만이며 포화지방이 열량의 10% 미만일 때
식이섬유	함유 또는 급원	식품 100 g당 3 g 이상, 식품 100 ㎉당 1.5 g 이상일 때 또는 1회 섭취참고량당 1일 영양성분 기준치의 10% 이상일 때
	고 또는 풍부	함유 또는 급원 기준의 2배
단백질	함유 또는 급원	식품 100 g당 1일 영양성분 기준치의 10% 이상, 식품 100 ㎖당 1일 영양성분 기준치의 5% 이상, 식품 100 ㎉당 1일 영양성분 기준치의 5% 이상일 때 또는 1회 섭취참고량당 1일 영양성분 기준치의 10% 이상일 때
	고 또는 풍부	함유 또는 급원 기준의 2배
비타민 또는 무기질	함유 또는 급원	식품 100 g당 1일 영양성분 기준치의 15% 이상, 식품 100 ㎖당 1일 영양성분 기준치의 7.5% 이상, 식품 100 ㎉당 1일 영양성분 기준치의 5% 이상일 때 또는 1회 섭취참고량당 1일 영양성분 기준치의 15% 이상일 때
	고 또는 풍부	함유 또는 급원 기준의 2배

영양성분 강조 표시와 관련한 다양한 사례를 살펴본다.

식품 100 g당 칼슘 300 ㎎이 함유되어 있는 경우 주표시면에 "GOOD SOURCE OF CALCIUM"이라 표시할 수 있을까? 영양성분 이외의 위치(주표시면 등)에 "CALCIUM"과 같이 특정 영양성분의 명칭을 사용하는 것은 영양성분 함량 강조 표시에 해당되며, 이 경우 「식품등의 표시기준」에 따른 영양성분 함량 강조 표시 세부기준에 적합하여야 한다.*

* '칼슘'의 1일 영양성분 기준치: 700 ㎎

따라서 "GOOD SOURCE OF CALCIUM"은 '칼슘 급원'을 의미하므로, 해당 제품 100 g당 칼슘이 300 ㎎ 함유된 경우라면, "GOOD SOURCE OF CALCIUM"로 표시 가능하다.

비타민이 첨가된 경우 "비타민C, 비타민B1, 비타민B2 등이 함유된 제품입니다."라는 표시가 가능할까? 제품에 "비타민C, 비타민B1, 비타민B2 함유"와 같이 영양성분 함량을 강조 표시하는 경우 각각의 비타민이 영양성분 함량 강조 표시 세부기준의 비타민의 '함유 또는 급원'에 적합한 경우 표시할 수 있다. 또한, 영양성분 함량 강조 표시를 하였을 경우 9가지 의무 표시 영양성분(열량, 나트륨, 탄수화물, 당류, 단백질, 지방, 포화지방, 트랜스지방, 콜레스테롤, 단백질)과 함께 강조한 영양성분의 명칭 및 함량, 1일 영양성분 기준치에 대한 비율(%)을 표시하여야 한다.

영양성분 강조 표시기준에서 'g' 또는 '㎖'의 단위에만 표시조건이 규정되어 있는 경우, 규정된 단위의 제품만 강조 표시를 하여야 할까? 'g' 또는 '㎖'의 단위에만 영양성분 강조 표시기준이 규정되어 있는 경우라면, 해당 단위로 환산하였을 때 규정에 적합하여야 한다.

나트륨 함량이 100 g당 70 ㎎인 경우 "저염" 표시가 가능할까? "저염", "저나트륨" 표시의 경우 제조·가공 과정을 통하여 해당 영양성분의 함량을 낮추거나 제거하고 저염 및 저나트륨 세부기준에 적합한 경우 표시 가능하며, 일반적으로 나트륨 함량 값으로 소금 함량을 구하고자 할 경우, 나트륨 함량을 g으로 바꾼 다음 2.5421을 곱하여 산출하므로, 제품 100 g당 나트륨 함량이 70 ㎎인 경우라면 이를 염으로 환산하였을 때 저염 세부기준에는 적합하다. 다만, 이 경우 제조·가공 과정을 통하여 해당 영양성분의 함량을 낮추거나 제거한 경우에 한하여 해당 표시는 가능하다.

딸기주스에 '비타민C'가 함유된 원재료를 사용하고 주표시면에 "비타민C 함유"로 표시하는 경우 주표시면에 비타민C의 함량을 표시해야 할까? 영양성분 표시서식 이외의 위치에 특정 영양성분(비타민C)을 표시하는 것은 영양성분 강조 표시에 해당되어 '함유 또는 급원' 표시조건을 하나 이상 충족하는 경우라면 표시 가능하다. 주표시면에 원재료의 영양성분인 "비타민C 함유"를 표시하는 경우는 별도로 함량 표시를 하지 않을 수 있으나, 함량을 표시하고자 할 경우 최종 제품에 함유된 함량을 표시하여야 한다. 아울러, 강조하고자 하는 영양성분을 포함하여 9가지 의무표시 영양성분(열량, 나트륨, 탄수화물, 당류, 지방, 트랜스지방, 포화지방, 콜레스테롤, 단백질)을 함께 표시하여야 한다.

음료에 "필수아미노산"이란 표시가 가능할까? 제품 포장에 "필수아미노산"을 표시하는 경우 영양성분 강조 표시에 해당되며, 「식품등의 표시기준」 [별지1] 1일 영양성분 기준치가 설정되지 아니한 지방산류 및 아미노산류 등을 표시하거나 영양성분 강조 표시를 하는 때에는 그 영양성분의 명칭 및 함량을 표시하여야 한다.

제품명에 "제로칼로리"를 표시하기 위한 기준이 있을까? 「식품등의 표시기준」 중 영양성분 함량 강조 표시 세부기준(무: 식품 100 ㎖당 4 ㎉ 미만)에 적합하게 제조·가공 과정을 통하여 해당 영양성분의 함량을 낮추거나 제거한 경우에만 사용할 수 있다.

식품에 "무유당" 표시가 가능할까? 일반적으로 유당(Lactose)이 들어 있는 제품(예시: 유제품)에 원재료를 조정하는 등 제조·가공 과정을 거쳐 유당 함량을 제거하여 유당 함량이 실제로 "0"인 경우라면, "무유당"을 표시하는 것은 가능하다.

제품에 "저탄고지" 표시가 가능할까? 영양성분에 대하여 "저", "무", "고(또는 풍부)" 용어를 사용하는 것은 영양성분 함량 강조 표시에 해당되며, 영양성분 함량 강조 표시 세부기준에 각각 적합하여야 하며, "무" 또는 "저"의 강조 표시는 영양성분 함량 강조 표시 세부기준에 적합하게 제조·가공 과정을 통하여 해당 영양성분의 함량을 낮추거나 제거한 경우에만 사용할 수 있다. 따라서 "저탄고지" 표현이 "저탄수화물", "고지방"을 의미하는 경우라면, 위 규정에 따른 강조 표시 세부기준에서 별도의 기준을 정하고 있지 아니하므로 적절치 않다.

한때 '고지방·저탄수화물 식사'가 체중 감소에 효과적이라는 방송이 나간 이후 이 방법을 이용한 다이어트 열풍이 불면서 버터 등 고지방 식품의 소비 증가로 이어진 적이 있었다. 학계에서는 영양성분의 균형 있는 섭취의 중요성은 국제적·영양학적으로 동의된 사실이며, 특정 영양성분을 비만의 원인으로 보기 어렵다는 입장으로 '저탄수화물 고지방 식사'의 장기적 감량 효과가 불확실하며, 심혈관 등에 문제를 야기할 가능성이 있음을 지적, 균형 있는 양질의 영양성분이 중요하다는 점을 설명하고 있다.

「식품등의 부당한 표시 또는 광고의 내용 기준」에 따라 영양성분의 함량을 낮추거나 제거하는 제조·가공의 과정을 거치지 않은 원래의 식품 등에 해당 영양성분이 전혀 들어 있지 않은 경우 그 영양성분에 대한 강조 표시광고는 부당한 표시 또는 광고에 해당한다.

[예시]

두부 제품에 "무콜레스테롤" 표시광고

당류(단당류와 이당류의 합)를 사용하거나, 표 23의 영양성분 함량 강조 표시기준에 따른 '무당류' 기준에 적절하지 않은 식품 등을 "무설탕" 표시광고하거나 '설탕 무첨가', '무가당' 기준에 적절하지 않은 식품 등을 "설탕 무첨가" 또는 "무가당" 표시광고하는 것은 부당한 표시 또는 광고에 해당한다.

그렇다면 "무가당", "설탕 무첨가", "No sugar added"로 표시하기 위한 기준이 있을까? 제품에 "무가당", "설탕 무첨가" 등의 표시를 할 경우, 소비자의 오인, 혼동을 막기 위하여 제품에 '설탕 또는 당류'을 첨가하지 아니하고, 당류 "무" 강조 표시 세부기준에 적합하게 제조·가공 과정을 통하여 해당 영양성분의 함량을 낮추거나 제거한 경우에만 표시할 수 있다. 또한 「식품등의 부당한 표시 또는 광고의 내용 기준」에서 위의 기준에 적합하지 않은 제품에 "무설탕", "설탕 무첨가" 표시를 할 경우 소비자를 기만하는 부당한 표시 또는 광고에 해당된다.

설탕 및 당류를 첨가하지 않은 무가당 제품이나 건과일을 넣어 당류가 있는 경우 "NO SUGAR", "NO SUGAR ADDED" 표시가 가능할까? 제품에 "무가당", "설탕 무첨가" 등의 표시를 할 경우, 「식품등의 부당한 표시 또는 광고의 내용 기준」에 따라 제품에 당류을 첨가하거나 당류가 첨가된 원재료를 사용한 제품을 "설탕 무첨가", "무가당"으로 표시광고하는 것은 소비자를 기만하는 부당한 표시 또는 광고에 해당된다. 또한, 당류의 '무' 강조 표시 세부기준에 적합하게 제조·가공 과정을 통하여 해당 영양성분의 함량을 낮추거나 제거한 경우에만 표시할 수 있다.

설탕 대신 에리스리톨을 사용하고 무설탕 의미로 "제로" 표시가 가능할까? '당류(단당류와 이당류의 합)'를 사용하거나, 영양강조 표시기준에 따른 '무당류' 기준*에 적절하지 않은 식품 등을 "무설탕"으로 표시광고하는 것은 부당한 표시 또는 광고의 내용에 해당된다.

* 영양성분 함량 강조 표시 세부기준(식품 100 g당 또는 식품 100 ㎖당 0.5 g 미만일 때)에 적합하게 제조·가공 과정을 통하여 해당 영양성분의 함량을 낮추거나 제거한 경우에만 사용할 수 있음

따라서, 설탕 대신 에리스리톨을 사용하여 열량을 낮춘 경우는 제조·가공 과정을 통해 영양성분의 함량을 낮춘 것에 해당하며, 세부기준에 적합한 경우라면 해당 표시는 가능하다.

기존 자사제품에 대비하여 당류가 감소한 신제품에 "당류 감소" 표시가 가능할까? 제품에 당류의 함량을 "낮춘", "감소" 등의 용어를 사용하여 영양성분 비교 강조 표시를 하고자 하는 경우 「식품등의 표시기준」 [별지 1] 1. 아. 에 적합하고 당류의 '저' 세부기준에 적합하여야 한다. 또한 동일한 식품유형에서 3개 이상의 유사식품을 대상으로 산출한 표준값이 아닌 자사 대비로 영양성분 비교 강조 표시를 하는 것은 적절하지 않다. 아울러, 비교제품의 표준값은 자사 제품 대비가 아닌, 자사 제품을 포함한 국내에서 판매하는 동일한 식품유형 중 시장점유율이 높은 3개 이상의 유사식품으로 산출하여야 한다. 이때 '시장점유율이 높은 3개 이상의 유사식품'은 객관적 자료를 참고하여 선정하여야 하며, '유사식품'은 제품에 사용된 주원료, 성분 배합 비율, 제조방법, 소비자의 구매패턴 등을 고려하여 일반적으로 유사하다고 인식될 수 있는 식품으로 선정하여야 한다.

9. 일자 표시

1) 제조연월일

사례 34. **전처리, 세척, 급속동결 공정 후 3일 뒤 포장하는 냉동수산물 가공품의 제조연월일**

제조연월일은 포장을 제외한 더 이상의 제조나 가공이 필요하지 아니한 시점으로 규정하고 있어 급속동결 이후 더 이상의 제조나 가공을 하지 않는 경우라면 급속동결 완료일자가 제조연월일에 해당한다.
(근거: 「식품등의 표시기준」 Ⅰ. 3.)

'제조연월일'은 포장을 제외하고 더 이상의 제조나 가공이 필요하지 아니한 시점을 말한다. 만약 포장 후 멸균 및 살균 등과 같이 별도의 제조공정을 거치는 제품이라면 최종공정을 마친 시점이 제조연월일이다. 다만, 캅셀제품은 충전, 성형완료 시점으로, 소분판매하는 제품은 소분 전 소분용 원료제품의 제조연월일로, 포장육은 원료포장육의 제조연월일로, 식육즉석판매가공업 영업자가 식육가공품을 다시 나누어 판매하는 경우는 원료제품에 표시된 제조연월일로, 원료제품의 저장성이 변하지 않는 단순 가공처리만을 하는 제품은 원료제품의 포장 시점으로 한다. 제조연월일의 영문명 및 약자는 Date of Manufacture, Manufacturing Date, MFG, M, PRO(P), PROD, PRD 등을 사용한다.

제조일의 표시방법은 다음 예시와 같으며 제조일을 주표시면 또는 정보표시면에 표시하기가 곤란한 경우에는 해당 위치에 제조일의 표시위치를 명시하여야 한다.

[예시]

- "OO년 OO월 OO일", "OO.OO.OO", "OOOO년 OO월 OO일" 또는 "OOOO.OO.OO"
- 축산물의 경우, 위의 예시 이외에 "OO년 OO월", "OO.OO.", "OOOO년 OO월", "OOOO.OO"도 가능하며, 유통기한이 3개월 이내인 경우에는 제조일자의 "년"을

표시하지 않아도 "년"을 알 수 있기 때문에 생략이 가능하다.

수입되는 식품 등에 표시된 수출국의 제조일의 "연월일"의 표시순서가 위 예시와 다를 경우에는 우리나라 소비자가 알아보기 쉽도록 "연월일"의 표시순서를 알려 주어야 한다.

[예시]
1. 5. 2024(일.월.년)

제조연월일이 서로 다른 각각의 제품을 함께 포장하였을 경우에는 그중 가장 빠른 제조연월일을 표시하여야 한다. 다만, 소비자가 함께 포장한 각 제품의 제조연월일을 명확히 확인할 수 있는 경우는 제외한다.

제조일자 표시대상이 아닌 식품 등에 제조일자를 표시할 필요가 없으나 표시하는 경우는 위 규정에 따라 표시하여야 하며, 표시된 제조일자를 지우거나 변경하는 것은 위반 행위이다. 제조일자뿐만이 아니라 모든 일자 표시에 이 규칙이 적용된다.

건조한 제품의 제조연월일은 언제로 해야 할까? 제품이 건조 후 추가공정 없이 포장하는 경우라면 건조한 시점을, 건조 후 숙성이 필요한 경우라면 숙성이 완료된 시점을 제조연월일로 표시하여야 한다. 다만, 건조나 숙성 후 보관하는 과정에서 보관실 온도관리 등 제품의 안전성과 품질에 문제가 없도록 관리를 표준화하여야 한다. 제품의 품목제조보고 및 소비기한을 설정할 때에도 건조나 숙성 후 보관과정에 대한 내용(온도, 기간 등)을 포함시키고 이를 제조공정으로 고려하는 등 안전관리에 문제가 없도록 하여야 한다.

자연산물을 탈피, 절단하여 포장한 제품의 제조연월일은 언제일까? 자연상태 식품의 경우 생산연도, 생산연월일(채취, 수확, 어획, 도축한 연도 또는 연월일) 또는 포장일을 표시하여야 하며, 추가로 제조연월일을 표시할 수 있다. 따라서 자연산물을 단순 탈피, 절단하여 포장한 경우라면 제조연월일 정의에 따라 원료제품의 저장성이 변하지 않는 단순 가공처리만을 하는 제품은 원료제품의 포장시점을 제조연월일로 표시할 수 있으며, 반드시 생산연도(또는 생산연월일)를 함께 표시하여야 한다.

수산물을 필렛화하여 포장한 제품의 제조연월일은 언제일까? 원료제품의 저장성이 변하지 않는 단순 가공처리만을 하는 제품의 일자 표시는 원료제품의 포장 시점으로 하도록 규정하고 있으므로 수산물을 필렛화하여 포장하는 경우 '제조연월일'의 정의에 따라 포장한 시점을 제조연월일로 표시하여야 한다.

2) 소비기한

사례 35. 제조일자가 2024.6.7.이고 소비기한이 제조일로부터 60일일 때 소비기한

제조일을 사용하여 소비기한을 표시하는 경우 제조일자를 포함하여 소비기한을 산출한다. 따라서 '2024.6.7.'에 제조한 제품의 소비기한이 제조일로부터 60일까지인 경우에는 소비기한은 '2024.8.5.'까지이다.

(근거: 「식품등의 표시기준」 [별지1] 1. 라.)

식품의 일자 표시는 식품별 특성에 따라 '제조연월일, 소비기한 또는 품질유지기한'으로 표시하도록 규정하고 있다. 식품첨가물은 제조연월일을 표시하고 가공식품은 소비기한으로 표시한다. 다만, 장기 보존해도 품질 변화가 없는 장류 등 식품은 품질유지기한으로 표시 가능하도록 규정하고 있다.

그간 우리나라에서는 유통기한을 사용하였으나 국제적인 추세에 맞게 식품에 표시된 일자까지 소비할 수 있는 개념의 '소비기한'을 도입하게 되었다. 유통기한은 식품의 판매가 허용되는 기한으로 해당 일자가 경과하여도 보관만 잘하면 먹을 수 있음에도 폐기하는 사례가 많았다. 2012년 소비자보호원의 조사에 따르면 크림빵 2일, 생면 9일, 액상커피 30일, 치즈 70일가량 유통기한보다 더 소비가 가능하였다. 또한 대부분의 소비자가 유통기한을 식품 폐기 시점으로 잘못 인식하는 경우가 많았다. EU, 일본, 호주, 캐나다 등 국가는 소비기한을 도입하여 사용하고 있으며 미국은 식품별 특성에 따라 소비기한을 사용 가능하도록 하고 있으며

CODEX에서는 2018년에 유통기한을 폐지하였다.

표 24. CODEX 및 주요 국가별 일자 표시제도 운영 현황

구분	제조일자	포장일자	유통기한	품질유지기한	소비기한
CODEX	○	○	×	○	○
미국	×	○	○, ×	○	○
캐나다	×	○	×	○	×
일본	×	×	×	○ [상미기한(賞味期限)]	○
호주	×	×	×	○	○
EU(독일)	×	×	×	○	○
영국	×	×	×	○	○
홍콩	×	×	×	○	○
중국	○	×	×	×	○
한국	○	○	×	○	○

표 25. 유통기한 및 소비기한 개념 비교

	유통기한(sell-by date)	소비기한(use-by date)
정의	제품의 제조일로부터 소비자에게 유통, 판매가 허용되는 기한	표시된 보관조건에서 소비하여도 안전에 이상이 없는 기한
특징	판매자 중심	소비자 중심
설정방법(예)	부패 시점 × 안전계수(0.7)	부패 시점 × 안전계수(0.8)

소비기한은 "○○년 ○○월 ○○일까지", "○○. ○○. ○○까지", "○○○○년 ○○월 ○○일까지" , "○○○○. ○○. ○○까지" 또는 "소비기한: ○○○○년 ○○월 ○○일"로 표시하여야 한다. 다만, 축산물의 경우 제품의 소비기한이 3월 이내인 경우에는 소비기한의 "년" 표시를 생략할 수 있다.

제조일을 사용하여 소비기한을 표시하는 경우에는 "제조일로부터 ○○일까지", "제조일로부터 ○○월까지" 또는 "제조일로부터 ○○년까지", "소비기한: 제조일로부터 ○○일"로 표시할 수 있다.

제품의 제조·가공과 포장 과정이 자동화 설비로 일괄 처리되어 제조시간까지 자동 표시할 수 있는 경우에는 "○○월 ○○일 ○○시까지" 또는 "○○. ○○. ○○ 00:00까지"로 표시할 수 있다.

제조일이 2023. 5. 31. 이고, 소비기한이 제조일로부터 18개월일 때 소비기한은 어떻게 표시해야 할까? 이 제품은 "2024. 11. 30. 까지"로 소비기한을 표시하면 된다.

〈TIP〉

제조일을 사용하여 소비기한을 표시하는 경우 "제조일로부터 ○○일까지"는 날짜만 세고, "제조일로부터 ○○월까지"는 날짜 생각하지 않고 개월 수만 센다!

소비기한이 3일인 제품에 제조시간을 포함하여 소비기한을 표시할 수 있을까? 소비기한을 3일로 품목제조보고하고 소비기한이 짧은 제품을 제조일자와 시간까지 명확하게 표시하는 경우 소비기한은 만 3일 개념으로 시간까지 표시 가능하다.

[예시]

제조일자 2024.1.22. 13시 → 소비기한 "2024.1.25. 13시"

2024. 1. 1에 도축된, 소비기한 10일인 닭을 다른 영업자가 발골 및 단순가공 하여 2024. 1. 2. 에 포장육을 만든 경우 소비기한은 어떻게 될까? 이 경우는 다른 영업자가 만든 포장육을 원료로 사용하여 새로운 포장육을 제조하는 제품이다. 닭의 소비기한이 10일이고, 2024. 1. 1. 에 제조된(도축된) 닭(포장육)을 사용하여 2024. 1. 2. 에 새로운 포장육을 생산한 경우의 소비기한은 "2024. 1. 10."이며, 재포장일자(2024. 1. 2.)를 표시하는 경우에는 제조연월일 "2024. 1. 1."을 함께 표시하여야 한다.

소비기한(또는 품질유지기한)을 주표시면 또는 정보표시면에 표시하기가 곤란한 경우에는 해당 위치에 소비기한 또는 품질유지기한의 표시위치를 명시하여야 한다.

소비기한(또는 품질유지기한)의 표시는 사용 또는 보존에 특별한 조건이 필요한 경우 이를 함께 표시하여야 한다. 이 경우 냉동 또는 냉장보관, 유통하여야 하는 제품은 "냉동보관" 및 냉동온도 또는 "냉장보관" 및 냉장온도를 표시하여야 한다(냉동 및 냉장온도는 축산물에 한함).

자연상태 식품 등 소비기한 표시대상 식품이 아님에도 불구하고 식품에 소비기한을 표시한 경우에는 기준에 따라 표시하여야 한다. 이 경우, 표시된 소비기한이 경과된 제품을 수입·진열 또는 판매하여서는 아니 되며, 이를 변경하여서도 아니 된다.

소비기한은 제품을 보존·저장하는 동안 제품에 나타날 수 있는 관능적(냄새, 외관 등), 미생물학적(세균 수 등), 이화학적(수분 함량, pH, 지방산 등) 변화를 관찰하기 위해 설정한 실험항목인 품질지표 결과로 산출된 품질안전한계기한을 안전계수로 보정해 설정한다. 여기서 품질안전한계기한은 식품에서 표시된 보관방법을 준수할 경우 특정한 품질 변화 없이 안전하게 섭취할 수 있는 최대기간이며 안전계수는 소비기한 설정 시 제품의 실제 보관·유통환경에서 예상치 않게 나타날 수 있는 품질 변화를 고려하기 위한 보정계수로 소비기한은 품질안전한계기한에 안전계수를 곱하여 보정한다. 통산 소비기한 설정을 위한 안전계수는 0.8 내외이다. 제품의 수소이온농도, 수분활성도, 보관온도, 멸균 여부, 냉동식품 여부, 살균·보존료 함유 또는 저장성 향상 포장 적용 등은 실제 보관·유통환경에서 품질 변화에 큰 영향을 미치는 요인이며 요인별 적용값은 각기 다르다.

영업자가 스스로 제품에 대한 소비기한을 설정하는 데는 많은 시간과 비용이 든다. 따라서, 정부에서는 '소비기한 참고값'을 제시하여 부담을 덜어 주고 있다. 영업자는 별도의 소비기한 설정 실험 없이 자신이 제조·판매하는 제품의 특성, 포장 재질, 유통환경 등을 고려하여 소비기한 안내서상의 가장 유사한 품목을 확인하고 해당 품목의 소비기한 참고값 이하로 자사 제품의 소비기한값을 설정할 수 있다(예시: 두부 23일, 햄 57일).

3) 산란일자

달걀 껍데기의 표시의무자는 생산자, 식용란선별포장업 또는 식용란수집판매업의 영업자로서 산란일(산란시점으로부터 36시간 이내 채집한 경우에는 채집한 날을 산란일로 표시할 수 있다), 고유번호(「축산법」에 따라 관할관청에서 발급한 가축사육업 허가등록에 기재된 고유번호), 사육환경번호(표 26에 따라 표시)를 표시하여야 한다. 산란일은 "△△○○(월일)"의 방법으로 표시하여야 하며 산란일, 고유번호 및 사육환경번호는 함께 표시하여야 한다. 산란일을 사용하여 소비기한을 표시하는 경우에는 "산란일로부터 ○○일까지" 또는 "산란일로부터 ○○월까지"로 표시할 수 있다.

[예시]

1004M3FDS2

다만, 「축산법 시행령」에 따라 닭 사육업 등록대상에서 제외되는 사육시설 면적 10 ㎡ 미만인 닭 사육업에서 생산하여 용기포장에 넣거나 싸서 출하판매하는 달걀의 경우에는 고유번호를 표시하지 아니한다.

[예시]

1004 2

달걀 껍데기에는 「축산물위생관리법」에 따라 정하여진 검인용, 인쇄용 색소를 사용하여 표시하여야 한다.

표 26. 달걀 껍데기의 사육환경번호 표시방법

번호	사육환경	내용
1	방사 사육	「동물보호법 시행규칙」의 산란계의 자유방목 기준을 충족하는 경우
2	축사 내 평사	「축산법 시행령」에서 정한 가축 마리당 사육시설 면적 중 산란계 평사 기준 면적을 충족하는 시설에서 사육한 경우. 다만, 축사 내 개방형 케이지를 포함

3	개선된 케이지 (0.075 ㎡/마리)	「축산법 시행령」에서 정한 가축 마리당 사육시설 면적 중 산란계 케이지 기준면적을 충족하는 시설에서 사육한 경우로서 사육밀도가 마리당 0.075 ㎡ 이상인 경우
4	기존 케이지 (0.05 ㎡/마리)	「축산법 시행령」에서 정한 가축 마리당 사육시설 면적 중 산란계 케이지 기준면적을 충족하는 시설에서 사육한 경우로서 사육밀도가 마리당 0.075 ㎡ 미만인 경우

식품의약품안전처 보도자료(2020.1.16.)에 따르면 달걀 껍데기의 산란일자 표시제는 살충제 달걀 사태('17년) 이후 안전한 달걀 공급과 소비자 정보 제공 강화를 위해 도입되었다. 조류 독감, 달걀 가격 하락 시 농가가 보관하다 가격이 오를 때 포장, 판매하는 행위 방지 등 유통질서 개선을 통해 소비자의 신뢰도를 제고하기 위함이었다. 2019.2., 소비자시민모임에 따르면 소비자의 90.2%는 달걀 산란일자 표시제 시행이 반드시 필요하다고 했다. 신선하고 안전한 달걀을 요구하는 국민적 바람을 담아 달걀 산란일자 표시제는 2018.2.23.에 도입되었고 6개월 계도기간을 거쳐 2019.8.23.부터 본격 시행하기에 이르렀다. 제도 도입 후 달걀의 신선도 2012년 대비 250% 향상되었다.*

* A급 비율(신선도 A~D급 분류): 36%(2011) → 33%(2012) → 82%(2019)

제도 도입 후 달걀 안전성 확보에 산란일자 표시제가 효과 있다는 응답한 소비자 81.7%, 제도 시행으로 신선도 판단에 도움이 된 것으로 응답한 소비자 87.9%로 제도 효과에 따른 소비자 만족도가 향상되었다. 참고로, 2019년 농림축산식품 주요 통계에 따르면 우리나라 국민 1인당 연간 달걀 소비량은 268개이다.

4) 세트상품 일자 표시

사례 36. 소비기한이 서로 다른 2가지 제품을 세트로 포장하여 판매할 때 소비기한

소비기한(또는 품질유지기한)이 서로 다른 여러 가지 제품을 함께 포장하였을 경우에는 그중 가장 짧은 소비기한(또는 품질유지기한)을 표시하여야 한다.
(근거: 「식품등의 표시기준」 [별지 1] 1. 라.)

소비기한(또는 품질유지기한)이 서로 다른 각각의 여러 가지 제품을 함께 포장하였을 경우에는 그중 가장 짧은 소비기한 또는 품질유지기한을 표시하여야 한다. 다만 소비기한 또는 품질유지기한이 표시된 개별제품을 함께 포장한 경우에는 가장 짧은 소비기한만을 표시할 수 있다.

그러면 각각 품목제조보고하고 개별포장한 2개 제품을 세트포장하는 경우 1개의 개별포장 제품에 소비기한 표시를 생략할 수 있을까? 각각 품목제조보고된 두 개의 제품을 세트포장 제품으로 만드는 경우 제품의 겉포장지에 구성 제품에 대한 표시사항을 제품별로 구분하여 표시하여야 하며, 이때 소비기한은 구성제품 가운데 가장 짧은 소비기한 또는 그 이내로 표시하여야 한다. 따라서 세트포장 제품의 겉포장지에 소비기한을 표시한 경우라면 세트포장 제품을 구성하는 개별 제품에는 소비기한 표시가 되어 있지 않아도 된다.

일자 표시가 다른 여러 종류의 수입수산물을 세트포장할 때 일자를 어떻게 표시해야 할까? 해당 제품이 자연상태 식품(수산물)에 해당되는 경우, 일자 표시는 생산연도, 생산연월일(채취, 수확, 어획, 도축한 연도 또는 연월일) 또는 포장일을 표시하여야 하여야 한다. 다만, 추가로 제조연월일을 표시할 수 있다. 수입신고된 완제품 두 종류 이상을 합포장하여 판매하는 세트상품에 대해서는 최소판매단위인 겉포장면에 제품별 일자를 각각 표시하거나, 구성제품 가운데 가장 빠른 일자를 표시하여야 한다.

5) 소분제품 일자 표시

사례 37. 소분제품의 소비기한을 원제품과 다르게 변경 표시 가능한지 여부

식품소분업소에서 식품을 소분하여 재포장하는 경우라면 내용량, 영업소의 명칭 및 소재지, 영양성분 표시는 소분 또는 재포장에 맞게 표시하여야 하고 그 외에는 해당 식품의 원래 표시사항을 변경하여서는 안 된다.
소분하는 제품에 용기포장 재질이 변경되는 경우라면 객관적인 사실에 입각하여 변경된 용기포장의 재질로 표시하는 것은 가능하다.
소분제품의 제조일자와 소비기한의 표시와 관련하여, 원래 제품에 표시된 제조일자를 소분업소에서 변경할 수는 없으며 그대로 표시하여야 하며, 소비기한은 유통관리상의 이유로 소분제품에 원래 제품의 소비기한보다 짧게 표시하는 것은 가능하다.
(근거: 「식품등의 표시기준」 Ⅱ. 자., [별지] 1. 라.)

소분제품의 소비기한을 1개월 앞당겨 표시해도 될까? 원래 제품에 표시된 소비기한은 변경할 수 없으므로 그대로 표시하여야 하나, 해당 제품의 품질 및 유통 관리 차원에서 영업자의 책임하에 소분제품에는 원래 제품에 표시된 소분기한보다 짧게 표시하는 것은 가능하다. 다만, 이 경우 짧게 표시된 소비기한을 준수하여야 하며, 이미 표시된 소비기한은 수정할 수 없으므로 향후 회수 등 안전관리에 문제가 없도록 하여야 한다.

6) 수입제품 일자 표시

사례 38. 수입 현품에 소비기한이 표시되지 않은 경우 수입 가능 여부

수입하고자 하는 제품이 해당 수출국가의 규정에 따라 소비기한 표시가 의무가 아닌 경우라면 이를 입증하는 객관적 사실을 근거로 제조사로부터 소비기한에 대한 증명자료를 토대로 한글 표시사항에 소비기한을 표시하면 된다.
(근거: 「식품등의 표시기준」 [별지1] 1. 라.)

수입되는 식품 등에 표시된 수출국의 소비기한(또는 품질유지기한)의 "연월일"의 표시순서가 우리나라 기준과 다를 경우에는 소비자가 알아보기 쉽도록 "연월일"의 표시순서를 예시하여야 하며, "연월"만 표시되었을 경우에는 "연월일" 중 "일"의 표시는 제품의 표시된 해당 "월"의 1일로 표시하여야 한다. 소비기한(또는 품질유지기한) 표시가 의무가 아닌 국가로부터 소비기한 또는 품질유지기한이 표시되지 않은 제품을 수입하는 경우 그 수입자는 제조국, 제조회사로부터 받은 소비기한(또는 품질유지기한)에 대한 증명자료를 토대로 하여 한글 표시사항에 소비기한(또는 품질유지기한)을 표시하여야 한다.

수입 현품에 제조연월일이 "연월"까지 표시되어 있는 경우 어떻게 해야 할까? 앞서 말했듯이 수입되는 식품 등에 표시된 수출국의 소비기한이 "연월"만 표시되었을 경우에는 "연월일" 중 "일"의 표시는 제품에 표시된 해당 "월"의 1일로 표시하도록 규정하고 있다. 제조연월일의 "일"의 표시를 해당 "월"의 가장 빠른 날인 1일로 표시하는 경우 안전측면에 문제가 없다고 판단되므로 수입제품의 제조연월일이 "연월"까지 표시되어 있는 경우 해당 "월"의 "1"일을 제조연월일로 표시가 가능하다.

수입 주류 현품에 제조번호가 기재되어 있는 경우 한글 표시사항에 "제조번호: 현품 별도 표기"로 하면 될까? 수입 주류 제품의 현품에 제조번호 또는 병입연월일이 표시되어 있어 소비자가 포장재의 훼손 없이 확인할 수 있는 경우라면, 한글 표시사항에는 제조번호나 병입연월일이 표시되어 있는 표시위치를 명시해야 하며, "제조번호: 현품 별도 표기"보다는 규정에 따라 표시위치를 명확하게 표시하는 것이 좋다.

아이스크림은 제조연월일 표시대상인데 수입 아이스크림 현품에 품질유지기한이 표시되어 있는 경우 한글 표시사항에 어떻게 반영해야 할까? 아이스크림은 제조연월일 표시대상이며, 제조연월만 표시할 수 있다. 수입 아이스크림 제품에 품질유지기한이 표시되어 있는 것으로, 한글 표시사항에는 제조연월일(또는 제조연월)을 표시하여야 하며, 추가로 품질유지기한을 표시할 수 있다. 이 경우 수출국에서 표시한 품질유지기한 등 일자 표시는 가려서는 안 된다.

7) 일자 표시방법

사례 39. 품목제조보고서의 소비기한보다 더 짧게 표시 가능한지 여부

소비기한을 표시하는 경우 품목제조보고된 내용과 동일하게 표시하여야 하나, 품질관리 등 목적으로 품목제조보고한 기간보다 더 짧은 기간으로 할 수 있다. 다만, 짧게 표시된 소비기한을 준수하여야 하며 이미 표시된 소비기한은 수정할 수 없으며 향후 회수 등 안전관리에 문제가 없도록 하여야 한다.
(근거: 「식품등의 표시기준」 [별지1] 1. 라.)

농산물에 표시된 소비기한을 스티커로 가려도 될까? 자연상태 식품의 경우, 소비기한 표시대상으로 규정하고 있지 않으나, 이를 표시한 경우에는 표시된 소비기한이 경과된 제품을 수입, 진열 또는 판매하여서는 안 되며 이를 변경하여서도 안 된다. 따라서, 농산물에 표시된 소비기한을 스티커 등으로 가려서는 안 된다.

8) 일자 표시 오류

사례 40. 소비기한을 "2025.2.29.까지"로 표시

품목제조보고한 소비기한이 2월 28일이고, 객관적인 자료 등을 통해 이를 입증할 수 있다면 2025년 2월의 마지막 날까지 유통 및 판매하는 것은 가능하다.
다만, '2025년 3월 1일'에는 해당 제품이 유통, 진열, 판매할 수 있다.
(근거: 「식품등의 표시기준」 [별지1] 1. 라.)

소비기한이 '2024.1.1.까지'인 제품을 "'24.1.1.까지"라고 표시했다. 어떻게 해야 하나? 소비기한은 식품 등에 표시된 보관방법을 준수할 경우 섭취하여도 안전에 이상이 없는 기한을 의미하며, "○○년 ○○월 ○○일까지", "○○.○○.○○까지", "○○○○년 ○○월 ○○일까지", "○○○○.○○.○○까지" 또는 "소비기한: ○○○○년 ○○월 ○○일"로 표시하여야 한다. 다만, 축산물의 경우 제품의 소비기한이 3월 이내인 경우에는 소비기한의 "년" 표시를 생략할 수 있다. 소비기한을 표시하는 경우 위 규정에 따라 "○○.○○.○○까지" 등으로 표시하여야 한다. 다만, "'24.1.1.까지"라고 표시하였다고 하여 위반으로 보지는 않는다.

소비기한 표시 위치를 "상단 표기일까지"로 하였으나 날짜를 하단에 인쇄하였다면 어떻게 해야 하나? 소비기한 또는 품질유지기한을 주표시면 또는 정보표시면에 표시하기가 곤란한 경우에는 해당 위치에 소비기한 또는 품질유지기한의 표시위치를 명시하여야 한다. 다만, 비의도적으로 소비기한 표시위치를 잘못 표시하였더라도 표시기준 위반으로 보기는 어렵다.

소비기한에 색 없이 모양으로만 찍혀 있거나 글씨가 찌그러져 있는 경우가 있다. 어떻게 해야 하나? 표시는 지워지지 아니하는 잉크, 각인 또는 소인 등을 사용하도록 하고 있어 색이 없더라도 각인인 경우에는 표시가 가능하며, 소비기한 날짜가 비의도적으로 찌그러진 것을 위반으로 보지는 않는다.

9) 일자 경과 제품 판매 등

사례 41. 품질유지기한을 경과한 제품을 판매 또는 제조에 사용

'품질유지기한'이라 함은 식품의 특성에 맞는 적절한 보존방법이나 기준에 따라 보관할 경우 해당 식품 고유의 품질이 유지될 수 있는 기한으로 정의하고 있어, 소비기한과는 달리 이 기한을 경과한 제품을 판매하거나 다른 식품의 제조에 원재료로 사용하더라도 「식품표시광고법」 또는 「식품위생법」을 직접적으로 위반하였다고 보기는 어렵다.
(근거: 「식품등의 표시기준」 Ⅰ. 3.)

제조연월일, 품질유지기한이 표시되어 있는 수입 식품첨가물의 품질유지기한이 경과하였다. 위반일까? 식품첨가물의 경우, 제조연월일 또는 소비기한을 표시하여야 하며, 제조연월일과 품질유지기한이 표시된 경우, 품질유지기한이 경과하여도 식품 제조·가공 시 사용한 것에 대해 위반사항으로 보기는 어렵다. 다만, 이 경우 해당 제품 및 최종 제품의 품질은 영업자가 보증할 수 있어야 한다.

소비기한을 "제조일로부터 2개월까지"로 표시하였으나 제품에 제조일자를 표시하지 않았다. 위반일까? 소비기한 표시대상 제품의 최소판매단위 포장에 "소비기한: 제조일로부터 2개월까지"로 소비기한을 제조일자를 사용하여 표시하고자 하였으나, 제품에 제조일자를 표시하지 않은 경우라면, 이는 소비기한을 표시하지 않은 것에 해당되어 위반이다.

일회용 비닐장갑에 제조일자 및 소비기한을 표시해야 할까? 식품용 기구로 사용되는 '일회용 비닐장갑'은 「식품위생법」 제2조에 따른 기구로 「기구 및 용기·포장의 기준 및 규격」에 적합한 것을 사용하여야 하며, 이 경우 제품의 최소판매단위별 용기포장에 "영업소명 및 소재지, 재질명(합성수지제, 고무제에 한함), 주의사항" 등과 함께 식품용 기구 도안 또는 "식품용" 단어가 표시되어야 한다. 다만, 제조연월일 또는 소비기한은 의무표시에 해당되지 않으므로 표시하지 않을 수 있다.

10. 내용량 표시

사례 42. 농산물의 내용량을 개수로 표시할 때 중량 표시 여부

내용량은 내용물의 성상에 따라 중량, 용량 또는 개수로 표시하되 개수로 표시할 때에는 중량 또는 용량을 괄호 속에 표시하여야 한다.
(근거: 「식품등의 표시기준」 III. 터., [별지1] 1. 마.)

내용량은 중량, 용량 또는 개수로 표시할 수 있으나 개수로 표시할 때에는 중량 또는 용량을 괄호 속에 표시하여야 한다. 이 경우 용기포장에 표시된 양과 실제량을 비교하여 많다면 문제가 되지 않으나 부족한 경우에는 다음 표 27의 용기포장에 표시된 양과 실제량의 부족량 허용오차 범위 내에 있어야 한다. 실제량이 표시된 양보다 많은 경우에는 문제가 되지 않는다. 이 표는 「계량에 관한 법률 시행령」의 '정량표시상품' 규정을 차용한 것이다.

표 27. 용기포장에 표시된 양과 실제량의 부족량 허용오차 범위

중량		용량	
표시량	허용오차	표시량	허용오차
50 g 이하	9%	50 ㎖ 이하	9%
50 g 초과 100 g 이하	4.5 g	50 ㎖ 초과 100 ㎖ 이하	4.5 ㎖
100 g 초과 200 g 이하	4.5%	100 ㎖ 초과 200 ㎖ 이하	4.5%
200 g 초과 300 g 이하	9 g	200 ㎖ 초과 300 ㎖ 이하	9 ㎖
300 g 초과 500 g 이하	3%	300 ㎖ 초과 500 ㎖ 이하	3%
500 g 초과 1 ㎏ 이하	15 g	500 ㎖ 초과 1 L 이하	15 ㎖
1 ㎏ 초과 10 ㎏ 이하	1.5%	1 L 초과 10 L 이하	1.5%
10 ㎏ 초과 15 ㎏ 이하	150 g	10 L 초과 15 L 이하	150 ㎖
15 ㎏ 초과	1%	15 L 초과	1%

• %로 표시된 허용오차는 표시량에 대한 백분율임. 단, 두부류는 500 g 미만은 10%, 500 g 이상은 5%로 한다.

먹기 전에 버리게 되는 액체(제품의 특성에 따라 자연적으로 발생하는 액체를 제외한다) 또는 얼음과 함께 포장하거나 얼음막을 처리하는 식품은 액체 또는 얼음(막)을 뺀 식품의 중량을 표시하여야 한다.

정제 형태로 제조된 제품의 경우에는 판매되는 한 용기포장 내의 정제의 수와 총중량을, 캡슐 형태로 제조된 제품의 경우에는 캡슐 수와 피포제 중량을 제외한 내용량을 표시하여야 한다. 이 경우 피포제의 중량은 내용물을 포함한 캡슐 전체 중량의 50% 미만이어야 한다.

영양성분 표시대상 식품에 대하여 내용량을 표시하는 경우에는 그 내용량 뒤에 괄호로 해당하는 열량을 함께 표시하여야 한다.

[예시]

100 g(240 ㎉)

포장육 및 수입하는 식육 등 축산물에 한하여 주표시면에 표시하기가 어려운 경우에는 해당 위치에 표시위치를 명시할 수 있다. 식용란은 개수로 표시하고 중량을 괄호 안에 표시하여야 한다. 닭, 오리의 식육은 마릿수로 표시하고 중량을 괄호 안에 표시하여야 한다. 다만, 내용량이 1마리인 경우에는 중량만을 표시할 수 있다.

사과 무게가 박스를 포함해서 10 ㎏이 넘는데 10 ㎏으로 표시해도 될까? 내용량은 용기포장의 중량을 제외한 실제 식품의 내용량을 표시하여야 하며, 표시량에 대한 허용오차를 정하고 있어 이에 적합하여야 한다. 표시량이 1 ㎏ 초과 10 ㎏ 이하인 경우 허용오차는 1.5%, 즉 10 ㎏의 1.5%는 150 g이므로 실제량 9,850 g까지는 표시위반에 해당되지 않는다.

액체 제품의 내용량을 100 ㎖가 아닌 100 g으로, 즉 용량이 아닌 중량으로 표시해도 될까? 액상제품의 경우, 내용량은 용량(㎖)으로 표시하는 것이 적절하지만, 농축액 특성상 용량 측정이 어려워 중량(g)으로 표시하고자 하는 경우 제품의 비중 등을 고려하여 객관적 사실에 입각한 중량 표시는 가능하다. 따라서, 단순히 100 ㎖에 해당하는 중량을 100 g으로 표시하는 것은 적절하지 않으며, 해당 제품의 실제 중량을 측정하여 표시하여야 한다.

중량이 일정하지 않아 최소 중량으로 내용량을 표시하려고 하는 경우 표시량보다 실제량이 초과하는데 괜찮을까? 표시된 양과 실제량과의 부족량에 대한 허용오차(범위)가 규정되어 있으며 부족량이 허용오차 범위에 들지 못하는 경우 위반에 해당되나, 표시된 양보다 실제량이 많은 경우는 상관 없다.

내용량을 표시할 때 "○○ g 이상" 또는 "○○ g 미만"으로 표시해도 될까? 내용량을 범위 또는 "이상, 미만"으로 표시하는 것은 소비자에게 정확한 정보를 제공할 수 없으며, 소비자가 오인, 혼동할 수 있어 적절치 않다. 따라서 용기포장에 표시된 내용량과 실제량과의 부족량에 대한 허용오차(범위)를 정하고 있으므로, 이를 감안하여 정확한 내용량(정수)을 표시하여야 한다.

포장육 제품에서 자연적으로 육즙이 발생한다. 육즙의 중량을 내용량에 포함해도 될까? 먹기 전에 버리게 되는 액체(제품의 특성에 따라 자연적으로 발생하는 액체를 제외한다) 또는 얼음과 함께 포장하거나 얼음막을 처리하는 식품은 액체 또는 얼음(막)을 뺀 식품의 중량을 표시하여야 한다. 해당 제품의 내용량 표시는 상기 규정에 따라 표시하여야 하며, 포장육의 내용량을 표시함에 있어서 자연적으로 발생하는 육즙의 경우 내용량에 포함되며 생산시점을 기준으로 실제 내용량과 부족량의 허용오차 범위 내에서 표시하여야 한다.

치킨무에 포함된 조미액을 내용량에 포함해도 될까? 위 사례와 마찬가지로 내용량 표시는 먹기 전에 버리게 되는 액체는 그 액체의 중량을 제외한 식품의 중량으로 표시하여야 하므로 먹기 전에 버리게 되는 액체(조미액) 중량을 제외하고 무의 내용량을 표시하여야 한다.

원재료가 낙지 90%, 물 10%인 낙지 1 kg의 내용량을 "중량 1 kg(실중량 0.9 kg)"으로 표시하고 싶다. 가능할까? 낙지 90%, 물 10%의 원재료 및 함량을 갖고 있는 냉동낙지 제품의 내용량은 액체 또는 얼음(막)을 뺀 식품의 중량으로 표시하여야 하므로 "0.9 kg"으로 표시하여야 한다. 따라서, 물의 중량이 포함된 1 kg을 추가로 표시하는 경우, 소비자가 실중량으로 오인할 소지가 있어 추가로 표시할 수 없다.

글레이징 수산물의 내용량은 어떻게 표시해야 할까? 앞서 말했듯이 식품의 내용량 표시는 먹기 전에 버리게 되는 액체(제품의 특성에 따라 자연적으로 발생하는 액체를 제외한다) 또는 얼음과 함께 포장되는 식품은 그 액체 또는 얼음을 뺀 식품의 중량을 표시하여야 한다. 따라서 냉동수산물의 경우, 얼음을 뺀 식품의 중량(글레이징하기 전의 수산물 중량)을 표시하여야 한다.

개별포장된 5 g 스틱 10개를 박스 포장한 제품에서 개별포장 스틱에 내용량을 표시해도 될까? 주표시면에는 해당 제품의 전체 내용량과 영양성분 표시대상의 경우 내용량에 해당하는 열량을 표시하여야 하며, 소비자 정보 제공을 위하여 내포장(단위제품)인 스틱 1개 내용량과 열량을 추가로 표시하는 것은 가능하며, 이 경우 전체 내용량과 열량으로 오인, 혼동하지 않도록 명확하게 표시하여야 한다.

내용량만 5 kg, 25 kg로 다른 제품에서 하나의 포장지에 모든 중량을 표시한 후 해당 중량에 체크 표시하는 방식으로 하고 싶다. 가능할까? 포장재 제작비용 절감 등은 폐기물 저감을 위해 「식품 등의 표시·광고에 관한 법률」에서 규정하고 있는 표시방법에 영향을 주지 않는 범위에서 공용포장재에 체크박스 등을 활용하여 해당 내용량을 표시하는 것은 가능하다(표 15. 공용포장재 구분 표시 예시 참조).

내용량이 파운드(lb)로 표시되어 있는 수입축산물의 한글 표시 스티커에 "내용량: 포장 겉면 별도 표시(1 lb = 0.4536 kg)"로 단위환산 수치를 넣어도 될까? 포장육 및 수입하는 식육 등(축산물에 한함)에 대해 내용량을 주표시면에 표시하기 어려운 경우 해당 위치에 표시 위치를 명시할 수 있다. 치즈류는 축산물에 해당되어 내용량 표시를 겉포장면에 하고, 그 표시 위치를 명시한 경우로서 내용량 표시는 국제단위계를 사용하여 중량(kg, g), 용량(L, ㎖) 등을 표시하는 것이 바람직하나, 수입식품으로 해당 표시가 어려운 경우 제시하신 바와 같이 파운드(1 lb = 0.4536 kg)를 kg으로 환산하여 내용량을 확인할 수 있도록 하는 것은 가능하다.

11. 업소명 및 소재지 표시

1) 표시방법

사례 43. **제조업소에서 제조시설 일부 또는 생산능력이 부족하여 다른 제조업소에 위탁하여 제조할 때 업소명 표시방법**

식품제조가공업소(A)에서 자신이 생산하는 제품을 다른 식품제조가공업소(B)에 제조를 위탁할 경우, 동 제품의 업소명 표시는 위탁 제조를 의뢰한 A 업소명을 표시하여야 한다.
(근거: 「식품등의 표시기준」 [별지1] 1. 나.)

업소명을 표시하는 데 있어 기본적으로 「식품위생법」, 「축산물위생관리법」에서 규정하고 있는 여러 가지 영업의 종류에 대해 기본적으로 알아야 한다. 「식품위생법」에 따른 영업의 종류로는 식품제조가공업, 즉석판매제조가공업, 식품첨가물제조업, 식품운반업, 식품소분판매업[식품소분업, 식품판매업(식용얼음판매업, 식품자동판매기영업, 유통전문판매업, 집단급식소 식품판매업, 기타 식품판매업)], 식품보존업(식품조사처리업, 식품냉동냉장업), 용기포장류제조업(용기포장지제조업, 옹기류제조업), 식품접객업(휴게음식점영업, 일반음식점영업, 단란주점영업, 유흥주점영업, 위탁급식영업, 제과점영업) 및 공유주방운영업이 있다. 여기서, 유통전문판매업은 식품 또는 식품첨가물을 스스로 제조·가공하지 아니하고 식품제조가공업자 또는 식품첨가물제조업자에게 의뢰하여 제조·가공한 식품 또는 식품첨가물을 자신의 상표로 유통·판매하는 영업을 말한다. 식품첨가물제조업은 감미료, 착색료, 표백제 등의 화학적 합성품을 제조·가공하는 영업, 천연 물질로부터 유용한 성분을 추출하는 등의 방법으로 얻은 물질을 제조·가공하는 영업, 식품첨가물의 혼합제재를 제조·가공하는 영업, 기구 및 용기포장을 살균소독할 목적의 물질을 제조 가공하는 영업 등을 포함한다.

「축산물위생관리법」에 따른 영업의 종류로는 도축업, 집유업, 축산물가공업(식육가공업, 유가공업, 알가공업, 식용란선별포장업, 식육포장처리업, 축산물보관업, 축산물운반업, 축산물판매업(식육판매업, 식육부산물전문판매업, 우유류판매업, 축산물유통전문판매업, 식용란수집판매업) 및 식육즉석판매가공업이 있다. 여기서, 축산물유통전문판매업은 축산물(포장육, 식육가공품, 유가공품, 알가공품)의 가공 또는 포장 처리를 축산물가공업의 영업자 또는 식육포장처리업의 영업자에게 의뢰하여 가공 또는 포장 처리된 축산물을 자신의 상표로 유통·판매하는 영업을 말한다.

기본적으로 영업소의 명칭 및 소재지는 소관관청에 영업등록 또는 신고한 명칭과 소재지를 표시하여야 하며 전화번호는 의무사항이 아니다. 명칭이나 소재지가 변경된 경우에는 식품 포장지의 표시사항도 변경된 날부터 반영하여야 한다. 소재지의 경우에 있어서는 영업등록 또는 신고한 소재지 대신 반품·교환업무를 할 수 있는 소재지를 표시할 수 있다. 다만, 식품 제조·가공업자가 제조·가공시설 등이 부족하여 식품 제조·가공업의 영업신고를 한 자에게 위탁하여 식품을 제조·가공한 경우에는 위탁을 의뢰한 영업소(장)의 명칭(상호) 및 소재지로 표시하여야 한다. 이 경우, 위탁을 의뢰받은 영업소(장)의 명칭(상호) 및 소재지를 제조위탁업소(위탁제조원)으로서 추가 표시할 수 있다.

[예시]

반품 · 교환업무를 대표하는 소재지, 이 경우 "반품 · 교환업무 소재지"임을 표시

각각 품목제조보고된 3개 제품을 세트포장한 제품의 외포장지에 3개 제품의 업체명이 표시되어 있을 때 세트포장한 업체명을 추가하고 싶은데 가능할까? 「식품등의 표시기준」에 따라 그 밖에 판매업소의 영업소(장)의 명칭(상호) 및 소재지를 표시하고자 하는 경우에는 동 고시 [별지 1] 1. 나.의 규정에 따라 표시한 영업소(장)의 명칭(상호) 및 소재지의 글씨 크기와 같거나 작게 표시하여야 한다. 따라서 세트포장 제품을 구성한 업소의 경우, 「식품등의 표시기준」에 따른 의무표시사항은 아니나, 추가적으로 표시하고자 한다면 위 규정에 따라 "판매업소"로서 표시하는 것은 가능하다.

3개의 제조업소에서 각각 제조한 동일한 제품에 3개 제조업소 소재지 표시 대신에 반품 · 교환업무를 대신하는 하나의 소재지로 표시해도 될까? 3개 식품제조가공업소의 반품 · 교환업무를 대신하는 소재지가 동일한 경우, 1개의 소재지만 표시하는 것은 가능하다. 이 경우, 해당 제품이 어느 공장에서 제조되었는지 확인할 수 있도록 제조업소명에 F1, F2, F3 등으로 구분 표시하고, 당해 제품이 F1, F2, F3 중 어느 제조업소에서 생산된 것인지 확인할 수 있도록 소비기한 등과 연계하여 F1 등을 표시하여야 한다.

[예시]

- 제조업소: F1 ○○식품, F2 □□식품, F3 △△식품
- 반품 · 교환업무 소재지: 충북 청주시 오송읍 ○○○○
- 소비기한: 2024.11.7. F1

2개의 제조업소에서 동일한 제품을 제조하는 경우에는 하나의 포장지에 모든 업소명 표시해도 될까? 제품명, 원재료 등이 동일하고, 제조업소명(소재지)이 다른 경우, 1개의 포장지에 모든 제조업소명을 F1, F2 등으로 구분하여 표시하고, 당해 제품이 F1, F2 중 어느 제조업소에서 생산되었는지 확인할 수 있도록 소비기한 등과 연계하여 F1, F2를 표시한다면 1개의 포장지에 여러 제조업소명을 모두 표시하는 것이 가능하다.

[예시]

- 업소명: F1 ○○식품 경주공장, 경북 ○○, F2 ○○식품 오송공장, 충북 ○○
- 소비기한: 2024.11.7. F1

업소명뿐만 아니라 품목제조번호 등 2개 제품에서 다른 모든 표시사항은 모두 F1, F2로 구분 표시하여야 한다.

업소명 또는 소재지가 변경되는 경우 기존 포장지를 사용하고 싶은데 가능할까? 업소명 또는 소재지 등 영업허가(등록, 신고)한 내용이 변경되는 경우, 변경된 이후부터 제조(수입)되

는 식품 등에는 변경된 업소명 또는 소재지를 표시하여야 한다. 다만, 관할 영업허가(등록, 신고) 관청의 승인을 받아 기존 포장지에 스티커 등을 사용하여 업소명 또는 소재지를 변경하여 사용할 수 있다. 추가로, 「자원의 절약과 재활용 촉진에 관한 법률」에 따라 제조자는 원부자재가 폐기물이 되는 것을 억제하도록 노력하여야 하므로, 소비자가 구입한 제품을 반품·교환하는 데 불편함이 없다면 관할 영업허가(등록, 신고) 관청의 승인을 받아 변경 전 업소명(소재지)이 표시된 기존 포장지를 소진 시까지 사용하는 것은 가능하다. 아울러, 기존 포장지는 가급적 신속히 소진하고, 새롭게 제작하는 포장지에는 변경된 업소명(소재지)를 표시하여야 한다.

그 밖에 판매업소의 영업소(장)의 명칭(상호) 및 소재지를 표시하고자 하는 경우에는 제조영업소(장)의 명칭(상호) 및 소재지의 글씨 크기와 같거나 작게 표시하여야 한다.

[예시]

- **판매업소: ○○백화점, 소재지**
- **제조업소: 영업소(장)의 명칭(상호), 소재지**

그 밖에 판매업소의 영업소의 명칭 및 소재지는 표시할 필요가 없다. 판매업소 의 브랜드 가치가 높아 영업에 도움이 되는 제조·가공업체의 경우 판매업소의 명칭 및 소재지를 표시하고자 하는 경우 표시할 수 있다. 다만, 이렇게 표시된 제품의 경우 다른 판매업소가 판매할 수 없음을 명심해야 한다. 판매업소는 제품에 대해 기획, 생산 등에 관여함이 없이 단순 판매만 하는 역할이므로 소비자가 오인하지 않도록 판매업소의 명칭 및 소재지의 글씨 크기와 제조업소의 그것과 같거나 작게 표시하도록 하고 있는 것이다.

〈TIP〉

판매업소를 부각하여 판매에 도움이 되는 경우가 아니라면 판매업소는 표시하지 않는다!

2) 유통전문판매업소에서 의뢰한 생산제품의 업소명 표시

사례 44. 유통전문판매업소에서 제조업소에 생산을 의뢰하여 판매하는 제품에 중간 판매업소의 업소명 추가 표시 가능 여부

유통전문판매업소에서 식품제조가공업소에 제조·가공을 의뢰하여 생산 판매하는 제품에는 식품제조가공업소의 영업소명과 유통전문판매업소의 영업소명를 표시하여야 한다.
추가로 판매업소의 영업소명를 표시하는 것은 가능하며, 이 경우 판매업소의 영업소명은 식품제조가공업소(업소명, 소재지) 및 유통전문판매업소(업소명, 소재지)의 글씨 크기와 같거나 작게 표시하여야 한다.
(근거: 「식품등의 표시기준」 [별지 1] 1. 나., 「건강기능식품의 표시기준」 제6조 3.)

유통전문판매업 또는 축산물유통전문판매업 영업자가 식품제조가공업자에게 의뢰하여 제조·가공한 식품을 자신의 상표로 유통하는 경우에는 유통전문판매업의 명칭 및 소재지 외에 해당 식품의 제조·가공업의 영업소의 명칭 및 소재지를 함께 표시하여야 한다.

[예시]

- 유통전문판매업소: 영업소(장)의 명칭(상호), 소재지
- 제조업소: 영업소(장)의 명칭(상호), 소재지

기구의 경우에는 제조업소명 대신 제조위탁업소명을 표시할 수 있으며, 수입기구에 제조위탁업소명을 표시하고자 하는 경우 원산지를 함께 표시하여야 한다.

[예시]

- 국내 식품용 기구: "제조업소명: ○○" 또는 "제조위탁업소명: ◇◇"
- 수입 식품용 기구: "수입판매업소명: □□", "제조업소명: ▽▽" 또는 "제조위탁업소명: ☆☆(원산지)"

유통전문판매업소가 제조업소에 제품 제조를 의뢰하였는데, 제조업소가 제조시설이 부족하여 다른 제조업소에 다시 위탁하는 경우 업소명은 어떻게 표시해야 할까? A사(유통전문판매업)가 B사(식품제조업소)에게 제조·가공을 의뢰하고, B사가 제조·가공시설 등이 부족하여 식품 제조·가공업의 영업신고를 한 C사에게 위탁하여 식품을 제조·가공한 경우로서 업소명 및 소재지 표시는 아래 예시와 같이 표시하여야 하고, 위탁을 의뢰받은 영업소를 추가로 표시하고자 하는 경우라면 제조위탁업소(위탁제조원)로서 추가 표시할 수 있다.

[예시]

- **유통전문판매업소: A사의 업소명 및 소재지**
- **제조원: B사의 업소명 및 소재지**

제조업소가 2개의 유통전문판매업소로부터 동일한 제품의 제조 의뢰를 받아 생산하는 경우 하나의 포장지에 2개의 유통전문판매업소 업소명을 모두 표시해도 될까? 식품제조가공업소에서 2개 이상의 유통전문판매업으로부터 동일한 제품의 제조 의뢰를 받은 경우, 1개의 포장지에 모든 유통전문판매업 업소명을 F1, F2 등으로 구분하여 표시하고, 당해 제품이 F1, F2 중 어느 유통전문판매업소에서 유통·판매한 것인지 확인할 수 있도록 소비기한 등과 연계하여 F1, F2를 표시한다면 1개의 포장지에 여러 유통전문판매업소명을 모두 표시하는 것이 가능하다.

[예시]

- **제조업소: ○○식품, 경기도 용인시 ○○○○**
- **유통전문판매업소: F1 ○○식품 경주공장, 경주시 ○○○○, F2 ○○식품 오송공장 충북 청주시 ○○○○**
- **소비기한: 2024.11.7. F1**

제조업소와 유통전문판매업소 각각의 소재지 대신에 반품·교환업무를 대신하는 소재지로 표시해도 될까? 식품제조가공업 및 유통전문판매업의 경우 영업등록(신고) 상의 소재지 대신에 반품·교환업무를 대신하는 소재지를 표시할 수 있다. 식품제조가공업소와 유통전문판매업소의 반품·교환업무를 대신하는 소재지가 동일한 경우, 1개의 소재지만 표시하는 것은 가능하다.

[예시]

- **제조업소: ○○식품, 유통전문판매업소: □□식품**
- **반품·교환업무 소재지: 충북 청주시 오송읍 ○○○○**

〈TIP〉

명칭이나 소재지가 변경되어 제품을 출하하는 경우 식품 포장지에는 변경된 의 사항을 표시하여야 하는데 업체에서는 대부분 포장지가 남아 이를 버릴 수밖에 없는 경우가 자주 발생한다. 따라서 소재지 대신 반품·교환장소를 정해 두고 이를 표시하는 것이 좋다. 소비자에게는 반품·교환할 수 있는 장소에 대한 정보가 더 중요하다!

유통전문판매업 및 제조업소의 업소명 이외에 연구개발 업체명을 표시하고 싶다. 가능할까? 현행 규정에 따라 유통전문판매업소는 영업신고 시 신고관청에 제출한 영업소명과 소재지를 표시하고, 해당 식품의 제조·가공업소의 영업소명과 소재지를 함께 표시하도록 하고 있어 유통전문판매업소와 제조업소를 명확히 표시하는 경우라면 객관적 사실에 입각하여 연구개발 업체명을 표시할 수 있다.

제조위탁판매업소가 랩 제조업소에 생산을 의뢰하는 경우 제조업소명을 생략해도 될까? 랩은 「식품위생법」에 따라 기구에 해당된다. 기구를 제조한 제조업소명(A)을 표시하여야 하고, 수입기구의 경우에는 수입업소명과 수출국 제조업소명을 표시하여야 한다. 다만, 제조업소명 대신에 제조위탁업소명을 표시할 수 있으며, 수입기구의 경우에는 제조위탁업소명을 표시하면 원산지를 함께 표시하여야 한다.

3) 소분제품 업소명 표시

사례 45. 소분제품에 소분업소명 및 제조업소명 외에 추가로 판매업소명 표시 가능 여부

식품소분업소에서 소분한 제품에는 식품소분업 업소명을 표시하고, 해당 제품의 식품제조가공업 업소명을 함께 표시하여야 하며, 수입식품을 소분하는 경우에는 식품소분업 업소명, 수입판매업 업소명, (수출국)제조업소명을 표시하여야 한다.
소분제품에는 원래 표시사항을 변경하여서는 아니 되므로 위 표시 이외에 판매업소 표시하여서는 안 된다.
(근거: 「식품등의 표시기준」[별지 1] 1. 나., 「식품등의 표시기준」 II. 1. 자.)

식품소분업소에서 식품 완제품을 나누어 유통할 목적으로 재포장 판매하는 경우에는 영업신고 시 신고관청에 제출한 영업소(장)의 명칭(상호) 및 소재지(또는 반품·교환업무를 대표하는 소재지)를 표시하고 해당 벌크제품의 제조·가공업의 영업소(장)의 명칭(상호) 및 소재지를 함께 표시하여야 한다.

[예시]

- 식품소분업소: 영업소(장)의 명칭(상호), 소재지
- 제조업소: 영업소(장)의 명칭(상호), 소재지

소분하고자 하는 식품이 수입식품인 경우 식품 등의 수입판매업 영업소(장)의 명칭(상호) 및 소재지도 함께 표시하여야 한다.

[예시]

- 식품소분업소: 영업소(장)의 명칭(상호), 소재지
- 수입판매업소: 영업소(장)의 명칭(상호), 소재지
- 제조업소: 업소명

즉석판매제조가공업소가 식품제조가공업소의 가공식품을 덜어서 판매할 때 업소명은 어떻게 표시해야 할까? 즉석판매제조가공업소가 식품제조가공업소에서 제조한 제품을 단순히 덜어서 판매하는 경우라면 즉석판매제조가공업 업소명과 식품제조가공업 업소명을 모두 표시하여야 한다.

소분업소가 3곳의 제조업소에서 동일한 제품을 받아 소분, 판매하는 경우 하나의 포장지에 제조업체 3곳을 표시해도 될까? 소분포장하는 제품에는 소분업소명과 제조업소명을 함께 표시하여야 한다. 제품명, 원재료명 등이 모두 동일하고 제조업소만 다른 제품을 소분·포장하는 경우, 소분업소명을 표시하고, 제조업소명을 F1, F2, F3로 구분 표시한 후 소비기한을 표시할 때 F1 등을 추가 표시하여 소분한 제품이 어느 제조업소에서 생산된 것인지 알 수 있는 경우는 1개의 포장지에 여러 개의 제조업소명을 표시하는 것이 가능하다.

[예시]

- **소분업소:** □□식품
- **제조업소:** F1 ○○식품, F2 △△, 식품, F3 ◇◇
- **소비기한:** 2024.11.7. F1

유통전문판매업소가 제조업소에 제품생산을 의뢰하고 제조업소가 일부 포장공정을 소분업소에 의뢰하여 생산하는 경우 업소명은 어떻게 표시해야 할까? 식품제조가공업자가 제조·가공시설 등이 부족하여 일부 포장공정 등을 식품소분업소에 위탁한 경우라면, 해당 제품에는 위탁을 의뢰한 업소명 및 소재지를 표시하여야 한다. 따라서 유통전문판매업소(A)가 식품제조가공업소(B)에 제품생산을 의뢰하고, 식품제조가공업소(B)가 일부 포장공정을 식품소분업소(C)에 의뢰하여 생산한 경우 최종 제품의 업소명 표시는 유통전문판매업소(A)와 식품제조가공업소(B)의 업소명 및 소재지를 표시해야 한다.

양봉업자가 채취한 벌꿀을 수집하여 소분포장한 제품의 업소명은 어떻게 표시해야 할까? 판매업소명를 추가하고 싶은데 가능할까? 양봉업자가 채취하여 직접 포장·판매하는 벌꿀의 업소명은 생산자 또는 생산자 단체명으로 표시할 수 있으며, 판매업소를 추가로 표시하는 것도 가능하다. 한편, 「식품위생법」에 따른 식품소분업 영업자가 소분판매하는 벌꿀에는 식품소분업 영업신고 명칭을 표시하며, 생산자 표시는 생략할 수 있으나 표시하고자 하는 경우 표시 가능하다. 또한 판매업소를 추가로 표시하는 것도 가능하다.

4) 수입제품 업소명 표시

사례 46. 2개의 국외 제조업소에서 만든 동일한 제품을 수입할 경우 하나의 한글 표시사항 스티커로 사용 가능한지 여부

제품에 복수의 수출국 제조업소명을 표시하고자 하는 것으로서, 제조업소명 표시를 제외한 모든 표시사항이 동일하고, F1, F2 등을 사용한 일자(제조일 또는 소비기한) 표시 등을 통해 어느 업소에서 제조한 제품인지 소비자가 명확하게 인지할 수 있다면 영업자의 책임하에 복수의 제조업소명을 표시하는 것이 가능하다.

(근거: 「식품등의 표시기준」 [별지 1] 1. 나.)

수입식품 등 수입판매업의 업소명 및 소재지는 영업등록 시 등록관청에 제출한 영업소(장)의 명칭(상호) 및 소재지(또는 반품 · 교환업무를 대표하는 소재지, 이 경우 "반품 · 교환업무 소재지"임을 표시하여야 한다)를 표시하되, 해당 수입식품의 제조업소명을 표시하여야 한다. 이 경우 제조업소명이 외국어로 표시되어 있는 경우에는 그 제조업소명을 한글로 따로 표시하지 아니할 수 있다.

[예시]

- **수입판매업소: 영업소(장)의 명칭(상호), 소재지(또는 반품 · 교환업무 소재지)**
- **제조업소: 업소명**

수입현품에 제조업소 명칭이 수출국 언어로 표시되어 있는 경우 한글 표시사항 스티커에 수출국 제조업소 명칭을 생략해도 될까? 한글 표시사항을 스티커로 부착하여 수입하는 수입식품의 경우 수입식품 등 수입판매업소의 영업소명과 해당 수입식품의 제조업소명을 한글 표시사항에 표시하여야 한다. 다만, 수입제품 자체에 외국어로 제조업소명이 표시되어 있는 경우, 한글 표시사항 스티커에는 제조업소명 표시를 생략할 수 있다.

수입제품에 국내 판매업체를 추가로 표시하고 싶은데 가능할까? 판매업소의 명칭 및 소재지를 추가하여 표시할 수 있으나, 표시하고자 하는 경우에는 표시한 수입판매업소의 명칭, 소재지(또는 반품·교환업무 소재지) 및 제조업소명의 글씨 크기와 같거나 작게 표시하여야 한다.

5) 자연상태 식품의 업소명 표시

사례 47. 농산물을 구매하여 절단, 건조, 박피가공(「식품위생법」에 따른 영업신고 대상이 아닌 경우)한 경우 업소명 표시방법

농산물, 수산물, 임산물 등 자연산물(축산물 제외)을 단순 가공한 것은 자연산물에 해당되며, 자연산물의 업소명 표시는 채취생산자, 채취생산자 단체명 또는 포장업체명을 표시할 수 있다.
자연산물을 단순 가공하는 경우, 재포장하는 업체명 즉, 단순 가공한 업체명만을 표시할 수 있으며, 생산자(단체) 표시는 추가적으로 할 수 있다.
(근거: 「식품등의 표시기준」 III., 1. 터.)

표 28. 자연상태 식품(「축산물 위생관리법」에서 정한 축산물 제외) 표시사항

구분	불투명포장, 진공포장	투명포장(진공포장 제외)	
		냉장, 건조, 염장, 가열 처리한 것	냉장, 건조, 염장, 가열 처리하지 않은 것
내용물의 명칭	○	○	○
업소명(채취생산자(단체) 또는 포장업체/수입판매업체)	○	○	○
날짜(생산연도, 생산연월일 또는 포장일)	○	○	×(자율)
내용량	○	×(자율)	×(자율)

그 외 표시사항	해동한 수산물은 "해동"이라는 표시와 함께 냉장 진열 시작 일시 표시(별도의 표지판 사용 가능)
용기포장에 담지 않고 수입되는 자연상태의 농, 임, 축, 수산물은 한글 표시를 생략할 수 있다. 최종 소비자에게 직접 판매하는 투명포장 자연상태 식품은 진열상자에 표시하거나 별도의 표지판에 기재하여 게시할 때에는 개별포장의 표시를 생략할 수 있다(우편 또는 택배의 방법으로 배달 시에는 개별포장에 반드시 표시).	

농산물 벌크 포장제품을 덜어서 재포장하여 판매할 때 업소명을 어떻게 표시해야 할까? 농산물, 수산물, 임산물 등 자연산물(축산물 제외)의 업소명 표시는 채취생산자, 채취생산자 단체명 또는 포장업체명을 표시할 수 있다. 자연산물을 덜어서 재포장 판매하는 경우, 재포장하는 업체명을 표시할 수 있으며, 생산자(단체) 표시는 추가적으로 할 수 있다. 자연산물을 덜어서 재포장 판매하는 영업은 「식품위생법」에 따른 식품소분업 영업 행위에 해당하지 아니하므로 원래 표시된 생산자 표시를 반드시 할 필요는 없다.

국외 여러 농장에서 생산포장된 농산물을 수출업체에서 모아서 수입하는 경우와 같이 생산자(단체)가 수시로 변경되는 경우 업소명은 어떻게 표시해야 할까? 업소명(채취생산자, 채취생산자단체명 또는 포장업체명, 수입식품의 경우 수입판매업소명 포함)을 표시하도록 하고 있다. 따라서 수입되는 자연상태 식품인 경우 수입판매업소명으로만 표시할 수 있다.

6) 식용란 업소명 표시

사례 48. 식용란 최소판매단위에 생산농가(농장)명 추가 표시 가능 여부

식용란(수입식용란 포함)의 최소포장단위에는 식용란수집판매업의 영업자가 표시의무자로서 제품명, 영업소(장)의 명칭(상호) 및 소재지, 유통기한, 내용량, 기타 표시사항 등을 표시하여야 하고, 식용란수집판매업의 영업소(장)의 명칭(상호)과 소재지는 영업 신고 시 신고관청에 제출한 영업소(장)의 명칭(상호)과 소재지를 표시하여야 한다. 다만, 「식품등의 표시기준」에서 농가(농장)의 업소명 및 소재지 표시에 대해 별도로 규정하고 있지 않아 추가 표시가 가능하다.

(근거: 「식품등의 표시기준」 III. 1., [별지 1] 1.)

식용란(수입식용란을 포함한다) 최소포장단위의 표시의무자는 식용란수집판매업자로서 영업자는 제품명, 영업소(장)의 명칭(상호) 및 소재지, 소비기한, 내용량, 제품의 품질유지에 필요한 보관방법 및 보관온도, "구입 후 냉장 보관하시기 바랍니다."라는 내용의 안내 표시를 하여야 한다.

12. 알레르기 유발물질 표시

1) 표시대상 알레르기 유발물질

사례 49. 양고기를 우유에 담근 후 건져 내어 그 고기를 식품 제조에 사용할 때 우유의 알레르기 유발물질 표시 여부

양고기를 우유에 담근 후 건져 내어 제조에 사용한 경우에도 알레르기 표시대상인 우유를 알레르기 유발물질 표시방법에 따라 원재료명 근처에 바탕색과 구분되도록 알레르기 표시란을 마련하여 표시하여야 한다.

(근거: 「식품 등의 표시·광고에 관한 법률 시행규칙」[별표 2] Ⅰ., 「식품등의 표시기준」[별지 1] 1. 나.)

알레르기는 정상인에게 무해한 식품을 특정인이 섭취했을 경우 그 식품에 대해 과도한 면역반응이 일어나는 것으로 특정 음식을 섭취할 때마다 반복되고 식품의 양과 관계없이 극소량으로도 생명을 위협할 수 있다. 알레르기는 아나필락시스(쇼크), 피부 증상, 소화기 증상, 호흡기 증상, 심혈관 증상, 신경계 증상 등 다양한 형태로 나타나며, 피해의 심각성을 고려하였을 때 알레르기 물질을 피하여 예방하는 것이 최선의 대책이다. 따라서 소비자 안전을 위해 법률에 따라 식품 포장지에 알레르기 유발물질을 표시하도록 하고 있다.

사람마다 각가 다른 음식에 대해서 알레르기 반응을 보인다. 어떤 사람이 우유에 알레르기 반응을 보이는 반면, 다른 사람은 우유가 아닌 땅콩에 알레르기 반응을 보이는 방식이다. 법률에 따라 아래 몇 가지 알레르기 물질을 정하여 놓았는데, 이 물질들은 우리나라 사람에게 알레르기를 많이 일으키는 물질을 대표하여 선정한 것이다. 우리나라에서 아낙필라시스를 일으키는 주요 알레르기 유발물질은 우유, 계란, 호두 등으로 알려져 있다.

「식품 등의 표시·광고에 관한 법률」에서 규정하고 있는 알레르기 유발물질은 알류(가금류만 해당한다), 우유, 메밀, 땅콩, 대두, 밀, 고등어, 게, 새우, 돼지고기, 복숭아, 토마토, 아황산류(이를 첨가하여 최종 제품에 이산화황이 1 ㎏당 10 ㎎ 이상 함유된 경우만 해당한다), 호두, 닭고기, 소고기, 오징어, 조개류(굴, 전복, 홍합을 포함한다) 및 잣 등이다. 이들 알레르기 유발물질을 원재료로 사용한 식품 등은 식품 포장지에 이를 표시하여야 한다. 이들 알레르기 유발물질을 원재료로 사용한 식품 등으로부터 추출 등의 방법으로 얻은 성분을 원재료로 사용한 식품 등도 표시대상이다. 추가로, 이들 알레르기 유발물질을 원재료로 사용한 식품 등과, 이들 알레르기 유발물질을 원재료로 사용한 식품 등으로부터 추출 등의 방법으로 얻은 성분을 원재료로 사용한 식품 등을 함유한 식품 등을 원재료로 사용한 식품 등도 표시해야 한다.

견과류 중 호두, 땅콩은 표시대상이나, 아몬드, 피스타치오는 표시대상에 해당되지 않고, 어류는 오징어와 고등어만, 과일은 토마토와 복숭아만 표시대상에 해당된다. 식품 알레르기 표시대상을 설정할 때에는 임상자료를 토대로 섭취량, 알레르기 발생 빈도, 증상의 심각성 등 우리의 실정을 고려한다. 아몬드, 피스타치오가 알레르기 표기대상이 아닌 것은 국내 성인 및 소아청소년에게 알레르기를 유발하는 확률이 낮기 때문이다. 심각하지 않은 알레르기 유발물질을 표시대상에 추가하면, 오히려 정보로서의 중요성이 낮아질 수 있다. 만약 규정에서 정하고 있지 않은 물질에 알레르기가 있다면 포장지에 표시되어 있는 원재료명을 꼼꼼히 살펴봐야 한다. 다만, 식생활 변화에 따른 알레르기 발생률과 증상의 심각성에 따라 표시대상 물질이 추가되거나 삭제될 수 있을 것이다.

제품에 함유된 알레르기 유발물질의 양과 관계없이 원재료로 사용된 모든 알레르기 유발물질을 표시해야 한다. 다만, 단일 원재료로 제조·가공한 식품이나 포장육 및 수입 식육의 제품명이 알레르기 표시대상 원재료명과 동일한 경우에는 알레르기 유발물질 표시를 생략할 수 있다.

[예시]

달걀, 우유, 새우, 이산화황, 조개류(굴) 함유

소내장을 우려내 만든 육수에도 알레르기 유발물질인 소고기를 표시해야 할까? 소내장을 원재료로 사용하고 건더기를 건져 낸 육수제품의 경우에도 알레르기 유발물질 표시대상에 해당하므로 바탕색과 다른 색상으로 별도의 알레르기 표시란을 마련하여 "소고기 함유"로 표시하여야 한다.

소고기의 지방만으로 이루어진 '정제우지', '식용우지'를 사용한 경우 제품에도 알레르기 유발물질을 표시해야 할까? 제품에 아래 ①~③에 해당하는 원재료가 포함된 경우 제품에 함유된 알레르기 유발물질의 양과 관계없이 원재료로 사용된 모든 알레르기 유발물질을 표시해야 한다.

① 알레르기 유발물질을 원재료로 사용한 식품 등

② ①의 식품 등으로부터 추출 등의 방법으로 얻은 성분을 원재료로 사용한 식품 등

③ ① 및 ②를 함유한 식품 등을 원재료로 사용한 식품

따라서 소고기 지방만으로 이루어진 '정제우지' 또는 '식용우지'의 경우라도 위 규정에 따른 알레르기 유발물질을 원재료로 사용한 식품 등에 해당되어 알레르기 유발물질 표시를 하여야 한다.

제품에 카제인나트륨을 사용한 경우에도 알레르기 유발물질을 표시하여야 할까? 제품에 함유된 '카제인나트륨'이 우유로부터 추출하여 얻은 '카제인나트륨'인 경우, 알레르기 유발물질로 표시하여야 하며, 원재료명 표시란 근처에 바탕색과 구분되도록 별도의 알레르기 표시란을 마련하여 "우유 함유"로 표시하여야 한다. 유사한 사례로 대두에서 추출한 d-토코페롤, 글루텐을 제거한 '밀'에도 또한 알레르기 유발물질을 표시하여야 한다.

원재료명 표시에서 복합원재료가 당해 제품의 원재료에서 차지하는 중량 비율이 5% 미만

에 해당하는 경우 또는 복합원재료 안에 복합원재료가 들어 있는 경우 안에 들어 있는 복합원재료는 구성하는 원재료를 표시하지 않고 그 복합원재료를 나타내는 명칭(제품명을 포함한다) 또는 식품의 유형만을 표시할 수 있으나 알레르기 유발물질 표시규정에는 적용되지 않는다. 알레르기 유발물질 표시는 소비자의 안전을 위한 것이므로 복합원재료 표시방법의 특례가 적용되지 않는다.

중량 비율 5% 이상 복합원재료의 구성 원재료로 6순위에 해당되거나 5% 미만 복합원재료의 구성 원재료가 알레르기 유발물질인 경우 알레르기 유발물질을 표시해야 할까? 제품의 중량 비율 5% 이상을 차지하는 복합원재료의 경우, 복합원재료의 명칭을 표시하고 괄호로 물을 제외한 많이 사용한 5가지 원재료명을 표시하여야 하므로, 6순위 원재료명은 표시하지 않을 수 있다. 다만, 해당 6순위 원재료가 알레르기 유발물질 표시대상인 경우에는 알레르기 유발물질 표시방법에 따라 원재료명 근처에 바탕색과 구분되도록 알레르기 표시란을 마련하여 표시하여야 한다. 또한, 제품의 중량 비율 5% 미만 복합원재료의 경우, 복합원재료의 명칭(제품명 포함) 또는 식품유형만 표시할 수 있으므로 복합원재료를 구성하는 원재료명 표시를 생략할 수 있다. 하지만, 복합원재료를 구성하는 원재료가 알레르기 유발물질 표시대상인 경우에는 알레르기 유발물질 표시방법에 따라 원재료명 근처에 바탕색과 구분되도록 알레르기 표시란을 마련하여 표시하여야 한다. 알레르기 유발물질은 소비자 안전을 위해 표시하는 사항이기 때문이다.

제품에 서리태를 사용하였다. 알레르기 유발물질을 표시하여야 할까? 알레르기 유발물질 표시대상에 해당하는 대두의 범위는 「식품의 기준 및 규격」 [별표 1] '식품에 사용할 수 있는 원료' 목록에 등재된 '대두'[기타명칭 또는 시장명칭: 콩, 백태, 청태, 노란콩, 검정콩, 흑두, 서리태, Soy bean, Black Beans, 학명: *Glycine max (L.) Merr. / Dolichos soja L. / Glycine hispida (Moench) Maxim.*, 사용부위: 잎, 씨앗]에 해당한다. 따라서 '서리태'는 '대두'의 기타명칭 또는 시장명칭으로 동일한 원료에 해당되므로 알레르기 유발물질 원재료 표시방법에 따라 표시하여야 한다.

그럼 제품에 듀럼밀을 사용한 경우 알레르기 유발물질을 표시하여야 할까? '듀럼밀'은 현행「식품의 기준 및 규격」[별표 1] 식품에 사용할 수 있는 원료에 '듀럼밀'[기타명칭 또는 시장명칭: Durum wheat, 학명: *Triticum durum Desf. / Triticum turgidum subsp. durum (Desf.) Husn.*]로 등재되어 있으며, '밀'은 현행「식품의 기준 및 규격」[별표 1] '식품에 사용할 수 있는 원료'에 '밀'[기타명칭 또는 시장명칭: 소맥(小麥), 밀기울(소맥부), Wheat, 학명: *Triticum aestivum L.*]로 등재되어 있다. 따라서, '듀럼밀'과 '밀'은「식품의 기준 및 규격」에 따라 동일한 '*Triticum*' 속에 해당하므로 '듀럼밀'을 원재료로 사용한 경우라면 알레르기 유발물질로 표시하여야 하며, 원재료명 표시란 근처에 바탕색과 구분되도록 별도의 알레르기 표시란을 마련하여 "밀 함유"로 표시하여야 한다.

제품에 골뱅이를 사용한 경우 알레르기 유발물질을 표시하여야 할까? 조개류의 범위는「식품의 기준 및 규격」의 '이매패류' 기준을 준용하여 판단하고 있다. 이매패류라 함은 두 장의 껍데기를 가진 조개류로 대합, 굴, 진주담치, 가리비, 홍합, 피조개, 키조개, 새조개, 개량조개, 동죽, 맛조개, 재첩류, 바지락, 개조개 등을 말한다. 따라서, 골뱅이는 상기 규정에 따른 알레르기 표시대상에 해당되지 않는다.

2) 알레르기 유발물질 표시 예외

사례 50. 소고기 포장육 제품에 '소고기'에 대한 알레르기 유발물질 표시 여부

「식품 등의 표시·광고에 관한 법률시행규칙에 따라 단일 원재료로 제조·가공한 식품이나 포장육 및 수입 식육의 제품명이 알레르기 표시대상 원재료명과 동일한 경우에는 알레르기 유발물질 표시를 생략할 수 있다.

따라서 제품이 포장육에 해당하는 경우라면 위 규정에 따라 알레르기 유발물질 표시를 생략할 수 있다.

(근거:「식품 등의 표시·광고에 관한 법률 시행규칙」[별표 2] Ⅰ.)

알류(가금류만 해당한다), 우유, 메밀, 땅콩, 대두 등 식품 등에 알레르기를 유발할 수 있는 원재료가 포함된 경우 그 원재료명을 표시해야 하나 단일 원재료로 제조·가공한 식품이나 포장육 및 수입 식육의 제품명이 알레르기 표시대상 원재료명과 동일한 경우에는 알레르기 유발물질 표시를 생략할 수 있다.

그러면, 포장육의 제품명이 삼겹살인 경우 알레르기 유발물질 표시를 생략할 수 있을까? 알레르기 표시는 원재료명 표시란 근처에 바탕색과 구분되도록 알레르기 표시란을 마련하고, 제품에 함유된 알레르기 유발물질의 양과 관계없이 원재료로 사용된 모든 알레르기 유발물질을 표시해야 한다. 그러나 앞서 말했듯이 단일 원재료로 제조·가공한 식품이나 포장육 및 수입 식육의 제품명이 알레르기 표시대상 원재료명과 동일한 경우에는 알레르기 유발물질 표시를 생략할 수 있다. 다만, 제품명이 "삼겹살"인 경우, 부위 명칭에 해당되며, 원재료명에 해당되지 않아 "돼지고기"를 표시하여야 한다.

제품에 병아리콩을 사용하였다. 알레르기 유발물질 표시대상일까? 병아리콩은 이집트콩(학명: *Cicer arietinum L.*)의 시장명칭(또는 기타명칭)에 해당되어 대두와는 별개의 식품원료로 구분되므로 알레르기 유발물질 표시대상에 해당되지 않는다. 유사사례로 작두콩['도두'의 기타명칭 또는 시장명칭(작두콩), 학명: *Canavalia gladiatia*], 여두(기타명칭 또는 시장명칭: 쥐눈이콩, 서목태, 약콩, 학명: *Rhynchosia nulubilis*)도 유발물질 표시대상에 해당되지 않는다.

토마토를 다른 농산물과 합포장하여 판매할 때 토마토에 대한 알레르기 유발물질을 표시하여야 할까? 알레르기 유발물질 표시는 알레르기 유발물질을 원재료*로 사용한 식품 등으로 정하고 있어, 자연상태 농산물은 알레르기 표시대상에 해당되지 않는다.

* 원재료의 정의: 식품 또는 식품첨가물의 처리, 제조, 가공 또는 조리에 사용되는 물질로서 최종 제품내에 들어 있는 것을 말한다.

산양유, 양유로 만든 치즈에 산양유, 양유에 대한 알레르기 유발물질을 표시해야 할까? '우유(牛乳)'는 알레르기 유발물질 표시대상에 해당되나, '산양유' 또는 '양유'는 알레르기 유발물질에 해당되지 않는다. 따라서, '산양유' 또는 '양유'를 사용한 제품에는 '산양유' 또는 '양유'에 대한 알레르기 유발물질을 표시할 필요가 없다.*

* (표준국어대사전) 우유: 소의 젖, 산양유: 염소에서 짜낸 젖, 양유: 양의 젖

유산균을 배양할 때 배지물질로 '대두'가 사용되는 경우 알레르기 유발물질로 표시해야 할

까? 유산균을 배양할 때 사용하는 배지물질에 대두를 사용하는 경우, 영업자의 책임하에 객관적 사실에 입각하여 최종 제품에서 대두가 남아 있지 않다면 알레르기 유발물질 표시를 생략할 수 있다.

제품에 난각분말로 제조한 '소금'을 원재료로 사용한 경우 알레르기 유발물질을 표시해야 할까? '알류(가금류만 해당)'를 알레르기 유발물질로 규정하고 있으나, 난각(달걀 껍데기) 등 껍데기 부분을 원재료로 사용한 경우라면 알레르기 유발물질 표시를 하지 않을 수 있다. 유사사례로 굴껍데기(굴각), 조개껍데기(패각)이 있다.

콩나물에 알레르기 유발물질로 "대두"를 표시해야 할까? 현재 알레르기 유발물질 표시대상은 「식품 등의 표시·광고에 관한 법률 시행규칙」에 따라 알레르기 유발물질을 원재료로 사용한 식품 등으로 정하고 있어 자연상태의 농산물인 콩나물은 알레르기 표시대상에 해당되지 않는다. 다만, 가공식품의 원재료로 콩나물을 사용한 경우, 가공식품에는 원재료명 근처에 바탕색으로 구분되도록 별도의 알레르기 표시란을 마련하여 "대두 함유" 등 알레르기 표시를 하여야 한다.

주정 및 증류주 제품인 경우 알레르기 유발물질 표시를 생략할 수 있을까? 주정 및 증류주(소주, 위스키, 브랜디, 일반증류주, 리큐르)는 알레르기 유발물질 표시를 생략할 수 있다. 다만, 제조 과정 중에 증류 후 알레르기 유발물질을 사용한 경우로서 최종 제품에 남아 있는 경우라면 알레르기 유발물질을 표시하여야 한다. 참고로 '주정 및 증류주'의 경우 「식품의 기준 및 규격」에 적합하고 고도의 정제과정 등을 통해 제조된 경우에는 알레르기 유발 DNA 및 단백질이 남아 있지 않는 등의 이유로 표시 면제 규정을 두고 있다.

식품 제조 시 사용하지 않고 자연적으로 존재하는 이산화황이 20 ㎎/㎏ 함유된 제품에 알레르기 유발물질을 표시해야 할까? 아황산류를 첨가하지 않은 경우, 알레르기 유발물질 표시대상에 해당되지 않아 표시하지 않아도 된다. 다만, 알레르기 유발물질 표시는 소비자 안전과 밀접한 연관이 있으므로 이산화황이 최종 제품에 20 ㎎/㎏ 함유된 경우라면 원재료명 근처에 "이산화황 함유"와 같은 문구를 영업자가 자율적으로 표시하는 것이 좋다.

3) 혼입 가능 알레르기 유발물질 표시

사례 51. 제조시설 교차 사용에 따른 혼입 가능 알레르기 유발물질을 표시할 때 제조시설에서 사용하지 않는 물질 표시 가능 여부

알레르기 유발물질을 사용한 제품과 사용하지 않은 제품을 같은 제조과정(작업자, 기구, 제조라인, 원재료 보관 등 모든 제조과정 포함)을 통해 생산하여 불가피하게 혼입될 우려가 있는 경우에 한하여 주의문구*를 표시해야 한다.

* "이 제품은 알레르기 발생 가능성이 있는 ○○을 사용한 제품과 같은 제조시설에서 제조하고 있습니다.", "○○ 혼입 가능성 있음", "○○ 혼입 가능"

아울러, 소비자에게 정확한 정보를 제공하고 혼란 방지를 위해 혼입 가능성이 없는 원재료를 임의로 표시하는 것은 적절하지 않다.

(근거: 「식품 등의 표시·광고에 관한 법률 시행규칙」[별표 2] Ⅰ., 「식품등의 표시기준」 고시)

알레르기 유발물질이 포함된 제품을 생산했던 기계 등에서 알레르기 유발물질이 없는 제품을 생산하는 경우, 전에 생산된 제품으로 인하여 지금 생산되는 제품에 알레르기 유발물질이 전이될 수 있다. 알레르기 유발물질이 미량이라도 남아 있는 경우 알레르기 민감 환자에게 위험을 초래할 수 있기 때문에 혼입(混入)될 우려가 있는 알레르기 유발물질을 표시하도록 규정하고 있다. 알레르기 유발물질 전이를 일으킬 수 있는 대상은 작업자, 기구, 제조라인, 원재료 보관 등 모든 제조과정이 포함된다. 이와 같이 불가피하게 혼입될 우려가 있는 경우 "이 제품은 알레르기 발생 가능성이 있는 메밀을 사용한 제품과 같은 제조 시설에서 제조하고 있습니다", "메밀 혼입 가능성 있음", "메밀 혼입 가능" 등의 주의사항 문구를 표시해야 한다. 다만, 제품에 원재료로 알레르기 유발물질을 사용한 경우에는 표시해서는 안 되는데 이는 소비자에게 해당 제품을 생산할 때 알레르기 유발물질을 사용하지 않은 제품으로 혼동시킬 수 있기 때문이며, 표시하는 것은 위반에 해당한다.

다양한 원재료를 사용하는 즉석섭취편의식품류에 혼입 가능 알레르기 유발물질 표시할 수 있을까? 이 경우에도 마찬가지로 알레르기 유발물질을 사용한 제품과 사용하지 않은 제품을 같은 제조과정(작업자, 기구, 제조라인, 원재료 보관 등 모든 제조과정 포함)을 통해 생산하여 불가피하게 혼입될 우려가 있는 경우에 한하여 주의문구*를 표시해야 한다.

* "이 제품은 알레르기 발생 가능성이 있는 ○○을 사용한 제품과 같은 제조시설에서 제조하고 있습니다.", "○○ 혼입 가능성 있음", "○○ 혼입 가능"

아울러, 소비자에게 정확한 정보를 제공하고 혼란방지를 위해 혼입가능성이 없는 원재료를 임의로 표시하는 것은 적절하지 않다.

제품에 혼입 가능 알레르기 물질이 표시된 복합원재료를 사용할 때 제품에 혼입 가능 알레르기 유발물질을 표시해야 할까? 알레르기 유발 원재료의 혼입 가능성이 있는 복합원재료를 사용하여 제품을 제조·가공하는 경우, 해당 복합원재료의 "알레르기 유발 원재료 혼입 가능성" 표시를 최종 제품에 표시하는 것은 의무사항이 아니므로 표시하지 않을 수 있다. 다만, 이를 표시하고자 하는 경우에는 혼입 가능성 등을 표시할 수 있다.

위탁생산업체가 2곳이고 혼입 가능 알레르기 유발물질이 서로 다른 경우 어떻게 표시해야 할까? 해당 제품에 알레르기 유발물질 혼입 가능성이 있는 경우에는 표시하여야 하며, 식품 제조시설이 F1 및 F2로 다른 경우, 해당 제조업소에서 취급한 알레르기 유발물질의 혼입 가능성을 각각 구분하여 표시하여야 한다.

소분제품에 혼입가능 알레르기 유발물질을 추가로 표시하고 싶은데 가능할까? 해당 제품을 소분하여 재포장하는 경우 변경되는 표시를 제외한 원래 기존 제품(원물)의 표시사항을 변경하여서는 아니 되나, 식품소분업소에서 제품을 소분하는 과정에서 알레르기 유발물질 혼입 우려가 있는 경우라면 소비자의 안전을 위하여 소분제품에 추가로 알레르기 유발물질 혼입 가능성 주의문구를 표시하는 것은 가능하다.

4) 알레르기 유발물질 표시방법

사례 52. 제품에 무수아황산을 사용한 경우 알레르기 유발물질 표시방법

제품에 아황산류 중 무수아황산을 사용한 경우, 최종 제품에 이산화황이 1 ㎏당 10 ㎎(10 ㎎/㎏) 이상 함유된 때에는 「식품첨가물의 기준 및 규격」에 고시된 명칭인 "무수아황산 함유", "이산화황 함유" 또는 "아황산류 함유"로 표시 가능하다.
(근거: 「식품 등의 표시·광고에 관한 법률 시행규칙」 [별표 2] Ⅰ.)

<table>
<tr><td>제품명</td><td>○○○ ○○</td><td rowspan="9">[예시]
• 이 제품은 ○○○를 사용한 제품과 같은 시설에서 제조
• 타 법 의무표시사항: 정당한 소비자의 피해에 대해 교환, 환불
• 업체 추가표시사항: 서늘하고 건조한 곳에 보관
• 부정불량식품 신고: 국번없이 1399
• 업체 추가표시사항: 고객상담실: ○○○-○○○-○○○○</td></tr>
<tr><td>식품유형</td><td>○○○(○○○○○○*)
* 기타표시사항</td></tr>
<tr><td>영업소(장)의 명칭(상호)
및 소재지</td><td>○○식품, ○○시 ○○구 ○○로
○○길○○</td></tr>
<tr><td>소비기한</td><td>○○년 ○○월 ○○일까지</td></tr>
<tr><td>내용량</td><td>○○○ g</td></tr>
<tr><td rowspan="2">원재료명</td><td>○○○○○○○○, ○○○○,
○○○○○○, ○○○○○</td></tr>
<tr><td>○○*, ○○○*, ○○* 함유
* 알레르기 유발물질</td></tr>
<tr><td>성분명 및 함량</td><td>○○○(○○ ㎎)</td></tr>
<tr><td>용기(포장)재질</td><td>○○○○○</td></tr>
<tr><td>품목보고번호</td><td>○○○○○○○○○○○○-○○○</td><td>영양성분*
* 주표시면 표시 가능</td></tr>
</table>

그림 13. 알레르기 유발물질 표시방법 및 위치 예시

별도의 표시란에 알레르기 유발물질을 표시할 때 바탕색과 색이 같아도 될까? 알레르기 유발물질 표시는 알레르기 표시란을 마련하고 바탕색과 구분되도록 표시하여야 한다. 다만, 박스 형태로 알레르기 표시란을 별도로 마련하여 소비자가 알아볼 수 있도록 명확하게 구분 표시한 경우에는 위반으로 보기는 어렵다. 알레르기 유발물질은 소비자 안전을 위하여 표시하는 사항이기 때문에 소비자가 알아볼 수 있도록 명확하게 표시하는 것이 중요하다.

가맹점에만 납품하는 제품에는 원재료명 표시란이 없는데, 이 경우 알레르기 유발물질을 어떤 방법으로 표시해야 할까? 알레르기 유발물질 표시는 원재료명란 이외에도 별도의 알레르기 표시란을 마련하고 바탕색과 다른 색상으로 구분되도록 표시할 수 있다.

전복을 사용했던 제조시설에서 굴을 사용하여 제품을 만드는 경우 알레르기 유발물질을 어떻게 표시해야 할까? 식품 제조 시 '굴'을 직접 사용한 경우에는 알레르기 유발물질 원재료명 표시방법에 따라 원재료명 표시란 근처에 바탕색과 구분되도록 알레르기 표시란을 마련하고 "굴 함유" 또는 "조개류(굴) 함유"로 표시하여야 한다. 또한 해당 식품(굴 함유)의 제조과정에서 전복이 불가피하게 혼입될 우려가 있는 경우에는 소비자 안전을 위해 알레르기 유발물질 혼입 가능성 문구도 별도로 표시하여야 한다.

[예시]

"전복 혼입 가능" 또는 "조개류(전복) 혼입 가능"

메추리알을 사용했던 제조시설에서 제품에 달걀을 사용하고 알레르기 유발물질 표시와 혼입 가능 알레르기 유발물질 표시를 "난류"로만 표시해도 될까? 달걀을 원재료로 사용한 경우 알레르기 유발물질을 "난류"로 표시하는 것은 적절하지 않으며 "달걀" 또는 "난류(달걀)" 또는 "알류(달걀)"로 표시하여야 한다. 또한, 혼입될 우려가 있는 알레르기 유발물질도 알레르기 유발물질과 명확하게 구분되도록 "메추리알" 또는 "난류(메추리알)" 또는 "알류(메추리알)"로 표시하여야 한다.

13. 주의사항 표시

사례 53. 식품첨가물 카페인을 사용하지 않은 제품에서 카페인이 검출되는 경우 카페인 표시 여부

카페인을 함유한 원재료를 사용하거나 식품첨가물인 카페인을 직접 사용하는 등 카페인의 출처(유래)에 상관없이 1 ㎖당 0.15 ㎎ 이상 함유된 액체제품에는 "어린이, 임산부, 카페인 민감자는 섭취에 주의하시기 바랍니다." 등의 주의문구를 표시하고, 주표시면에 "고카페인 함유"와 "총카페인 함량 ○○○ ㎎"을 표시하여야 한다.
(근거: 「식품 등의 표시·광고에 관한 법률 시행규칙」 [별표 2])

1 ㎖당 0.15 ㎎ 이상의 카페인을 함유한 액체 식품 등은 카페인 함유 사실을 표시하여야 한다. 카페인을 함유하지 않은 원재료를 사용한 경우에도 최종 액체 식품에 카페인이 포함되어 있다면 표시하여야 한다는 의미이다. 표시는 주표시면에 "고카페인 함유" 및 "총카페인 함량 ○○○ ㎎"의 문구를 표시하고 "어린이, 임산부 및 카페인에 민감한 사람은 섭취에 주의해 주시기 바랍니다" 등의 문구를 표시하여야 한다. 총카페인 함량에 대한 허용오차는 실제 총카페인 함량은 주표시면에 표시된 총카페인 함량의 90% 이상 110% 이하의 범위여야 하는데, 커피, 다류(茶類) 또는 커피, 다류를 원료로 한 액체 식품 등의 경우에는 주표시면에 표시된 총카페인 함량의 120% 미만의 범위까지 가능하다.

업체 자체에서 카페인 함량 시험을 해도 될까? 카페인의 함량과 관련하여 「식품의 기준 및 규격」에서 시험법을 규정하고 있으며, 영업자의 책임하에 이에 따라 시험한 후 도출된 결과를 표시할 수 있다.

복합원재료 5순위 외에 아스파탐(aspatame, 감미료)이 함유된 경우 아스파탐에 대한 주의사항을 표시해야 할까? 복합원재료 내에 아스파탐이 사용되고 복합원재료를 구성하는 원재료 중 많이 사용한 순서에 따라 아스파탐이 5순위에 해당하지 않는 경우에 원재료명 표시에 아스파탐 자체는 표시하지 않을 수 있다. 다만, 원재료명 표시기준에 따라 "아스파탐" 표시 자체를 하지 않을 수 있더라도, 해당 복합원재료 사용으로 인하여 최종 제품에 아스파탐이 미량이라도 남아 있는 경우라면, 위 규정에 따라 "페닐알라닌 함유" 주의사항 문구는 반드시 표시하여야 한다. 이는 소비자 안전을 위한 주의사항이기 때문이다.

다음은 식품과 축산물에 표시하여야 하는 주의사항이다.

아스파탐(aspatame, 감미료)을 첨가 사용한 제품에는 "페닐알라닌 함유"라는 내용을 표시해야 한다.

당알코올류를 주요 원재료로 사용한 제품에는 해당 당알코올의 종류 및 함량과 "과량 섭취 시 설사를 일으킬 수 있습니다" 등의 표시를 해야 한다.

과일·채소류 음료, 우유류 등 개봉 후 부패, 변질될 우려가 높은 제품에는 "개봉 후 냉장보관하거나 빨리 드시기 바랍니다" 등의 표시를 해야 한다.

"음주 전후, 숙취 해소" 등의 표시를 하는 제품에는 "과다한 음주는 건강을 해칩니다" 등의 표시를 해야 한다.

별도 포장하여 넣은 신선도 유지제에는 "습기방지제", "습기제거제" 등 소비자가 그 용도를 쉽게 알 수 있게 표시하고, "먹어서는 안 됩니다" 등의 주의문구도 함께 표시해야 한다. 다만, 정보표시면 등에 표시하기 어려운 경우에는 신선도 유지제에 직접 표시할 수 있다.

보존성을 증진시키기 위해 용기 또는 포장 등에 질소가스 등을 충전한 경우에는 "질소가스 충전" 등으로 그 사실을 표시해야 한다.

아마씨(아마씨유는 제외한다)를 원재료로 사용한 제품에는 "아마씨를 섭취할 때에는 1일 섭취량이 16 g을 초과하지 않아야 하며, 1회 섭취량은 4 g을 초과하지 않도록 주의하십시오" 등의 표시를 해야 한다.

마지막으로 식품 및 축산물에 대한 불만이나 소비자의 피해가 있는 경우에는 신속하게 신고할 수 있도록 "부정·불량식품 신고는 국번 없이 1399" 등의 표시도 해야 한다.

식품첨가물로 판매되는 제품에는 수산화암모늄, 초산, 빙초산, 염산, 황산, 수산화나트륨, 수산화칼륨, 차아염소산나트륨, 차아염소산칼슘, 액체질소, 액체이산화탄소, 드라이아이스, 아산화질소, 아질산나트륨에는 "어린이 등의 손에 닿지 않는 곳에 보관하십시오", "직접 먹거나 마시지 마십시오", "눈, 피부에 닿거나 마실 경우 인체에 치명적인 손상을 입힐 수 있습니다" 등의 취급상 주의문구를 표시해야 한다.

기구 및 용기포장의 경우는 다음의 주의사항을 표시하여야 한다.

원터치캔(한 번 조작으로 열리는 캔) 통조림 제품에는 "캔 절단 부분이 날카로우므로 개봉, 보관 및 폐기 시 주의하십시오" 등의 표시를 해야 한다.

기구 또는 용기포장에서 식품포장용 랩을 사용할 때에는 섭씨 100도를 초과하지 않은 상태에서만 사용하도록 표시해야 한다.

식품포장용 랩은 지방 성분이 많은 식품 및 주류에 직접 접촉되지 않게 사용하도록 표시해야 한다.

유리제 가열조리용 기구에는 "표시된 사용 용도 외에는 사용하지 마십시오" 등을 표시하고, 가열조리용이 아닌 유리제 기구에는 "가열조리용으로 사용하지 마십시오" 등의 표시를 해야 한다.

건강기능식품의 경우는 다음의 주의사항을 표시하여야 한다.

"음주 전후, 숙취 해소" 등의 표시를 하는 제품에는 "과다한 음주는 건강을 해칩니다" 등의 표시를 해야 한다.

아스파탐(aspatame, 감미료)을 첨가 사용한 제품에는 "페닐알라닌 함유"라는 내용을 표시해야 한다.

별도 포장하여 넣은 신선도 유지제에는 "습기방지제", "습기제거제" 등 소비자가 그 용도를 쉽게 알 수 있게 표시하고, "먹어서는 안 됩니다" 등의 주의문구도 함께 표시해야 한다. 다만, 정보표시면 등에 표시하기 어려운 경우에는 신선도 유지제에 직접 표시할 수 있다.

건강기능식품의 섭취로 인하여 구토, 두드러기, 설사 등의 이상 증상이 의심되는 경우에는 신속하게 신고할 수 있도록 제품의 용기포장에 "이상 사례 신고는 1577-2488"의 표시를 해야 한다.

잼 중에 스테비올배당체와 에리스리톨이 첨가된 경우 주의사항을 표시할 때 유의사항은 무엇이며, 표시위치는 어떻게 해야 할까? 당알코올류를 주요 원재료로 사용한 제품에는 해당 당알코올의 종류 및 함량이나 "과량 섭취 시 설사를 일으킬 수 있습니다." 등의 표시를 해야 하며, 용량 또는 중량을 사용하여 표시할 수 있다. 주의문구 표시위치는 별도로 규정하고 있지 않으나 영업자의 책임하에 소비자가 해당 정보를 명확하게 확인할 수 있는 곳에 표시하여야 한다.

식품첨가물인 스테비올배당체가 당알코올류에 해당할까? 현행 「식품첨가물의 기준 및 규격」에 따라 스테비올배당체는 감미료 용도에 해당되는 식품첨가물로서 당알코올류에는 해당되지 않으므로 당알코올류 사용에 따른 주의사항* 표시대상에 해당되지 않다.

* "과량 섭취 시 설사를 일으킬 수 있습니다" 등

참고로, 원재료로 사용 시 주의사항 표시대상이 되는 당알코올류로는 에리스리톨, D-말티톨, 자일리톨, 락티톨, 만니톨, 이노시톨, D-소비톨, 이소말트(isomalt; isomaltitol)가 있다.

1박스에 빵 10개가 내포장된 제품에서 빵 1개 기준으로 아마씨가 3 g을 넘지는 않으나, 전체 중량으로 볼 때 아마씨 함유량이 기준 대비 많아 보일 수도 있다. 어떻게 표시해야 할까? 아마씨(아마씨유는 제외한다)를 원재료로 사용한 제품에는 "아마씨를 섭취할 때에는 1일 섭취량이 16 g을 초과하지 않아야 하며, 1회 섭취량은 4 g을 초과하지 않도록 주의하십시오" 등의 표시를 해야 한다. 아마씨(아마씨유 제외)를 원재료로 사용한 때에는 해당 식품에 그 함량(중량)을 주표시면에 표시하여야 한다. 빵 1개의 내포장 기준으로는 아마씨의 함유량이 3 g을 넘지 않으나, 1박스(빵 10개)가 최소판매단위라면 3 g보다 많게 되며, 이때 아마씨의 함량은 최소판매단위에 함유량을 표시해야 한다. 아울러, 영업자의 책임하에 해당 제품에 함유된 아마씨의 총 함량을 제공하여 소비자 스스로 섭취량(1일, 1회)을 조절할 수 있도록 하고, 각각의 내포장에 함유된 아마씨의 함량을 표시하여 소비자의 주의 환기가 필요하다.

자연상태 식품에 '부정, 불량식품 신고 번호 1399'를 표시해야 할까? 「식품 등의 표시·광고에 관한 법률 시행규칙」 [별표 2] Ⅱ.1.에 따르면 식품 및 축산물에 대한 불만이나 소비자의 피해가 있는 경우에는 신속하게 신고할 수 있도록 "부정, 불량식품 신고는 국번 없이 1399" 등의 표시를 하도록 규정하고 있으나, 자연상태의 식품에는 해당 규정을 정하고 있지 아니하므로 표시하지 않아도 된다. 다만, 소비자 보호 차원에서 해당 문구를 표시하고자 하는 경우라면 표시 가능하다.

기구 등의 살균소독제 제품에 장난감 등 유아용품 소독, 병원 내 소독, 어류 양식장 녹조 방지 등을 표시하고 싶은데 가능할까? 기구 등의 살균소독제는 「식품위생법」 소관 품목으로 「식품첨가물의 기준 및 규격」에 따라 식품용 기구 및 용기포장에 한하여 살균소독 목적으로 사용하여야 하며, 「식품등의 표시기준」에 따라 표시하여야 한다. 기구 등의 살균소독제로 품목제조보고된 제품에 해당 용도와 무관한 용도를 추가하는 경우 해당 용도를 「식품위생법」에서 인정한 용도로 소비자가 오인하거나, 타 법률에 관한 사항을 명시하지 않은 무분별한 용도 표시로 안전문제 발생 등의 우려가 있다. 따라서, 타 법률에서 정한 용도를 함께 표시하는 경우에는 영업자 책임하에 해당 법률에 적합한 경우에 한하여 별도의 란에 '구분' 표시하여야 한다.

14. 보관방법 표시

사례 54. 제품의 보관방법 표시 의무 여부

소비기한 또는 품질유지기한의 표시는 사용 또는 보존에 특별한 조건이 필요한 경우 이를 함께 표시하여야 한다. 이 경우 냉동 또는 냉장 보관, 유통하여야 하는 제품은 냉동보관 및 냉동온도 또는 냉장보관 및 냉장온도를 표시하여야 한다(냉동 및 냉장온도는 축산물에 한함).
위 규정에 따라 '사용 또는 보존에 특별한 조건이 필요한 경우'는 '냉동보관'과 '냉장보관'으로 유권해석하고 있어, '실온보관' 또는 '상온보관'인 경우, "실온보관" 또는 "상온보관"을 표시하지 않더라도 위 규정에 저촉되는 것은 아니다.
(근거: 「식품등의 표시기준」 Ⅲ. 1. 가.)

「식품의 기준 및 규격」에서 식품의 보존 및 유통 조건을 정하고 있다. 따로 보존 및 유통방법을 정하고 있지 않은 제품은 직사광선을 피한 실온에서 보존 유통하도록 하고 있어 표시에 대해서도 별도로 규정하고 있지 않다(표 29 참조).

표 29. 보관방법별 온도 범위

보관방법	온도 범위
실온제품	1~35 ℃
상온제품	15~25 ℃
냉장제품	0~10 ℃
냉동제품	-18 ℃ 이하
온장제품	60 ℃ 이상

표 30에서와 같이 보존 및 유통온도를 규정하고 있는 제품은 규정된 온도에서 보존 및 유통되어야 하므로 표시에 이를 반영하여야 한다.

표 30. 보존 및 유통온도를 별도로 규정하고 있는 제품

식품의 종류	보존 유통온도
원유, 우유류(가공유류, 산양유, 버터유, 농축유류, 유청류 포함)의 살균제품, 두부 및 묵류(밀봉포장한 두부, 묵류는 제외), 물로 세척한 달걀	냉장
양념젓갈류, 가공두부(멸균제품 또는 수분함량이 15% 이하인 제품 제외), 어육가공품류(멸균제품 또는 기타어육가공품 중 굽거나 튀겨 수분 함량이 15% 이하인 제품), 알가공품(액란제품 제외), 발효유류, 치즈류, 버터류, 생식용 굴, 원료육 및 제품 원료로 사용되는 동물성 수산물, 신선편의식품(샐러드 제품 제외), 간편조리세트(특수의료용도식품 중 간편조리세트형 제품 포함) 중 식육, 기타식품 또는 수산물을 구성재료로 구성하는 제품	냉장 또는 냉동
식육(분쇄육, 가금육 제외), 포장육(분쇄육 또는 가금육의 포장육 제외), 식육가공품(분쇄가공육제품 제외), 기타식육	냉장(-2~10 ℃) 또는 냉동
식육(분쇄육, 가금육에 한함), 포장육(분쇄육 또는 가금육에 한함), 분쇄가공육제품	냉장(-2~5 ℃) 또는 냉동
신선편의식품(샐러드 제품에 한함), 훈제연어, 알가공품(액란제품에 한함)	냉장(0~5 ℃) 또는 냉동
압착올리브유용 올리브과육 등 변질되기 쉬운 원료, 얼음류	-10 ℃ 이하

냉장보관 및 냉동보관 이외의 실온보관의 제품의 경우에도 보관방법을 표시해야 할까? 냉동 또는 냉장보관, 유통하여야 하는 제품은 냉동보관 및 냉동온도 또는 냉장보관 및 냉장온도를 표시(다만, 냉동 및 냉장온도는 축산물에 한함)하여야 하며, 그 외 보존에 특별한 온도 등 조건(0~5 ℃ 보관 등)이 필요한 경우 객관적 사실에 입각하여 영업자 책임하에 표시 가능하

다. 또한, 실온으로 보관·유통하는 제품은 우리나라의 연중 유통환경(실온보관 환경)을 고려하여 제품의 안전 및 품질 등에 문제가 없다고 판단되는 경우 "실온보관" 등 별도의 보관방법을 표시하지 않을 수 있다.

"고온다습한 곳을 피하세요"라고 표시된 제품이 있는데 이렇게 표시하라는 규정이 있을까? 실온보관 또는 상온보관 제품의 보관방법을 "고온다습한 곳을 피하세요" 등으로 표시한 경우, '고온'과 '다습'을 구체적으로 표시하여야 한다는 규정은 없다.

냉장제품과 실온제품을 세트포장하여 판매할 때 보관온도는 어떻게 표시해야 할까? 세트포장 제품의 외포장지 표시사항에는 각 개별제품(냉장제품, 실온제품)에 대한 보관온도를 표시하여야 하며, 해당 제품의 주표시면에는 개별 제품의 공통범위의 보관온도를 표시하여야 한다. 이 경우 해당 제품의 보관, 유통, 판매 시에도 공통범위의 보관온도를 준수하여야 한다.

수출국에서 표시한 보관방법을 변경할 수 있을까? 수출국 표시기준에 따라 표시된 보관방법 및 유통기한을 토대로 한글 표시를 할 때도 유통기한의 표시는 보존에 특별한 조건이 필요한 경우 이를 함께 표시하고, 축산물은 '냉장보관 및 '냉장온도', '냉동보관 및 냉동온도'를 표시하여야 한다. 수출국 표시사항으로 보관방법이 '냉장'으로 표시된 경우 한글 표시 또한 '냉장 보관'으로 표시하는 것이 좋다.

[예시]
주표시면에 공통온도: 1~10 ℃ 표시
(냉장 식육가공품: -2~10 ℃, 냉장 즉석조리식품: 0~10 ℃, 실온 제품: 1~35 ℃)

15. 식품유형별 표시

모든 식품의 기본적인 표시사항은 제품명, 식품유형, 영업소(장)의 명칭(상호) 및 소재지,

일자(제조연월일, 소비기한, 품질유지기한 등), 내용량 및 내용량에 해당하는 열량(해당되는 경우에 한함), 원재료명, 영양성분(해당되는 경우에 한함), 용기포장 재질, 품목보고번호, 성분명 및 함량(해당 경우에 한함), 보관방법(해당 경우에 한함), 주의사항, 부정, 불량식품 신고 표시, 알레르기 유발물질(해당 경우에 한함), 조사처리식품(해당 경우에 한함), 유전자변형식품(해당 경우에 한함) 및 식품 종류별로 각각 규정되어 있는 기타 표시사항이 있다.

냉동식품, 식육가공품 및 포장육, 주류 등 몇 가지만 살펴보겠다. 나머지 식품유형에 대해서는 「식품등의 표시기준」 Ⅲ. 개별표시사항 및 표시기준을 참조할 수 있다[식의약법령정보(https://www.mfds.go.kr/law)에서 '식품등의 표시기준'을 검색하여 일부 개정고시 고시 전문 참조].

1) 냉동식품

사례 55. 냉동 과채주스를 해동하여 유통할 경우 표시사항 및 표시방법

냉동 과채주스를 식품제조가공업소에서 해동하여 유통하는 경우라면 최소판매단위별 용기포장에는 제조연월일, 해동연월일, 냉동식품으로서의 소비기한 이내로 설정한 해동 후 소비기한, 해동한 제조업체의 명칭과 소재지(냉동제품의 제조업체와 동일한 경우는 생략할 수 있음), 해동 후 보관방법 및 주의사항을 표시하여야 하며, 이 경우에는 스티커, 라벨(Label) 또는 꼬리표(Tag)를 사용할 수 있으나 떨어지지 아니하게 부착하여야 한다. 또한, '이 제품은 냉동식품을 해동한 제품이니 재냉동시키지 마시길 바랍니다' 등의 표시를 하여야 한다.
(근거: 「식품등의 표시기준」 Ⅲ. 1. 자.)

냉동식품은 제조·가공 또는 조리한 식품을 장기 보존할 목적으로 냉동처리, 냉동보관 하는 것으로서 용기포장에 넣은 식품을 말한다. 냉동제품에는 "이미 냉동되었으니 해동 후 다시 냉동하지 마십시오" 등의 주의사항을 표시해야 한다.

냉동식품 중 「식품위생법」 제7조에 따른 유형(「식품의 기준 및 규격」에 명시된 식품유형)에 한하여 유형에 따라 가열하지 않고 섭취하는 냉동식품은 "가열하지 않고 섭취하는 냉동식품"

으로, 가열하여 섭취하는 냉동식품은 "가열하여 섭취하는 냉동식품"으로 구분 표시하여야 한다. 「축산물위생법」에 따른 유형은 이 규정이 적용되지 않는다.

가열하여 섭취하는 냉동식품의 경우 살균한 제품은 "살균제품"으로 표시하여야 한다.

유산균첨가제품 중 「식품위생법」에 따른 유형에 한하여 유산균 수를 함께 표시하여야 한다.

[예시]
"유산균 100,000,000(1억) CFU/g", "유산균 1억 CFU/g" 등

냉동식품은 해당 식품의 냉동보관방법 및 조리 시의 해동방법을 표시하여야 하며, 조리 또는 가열처리가 필요한 냉동식품은 그 조리 또는 가열처리방법을 표시하여야 한다. 다만, 최종소비자에게 제공되지 아니하고 다른 식품의 제조·가공, 조리 시 원료로 사용되는 식품에는 조리 시의 해동방법 및 조리 또는 가열처리방법의 표시를 생략할 수 있다.

축산물이 냉동 또는 냉장제품인 경우에는 주표시면에 "냉동" 또는 "냉장"으로 표시하여야 한다. 다만, 제품명의 일부로 사용하거나 주표시면에 보관방법이 표시되어 있는 경우에는 그 표시를 생략할 수 있다.

냉장제품을 냉동제품으로 전환하는 축산물에는 "이 제품은 냉장제품을 냉동시킨 제품입니다"라는 문구를 표시하고 해당 제품의 냉동 전환일 및 냉동제품의 소비기한 및 보관온도를 표시하여야 한다. 이 경우 기존의 표시사항을 가리거나 제거해서는 안 된다.

원료육을 2가지 이상 혼합하여 사용한 냉동식품 중 「식품위생법」에 따른 유형에 한하여 단일 원료육의 명칭을 제품명으로 사용하여서는 아니 된다. 다만, 원료육의 함량을 제품명과 같은 위치에 표시하는 경우에는 그러하지 아니하다.

식품제조가공업 영업자가 냉동식품인 빵류 및 떡류, 초콜릿류, 젓갈류, 과·채주스, 치즈류, 버터류 또는 수산물가공품(살균 또는 멸균하여 진공포장한 제품)을 해동하여 유통하려는 경우에는 제조연월일, 해동연월일, 냉동식품으로서의 소비기한 이내로 설정한 해동 후 소비기한, 해동한 제조업체의 명칭과 소재지(냉동제품의 제조업체와 동일한 경우는 생략할 수 있다),

해동 후 보관방법 및 주의사항을 표시하여야 한다. 다만, 이 경우에는 스티커, 라벨(Label) 또는 꼬리표(Tag)를 사용할 수 있으나 떨어지지 아니하게 부착하여야 한다.

식품제조가공업 영업자가 냉동식품인 빵류 및 떡류를 해동하여 유통할 때에는 "이 제품은 냉동식품을 해동한 제품이니 재냉동시키지 마시길 바랍니다" 등의 표시를 하여야 한다.

냉동식품 해동의 위생관리를 위하여 위생적 시설과 위생관리자를 갖춘 '식품제조가공업' 및 '축산물 가공업'만이 가능하도록 하고 있으며 제조업자는 품목제조보고할 때 비고란에 해동 전환에 대한 내용을 기입하여야 한다. 수입업자의 경우에는 위생적인 시설을 갖추고 제품의 온도를 적절히 유지하여야 하는 등 위생적으로 취급하여야 할 의무가 있다.

밀키트(간편조리세트) 제품에 해동 빵이 포함되어 있을 때 '해동 빵류 표시사항'을 표시해야 할까? 「식품등의 표시기준」에 따라 식품제조가공업 영업자가 냉동식품인 빵류를 해동하여 유통하려는 경우에는 제조연월일, 해동연월일, 냉동식품으로서의 소비기한 이내로 설정한 해동 후 소비기한, 해동한 제조업체의 명칭과 소재지(냉동제품의 제조업체와 동일한 경우는 생략할 수 있음), 해동 후 보관방법 및 주의사항을 표시하여야 한다. 다만, 이 경우에는 스티커, 라벨(Label) 또는 꼬리표(Tag)를 사용할 수 있으나 떨어지지 아니하게 부착하여야 한다. 위 규정은 최종 제품이 '해동한 빵류'인 경우에 한하여 적용되는 것으로서 '간편조리세트' 내에 '해동 빵'이 구성품목으로 포함되는 경우라면 최종 제품의 식품유형이 '빵류'가 아니므로 위 규정에 따른 표시를 하지 않아도 된다.

냉동 양념육에 "가열하지 않고 섭취하는 냉동식품" 또는 "가열하여 섭취하는 냉동식품"을 구분하여 표시하여야 할까? 가열하지 않고 섭취하는 냉동식품의 경우 "가열하지 않고 섭취하는 냉동식품"으로, 가열하여 섭취하는 냉동식품은 "가열하여 섭취하는 냉동식품"으로 구분 표시하도록 한 규정은 「식품위생법」 제7조에 따른 유형에만 적용된다. 양념육(식육가공품)은 「축산물위생법」 제4조에 따른 유형에 해당하므로 동 규정의 적용대상이 아니다.

농산물에 '냉동식품 표시사항'을 표시해야 할까? '냉동식품'은 「식품의 기준 및 규격」의 장기보존식품에 해당되며, 냉동식품은 제조·가공 또는 조리한 식품을 장기보존할 목적으로 냉동처리, 냉동보관한 것으로서 용기포장에 넣은 식품으로 규정하고 있다. 따라서, 냉동식품에 대한 표시사항은 식품을 제조·가공 또는 조리한 식품으로 한정하고 있으므로 농산물 등 자연상태 식품은 냉동식품 표시사항을 표시하지 않을 수 있다.

2) 식육가공품 및 포장육

사례 56. 양념육의 식육 함량 표시방법

제품이 '양념육(식육가공품)'에 해당하는 경우로서 원재료명 및 함량 표시는 식육의 종류 및 함량을 표시하여야 하며, 이때 식육의 함량 표시는 축산물가공업의 허가를 받은 영업자가 품목제조보고할 때 서식에 기재하는 원재료의 배합 비율을 그대로 표시하여야 한다.

다만, 해당 제품이 양념육 중 수육 또는 편육에 해당하는 경우라면 물을 제외한 배합 비율로 표시할 수 있으며, '수육(삶아 내어 물기를 뺀 고기)' 또는 '편육(얇게 저민 수육)' 어느 하나에도 부합하지 않는다면 물을 제외한 배합 비율로 식육의 함량을 표시할 수 없다.

(근거: 「식품등의 표시기준」 III. 1. 더.)

식육가공품은 가열처리에 따라 살균제품은 "살균제품", 멸균제품은 "멸균제품", 비살균제품은 "비살균제품"으로 표시하여야 한다. 햄 이외의 식육가공품은 햄의 명칭(본인햄, 본레스햄 등) 또는 이와 혼동하기 쉬운 유사한 용어를 표시하여서는 아니 된다.

식육가공품에는 원재료의 전부가 식육인 것으로 오인되게 하는 표시를 하여서는 안 된다. 제품에 사용한 모든 식육의 종류 및 함량을 표시하여야 하며 이 경우 식육의 함량은 축산물가공업의 허가를 받은 영업자 또는 수입신고하는 자가 품목제조보고 또는 수입신고할 때 서식에 기재하는 원재료 또는 성분의 배합 비율을 그대로 표시하여야 한다. 식육즉석판매제조가공업의 신고를 한 영업자 및 즉석판매제조가공업의 신고를 한 영업자는 제품에 실제로 사용한 원재료 또는 성분의 배합 비율을 그대로 표시하여야 한다(식육함유가공품 제외). 다만, 식품유형 중 햄류(캔햄류 제외), 소시지류(비가열소시지류 제외), 베이컨류, 건조저장육류, 양념육 중 수육과 편육, 갈비가공품은 물을 제외한 배합 비율에 따라 표시할 수 있다.

[예시]

베이컨의 원재료 배합 비율: 돼지고기 80%, 물 15%, 부재료 5% → "돼지고기 함량: 94%"(80/85 × 100)

소시지류의 충전에 사용된 케이싱의 명칭은 원재료명 표시란의 마지막에 표시할 수 있으며, 비가식 케이싱을 사용한 경우에는 주표시면에 소비자가 쉽게 확인할 수 있도록 비가식 케이싱의 사용여부를 표시하여야 한다.

양념육, 포장육, 수입하는 식육은 식육의 종류와 부위명을 표시하여야 한다. 「소·돼지 식육의 표시방법 및 부위 구분기준」에서 식육의 종류 및 부위명이 정해진 경우 이에 따라 표시하여야 하며, 2가지 이상의 부위가 포함되어 부위명을 표시하기 어려운 경우에는 용도 등으로 표시할 수 있다. 이 규정에도 불구하고 식육의 종류 또는 부위명을 제품명이나 제품명의 일부로 사용한 때에는 식육의 종류 또는 부위명을 생략할 수 있다. 특정부위를 사용하는 제품은 식육의 원료육 명칭 뒤에 괄호로 그 부위명을 표시하여야 한다.

식육의 종류(품종명을 포함한다) 또는 부위명을 제품명으로 사용하고자 할 경우 다음에서 정하는 대로 주표시면에 표시하여야 한다(식육함유가공품, 수입하는 식육 제외). 첫째, 가장 많이 사용한 원료 식육의 종류(품종명을 포함한다) 또는 부위명을 제품명으로 사용하여야 하며 이 경우 제품에 사용한 모든 식육의 종류(품종명을 포함한다) 또는 부위명과 그 함량을 표시하여야 한다. 둘째, 2가지 이상의 식육의 종류(품종명을 포함한다) 또는 부위명을 서로 합성하여 제품명 또는 제품명의 일부로 사용하고자 하는 경우, 많이 사용한 순서에 따라 각각의 식육의 종류(품종명을 포함한다) 또는 부위명의 함량을 표시하여야 한다.

국내산 소고기(「소·돼지 식육의 표시방법 및 부위 구분기준」에서 정한 등급 의무표시 부위에 한한다)를 원재료로 사용한 포장육의 경우에는 축산물등급판정확인서에 표기된 등급을 표시(소고기 1++등급의 경우, 괄호로 근내지방도 포함)하여야 하며, 이 경우 등급 표시는 잉크, 각인, 소인 이외에 스티커로 표시할 수 있다. 다만, 최종소비자에게 그대로 판매되는 포장육은 식육의 등급 종류를 모두 나열하고 해당 등급을 표시(소고기 1++등급의 경우, 괄호로 근내지방도 포함)하여야 하며, 등급 표시 의무부위와 비의무부위가 서로 혼재되고 2가지 이상의 부위가 포함되어 부위명 대신 용도로 표시한 경우에는 등급 표시를 생략할 수 있다.

국내산 소고기, 돼지고기, 닭고기, 오리고기를 원재료로 사용한 포장육의 경우에는 당해 도체가 도축된 도축장의 업소명을 표시하여야 한다. 다만, 두 곳 이상의 도축장에서 도축된 식육이 서로 혼재된 경우에는 도축된 도축장 모두를 각각 표시하며, 도축장명의 표시는 잉크, 각인 또는 소인 이외에 스티커로도 할 수 있다.

식육추출가공품은 「식품위생법」에 의한 특수영양식품 또는 특수의료용도식품과 혼동될 수 있는 표시를 하여서는 아니 되며, 건강과 관련된 일체의 표시를 하여서는 안 되고 각각의 원재료로 사용된 추출물(또는 농축액)의 명칭 및 함량을 표시하여야 한다.

식육함유가공품은 원료육을 2가지 이상 사용하는 때에는 원료육 일부의 명칭을 제품명으로 사용하여서는 아니 된다. 다만, 원료육의 함량을 제품명과 동일한 위치에 표시하는 경우에는 그러하지 아니할 수 있다. 또한, 원재료의 전부가 식육인 것으로 오인되게 하는 표시를 하여서는 아니 된다. 다만, 식육의 함량을 제품명과 동일한 위치에 표시하는 경우에는 그러하지 아니할 수 있다.

닭가슴살, 닭껍질를 원래로로 사용한 식육가공품에 "닭고기"로 원재료명을 표시해도 될까? 「식품등의 표시기준」에 따르면 식육가공품의 원재료명 및 함량 표시는 식육의 종류 및 함량을 표시하여야 하며, 이때 식육의 함량 표시는 축산물가공업의 허가를 받은 영업자가 품목제조보고할 때 서식에 기재하는 원재료의 배합 비율을 그대로 표시하여야 한다. 또한, 양념육, 포장육, 수입하는 식육은 식육의 종류와 부위명을 표시하여야 하며, 「소·돼지 식육의 표시방법 및 부위 구분기준」에서 식육의 종류 및 부위명이 정해진 경우 이에 따라 표시하여야 한다. 닭고기의 경우 「소·돼지 식육의 표시방법 및 부위 구분기준」에서와 같이 분할정형에 따른 부위명을 별도로 규정하고 있지 아니하므로, 닭고기의 부위명을 구분하여 표시하지 않아도 되므로 식육의 종류 및 함량을 표시하면 된다.

[예시]

닭고기 ○○%

대분할 부위 2개가 섞여 있는 포장육의 부위는 어떻게 표시할까? 포장육의 원재료명을 표시할 때는 「소·돼지 식육의 표시방법 및 부위 구분기준」에서 정한 식육의 종류와 부위명을 표시하여야 한다. 다만, 2가지 이상의 부위가 혼합되어 부위명을 표시하기 어려운 경우라면 용도 등으로 표시할 수 있다.

[예시]

"불고기용", "스테이크용"

식육판매업, 식육즉석판매가공업에서 절단하거나 나누어 판매하는 식육에는 원산지, 식육의 종류, 부위명칭[식육명(식육을 나타내는 고유 명칭)은 부위명칭 이외에 식육명을 표시하고자 하는 경우에 한해 표시할 수 있다.], 등급[등급 표시 의무부위(국내에서 도축되어 생산된 소고기)에 해당하거나 등급표시를 하고자 하는 경우에 한한다.], 도축장명(국내에서 도축된 소·돼지 식육에 한한다), 이력번호, 판매가격(100 g당 가격)을 표시하여야 한다.

[예시]

- 소고기: 국내산(한우고기), 국내산(젖소고기), 국내산(육우고기), 국내산(육우고기, 호주), 외국산(소고기, 미국)
- 돼지고기: 국내산(돼지고기), 외국산(돼지고기, 벨기에)

근내지방도는 시중에서 '마블링'이란 용어로 흔히 불리운다. 소고기 1++등급의 경우 그림 14과 같이 근내지방도 포함하도록 하여 소비자에게 '마블링'에 대한 정확한 정보를 제공하게 하고 있다.

원산지, 식육의 종류	
식육명/부위명칭	
등급(마블링)	1++(9, 8, 7), 1+, 1, 2, 3, 등외 또는 1++( ), 1+, 1, 2, 3, 등 외
도축장명	
이력번호	
100 g당 가격	

그림 14. 식육 표시사항

한때 도토리 사료만을 먹는다고 알려진 스페인산 이베리코 돼지를 "흑돼지"로 표시, 수입하여 문제가 된 적이 있었다. 스페인에서 사육되는 이베리코 돼지의 모색은 흑색, 적색 등 총 7개의 계통으로 분류되며 이베리코 돼지 범주에는 두록 순종(붉은색)과의 교잡종도 포함되므로 흑돼지로 단정할 수 없다고 한다. 실제 이베리코 돼지라 하여 도토리만을 사료로 먹지 않으며 사육방법, 사료, 사육밀도 등에 따라 등급이 나뉜다.

등급	사육방법	사료	사육밀도	도축연령
베요타	방목(60일 이상)	도토리 등 자연산물	0.25~1.25마리/10,000 ㎡	최저 14개월
세보데캄보	농장(오전) 방목(오후, 60일 이상)	도토리 등 자연산물, 곡물	1마리/100 ㎡	처저 12개월
세보	방목 ×	곡물	1마리/2 ㎡	최저 10개월

참고로, 스페인에서는 베요타 등 명칭은 하몽(햄)의 원료 이외 돼지고기(생육)에도 표시할 수 있으며 "흑색"이라는 단어는 소비자를 혼동시킬 수 있어 표시해서는 안 된다고 알려져 있다.

3) 주류

사례 57. 탄산가스를 사용하지 않은 과실주에 발효과정 중 생성된 탄산가스 함유 표시 여부

「식품등의 표시기준」에 따르면 '과실주에 탄산가스를 함유한 제품을 그 내용을 표시하여야 한다'로 규정하고 있다.
따라서, 과실주 내에 임의로 주입한 탄산가스인지 자연적으로 발효과정을 통해 발생된 탄산가스인지 관계없이, 과실주 내 탄산가스를 함유한 제품은 그 내용을 표시하여야 한다.
(근거: 「식품등의 표시기준」 Ⅲ. 1. 거.)

주류에는 에탄올(또는 알코올)의 함량을 표시하여야 한다. 또한 탁주에서 살균제품은 "살균탁주"로 표시하여야 한다. 전분질원료가 단일 원료인 경우 전분질원료에 대해 100% 표시할 수 있다.

[예시]
"전분질원료로 쌀 100%를 사용하였습니다", "전분질원료: 쌀 100%"

맥주는 제품의 색상에 따라 담색맥주 또는 흑맥주로 표시할 수 있으며, 열처리하지 않은 것은 생맥주로 표시할 수 있다. 제품 100 ㎖당 열량이 30 ㎉ 이하인 제품은 "라이트"라는 용어를 표시 가능하다.

과실주에서 탄산가스를 함유한 제품은 그 내용을 표시하여야 한다.

일반식품에 "비알코올", "무알코올" 표시에 관하여 알아보자. 주류는 「주세법」에서 알코올 함량이 0.1% 이상인 식품이다. 알코올의 함량이 0.1% 미만인 주류 이외의 맥주맛 음료 등에 "Non-alcoholic"이나 "무알코올" 등을 표시하는 경우가 있다. 여기서 "Non-alcoholic"이나 "무알코올"을 명확히 구분할 필요가 있는데, '무알코올(Alcohol free, No alcohol added)'은 해당 제품에서 알코올이 없다는 의미이므로 실제 제품에서 알코올이 검출되어서는 안 된다. 반면 'Non-alcoholic(비알코올)'은 '알코올 식품이 아니라는 뜻'이므로 우리나라 「주세법」에 따라 알코올 함량이 0.1% 미만 들어 있을 수 있어 어린이나 임산부가 먹지 않도록 주의가 필요하다. 또한, "Non-alcoholic"이나 "무알코올"이 표시된 식품들은 대부분 맥주맛이 나고 용기포장 모양도 주류와 같아 어린이들에게 음주 습관을 길러줄 수 있다. 따라서 알코올 식품이 아니라는 표현(예시: Non-alcoholic), 알코올이 없다는 표현(예시: Alcohol free), 알코올이 사용되지 않았다는 표현(예시: No alcohol added)을 사용하는 경우에는 이 표현 바로 옆 또는 아래에 괄호로 성인이 먹는 식품임을 같은 크기의 글씨로 표시하여야 한다. 또한, "비알코올(에탄올 1% 미만 함유, 성인용)", "Non-alcoholic(에탄올 1% 미만 함유, 성인용)"과 같이 알코올 식품이 아니라는 표현을 사용하는 경우에는 "에탄올(또는 알코올) 1% 미만 함유"를 같은 크기의 글씨로 함께 표시하여야 한다.

참고로, 주류는 「국민건강증진법」에 따라 주류의 판매용 용기에 과다한 음주는 건강에 해롭다는 내용과 임신 중 음주는 태아의 건강을 해칠 수 있다는 내용의 경고문구를 표기하여야 한다.

과음 경고문구의 구체적인 내용은 "알코올은 발암물질로 지나친 음주는 간암, 위암 등을 일으킵니다", "임신 중 음주는 기형아 출생 위험을 높입니다", "지나친 음주는 암 발생의 원인이 됩니다", "청소년 음주는 성장과 뇌 발달을 저해하며, 임신 중 음주는 태아의 기형 발생이나 유산의 위험을 높입니다" 또는 "지나친 음주는 뇌졸중, 기억력 손상이나 치매를 유발합니다", "임신 중 음주는 기형아 출생 위험을 높입니다"이다.

과음에 대한 경고문구의 표시방법과 관련하여 경고문구는 사각형의 선안에 한글로 "경고:"라고 표시하고, 보건복지부장관이 정하는 경고문구 중 하나를 선택하여 기재하여야 한다. 경고문구는 판매용 용기에 부착되거나 새겨진 상표 또는 경고문구가 표시된 스티커에 상표면적의 10분의 1 이상에 해당하는 면적의 크기로 표기하여야 하며, 글자의 크기는 상표에 사용된 활자의 크기로 하되, 그 최소크기는 용기의 용량이 300 ㎖ 미만인 경우는 7포인트 이상, 용기의 용량이 300 ㎖ 이상인 경우는 9포인트 이상이어야 한다. 경고문구의 색상은 상표 도안의 색상과 보색 관계에 있는 색상으로서 선명하여야 하며, 글자체는 고딕체이어야 한다. 표시위치와 관련하여 상표에 표기하는 경우에는 상표의 하단에 표기하여야 하며, 스티커를 사용하는 경우에는 상표 밑의 잘 보이는 곳에 표기하여야 한다.

4) 그 밖의 식품

콩나물, 무순, 새싹채소 등 농산물 원재료가 들어 있는 신선편의식품에 "씻어 드세요" 문구를 표시해야 할까? '신선편의식품'은 다음의 표시사항*을 표시하여야 한다.

* 제품명, 식품유형, 영업소의 명칭 및 소재지, 소비기한, 내용량, 원재료명, 용기포장 재질, 품목보고번호, 성분명 및 함량(해당 경우에 한함), 보관방법(해당 경우에 한함), 주의사항(부정, 불량식품 신고 표시), 알레르기 유발물질(해당 경우에 한함), 기타(해당 경우에 한함)), 조사처리식품(해당 경우에 한함), 유전자변형식품(해당 경우에 한함), 기타 표시사항

아울러, "씻어 드세요"의 문구가 「농산물 표준규격」과 관련한 것이라면 해당 고시를 소관하고 있는 국립농산물품질관리원의 안내를 받아야 한다.

벌꿀은 꿀벌이 꽃꿀, 수액 등을 채집하여 벌집에 저장한 것을 채밀한 자연식품이기 때문에 보툴리누스균에 오염되어 있을 수 있다. 보툴리누스균의 포자는 열에 매우 강해 일반적인 조리법으로 사멸되지 않으므로 '영아 보툴리누스증' 예방을 위해 생후 12개월 미만의 아기에게는 벌꿀을 먹이지 않도록 주의해야 한다.

'영아 보툴리누스증'은 12개월 미만의 영아에게 발생하는 질병으로 원인체인 '보툴리누스(*Clostridium botulinum*)'의 포자가 소화기능이 발달하지 않은 영아의 장관에서 살아남아 발아, 증식하고 신경독소(neurotoxin)를 생성하여 심할 경우 사망에 이르는 치명적인 식중독이며, 오염된 벌꿀의 섭취가 주요 원인으로 보고되고 있다.

그렇다면 벌꿀을 어린 아기에게는 먹이지 말라는 주의사항을 표시해야 할까? 벌꿀의 경우, 영·유아, 임신수유부에 대한 섭취 시 주의사항을 의무 표시로 규정하고 있지 않다. 다만, 객관적 사실에 입각하여 필요시 추가로 소비자에게 정보 제공 차원에서 주의사항을 표시하는 것은 가능하다.

쌀에 쌀겨가 남아 있을 수 있다는 주의사항을 표시해야 할까? 주의사항 표시는 「식품 등의

표시·광고에 관한 법률」 제4조와 같은 법 시행규칙 [별표 2]에서 규정하고 있으나, 그 외의 주의사항을 추가로 표시하는 것은 객관적인 사실에 입각하여 영업자의 책임하에 표시가 가능하다.

식품용 기구에는 기본적으로 재질, 영업소 명칭 및 소재지, 소비자 안전을 위한 주의사항, 그 밖에 식품용이라는 단어 또는 식품용 기구를 나타내는 도안을 표시하여야 한다.

에어프라이기, 전기밥솥 등 소형가전제품의 재질을 어떻게 표시해야 할까? 「식품위생법」에 따른 '기구'에 해당하는 경우로서 식품과 직접 닿는 부분의 재질이 '합성수지제' 또는 '고무제'인 경우라면 최소판매단위 제품의 용기포장에 기구의 재질명칭*을 각각 구분하여 표시하여야 하며, 이 경우 약자로 표시할 수 있다.

* 염화비닐수지(PVC), 폴리에틸렌, 폴리프로필렌, 폴리스티렌, 폴리염화비닐리덴, 폴리에틸렌테레프탈레이트, 페놀수지, 실리콘고무 등으로 각각 구분하여 표시하여야 한다.

「자원의 절약과 재활용 촉진에 관한 법률」에 따라 폴리에틸렌, 폴리프로필렌, 폴리에틸렌테레프탈레이트, 폴리스티렌, 염화비닐수지가 표시되어 있으면 별도 재질표시를 생략할 수 있다.

식품용 기구에 내열, 내냉온도를 표시해야 할까? 기구 또는 용기포장은 업소명 및 소재지, 재질명, 주의사항, 기타사항 등을 표시하여야 한다. 따라서 내열, 내냉온도를 표시하도록 규정하고 있지 않아 의무적으로 표시할 필요는 없지만, 소비자에게 정보 제공 차원에서 객관적 사실을 근거로 자율적 표시는 가능하다.

16. 광고

사례 58. 가격 정보만을 제공하는 다품목 광고 전단지에 제품명과 업소명 포함 여부

「식품 등의 표시·광고에 관한 법률」에서 광고는 인터넷 등을 통해 식품 등에 관한 정보를 나타내거나 알리는 행위를 말하며, 같은 법 제7조는 소비자의 알 권리를 보호하고 최소한의 정보를 제공하기 위한 입법 취지에 따라 식품 등을 TV 매체 등에 광고할 때 제품명과 업소명을 포함하도록 규정하고 있다.
다만, 제한된 면적(제품당 평균 2 ㎝ × 3 ㎝~3 ㎝ × 4 ㎝ 정도의 작은 공간)에 가격정보 제공만을 목적으로 하는 다품목 광고 전단지에 대해서는 광고에 해당된다 하더라도 법 제7조 입법 취지를 고려하여 광고의 기준 적용 대상으로 보기 어렵다.
(근거: 「식품 등의 표시·광고에 관한 법률」 제7조)

식품 등을 광고할 때 지켜야 할 사항이 있다. 식품 등을 텔레비전, 인쇄물 등을 통해 광고하는 경우에는 제품명, 제조·가공, 처리, 판매하는 업소명(관할관청에 허가·등록·신고한 업소명을 말한다)을 그 광고에 포함시켜야 한다. 다만, 수입식품 등의 경우에는 제품명, 제조국(또는 생산국) 및 수입식품등 수입판매업의 업소명을 그 광고에 포함시켜야 한다.

모유대용으로 사용하는 식품 등[조제유류(調製乳類: 원유 또는 유가공품을 주원료로 하고, 이에 영·유아의 성장 발육에 필요한 영양성분을 첨가하여 모유의 성분과 유사하게 가공한 것)는 제외한다], 영·유아의 이유식 또는 영양 보충의 목적으로 제조·가공한 식품 등을 광고하는 경우에는 조제유류와 같은 명칭 또는 유사한 명칭을 사용하여 소비자를 혼동하게 할 우려가 있는 광고를 해서는 안 된다.

조제유류에 관하여는 다음에 해당하는 광고 또는 판매촉진 행위를 해서는 안 된다.

① 신문, 잡지, 라디오, 텔레비전, 음악, 영상, 인쇄물, 간판, 인터넷, 그 밖의 방법으로 광고하는 행위. 다만, 인터넷에 법 제4조부터 제6조까지의 규정에 따른 표시사항을 게시하는 경우는 제외.

② 조제유류를 의료기관·모자보건시설·소비자 등에게 무료 또는 저가로 공급하는 판매촉

진행위.

③ 홍보단, 시음단, 평가단 등을 모집하는 행위,

④ 제조사가 소비자에게 사용후기 등을 작성하게 하여 홈페이지 등에 게시하도록 유도하는 행위,

⑤ 소비자가 사용 후기 등을 작성하여 제조사 홈페이지 등에 연결하거나 직접 게시하는 행위 등.

식품, 축산물, 건강기능식품의 제조가공업자는 부당한 표시광고를 하여 행정처분을 받은 경우에는 해당 광고를 즉시 중지해야 한다.

배너 또는 팝업(POP-UP) 광고에 제품명과 업소명이 포함되어야 할까? 「식품 등의 표시광고에 관한 법률」에서 '광고'는 인터넷 등을 통해 식품 등에 관한 정보를 나타내거나 알리는 행위를 말하며, 같은 법 제7조는 소비자의 알 권리를 보호하고 최소한의 정보를 제공하기 위한 입법 취지에 따라 식품 등을 TV 매체 등에 광고할 때 제품명과 업소명을 포함하도록 규정하고 있다. 다만, 소비자가 배너(인터넷 웹 페이지 화면에 나타나는 작은 사각형 형태의 알림창으로 해당 창을 클릭하면 그 광고가 홍보하는 홈페이지로 이동하는 것) 광고 또는 팝업 광고를 통해 연결된 홈페이지에서 배너, 팝업 제품의 제품명과 업소명을 명확하게 확인할 수 있는 경우라면 배너, 팝업 자체에 제품명 및 업소명이 포함되지 않았다 하더라도 광고기준을 준수한 것으로 본다.

브랜드를 광고하기 위해 다품목의 제품이 브랜드와 함께 노출되는 광고의 경우에 제품명과 업소명을 포함해야 할까? 앞에서 말했듯이 식품 등을 TV 매체 등에 광고할 때는 제품명과 업소명을 포함해야 한다. 다만, 식품 등에 관한 광고의 목적이 아닌 회사의 브랜드를 광고하기 위해 다품목의 제품이 브랜드와 함께 노출되는 경우 해당 다품목의 제품은 광고의 기준 적용 대상으로 보기 어렵다.

III.

일반식품 표시광고 내용의 실증

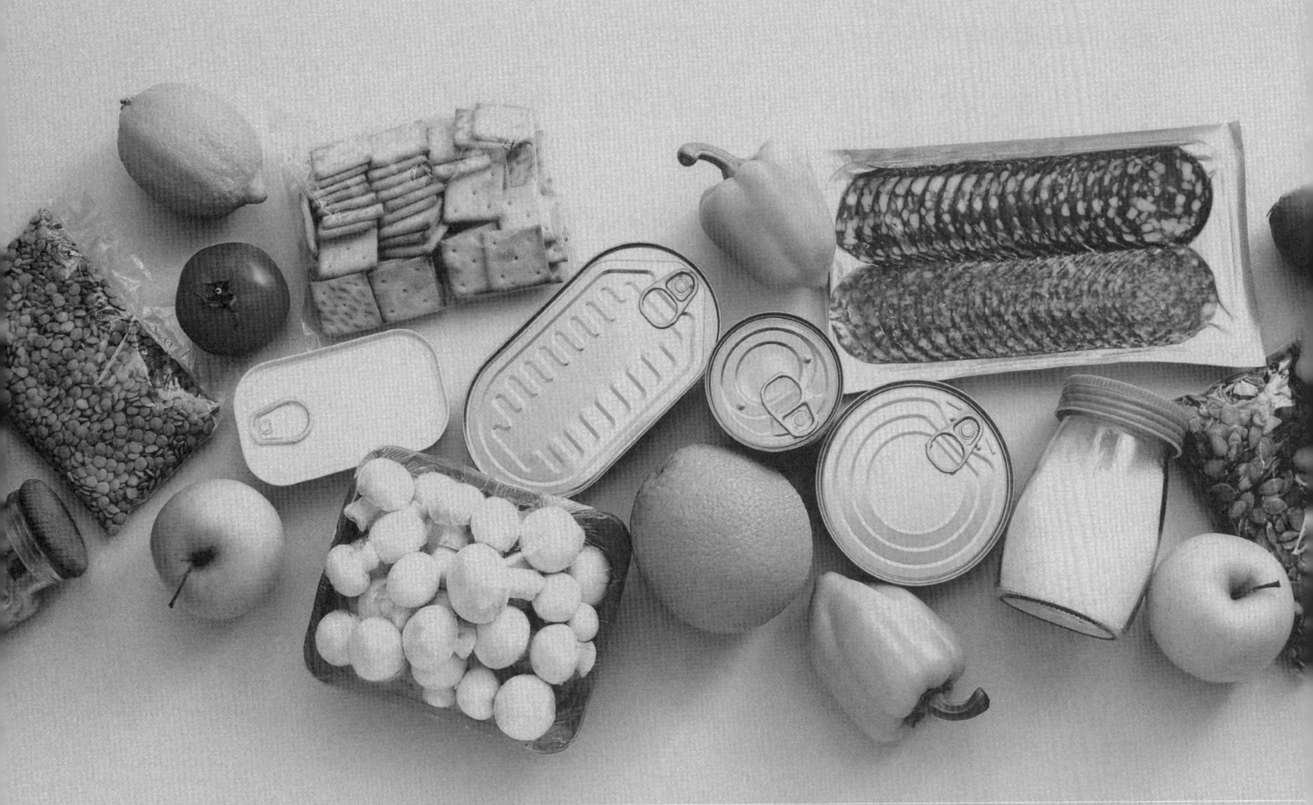

1. 실증자료 준비 및 표시광고

사례 59. "국내 최초", "국내 유일" 표시 문구 사용 가능 여부

객관적인 근거 없이 다른 업체나 다른 업체의 제품을 간접적으로 다르게 인식하게 하는 표시 및 광고는 부당한 표시광고에 해당되나 '국내 최초, 국내 유일'에 대한 실증*이 가능한 경우라면 표시 가능하다.

* 해당 업계에서 보편적으로 인정할 만한 객관적인 자료로 실증 가능한 경우 표시 가능

[예시]

- 고객만족도 1위, 국내 판매 1위: 조사대상, 조사기관, 조사기간 등을 명백히 명시하고 실증 가능한 경우 표시 가능
- 국내 최초 제조공법: 실증 가능한 경우 표시 가능

(근거: 「식품 등의 표시·광고에 관한 법률」 제8조)

부당한 표시광고로부터 소비자를 보호하고, 영업자간 공정한 거래를 통한 산업 활성화를 위해 식품 등에 표시를 하거나 식품 등을 광고한 자는 표시광고하는 내용에 대해 객관적, 과학적 자료를 바탕으로 사실임을 증명할 수 있어야 한다. 즉, 실증(實證)할 수 있어야 한다. 부당한 표시광고 행위 금지 내용 중 거짓, 과장된 표시 또는 광고, 소비자를 기만하는 표시 또는 광고, 다른 업체나 다른 업체의 제품을 비방하는 표시 또는 광고, 객관적인 근거 없이 자기 또는 자기의 식품 등을 다른 영업자나 다른 영업자의 식품 등과 부당하게 비교하는 표시 또는 광고가 실증 대상에 해당된다.

하지만, 질병의 예방, 치료에 효능이 있는 것으로 인식할 우려가 있는 표시 또는 광고, 식품 등을 의약품으로 인식할 우려가 있는 표시 또는 광고, 건강기능식품이 아닌 것을 건강기능식품으로 인식할 우려가 있는 표시 또는 광고는 이미 부당한 표시광고 행위에 해당되어 실증조차 필요 없이 위반 행위에 해당된다. 여기서 식품 등에 표시를 하거나 식품 등을 광고한 자는 식품 등을 제조·가공한 업체, 판매한 업체 불문하고 표시 또는 광고한 자 모두를 포함한다.

식품의약품안전처장은 영업자에게 제품 표시광고한 모든 내용에 대해 실증을 요청하지 않는다. 제품의 표시광고는 영업자가 식품 관련 법률에 따라 객관적, 과학적 사실에 근거하여

스스로 책임지고 하는 행위이다. 따라서, 사전에 검토하지 않는다. 다만, 식품의약품안전처장은 식품에 표시광고된 내용이 부당한 표시광고에 해당될 우려가 있다고 판단하여 실증이 필요하다고 인정하는 경우에는 해당 표시광고를 한 영업자에게 근거자료를 제출하여 실증토록 하고 있다. 식품의약품안전처장이 실증이 필요하다고 인정하여 요청하는 배경은 여러 가지 경우가 있을 수 있다. 식품의약품안전처장이 유통 제품, 인터넷 또는 신문 등을 모니터링하여 자체적으로 표시광고의 실증 필요성을 찾아내는 경우, 지방자치단체의 감시 부서, 경찰청, 법원 등 수사기관 등이 실증을 요청하는 경우 등이 있을 수 있다. 해당 표시광고의 경쟁업체가 민원을 제기하는 등 다툼에 기인하거나 소비자 또는 소비자단체의 조사 요구가 있을 수 있다. 국회요구나 언론보도 등에 따라 사회적 이슈가 되어 실증을 요구하는 경우도 자주 있다. 따라서, 어떤 표시광고의 내용이든 사실에 입각하여 실증할 수 있는 경우에만 표시해야 한다.

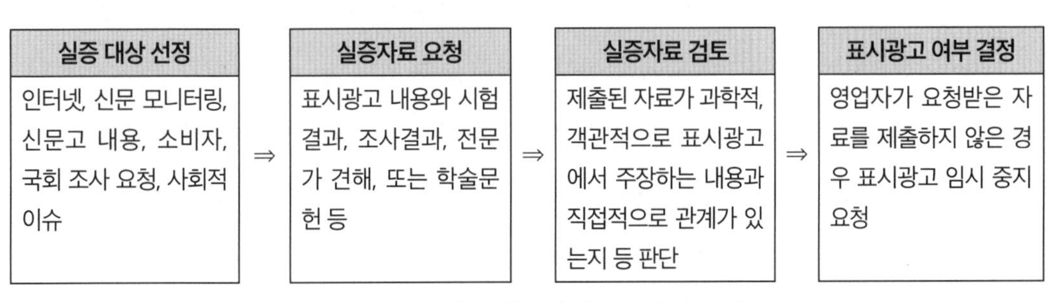

그림 15. 표시광고 내용의 실증 과정 및 처리

표시광고한 자가 실증하기 위해서는 표시광고의 내용, 그에 대한 시험결과, 조사자료, 전문가 견해, 학술문헌 등의 실증자료가 필요하다. 이러한 자료들은 과학적, 객관적으로 표시광고에서 주장하는 내용과 직접적인 관계가 있어야 한다. 실증자료에서 입증한 내용이 식품의 표시광고에서 주장하는 내용과 관련이 없는 경우, 실증자료에서 입증한 내용이 식품 등의 표시광고에서 주장하는 내용과 부분적으로만 상관이 있는 경우는 직접적인 관계가 없는 경우에 해당된다. 실증자료는 객관적이고 과학적인 절차와 방법에 따라 작성된 것이어야 한다.

시험결과의 요건은 시험기관의 객관성 확보를 위한 조건으로, 시험기관은 식품 등을 표시광고한 자와 독립적이어야 한다. 다만, 예외 조항으로 해당 표시·광고내용의 실증을 위하여 시험을 수행할 수 있는 독립적인 시험기관이 없는 경우, 공개될 경우 영업활동에 중대한 침해가 우려되는 영업상의 비밀을 유지하기 위하여 독립된 시험기관에 의한 시험이 적당하지 아니한 경우, 그 밖에 실증하고자 하는 내용, 실증자료의 열람·공개 효과, 영업의 규모 등에 비추어 독립된 시험기관에 의한 시험비용이 과대하여 독립된 시험기관에 의한 시험이 적당하지 아니한 경우에 한하여 독립기관이 아니어도 무방하다. 이때 증빙서류로 영업자 등록(신고)증, 시험비용 산출서(견적서), 영업상 기밀 관련(특허증, 품목제조보고서 등) 등이 필요하다.

시험기관은 해당분야에서 전문적인 인적, 물적 능력을 보유하여야 하므로 개별법에 근거하여 설립된 시험기관, 「국가표준기본법」에 의해 업종별·분야별로 "공인시험기관"으로 인정된 시험기관을 인정하고 있다. 또한, 그 밖에 업종별, 분야별로 전문적인 시험능력을 보유하고 있다고 식품의약품안전처장이 인정하는 시험연구기관만 인정하고 있는데 이 경우에는 해당 기관의 그간 시험연구 실적자료가 있어야 인정받을 수 있다.

실증에 사용되는 시험절차와 방법 등은 해당 분야의 학계 또는 산업계에서 일반적으로 인정되고 있는 객관적이고 타당한 것이어야 한다. 일반시험의 경우에는 정부, 국제기관·기구·학회[국제식품규격위원회(Codex Alinentrarius Commission, CAC), 국제분석화학회(Association of Official Analytical Chemists, AOAC), 국제표준화기준(International Standard Organization, ISO) 등]에서 정하고 있는 시험절차와 방법이어야 한다. 인체적용시험과 인체 외 시험의 경우에는 의약품국제조화회의 임상시험관리기준(International Council for Harmonisation Good Clinical Practice, ICH GCP), 세계보건기구 임상연구정보서비스(World Health Organization Clinical Research Information Service, WHO CRIS) 등의 기관이나 학계·산업계에서 보편적으로 인정하는 시험절차와 방법으로써 [별표]의 요건을 충족하여야 한다. 신물질 또는 신소재의 개발 등에 관한 절차 및 방법이 없는 경우에는 식품의약품안전처장이 인정한 객관적인 시험절차와 방법이어야 한다. 시험에 사용되는 시료는 업종별·분야별로 정부 또는 관련 학계에서 일반적으로 인정하는 시료채취 방법이어야 한다. 이때에는 시험법 및 시료채취 방법과 근거 규정, 시험결과보고서 및 분석장비의 원본데이터(Law data)가 필요하다.

조사결과의 요건은 조사기관은 앞의 시험기관과 같이 표시광고한 자와 독립적이어야 하며, 조사를 할 수 있는 능력을 갖추어야 한다는 것이다. 이때에는 영업자 등록(신고)증, 조사수행계약서 및 대금지급서, 조사자 학위·경력 등 인적사항, 그간 연구실적 등의 자료가 필요하다. 조사절차와 방법에 있어서는 조사목적 및 표본선정의 적절성, 자료관리의 적절성, 사례사항의 적합성, 조사기관의 객관성, 조사목적의 비인지성 등을 충족하여야 한다. 조사목적이 적정하여야 하며, 조사목적에 부합하는 표본의 대표성이 있어야 하고, 기초 자료의 결과는 정확히 기록·보고되어야 하며, 사례사항은 표본설정, 사례사항, 사례방법이 그 조사의 목적이나 통계상의 방법과 일치하여야 하며, 조사는 제3자에 의해서 공정하게 이루어져야 하고, 표본설정이나 조사자, 피조사자 모두 조사목적 등을 모르는 가운데 진행되어야 한다. 이때에는 조사계획서 및 조사결과보고서, 조사의 원본데이터(Law data), 통계처리기법 등에 대한 자료가 필요하다.

전문가 견해의 경우, 전문가, 전문가 단체(기관) 여부의 판단은 사회통념상 해당 분야에서 보편적으로 인정하는 기준에 따른다. 전문가 개인의 견해는 해당 분야의 전문 지식에 기초하여야 하고, 그 내용은 해당 분야의 전문가라면 일반적으로 인정할 수 있는 내용이어야 하며, 반드시 그 견해는 사적이 아니라 공식적으로 밝힌 것이어야 한다. 전문가 단체(기관)의 견해는 해당 분야의 전문가라면 일반적으로 인정할 수 있는 내용이어야 하며, 반드시 그 단체(기관)의 공식적인 의견제시 절차를 따른 것이어야 한다. 전문가 단체(기관)에서 발표하는 통계자료는 해당 업종이나 분야의 영업자가 일반적으로 객관적이고 과학적인 통계자료로 널리 인정하는 것이어야 한다. 이때에는 조사계획서 및 조사결과 보고서, 조사의 원본데이터, 통계처리방법에 관한 자료가 첨부되어야 한다.

학술문헌의 요건과 관련하여 국내 학술문헌은 한국학술지인용색인(Korea Citation Index, KCI) 및 이와 동등한 수준의 학술지에 게재된 문헌이어야 한다. 외국 학술문헌은 과학기술논문인용색인[Science Citation Index(Expended), SCI(E)], 및 사회과학논문인용색인(Social

Science Citation Index, SSCI)에 등록된 학술지 및 이와 동등한 수준의 학술지에 게재된 학술 문헌이어야 한다. 이러한 국내외 학술문헌은 정성적 문헌고찰(체계적 고찰, SR: Systematic Review), 관련 연구에 대해 긍정적, 부정적 내용 및 연구 설계를 모두 종합하여 검토하고 결론을 도출, 검색조건, 채택 또는 불채택 문헌정보 등 결과를 도출하기까지 과정을 모두 서술의 절차에 따라 작성되어야 한다. 이때에는 학술지 및 한글 요약문, 조사방법 및 결과도출 요약서, 참고문헌 내용 및 조사와의 상관성 요약서 등의 자료가 필요하다.

표시광고한 자로부터 실증자료가 제출되면 실증 자료를 검토하고 표시광고 가능 여부를 결정하게 된다. 표시광고는 그 내용에 따라 영업자, 소비자, 학계 등 각 이해관계자의 시각이 다를 수 있다. 따라서, 표시광고 내용에 따른 실증 자료를 검토하는 데 있어서는 이들의 의견을 구하는 것이 필요한 경우가 많다. 이 경우 '식품등표시광고자문위원회' 또는 임상, 영양 등 분야별 전문가로 구성된 '전문분과' 위원 등의 검토 및 자문을 받는 경우가 많다.

수입제품에 HACCP, ISO 2000, Halal, Kosher, GMP, Vegan, UTZ(우츠: good coffee라는 과테말라어, 지속가능한 농업 프로그램 및 표시), MSC(Marine Stewardship Council, 해양관리협의회) 등 표시를 하려면 인증 사실 여부가 확인되어야 한다. 인증기관으로는 외국정부 또는 정부가 직접 관리·감독하는 기관, 이들 기관 또는 협회에서 지정받은 민간기관이 해당되며, 지정절차 및 방법, 관리방법, 인력 및 운영기준, 그간 수행 실적 등 인증보증 기관 관련 자료가 필요하다.

도라지를 원재료로 사용한 제품에 "6년근"이라고 표시하는 경우에는 재배기간, 저장기간 등 객관적인 실증이 가능한 경우 표시가 가능하다.

대한민국 명장 레시피로 만든 제품의 제품명으로 "명장"을 표시하고자 하는 경우 객관적 사실에 입각할 때 가능하다.

제품명에 "원조" 표시가 가능할까? 표준국어대사전에 따르면 원조는 첫 대의 조상 등을 의미하는 것으로 해당 명칭에 대한 객관적 사실에 입각하여 제품명의 일부로 사용 가능하다. 다만, 이와 관련하여 실증을 요구하는 경우, 객관적 자료 등을 토대로 실증할 수 있어야 한다.

제주 재배 고사리를 사용한 제품에 해당 '제주'를 제품명의 일부로 사용할 수 있을까? 제품명 일부로 지역명 표시에 관하여 별도로 규정하고 있지 않으나, 제품과 해당 지역과의 연관성(해당 지역에서 생산한 원재료, 해당 지역에서 제조한 제품 등)을 객관적으로 입증할 수 있고, 타 법에 저촉되지 않은 범위에서 표시할 수 있다. 이 경우, 해당 원재료명과 함량을 주표시면에 표시하여야 하며, 원산지 표시는 해당 법령을 소관부처인 농림축산식품부에 문의가 필요하다.

표시 또는 광고 내용의 실증과 관련하여 식품 등에 "비건"을 표시광고하는 경우 준수하여야 하는 최소한의 기준은 다음과 같이 정리할 수 있다.

'비건'식품이란 식품 등의 제조·가공 또는 조리 등 모든 단계에서 동물성 원재료(식품첨가물, 가공보조제 포함)를 첨가 또는 사용하지 아니하고, 동물실험을 하지 않은 식품 등을 말한다. '동물성 원재료'란 그 자체가 동물성이거나, 동물로부터 자연적으로 유래 또는 생산되는 것으로 이를 가공한 것을 포함한 원재료를 말한다.

[예시]

육류, 어패류, 알류, 우유, 유당, 꿀, 프로폴리스, 밀랍, 제비집 등

비건식품에는 원재료 기준과 관련하여 동물성 원재료를 첨가 또는 사용하여서는 아니 된다. 원재료 명칭만으로 동물성 원재료가 아님을 확인할 수 없는 경우에는 근거자료를 확보하여야 한다. 미생물(박테리아, 효모, 균류 등)은 원재료로 사용할 수 있다. 다만, 동물성이 들어간 식품 등(배지 포함)에서 배양한 미생물을 사용하였거나 사용하였을 가능성이 있는 경우에는 해당 사실을 표시한다.

[예시]

"이 제품에 사용된 미생물은 배양과정에 유당이 사용되었습니다.", "미생물 배양 시 동물성 원료가 사용되었을 수 있습니다." 등의 표시

원재료에 대하여 안전성 평가를 포함한 기준규격 인정 등 법령에서 필수적으로 요구하는 경우를 제외하고 최종 제품(제품 개발 과정 포함)에 대하여 동물실험을 하여서는 아니 된다.

제조관리 기준과 관련하여 비건식품 등의 제조, 조리 과정(작업자, 기구, 제조, 조리라인, 원재료 보관 등 제조, 조리과정을 포함한다) 중에 동물성 원재료가 혼입되지 않도록 적절한 예방 조치를 하고, 이에 대한 관리기준을 수립하여야 한다. 비건이 아닌 제품과 비건 제품을 같은 제조, 조리 라인에서 생산하는 경우 비건 제품의 제조, 조리 전 기계, 장비, 기구, 접촉면 등을 충분히 세척하여야 하고, 혼입 방지를 위한 세척 등 표준작업 절차 및 방법을 수립하여야 한다.

[예시]

비건이 아닌 제품과 비건 제품의 제조라인 분리, 제품의 제조, 보관 중 동물성 원재료와 교차 오염되지 않도록 밀폐 보관 관리, 비건이 아닌 제품군 생산 시 제품군별 원료가 교차 오염되지 않도록 분리, 구획 등의 관리, 제조라인 분리가 어려운 경우 비건이 아닌 제품과 비건 제품 제조에 사용하는 기구 등을 알아볼 수 있도록 표시 등

HACCP 인증 업체의 경우, 기존 선행요건관리기준서를 통해 제조관리가 가능한 경우 해당 기준서를 활용할 수 있다. 동물성 원재료를 조리한 기름을 사용하거나(동물성 기름을 사용한 경우 포함), 동물성 또는 동물유래 물질을 이용하여 정제나 여과하여서는 아니 된다.

표시광고와 관련하여 앞의 비건의 정의, 원재료 기준, 제조관리 기준에 적합한 경우 "비건" 및 "VEGAN"을 표시광고할 수 있다. 동물성 원재료의 비의도적 혼입이 있더라도 제조관리 기준에 따른 적절한 예방 조치가 선행되는 경우 "비건" 및 "VEGAN"을 표시광고할 수 있다. 「식품 등의 표시·광고에 관한 법률 시행규칙」 [별표 2]에 따른 '혼입될 우려가 있는 알레르기 유발물질 표시'에 동물성 원재료가 포함되어 있다 하더라도 제조관리 기준에 따른 적절한 예방 조치가 선행되는 경우 "비건" 및 "VEGAN"을 표시할 수 있다.

[예시]

"이 제품은 알레르기 발생 가능성이 있는 소고기를 사용한 제품과 같은 제조 시설에서 제조하고 있습니다.", "달걀 혼입가능성 있음", "새우 혼입 가능"

국내외 인증기관에서 비건 인증을 받고 해당 인증이 유효한 경우 그 인증 마크(로고)는 그대로 표시할 수 있다.

비건 표시광고와 관련한 실증 제출 자료는 ① 제품의 표시 또는 광고 내용(사진 첨부), ② 원재료 목록, 제조방법 설명서[품목제조보고(신고)서 또는 수입신고서 등], ③ 동물성 원재료가 첨가 또는 사용되지 않았음을 입증할 수 있는 근거자료(원재료 명칭만으로 동물성 원재료가 아님을 확인할 수 있는 경우는 제외), ④ 제품 및 원재료에 대한 동물실험 여부, ⑤ 제조관리 기준에 따른 제조관리기준서 등이다.

2. 영업자 책임

사례 60. 유산균 사균(死菌)을 사용한 제품의 제품명 일부로 "유산균" 또는 "유산균 OO억 투입" 표시 가능 여부

제품명의 일부로 원재료명을 사용한 경우 또는 원재료명을 주표시면에 표시한 경우, 최종 제품에 남아 있는 원재료의 명칭 및 함량을 주표시면에 표시하여야 한다.

유산균 사균체를 원재료로 사용하고 제품명의 일부로 "유산균", "유산균 투입수" 등을 표시하는 것은 소비자가 최종 제품에 살아 있는 유산균이 함유되어 있는 것으로 오인, 혼동할 우려가 있어 적절치 아니하며, "유산균 사균체"를 제품명의 일부로 사용하고자 하는 경우 유산균 사균체임을 명확하게 표시하여야 한다.

원재료의 함량은 최종 제품에 남아 있는 함량을 객관적인 사실에 입각하여 표시하여야 하며 표시하고자 하는 원재료가 표시한 함량보다 적게 함유하여서는 안 된다.

(근거: 「식품 등의 표시 · 광고에 관한 법률」 제8조, 제9조)

표시광고 내용에 대해서는 기본적으로 표시광고한 자가 실증할 수 있어야 하나, 실증을 요청하기 전에는 표시광고한 자가 스스로가 객관적 자료에 근거하여 자기 책임하에 표시광고할 수 있다. 표시광고한 내용이 통상 소비자가 보았을 때 상식적으로 기대하는 품질 및 특성에 부합하여야 한다. '베스트, 스페셜, 슈퍼, 프리미엄, 리얼' 등과 같이 과거부터 표시광고 내용으로 사용하였던 용어의 표시광고에 대해 현재까지는 별다른 제한을 두고 있지 않다.

제품명의 일부로 "땡초" 표시가 가능할까? 「식품 등의 표시·광고에 관한 법률」 및 「식품등의 표시기준」에서는 "땡초"에 대해 별도로 규정하고 있지 아니하나, 일반적으로 '청양고추'를 이르는 경상도 지방의 사투리이자, '매운 고추'의 의미로 통용되고 있다. 따라서 "땡초" 표시에 대한 보통의 주의력을 지닌 소비자의 기대(매운 고추 등)에 부합하는 경우라면 영업자의 책임하에 제품명의 일부로 "땡초"의 표시는 가능하다.

제품명의 일부로 "로제" 표시가 가능할까? 「식품 등의 표시·광고에 관한 법률」 및 「식품등의 표시기준」에서는 "로제"에 대해 별도로 규정하고 있지 아니하나, 일반적으로 '로제'라 함은 '붉은빛이 감도는', '분홍빛' 등으로 알려져 있다. 해당 제품의 제품명 또는 제품명 일부로 "로제"를 표시하고자 하는 것으로 단순히 해당 제품이 붉은빛이 감돈다는 의미인 경우라면 해당 표시 자체만으로는 가능할 것이며, 이 경우 일반적인 소비자가 보았을 때 기대하는 품질 및 특성에 부합하여야 할 것이다.

"베스트", "스페셜", "슈퍼", "프리미엄", "리얼", "맛있는", "소문난" 표시가 가능할까? 연계한 이미지나 추가 문구로 부당한 표시광고에 저촉되지 않도록 영업자 책임하에 표시광고가 가능하다.

3. 실증 예외

사례 61. 코코아파우더를 사용한 제품의 제품명의 일부로 "카카오" 표시 가능 여부

「식품의 기준 및 규격」[별표 1] '식품에 사용할 수 있는 원료' 목록에 '카카오'는 "카카오[(기타명칭 또는 시장명칭: 카카오원두, 코코아, Chocolate, Cacao, Cocoa, 학명: *Theobroma cacao L.*, 사용부위: 씨앗, 씨앗의 껍질(bran)]"로 고시되어 있다.

해당 경우 제품명으로 "카카오"로 표시하는 것 자체만으로는 가능할 것으로 판단되며, 이 경우 상기 규정에 따라 제품명 일부로 사용된 '카카오'에 대한 해당 원재료명과 그 함량을 주표시면에 14포인트 이상의 활자로 표시하여야 한다.

(근거: 「식품 등의 표시·광고에 관한 법률」 제8조, 「식품등의 표시기준」[별지1] 1. 가., 「식품의 기준 및 규격」[별표 1])

「식품의 기준 및 규격」, 표준국어대사전 또는 과학사전 등에 표시광고하고자 하는 용어가 정해져 있는 경우라면 위 기준규격이나 사전은 이미 객관적 자료로 볼 수 있으므로 실증이 필요하지 않다 하겠다.

원산지 증명서상 상표명인 '파타고니아 이빨고기'를 "메로"로 변경 표시할 수 있을까? 현행 「식품의 기준 및 규격」[별표 1] 원료 목록에서 '이빨고기'의 시장명칭 및 기타명칭을 메로, 파타고니아 이빨고기로 규정하고 있어 제품명으로 "메로"를 사용하는 것은 가능하다.

식품유형이 '유당분해우유'인 제품의 제품명 일부로 "속 편한" 또는 "소화가 잘 되는" 표시가 가능할까? 해당 제품의 유형이 「식품의 기준 및 규격」에 따른 '유당분해우유'로서 '유당불내증(소장에서 우유에 함유된 유당을 제대로 분해하여 흡수하지 못하는 증상)'을 완화하기 위하여 원유의 유당을 분해 또는 제거함으로써 속(또는 장)을 편하게 하는 목적인 경우 제품명 일부로 "속 편한" 또는 "소화가 잘 되는" 표시는 가능하다.

설탕을 사용한 제품에 제품명으로 "꿀떡"이 가능할까? 표준국어대사전에 따르면 꿀떡은 떡가루에 꿀물을 내려서 밤, 대추, 잣 따위를 켜마다 넣고 찐 떡, 꿀이나 설탕 따위를 넣어서 만든 떡으로 정의하고 있다. 따라서 꿀을 사용하지 않고 설탕을 사용한 경우라도 제품명으로 꿀떡을 사용할 수 있다.

소금에 절여 통으로 말린 부세의 제품명을 "굴비"로 할 수 있을까? 표준국어대사전에 따르면 굴비는 '소금에 약간 절여서 통으로 말린 조기'로 정의되어 있어, '부세'를 사용한 경우라면 제품명은 "부세 굴비"로 표시하여야 한다.

제품명으로 "신바이오틱스"를 사용할 수 있을까? 「식품등의 표시기준」에는 '신바이오틱스' 용어 정의가 별도로 없으나, 식품과학사전에 '프로바이오틱스(Probiotics)*와 프리바이오틱스(Prebiotics)**가 서로 시너지 효과를 내도록 조합한 영양 강화 제품'으로 설명하고 있어 이에 부합되도록 제조·가공한 제품이라면 제품명으로 표시 가능하며, 프리바이오틱스 및 프로바이오틱스에 해당하는 원재료명 및 함량을 주표시면에 14포인트 이상의 글씨로 표시하여야 한다.

* 프로바이오틱스: 적당량을 주었을 때 인간이나 동물 따위 숙주의 건강에 이로움을 주는 살아 있는 미생물

** 프리바이오틱스: 잘록창자(결장)에 있는 세균 종의 성장을 촉진 또는 활성을 자극하여 숙주의 건강에 도움을 주는 비소화성물질로 이눌린, 프럭토올리고당 따위

IV.

일반식품의
부당한 표시광고 금지

질병의 예방, 치료에 효능이 있는 것으로 인식할 우려가 있는 표시 또는 광고, 식품 등을 의약품으로 인식할 우려가 있는 표시 또는 광고, 건강기능식품이 아닌 것을 건강기능식품으로 인식할 우려가 있는 표시 또는 광고, 거짓, 과장된 표시 또는 광고, 소비자를 기만하는 표시 또는 광고, 다른 업체나 다른 업체의 제품을 비방하는 표시 또는 광고, 객관적인 근거 없이 자기 또는 자기의 식품 등을 다른 영업자나 다른 영업자의 식품 등과 부당하게 비교하는 표시 또는 광고, 사행심을 조장하거나 음란한 표현을 사용하여 공중도덕이나 사회윤리를 현저하게 침해하는 표시 또는 광고, 식품 등이 아닌 물품의 상호, 상표 또는 용기포장 등과 동일하거나 유사한 것을 사용하여 해당 물품으로 오인, 혼동할 수 있는 표시 또는 광고, 심의를 받지 아니하거나 심의 결과에 따르지 아니한 표시 또는 광고는 부당한 표시 또는 광고의 내용에 해당된다.

식품은 의약품이 아니므로 질병을 예방하거나 치료할 수 없고, 우리나라에서는 기능성을 가진 별도의 식품으로 건강기능식품을 관리하고 있어 건강기능식품도 아니다. 따라서. 표시광고하는 내용이 질병의 예방, 치료에 효능이 있는 것으로 인식할 우려가 있거나 의약품으로 인식할 우려가 있거나 건강기능식품으로 인식할 우려가 있는 표현을 사용하여서는 안 된다. 업체가 식품보다 높은 의약품이나 건강기능식품의 진입장벽을 넘지 않고 표시광고와 같은 쉬운 방법으로 어떤 효능이나 기능 등을 강조하고 싶은 유혹에 빠지기 쉬운 부분이다. 이러한 표시광고를 하지 않는 다른 업체나 다른 업체의 제품에 대해 공정성이 많이 결여된 제품이라 할 수 있다.

1. 질병 예방·치료 표방 표시광고

사례 62. 생강차 제품에 "생강은 예로부터 감기, 소화에 효과적인 것으로 알려져 있다" 등 문구 표시 가능 여부

일반식품에 "생강은 예로부터 감기, 소화에 효과적인 것으로 잘 알려져 있다" 등을 표시하고자 하는 경우, 이는 질병의 예방, 치료에 효능이 있는 것으로 소비자가 인식할 우려가 있어 해당 문구를 표시하여서는 안 된다.

(근거: 「식품 등의 표시·광고에 관한 법률」 제8조 제1호)

질병의 예방, 치료에 효능이 있는 것으로 인식할 우려가 있는 표시 또는 광고 중 질병 또는 질병군(疾病群)의 발생을 예방한다는 내용의 표시광고는 부당한 표시광고에 해당되는데, 다음의 어느 하나에 해당되는 경우라면 제외한다. 첫째, 특수의료용도식품*에 섭취대상자의 질병명 및 영양조절을 위한 식품임을 표시광고하는 경우와 둘째, 건강기능식품의 기능성을 인정받은 사항을 표시광고하는 경우이다.

* 정상적으로 섭취, 소화, 흡수 또는 대사할 수 있는 능력이 제한되거나 질병 또는 수술 등의 임상적 상태로 인하여 일반인과 생리적으로 특별히 다른 영양요구량을 가지고 있어, 충분한 영양공급이 필요하거나 일부 영양성분의 제한 또는 보충이 필요한 사람에게 식사의 일부 또는 전부를 대신할 목적으로 직접 또는 튜브를 통해 입으로 공급할 수 있도록 제조·가공한 식품

식품의약품안전처의 온라인 광고 적발 사례에서 질병의 예방, 치료에 효능이 있는 것으로 인식할 우려가 있는 표시 또는 광고로 일반식품에 "변비 해소", "감기 증상 완화", "재채기, 기침 및 인후통을 포함한 감기와 독감 증상을 완화", "가벼운 상부 호흡기 감염의 증상 완화", "개인의 일반적인 건강 및 웰빙 및 상처 치유를 지원하며 신체의 자유 라디칼 손상을 감소" 등의 문구가 있었다.

그렇다면 특허 받은 일반식품에 "수면장애 개선" 및 "수면유도" 표시가 가능할까? 식품 제조·가공 시 사용한 원재료가 특허등록되어 있는 경우 객관적인 사실에 입각하여 특허번호 및 특허내용 등을 표시하시는 것은 가능하나, 특허 받은 내용이라 할지라도 특허내용이 부당

한 표시 또는 광고 범위에 해당되는 경우라면 표시광고를 하여서는 안 된다. 따라서 일반식품에 "수면장애 개선 및 수면 유도" 등의 표시는 질병의 예방, 치료에 효능이 있는 것으로 인식할 우려가 있는 표시 또는 광고로 표시하여서는 안 된다.

식품에 "미세먼지, 황사" 문구 표시가 가능할까? 일반식품의 표시문구로 미세먼지, 황사의 표시는 해당 제품이 미세먼지, 황사에 효과적이거나 질병의 예방 및 치료에 효능, 효과가 있는 것으로 보일 수 있어 소비자의 오인, 혼동 우려가 있으므로 표시해서는 안 된다.

유통판매업체가 출판한 책자를 통해 해당 제품이 "만성간염, 당뇨에 좋은 ○○식품"이라고 광고할 수 있을까? 책자를 통해서 제품의 정보를 알리는 것도 광고에 해당되며, 해당 광고는 질병의 예방, 치료에 효능이 있는 것으로 인식할 우려가 있는 광고에 해당된다.

신장질환자용 영양조제식품에 "투석환자용" 또는 "비투석환자용"을 표시할 수 있을까? 「식품의 기준 및 규격」에서 특수의료용도식품 중 '신장질환자용 영양조제식품'이라는 유형을 정의하고 있고, 비투석환자용 제품과 환자용 제품으로 분류하고 있어, 신장질환자용 영양조제식품에 해당되는 경우에는 「식품의 기준 및 규격」에서 규정된 범위 내에서 표시하는 것은 가능하다. 다만, 이와 연계하여 질병의 예방에 효능이 있는 것 등으로 소비자가 오인할 수 있는 표시를 하는 경우 부당한 표시광고에 해당되니 주의가 필요하다.

참고로, 「식품의 기준 및 규격」에서 정한 특수의료용도식품의 종류로는 크게 표준형 영양조제식품, 맞춤형 영양조제식품, 식단형 식사관리식품이 있다. 표준형 영양조제식품에는 일반환자용 균형영양조제식품(균형영양조제식품), 당뇨환자용 영양조제식품, 신장질환자용 영양조제식품, 장질환자용 단백가수분해 영양조제식품, 암환자용 영양조제식품, 열량 및 영양공급용 식품, 연하곤란자용 점도조절 식품이 있다. 맞춤형 영양조제식품에는 선천성대사질환자용 조제식품, 영·유아용 특수조제식품, 기타환자용 영양조제식품이 있고, 식단형 식사관리식품에는 당뇨환자용 식단형 식품, 신장질환자용 식단형 식품, 암환자용 식단형 식품이 있다.

2. 의약품 표방 표시광고

사례 63. 일반식품의 제품명으로 "소화대장", "국민환" 사용 가능 여부

"국민환"의 경우, 식품의 제품명으로 표시하는 것은 가능할 것으로 판단되나, 표시문구, 도안, 디자인 등과 연계하여 소비자가 오인, 혼동할 수 있는 부당한 표시광고에 저촉되는 표현을 하여서는 안 된다.
"소화대장"의 경우, 소비자로 하여금 해당 식품을 소화에 도움을 줄 수 있는 의약품 또는 건강기능식품으로 오인, 혼동 우려가 있어 제품명으로 표시할 수 없다.
(근거: 「식품 등의 표시·광고에 관한 법률」 제8조 제2호, 「식품등의 표시기준」 [별지 1] 가.)

의약품에만 사용되는 명칭(한약의 처방명을 포함한다)을 사용하는 표시광고, 의약품에 포함된다는 내용의 표시광고, 의약품을 대체할 수 있다는 내용의 표시광고, 의약품의 효능 또는 질병 치료의 효과를 증대시킨다는 내용의 표시광고는 식품 등을 의약품으로 인식할 우려가 있는 다음의 표시 또는 광고로 부당한 표시광고에 해당한다.

혼합음료나 기타가공식품 등에는 한약처방명이나 한약처방명 유사명칭을 사용하는 경우가 많다. 식품의약품안전처의 온라인 광고 적발 사례를 보면 한약처방명으로 "경옥고", "공진단", 한약처방명 유사명칭으로 "공진환", "경옥보" 등이 있었다. 표 31은 일반식품에 사용할 수 없는 한약의 처방명 및 이와 유사한 명칭 목록이다.

표 31. 한약의 처방명 및 이와 유사한 명칭

한약처방명	한약처방명과 유사명칭
공진(신)단	공진환, 공진원, 공신단, 공신환, 공신원, 공심환, 공진액, 공보환, 공지환, 공침환, 공본환
경옥고	경옥정, 경옥보, 경옥환, 정옥고, 경옥액, 경옥생고, 경옥진고
익수영진고	익수영진경옥고차환
사군자탕	사군자전, 사군자탕환, 사군자환
사물탕	사물전, 사물탕환, 사물환, 사물액
쌍화탕	쌍화전, 한방쌍화차, 쌍화액
십전대보탕	십전대보전, 십전대보액, 십전대보원, 십전대보초, 활력십전대보원, 대보초

녹용대보탕	녹용대보전, 녹용대보액, 녹용대보즙, 녹용기력대보, 녹용대보진액, 녹용대보정, 대보초, 녹용대보초
(가감)보아탕	보아전
총명탕	총명전, 총명차, 총명환, 총명대보중탕, 총기차, 총명액
귀비탕	귀비전, 귀비차, 귀비액
육미지황탕(환)	육미지황전, 육미지황원, 육미골드, 육미지황액
팔미지황탕(환)	팔물전전, 팔미지황원, 팔미지황액
(인삼)고본환	인삼고본주, 고본주, 고본술, 고본액
(연령)고본단	고본주, 고본술
(현토)고본환	고본주, 고본술
고본건양단	고본주, 고본술
궁귀교애탕	궁귀교애전, 궁귀교애초, 궁귀초
소체환	속편환
육군자탕	육군자전
오적산	오적산전
생맥산	생맥산전, 생맥차
익모환	-
진해고	-
(청간)명목환	-
(우황)청심원	청심환
귤피탕	-
맥문동탕	-
팔물(진)탕	-
이중탕	인삼탕
연년익수불로단	-
오자원	-
오자연종환	-
(소아)귀룡(용)탕	-
기타	성장환, 생치원, 제통원, 정기산, 혈기원, 신기원, 천보환, 청패원액, 청패액, 청패원, 은교산, 성장액

부당 표시광고에 해당하는 다양한 사례를 살펴본다.

먼저, 일반식품의 제품명으로 "쌍화천", "생강쌍화", "녹용보", "쌍화차" 사용이 가능할까?

"쌍화천", "생강쌍화", "녹용보"는 부당한 표시 또는 광고로 보는 한약의 처방명 및 이와 유사한 명칭에 해당되지 않으므로 다른 한약처방명에 해당되지 않는다면 제품명으로 표시하는 것은 가능하다. 다만, 표시문구, 도안, 디자인 등과 연계하여 한약 등으로 오인, 혼동할 수 있는 표현을 해서는 안 된다.

일반식품의 제품명으로 "디톡스"를 표시할 수 있을까? 디톡스의 경우, 해독을 의미하므로 소비자가 의약품 등으로 오인할 소지가 있어 제품명으로 사용할 수 없다.

일반식품의 업소명칭 일부로 "제약", "약품", "신약"을 표시할 수 있을까? 식품 등의 영업소 명칭 일부로 "제약", "약품", "신약"을 표시하는 것은 타 법(약사법)에 저촉되지 않는 경우 그 명칭 자체만으로는 가능하나, 해당 표시와 연계하여 의약품 등으로 오인, 혼동할 수 있는 표시광고는 부당한 표시광고에 해당되므로 이와 관련된 표시를 해서는 안 된다.

일반식품의 원재료로 '곤약'을 사용하고 "변비나 다이어트에 좋은 식품"이라 표시할 수 있을까? 일반가공식품의 원재료로 '곤약'을 사용한 후 곤약에 대하여 "변비나 다이어트에 좋은 식품"이라고 표시하는 것은 의약품 또는 건강기능식품 등으로 오인, 혼동할 수 있는 표시 또는 광고에 해당하여 일반가공식품에는 해당 표현을 표시해서는 안 된다.

약국에서 판매하는 일반식품에 "약국판매용" 문구를 표시할 수 있을까? 일반식품에 "약국판매용"이라고 표현하는 것은 해당 제품을 의약품으로 오인, 혼동시킬 수 있는 표현으로 표시하여서는 안 된다.

일반식품에 "여성건강식품", "갱년기 여성", "피부건강", "여성활력", "면역력 증진", "혈액순환" 문구를 표시할 수 있을까? "갱년기 여성", "피부건강", "면역력 증진", "혈액순환"의 표시는 해당 식품을 의약품 또는 건강기능식품으로 오인, 혼동시킬 수 있는 표시로서 일반가공식품에 표시할 수 없다. 다만, "여성건강식품", "여성활력"의 경우, 표시 자체는 영업자의 책임하에 가능할 것으로 판단되나, 제품명, 다른 표시문구, 도안, 디자인 등과 연계하여 의약품 또는 건강기능식품으로 오인, 혼동할 수 있는 표현을 해서는 안 된다.

일반식품 제품명 일부로 "메디컬" 또는 "메디" 문구를 사용할 수 있을까? "메디컬" 및 이와 연계된 표현인 "메디"와 같은 문구를 제품명으로 사용하여 표시하는 것은 일반식품을 의약품으로 인식할 우려가 있어 부당한 표시광고에 해당되므로 제품에 사용하여서는 안 된다.

〈TIP〉

식품은 의약품이나 건강기능식품이 아닌 문화! 식품을 바라보는 인식의 전환 필요!

3. 건강기능식품 표방 표시광고

사례 64. 일반식품 제품명에 "이뮨(immune, 면역)" 사용 가능 여부

일반식품의 제품명의 일부로 "이뮨"을 표시하고자 하는 경우 보통의 주의력을 가진 소비자로 하여금 해당 식품이 면역력(이뮨) 개선 등에 효과가 있는 건강기능식품으로 오인, 혼동하게 할 수 있어 상기 규정에 저촉되는 되는 것으로 판단된다.
(근거: 「식품 등의 표시 · 광고에 관한 법률」 제8조 제3호)

「건강기능식품에 관한 법률」에 따른 기능성이 있는 것으로 표현하는 표시광고는 건강기능식품이 아닌 것을 건강기능식품으로 인식할 우려가 있는 표시 또는 광고에 해당한다. 다만, 「건강기능식품의 기준 및 규격」에서 정한 영양성분의 기능 및 함량을 나타내는 표시광고, 특수영양식품 및 특수의료용도식품으로 임산부, 수유부, 노약자, 질병 후 회복 중인 사람 또는 환자의 영양보급 등에 도움을 준다는 내용의 표시광고, 해당 제품이 발육기, 성장기, 임신수유기, 갱년기 등에 있는 사람의 영양 보급을 목적으로 개발된 제품이라는 내용의 표시광고, 제품에 함유된 영양성분이나 원재료가 신체조직과 기능의 증진에 도움을 줄 수 있다는 내용으로서 식품의약품안전처장이 정하여 고시하는 내용의 표시광고는 제외한다. 여기서, 특수영양식품은 영·유아, 비만자 또는 임산부, 수유부 등 특별한 영양관리가 필요한 대상을 위하여 식품과 영양성분을 배합하는 등의 방법으로 제조·가공한 식품으로 조제유류(축산물가공품)(예시: 영아용 조제유 및 성장기용 조제유), 영아용 조제식, 성장기용 조제식, 영·유아용 이유식, 체중조절용 조제식품, 임산, 수유부용 식품, 고령자용 영양조제식품 등으로 분류된다. 또한, 제품에 함유된 영양성분이나 원재료가 신체조직과 기능의 증진에 도움을 줄 수 있다는 내용으로서 식품의약품안전처장이 정하여 고시하는 내용의 표시광고는 앞의 '일반식품의 기능성 표시'에 관한 것임을 다시 한번 일러둔다. 건강기능식품이 아닌 것을 건강기능식품으로 인식할 우려가 있는 표시 또는 광고 사례로 "면역력 높이는", "항산화 영양제", "피부건강" 표현이 있다.

그렇다면 일반식품의 제품명으로 "프로바이오틱스"를 사용할 수 있을까? 일반식품에 사용한 프로바이오틱스가 최종 제품 내에 살아 있는 경우라면 제품명으로 "프로바이오틱스"를 사용하는 것은 가능하며, 이 경우 프로바이오틱스의 원재료명 및 함량을 주표시면에 표시하여야 한다. 다만, 프로바이오틱스와 연계하여 건강기능식품으로 오인, 혼동할 수 있는 표시광고는 부당한 표시광고에 해당되므로 이와 관련된 표시를 해서는 안 된다.

비슷한 사례로, 일반식품의 제품명으로 '프리바이오틱스'를 사용할 수 있을까? "유익한 유산균 증식", "유해균 억제", "배변활동" 문구 사용은 어떠한가? 일반식품에 '프리바이오틱스'의 정의에 부합하는 원재료를 사용한 경우라면 제품명으로는 사용이 가능하다. 다만, "유익한 유산균 증식", "유해균 억제", "배변활동" 문구는 일반식품을 건강기능식품으로 오인, 혼동할 수 있어 사용할 수 없다.

녹용엑기스의 원료인 녹용에 대해 "스트레스로 인한 피로 개선", "면역력 증진", "관절도움"을 광고할 수 있을까? 녹용엑기스를 판매하면서 원재료인 녹용에 대한 효능을 광고하는 것은 건강기능식품으로 오인, 혼동하게 하는 광고에 해당된다.

일반식품에 영·유아식의 월령별 섭취단계를 나타내는 "1, 2단계"를 표시할 수 있을까? 「식품의 기준 및 규격」의 특수용도식품의 기준규격에 적합하게 제조하여 특수용도식품으로 품목제조보고를 한 제품이거나, '영·유아식으로 표시하여 판매하는 제품의 기준 및 규격'에 적합하게 품목제조보고를 한 제품 이외의 식품에는 영·유아식 또는 이와 관련된 표시를 할 수 없다.

4. 거짓 또는 과장 표시광고

사례 65. "본 제품은 건강기능식품이 아닙니다", "병의 예방 및 치료를 위한 의약품이 아닙니다"가 표시된 일반식품의 제품명으로 "목케어" 사용 가능 여부

신체의 일부 또는 신체조직의 기능, 작용, 효과, 효능에 관하여 표현하는 표시광고는 부당한 표시광고에 해당한다. 일반 식품의 제품명으로 "목케어" 등의 표현은 추가문구("본 제품은 건강기능식품이 아닙니다" 등)와 관계없이 상기 규정에 저촉되는 표현으로 적절하지 않다.
(근거: 「식품 등의 표시·광고에 관한 법률 시행령」 [별표 1] 제4호)

「식품위생법」, 「축산물 위생관리법」, 「수입식품안전관리 특별법」 등에 따라 허가받거나 등록신고한 사항과 다르게 표현하는 경우 거짓, 과장의 부당한 표시 또는 광고행위에 해당된다. 이 책 Ⅱ. 4. 제품명 표시에서 설명한 바와 같이 기본적으로 제품명은 그 제품의 고유명칭으로서 해당 시·군·구에 품목제조보고하거나 수입할 때 지방 식품의약품안전청에 신고하는 명칭으로 표시하여야 하는데, 이에 해당되는 대표적인 사례이다.

식품의 명칭, 영업소 명칭, 종류, 원재료, 성분(영양성분을 포함한다), 내용량, 제조방법(축산물을 생산하기 위한 해당 가축의 사육방식을 포함한다), 등급, 품질 및 사용정보에 관한 사항, 식품 등의 제조연월일, 소비기한, 품질유지기한 및 산란일에 관한 사항, 유전자변형식품 등의 표시 또는 유전자변형 건강기능식품의 표시에 관한 사항 표시광고할 때 사실과 다른 내용으로 표현하는 표시광고를 하여서는 안 되며, 신체의 일부 또는 신체조직의 기능, 작용, 효과, 효능에 관하여 표현하는 표시광고하여서는 안 된다. 또한, 정부 또는 관련 공인기관의 수상(受賞), 인증, 보증, 선정, 특허와 관련하여서는 객관적 사실에 근거하여 표시광고하여야 한다.

콜라겐이 함유된 일반식품에 "콜라겐은 피부, 뼈, 치아, 모발, 눈, 내장, 관절, 근육, 손발톱의 구성물질" 표현을 사용할 수 있을까? 부당한 표시 또는 광고행위의 범위에 따르면 "거짓, 과장된 표시 또는 광고"에는 신체의 일부 또는 신체조직의 기능, 작용, 효과, 효능에 관하여 표현하는 표시광고가 포함되므로 '피부, 뼈, 치아 등에 대한 작용' 등의 광고는 모두 부당한 표시광고에 해당된다.

일반식품의 제품명 일부로 "속이 편한" 표시를 할 수 있을까? "속이 편한" 문구 표시는 보통의 주의력을 가진 소비자가 해당 제품을 기능성이 있거나 신체 일부 및 신체 조직에 기능, 작용, 효과(소화 기능 도움)가 있는 표현으로 인식할 우려가 있는 표시 또는 광고에 해당될 수 있다.

'훈제' 공정 없이 '스모크향' 식품첨가물을 사용한 제품의 제품명 일부로 "훈제" 표시가 가능할까? 해당 제품의 원재료가 '훈제'라는 제조·가공 공정을 거치지 않고 「식품첨가물 기준 및 규격」에 적합한 '스모크향'만을 첨가한 경우라면 제품명의 일부로 "훈제" 표시는 적절하지 않다.

에리스리톨을 사용한 제품을 "0 ㎉ 대체당"이라 광고할 수 있을까? 에리스리톨을 사용하였다는 의미로 "0 ㎉ 대체당" 표시는 가능하나, 제품 자체가 0 ㎉인 것으로 오인, 혼동되지 않도록 표시하여야 한다.

생유산균 함유 음료의 제품명으로 "생유산균음료"를 사용할 수 있을까? 생유산균이 살아있는 또는 활성화될 수 있는 유산균으로 해석되는 경우, 객관적 근거를 토대로 표시할 수 있다. 이 경우 주표시면에 유산균의 함량을 표시하여야 한다.

일반식품에 "아기(베이비)"를 표현할 수 있을까? 「식품의 기준 및 규격」에서 '영아'는 생후 12개월 미만인 사람, '유아'는 생후 12개월부터 36개월까지인 사람으로 정의하고 있어 일반적으로 이와 동일한 의미로 인식되는 "아기(아가)", "베이비(베베)", "앙팡", "인펀트" 등의 문구는 '영·유아를 섭취대상으로 표시하여 판매하는 식품' 및 '영아용 조제식'과 같이 영·유아를 대상으로 하는 특수영양식품에만 사용할 수 있다. 다만, 그 외의 식품에는 영·유아를 의미하는 용어를 사용하는 경우 부당한 표시광고에 해당되며, 이와 연계하여 이미지, 도안, 문구 등도 영·유아식으로 오인, 혼동되도록 사용해서는 안 된다.

그 밖의 거짓, 과장된 표시 또는 광고 사례로는 "노화에 도움을 받고자 하는 분들께 추천합니다", "독소 배출" 등이 있다.

5. 소비자 기만 표시광고

사례 66. 식품에 "MSG", "방부제" 표시 가능 여부

「식품첨가물의 기준 및 규격」에서 규정하고 있지 않은 명칭 사용은 부당한 표시광고로 규정하고 있어, "MSG", "방부제" 표시는 동 고시에서 규정하고 있지 않은 명칭으로 사용할 수 없다.
(근거: 「식품등의 부당한 표시 또는 광고의 내용 기준」 제2조)

다음의 표시광고는 소비자를 기만하는 표시 또는 광고에 해당한다.

① 식품학, 영양학, 축산가공학, 수의공중보건학 등의 분야에서 공인되지 않은 제조방법에 관한 연구나 발견한 사실을 인용하거나 명시하는 표시광고. 다만, 식품학 등 해당 분야의 문헌을 인용하여 내용을 정확히 표시하고, 연구자의 성명, 문헌명, 발표 연월일을 명시하는 표시·광고는 제외한다.

② 가축이 먹는 사료나 물에 첨가한 성분의 효능, 효과 또는 식품 등을 가공할 때 사용한 원재료나 성분의 효능·효과를 해당 식품 등의 효능, 효과로 오인 또는 혼동하게 할 우려가 있는 표시광고.

③ 각종 감사장 또는 체험기 등을 이용하거나 "한방(韓方)", "특수제법", "주문쇄도", "단체추천" 또는 이와 유사한 표현으로 소비자를 현혹하는 표시광고.

④ 의사, 치과의사, 한의사, 수의사, 약사, 한약사, 대학교수 또는 그 밖의 사람이 제품의 기능성을 보증하거나, 제품을 지정, 공인, 추천, 지도 또는 사용하고 있다는 내용의 표시광고. 다만, 의사 등이 해당 제품의 연구개발에 직접 참여한 사실만을 나타내는 표시광고는 제외한다.

④ 외국어의 남용 등으로 인하여 외국 제품 또는 외국과 기술 제휴한 것으로 혼동하게 할 우려가 있는 내용의 표시광고.

⑤ 조제유류(調製乳類)의 용기 또는 포장에 유아, 여성의 사진 또는 그림 등을 사용하거나

조제유류가 모유와 같거나 모유보다 좋은 것으로 소비자를 오도(誤導)하거나 오인하게 할 수 있는 표시광고.

⑥ "이온수", "생명수", "약수" 등 과학적 근거가 없는 추상적인 용어로 표현하는 표시광고.

⑦ 해당 제품에 사용이 금지된 식품첨가물이 함유되지 않았다는 내용을 강조함으로써 소비자로 하여금 해당 제품만 금지된 식품첨가물이 함유되지 않은 것으로 오인하게 할 수 있는 표시광고.

⑧ 식품의약품안전처장이 고시한 「식품의 기준 및 규격」, 「식품첨가물의 기준 및 규격」, 「기구 및 용기·포장의 기준 및 규격」, 「건강기능식품의 기준 및 규격」에서 해당 식품 등에 사용하지 못하도록 정한 원재료, 식품첨가물(보존료 제외) 등이 없거나 사용하지 않았다는 표시광고.

[예시]

- **타르색소 사용이 불가능한 면류, 양념육류, 소스류, 장류, 다류, 커피, 인삼·홍삼음료에 "색소 무첨가" 표시광고**
- **고춧가루에 "고추씨 무첨가" 표시광고**
- **식품용 기구에 "DEHP Free" 표시·광고**

식품의약품안전처장이 고시한 「식품첨가물의 기준 및 규격」에서 해당 식품 등에 사용하지 못하도록 정한 보존료가 없거나 사용하지 않았다는 표시광고는 소비자를 기만하는 표시 또는 광고에 해당한다. 이 경우 보존료는 「식품의 기준 및 규격」 제1. 에 따른 데히드로초산나트륨, 소브산 및 그 염류(칼륨, 칼슘), 안식향산 및 그 염류(나트륨, 칼륨, 칼슘), 파라옥시안식향산류(메틸, 에틸), 프로피온산 및 그 염류(나트륨, 칼슘)을 말한다.

[예시]

면류, 김치, 만두피, 양념육류 및 포장육에 "보존료 무첨가", "무보존료" 등의 표시

"환경호르몬", "프탈레이트"와 같이 범위를 구체적으로 정할 수 없는 인체유해물질이 없다는 표시광고는 소비자를 기만하는 표시광고에 해당한다. 다만, 소비자 정보 제공을 위하여 식품용 기구(영 · 유아용 기구 제외)에 대한 "BPA Free", "DBP Free", "BBP Free" 표시 · 광고로 해당 인체유해물질이 최종 제품에서 검출되지 않은 경우의 표시광고는 제외한다.

또한 제품에 포함된 성분 또는 제조공정 중에 생성되는 성분이 해당 제품에 없거나 사용하지 않았다는 표시광고는 소비자를 기만하는 표시광고에 해당한다.

[예시]

- **샐러리 분말과 발효균을 사용한 제품에 "아질산나트륨(NaNO2) 무첨가" 표시광고(샐러리 분말과 발효균 사용 시 제품에서 NO2 이온 생성)**
- **아미노산을 함유하고 있는 식물성 단백가수분해물을 사용한 제품에 아미노산의 한 종류인 "L-글루타민산나트륨(아미노산) 무첨가" 표시광고**

영양성분의 함량을 낮추거나 제거하는 제조·가공의 과정을 거치지 않은 원래의 식품 등에 해당 영양성분이 전혀 들어 있지 않은 경우 그 영양성분에 대한 강조하는 표시광고는 소비자를 기만하는 표시광고에 해당한다.

[예시]

두부 제품에 "무콜레스테롤" 표시광고

당류(단당류와 이당류의 합)를 사용하거나, 영양강조 표시기준에 따른 '무당류' 기준에 적절하지 않은 식품 등에 "무설탕" 또는 "설탕 무첨가" 표시광고를 하는 것은 소비자를 기만하는 표시광고에 해당한다.

또한 식품의약품안전처장이 고시한 「식품첨가물의 기준 및 규격」에서 규정하고 있지 않은 명칭을 사용한 표시광고도 소비자를 기만하는 표시광고에 해당한다.

[예시]

“무MSG”, “MSG 무첨가”, “무방부제”, “방부제 무첨가” 표시광고

「식품의 기준 및 규격」, 「식품첨가물의 기준 및규격」, 「기구 및 용기·포장의 기준 및 규격」, 「건강기능식품의 기준 및 규격」에 따른 유해물질(농약, 중금속, 곰팡이독소, 동물용의약품, 의약품 성분과 그 유사물질 등) 기준 및 규격에 적합하다는 사실을 강조하여 다른 제품을 상대적으로 규정에 적합하지 않다고 인식하게 하는 표시광고는 소비자를 기만하는 표시광고에 해당한다.

[예시]

“농약 기준에 적합한 녹차”, “중금속 기준에 적합한 김치”

합성향료만을 사용하여 원재료의 향 또는 맛을 내는 경우 그 향 또는 맛을 뜻하는 그림, 사진 등의 표시광고는 소비자를 기만하는 표시광고에 해당한다.

합성향료, 착색료, 보존료 또는 어떠한 인공이나 수확 후 첨가되는 화학적합성품이 포함된 식품, 비식용 부분의 제거 또는 표 32에서 제시하는 최소한의 물리적 공정 이외의 공정을 거친 식품 또는 자연상태의 농산물, 임산물, 수산물, 축산물, 먹는물, 유전자변형식품, 나노식품 등은 “천연”, “자연”(natural, nature와 이에 준하는 다른 외국어를 포함)이라는 표시광고를 할 수 없다. 다만, 「식품의 기준 및 규격」에 따른 식육가공품 중 천연케이싱에 대한 “천연” 표현과 자연상태의 농산물, 임산물, 수산물, 축산물에 대한 “자연” 표현은 제외한다.

표 32. 최소한의 물리적 공정 용어 정의와 범위

공정명	용어 정의	제외
세척	물(세척액 포함)을 이용하여 불순물 제거	-
박피	칼과 기계적 마찰을 이용하여 과일이나 채소의 껍질을 벗김	열수, 스팀, 화염, 알칼리 용액 등을 이용한 박피 제외

절단	자르거나 베어서 끊음	-
압착	압력을 주어 물체를 납작하게 하여 과일주스, 종자나 견과에서 기름을 짜내는 것	-
분쇄	식품을 작은 입자로 만드는 것	마이크로, 나노 단위의 미분쇄 제외
교반	휘저어 섞는 것	-
건조	수분을 증발시켜 없애는 것(동결건조 포함)	60 ℃ 이상의 열풍건조 제외
냉동	-18 ℃ 이하로 온도를 낮추어 보존하는 것	-
냉장	0~10 ℃ 이하로 온도를 낮추어 보존하는 것	-
성형	틀을 써서 식품을 특정한 형태로 만드는 것	-
압출	틀이나 좁은 구멍으로 눌러서 밀어내어 국수, 냉면 등을 뽑는 것	-
여과	거름종이, 체, 망 등을 사용하여 액체 속에 들어 있는 침전물을 걸러 내는 것	예시: 이온교환 필터를 이용한 여과, 정밀여과, 한외여과(ultrafiltration)
원심분리	원심력을 이용하여 고체와 액체 또는 비중이 서로 다른 두 가지 액체를 나누는 것	10,000rpm 이상의 고속 원심분리 제외(특정성분 제거) 예시: 초원심분리(ultracentrifugation)
혼합	손 또는 믹서로 뒤섞어서 한데 합함	-
폭기	공기를 불어넣는 것	-
숙성	식품 속의 단백질, 지방, 탄수화물이 자체의 효소, 미생물, 염류의 작용으로 알맞게 분해되어 특유의 맛과 향기를 갖게 만드는 것	-
자연발효	식품 자체의 미생물이 유기 화합물을 분해하여 알코올류, 유기산류, 이산화탄소 등을 생산하는 것	미생물을 인위적으로 투입하는 것은 제외
용해	액체 속에서 녹아 용액을 만드는 것	-

최종 제품에 표시한 1개의 원재료를 제외하고 어떤 물질이 남아 있는 경우의 "100%" 표시광고는 소비자를 기만하는 표시광고에 해당한다. 다만, 농축액을 희석하여 원상태로 환원한 제품의 경우 환원된 단일 원재료의 농도가 100% 이상이면 제품 내에 식품첨가물(표시대상 원재료가 아닌 원재료가 포함된 혼합제제류 식품첨가물은 제외)이 포함되어 있다 하더라도 100%의 표시를 할 수 있다. 이 경우 100% 표시 바로 옆 또는 아래에 괄호로 100% 표시와 동일한 글씨 크기로 식품첨가물의 명칭 또는 용도를 표시하여야 한다.

[예시]

"100% 오렌지주스(구연산 포함)", "100% 오렌지주스(산도조절제 포함)"

식품제조가공업, 유통전문판매업, 축산물가공업, 식육포장처리업, 축산물유통전문판매업 및 주문자상표부착방식 위탁생산 수입식품의 위탁자 이외의 상표나 로고 등을 사용한 표시광고는 소비자를 기만하는 표시광고에 해당한다. 다만, 최종 소비자에게 판매되지 아니하는 식품 등 및 자연상태의 농산물·임산물·수산물·축산물의 경우 또는 「상표법」에 따른 상표권을 소유한 자가 상표 사용권뿐만 아니라 해당 제품에 안전·품질에 관한 정보·기술을 제조사에게 제공한 경우는 제외한다.

정의와 종류(범위)가 명확하지 않고, 객관적, 과학적 근거가 충분하지 않은 용어를 사용하여 다른 제품보다 우수한 제품으로 소비자를 오인, 혼동시키는 표시광고는 소비자를 기만하는 표시광고에 해당한다.

[예시]

슈퍼푸드(Super food), 당지수(Glycemic index, GI), 당부하지수(Glycemic Load, GL) 등

또한 유전자변형 농·임·수·축산물이 아닌 농산물·임산물·수산물·축산물 또는 이를 사용하여 제조·가공한 식품 등에 "비유전자변형식품", "무유전자변형식품", "Non-GMO", "GMO-free" 또는 이와 유사한 용어 및 표현을 사용한 표시광고는 소비자를 기만하는 표시 또는 광고에 해당한다.

먹는 물과 유사한 성상(무색 등)의 음료에 "○○수", "○○물", "○○워터" 등 먹는 물로 오인, 혼동하는 제품명을 사용한 표시광고는 소비자를 기만하는 표시광고에 해당한다. 다만, 탄산수 및 식품유형을 주표시면에 14포인트 이상의 글씨로 표시하는 경우는 제외한다.

다른 유형의 식품 등과 오인, 혼동할 수 있는 표시광고는 소비자를 기만하는 표시광고에 해

당한다. 다만, 즉석섭취식품, 즉석조리식품, 소스는 식품유형과 용도를 명확하게 표시한 경우 제외한다.

미국 시장에 널려 유통되어 수입되고 있는 두류가공품인 제품의 제품명으로 "Beyond Beef", "Beyond Sausage"를 사용할 수 있는가 문제가 된 적이 있었다. 'Beyond'는 사전적으로 '~을 훨씬 능가하는', '~이상', '~저편에(너머에)'라는 의미를 가지고 있다. 따라서 'Beef', 'Sausage'를 가리거나, 다른 유형(포장육, 소시지)과의 오인, 혼동 및 소비자가 소고기, 소시지 등이 함유된 것으로 인식할 우려가 있어 사용할 수 없도록 한 적도 있다. 외국 사례에서도 대체육, 배양육 등에 대해 "고기" 표시를 금지하는 내용의 법안이 발의되기도 했다. 결국, 수입 '식물성 대체육' 제품에 대해서는 "Beef" 및 "Sausage" 영문제품명을 스티커로 처리하여 가리거나 영문제품명은 그대로 두고 영문명과 가까운 위치에 '식물성 대체육'임을 소비자에게 알리는 문구를 추가 표시하도록 하여 규제도 완화하고 소비자가 오인, 혼동하지 않도록 한 경우도 있었다. 대체육 및 배양육 표시광고의 기준을 정립하는 데는 국내외 대체육, 배양육의 개발 및 시장동향, 축산물 업체의 문제점 제기, 정책적 규제 여부 등에 따라 시간이 필요할 것으로 보인다.

이제 사람들이 자주 묻는 사례 몇 가지를 살펴보겠다.

식품에 "무보존료" 또는 "보존료 무첨가"를 표시하기 위한 조건은 무엇일까? 「식품첨가물의 기준 및 규격」의 사용기준에 따라 해당 식품 등에 보존료(13종)* 중 어느 하나를 사용할 수 있음에도 사용하지 않고 최종 제품에 검출되지 않은 경우 표시할 수 있다. 반면, 보존료(13종)을 모두 사용할 수 없는 식품 등에 대해서는 표시를 할 수 없다.

* 데히드로초산나트륨, 소브산 및 그 염류(칼륨, 칼슘), 안식향산 및 그 염류(나트륨, 칼륨, 칼슘), 파라옥시안식향산류(메틸, 에틸), 프로피온산 및 그 염류(나트륨, 칼슘)

[예시]

- **보존료를 사용할 수 있는 소스에 "무보존료" 표시 가능**
- **보존료(13종)을 사용할 수 없는 면류에 "무보존료" 표시 불가**

일반식품에 “인공감미료 무첨가”를 표시할 수 있을까? 「식품첨가물의 기준 및 규격」 개정에 따라 2018.1.1.부터는 식품첨가물에 대한 합성, 천연 분류가 없어져 ‘합성’과 관련된 “인공”을 표시해서는 안 된다. 따라서, 일반식품에 “인공감미료”를 표시해서는 안 되며, 「식품첨가물의 기준 및 규격」에 따라 해당 식품에 대해 사용 가능한 감미료가 있으나 이를 사용하지 않았고, 검출되지 않은 경우에는 이를 입증하는 객관적 사실에 근거하여 “감미료 무첨가” 등의 표시는 가능하다.

식품에 “무색소” 또는 “색소 무첨가”를 표시하기 위한 조건이 있을까? 「식품첨가물의 기준 및 규격」의 사용기준에 따라 해당 식품 등에 색소를 사용할 수 있음에도 사용하지 않고 최종 제품에 검출되지 않은 경우 표시할 수 있다. 반면, 색소를 사용할 수 없는 식품 등에 대해서는 표시를 할 수 없다.

[예시]

- **타르색소는 사용할 수 없으나 타르색소 외 색소를 사용할 수 있는 과채주스에 “무색소” 표시 가능**
- **색소를 사용할 수 없는 다류, 김치에 “무색소” 표시 불가**

가공치즈에 “보존료 무첨가”, “식물성경화유지 무첨가” 또는 “합성향료 무첨가”를 표시하기 위한 조건은 무엇일까? ‘치즈류(가공치즈)’에는 「식품첨가물의 기준 및 규격」에 따라 보존료를 사용할 수 있으므로 제품에 보존료에 해당하는 첨가물을 전혀 사용하지 아니하였다면 해당 표시는 가능하다. 합성향료 또한 해당 유형의 제품에 사용 가능하나 전혀 사용하지 않았다면 표시는 가능하다. 다만, “식물성경화유지 무첨가” 표시는 제품의 제조방법, 품질, 영양가, 원재료, 성분 또는 효과와 직접적인 관련이 적은 내용이나 사용하지 않은 성분을 강조함으로써 다른 업소의 제품을 간접적으로 다르게 인식하게 하는 내용의 표시광고에 저촉되어 적절하지 않다.

즉석조리식품에 “L-글루탐산나트륨 무첨가”를 표시하고 싶은데 가능할까? 「식품첨가물의 기준 및 규격」에 따라 해당 식품에 사용할 수 있도록 허용한 경우, 해당 식품첨가물의 무첨가 표시는 가능하므로 즉석조리식품에 "L-글루탐산나트륨 무첨가" 표시는 가능하다. 다만, 아미노산을 함유한 식물성단백가수분해물을 사용한 제품에 아미노산의 한 종류인 "L-글루탐산나트륨 무첨가"를 표시광고하는 것은 부당한 표시광고에 해당되므로 표시광고할 수 없다.

카페인을 함유하지 않은 다류에 "무카페인" 표시를 할 수 있을까? 다류와 커피의 경우 카페인 함량을 90% 이상 제거한 제품은 "탈카페인(디카페인) 제품"으로 표시할 수 있다. 따라서 제품이 '다류(침출차)'인 경우라면, 위 규정에 따라 카페인을 90% 이상 제거한 경우 탈(디)카페인 표시는 가능하나, 카페인을 제거하거나 낮추는 과정을 거치지 않고 원래 식품에 전혀 들어 있지 않은 경우 "무카페인" 표시는 적합하지 않다.

티백 제품에 "미세플라스틱 제로"를 표시하고 싶은데 가능할까? 「식품등의 부당한 표시 또는 광고의 내용 기준」에 따라 소비자를 기만하는 표시 또는 광고에는 '환경호르몬' 등과 같이 범위를 구체적으로 정할 수 없는 인체유해물질이 없다는 표시를 부당한 표시광고로 규정하고 있다. 따라서 제품에서 미세플라스틱이 검출되지 않았다는 의미로 "미세플라스틱 제로" 및 이와 유사한 의미로 표시하는 것은 부당한 표시광고에 해당되므로 표시할 수 없다.

식품용 기구에 "프탈레이트 FREE", "비스페놀A(BPA) FREE"를 표시하기 위해 어떤 조건이 충족되어야 할까? 환경호르몬, 프탈레이트와 같이 범위를 구체적으로 정할 수 없는 인체유해물질이 없다는 표시광고는 할 수 없다. 다만, 식품용 기구에 "비스페놀A(BPA) FREE" 표시는 최종 제품에서 검출되지 않은 경우 가능하나, 영·유아용 기구에는 표시할 수 없다.

합성향료 딸기향을 사용한 제품의 포장지에 딸기 그림 또는 사진을 넣어도 될까? 제품에 딸기를 사용하지 않고, 합성향료인 딸기향만을 사용한 경우라면 딸기 사진 또는 그림은 표시할 수 없다. 단, 천연향료(포도향)를 원재료로 사용한 경우라면 포도의 이미지를 제품에 표시하는 것은 가능하다.

식품 포장지에 도라지와 벌꿀 그림을 넣었다. 해당 원재료의 함량을 표시해야 할까? 제품에 사용하고 최종 제품에 남아 있는 원재료의 경우, 해당 원재료의 이미지 등을 주표시면에 표시하는 것은 가능하다. 이 경우 별도로 해당 원재료의 함량 표시를 규정하고 있지 않아 표시하지 않을 수 있다. 다만, 해당 제품에 합성향료만을 사용하여 원재료의 향 또는 맛을 내는 경우, 그 향 또는 맛을 뜻하는 그림, 사진 등을 표시하는 것은 부당한 표시광고에 해당된다.

"자연", "천연(natural, nature 등)"을 표시하기 위해 어떤 조건을 충족하여야 할까? 화학적 합성품이 포함되어 있지 않고 최소한의 물리적 공정을 거친 식품 등에 사용할 수 있다. 또한, 천연케이싱(식육가공품)에 "천연"은 사용 가능하나 "자연"은 사용할 수 없으며, 자연상태의 농산물, 임산물, 수상물, 축산물에 "자연"은 사용 가능하나 "천연"은 사용할 수 없다. 먹는 물, 유전자변형식품, 나노식품 등에는 "천연", "자연" 표시를 할 수 없다.

그렇다면 "네이처", "자연"을 포함하는 문구가 등록 상표인 경우라면 표시할 수 있을까? "네이처", "자연" 등의 상표명(또는 브랜드명, 업소명)을 사용하면서 그간 기업 이미지 제고를 위해 지속적으로 투자하는 등 노력한 점, 기업의 경영철학 및 가치 등을 담고 있는 점, 상표법에 의해 일반적인 소비자가 수용할 수 있는 최소한의 범위로 관리되는 점 등을 고려 시 해당 상표명을 표시하는 것은 「식품 등의 표시·광고에 관한 법률」 제8조의 부당한 표시광고에 해당되지 않는다.

수출국 등록상표가 "Naturally sugar free"인데 표시를 할 수 있을까? "Natural(천연)"* 및 "sugar free(무당)"** 표시는 국내 기준에 적합한 경우에 한하여 표시 가능하다.

* natural: 식품첨가물이 제품 내에 포함되지 아니하고, 비식용 부분의 제거나 최소한의 물리적 공정(세척, 박피, 압착, 분쇄, 교반, 건조, 냉동, 냉장, 성형, 압출, 여과, 원심분리, 혼합, 폭기, 숙성, 자연발효, 용해)을 거친 경우 표시 가능

** sugar free: 최종 제품의 당류 함량이 100 g(또는 ㎖)당 0.5 g 미만이 되도록 원재료를 조정하는 등 제조·가공 과정을 통해 낮추거나 제거한 경우 표시 가능

"저탄고지(저탄수화물, 고지방)" 표현을 사용할 수 있을까? 탄수화물, 지방에 대하여 "저", "고" 영양성분 강조 표시기준이 정해져 있지 아니하므로 저탄고지 표시는 적절하지 않다.

제품의 광고문구로 "키토제닉"의 표시가 가능할까? 「식품 등의 부당한 표시 또는 광고의 내용 기준」에 따르면 정의와 종류(범위)가 명확하지 않고, 객관적, 과학적 근거가 충분하지 않은 용어를 사용하여 다른 제품보다 우수한 제품으로 소비자를 오인, 혼동시키는 표시광고는

소비자를 기만하는 표시 또는 광고로 판단한다.

따라서 제품명의 일부로 "키토제닉" 등의 표시를 할 경우 일반적인 인식 수준을 가진 소비자가 동 제품을 키토제닉 식단(Ketogenic diet) 즉 케톤식* 또는 저탄수화물, 고지방 식사를 위한 제품으로 인식하도록 하는 표시로 판단된다. 소아간질환자가 의사의 지도에 따라 사용하는 치료 목적의 식이요법으로 사용되는 케톤식이 아닌, 일반인을 대상으로 하는, 공인되지 않은 케톤식임에도 이와 관련된 용어를 사용하는 것은 위의 규정에 따라 공인되지 않은 제조방법에 관한 사실을 명시하는 부당한 표시에 해당되어 적절하지 않다.

* 케톤식: 소아의 간질 경련을 조절하기 위해 입원 등을 통해 의사의 지도하에 케톤성(지방)과 항케톤성(단백질·탄수화물)의 비율을 4:1 등으로 조절한 치료법으로 공인된 식단

수입 음료의 제품명 일부로 "○○ water" 표시를 할 수 있을까? 음료류 중 먹는 물과 유사한 성상(무색 등)의 음료는 제품명으로 "○○수", "○○물", "○○워터" 등 먹는 물로 오인, 혼동할 수 있는 제품명을 사용하여서는 안 되나, 탄산수 및 식품유형을 주표시면에 14포인트 이상의 활자로 표시하는 경우에는 가능하다. 따라서, 먹는 물과 유사한 성상(무색)인 수입 음료류 제품의 수출국의 제품명인 "○○ water"와 관련하여, 주표시면에(한글 스티커 부착제품의 경우, 스티커에) 식품유형을 14포인트 이상의 활자로 표시하는 경우라면 "○○ water"의 표시는 가능하다.

침출차 제품에 "체중감소", "지방분해" 광고 문구를 사용할 수 있을까? 침출차를 온라인상에서 광고할 때 "체중감소", "지방분해"와 같은 표현을 사용할 경우 소비자로 하여금 해당 제품을 특수용도식품(체중조절용 조제식품) 등으로 오인, 혼동시킬 수 있는 표현에 해당한다.

우유가 없거나 사용하지 않은 제품의 제품명으로 "Almond Milk", "오트라떼"를 사용할 수 있을까? 제품에 원재료로 우유를 사용하지 않거나, 해당 제품의 유형이 우유에 해당되지 않는 경우, 제품명 일부로 "우유(milk)"를 사용할 수 없다. 또한, 일반적으로 '라떼'는 이태리어로 '우유'를 의미하며, '에스프레소에 우유를 1:2 또는 1:3 정도의 비율로 섞은 커피'로 알려져 있다. '라떼'를 표시하고자 하는 경우 위 정의에 부합하여야 하며, 우유가 함유되어 있지 아니한 제품에 "라떼"를 표시하는 것은 보통의 주의력을 가진 소비자가 해당 제품에 '우유'가 함유

되어 있는 것으로 인식할 우려가 있으며, 다른 식품 유형으로 오인, 혼동할 우려가 있어 적절하지 않다.

주꾸미를 원재료로 사용한 제품에 "주꾸미의 타우린은 낙지의 2배, 문어의 4배"라고 표시하고 싶은데 가능할까? "주꾸미의 타우린은 낙지의 2배, 문어의 4배"와 같은 표현은 소비자의 오인, 혼동을 유발할 수 있으므로 타우린의 함량을 표시하고자 하는 경우라면 타우린의 명칭과 최종 제품에 남아 있는 함량을 표시하여야 한다.

일반식품에 "피로회복", "시력에 도움", "다이어트 식품"이라 표시할 수 있을까? 일반가공식품에는 "피로회복", "시력에 도움"과 같은 표시광고를 할 수 없으며, "다이어트 식품"의 표시는 해당 식품을 특수용도식품(체중조절용 조제식품)으로 오인, 혼동시키는 표현으로 사용할 수 없다.

비알코올(Non alcohol) 제품에 "Ale(에일)" 문구를 표시하고 싶은데 가능할까? 일반적으로 "에일(Ale)"이라 함은 '상면발효방식으로 생산되는 영국식 맥주의 한 종류'로서 비알코올 음료류 제품에 해당 문구를 표시하는 것은 다른 유형(주류)의 제품으로 오인, 혼동할 우려가 있는 표현으로 표시하여서는 안 된다.

간장과 정제소금을 원재료로 사용한 복합조미식품의 제품명으로 "간장소금", "간장소금분말"을 사용하고 싶은데 가능할까? 「식품위생법」, 「축산물 위생관리법」, 「건강기능식품에 관한 법률」 등 법률에서 정한 유형의 식품 등과 오인, 혼동할 수 있는 표시광고는 부당한 표시 또는 광고에 해당된다. 따라서 해당 표시는 다른 유형의 제품(간장 또는 소금)으로 인식할 우려가 있어 적절하지 않다.

두류가공품의 제품명으로 "콩 뻥튀기"를 사용할 수 있을까? '뻥튀기'가 「식품의 기준 및 규격」에 따른 정확한 식품유형명은 아니므로, 제품명의 일부로 "뻥튀기"를 표시하는 것 자체가 '과자'와 오인, 혼동을 야기하는 것으로 판단되지 않는다. 다만, 표시 또는 광고 표현, 도안, 디자인 등과 연계하여 위의 규정에 저촉되는 표시 또는 광고를 하여서는 안 된다. 아울러, 「식품등의 표시기준」에 따라 제품명의 일부로 표시한 원재료명인 "콩"의 명칭 및 함량을 주표시면에 14포인트 이상의 글씨 크기로 표시하여야 한다.

소비자를 기만하는 표시 또는 광고 사례로는 "바다의 불로초 다시마는 배변의 양을 늘려 변비에 도움을 주는 대표식 중 하나로", "스피루리나는 강력한 항산화제인 카로티노이드가 풍부합니다", "신체에서 활성 산소의 증가로 인해 노화된 피부 또는 암과 심장 질환을 일으킬 수 있는 항산화제는 활성산소와 싸우는 데 놀라운 작용을 합니다" 등이 있다.

참고로, 미국 표시규정(미국 CFR §101.95)에서 "신선(fresh)", "갓 냉동된(freshly frozen), "신선 냉동(fresh frozen)", "냉동 신선(frozen fresh)" 용어를 허용하는 경우를 알아보자.

"신선" 용어를 식품을 가공하지 않았음을 나타내기 위해 표시한 경우, 이때 "신선" 용어는 식품이 날 것인 상태로 있고 냉동되지 않거나 열처리 또는 다른 형태의 보존 처리가 되지 않았음을 의미한다. 다만, 승인된 왁스 또는 코팅을 추가했거나, 승인된 농약을 수확 후 사용했거나, 제품을 적당한 염소 또는 산으로 세척 또는 최대 조사량 1 kg을 초과하지 않는 방사선 조사 처리한 경우는 "신선" 용어를 사용할 수 있다. 냉장된 식품의 경우에도 "신선" 용어를 사용할 수 있다.

저온 살균된 전유(whole milk)에 "신선" 용어를 사용할 수 있을까? 소비자는 우유가 원래부터 항상 저온살균된다고 알고 있고 있기 때문에 위 규정과 관계없이 사용이 가능하다. 다만 저온살균되거나 저온살균된 원료를 포함하는 파스타 소스에 "신선" 용어를 사용하는 경우, 위 규정에 따라 가공되지 않았거나 보존료가 처리되지 않아야 한다.

"신선 냉동"과 "냉동 신선" 용어를 사용하는 경우 이것은 식품이 신선할 때 급속 냉동되었음을 의미한다. 즉, 식품을 수확하자마자 냉동했음을 의미한다. 냉동 전에 식품을 열처리했더라도 "신선 냉동" 용어를 사용하여 식품을 설명할 수 있다. 여기서 "급속 냉동"은 식품이 내부까지 급속히 냉동되도록 보장하고 사실상 변질이 일어나지 않는 송풍 동결(blast-freezing, 식품으로 빠르게 움직이는 공기와 0 ℃ 이하 온도)과 같은 냉동 시스템에 의해 냉동된 것을 의미한다.

6. 비방 또는 부당 비교 표시광고

사례 67. **우유를 사용하지 않은 제품에 "Dairy-free" 표시 가능 여부**

"Dairy-free" 표시의 경우, 사용하지 않은 원재료를 강조하여 다른 업체의 제품을 간접적으로 비방하거나, 다른 업체의 제품보다 우수한 것으로 인식될 우려가 있는 부당한 표시에 해당되어 제품에 표시하여서는 안 된다.

(근거: 「식품 등의 표시·광고에 관한 법률 시행령」 [별표 1] 7., 「식품등의 부당한 표시 또는 광고 내용 기준」 제2조)

다른 업체나 다른 업체의 제품을 비방하는 다음의 표시 또는 광고는 부당한 표시광고에 해당한다.

① 다른 업소의 제품을 비방하거나 비방하는 것으로 의심되는 표시광고

[예시] "다른 ○○와 달리 이 ○○는 △△△△△을 첨가하지 않습니다", "다른 ○○와 달리 이 ○○은 △△△만을 사용합니다"

② 자기 자신이나 자기가 공급하는 식품 등이 객관적 근거 없이 경쟁사업자의 것보다 우량 또는 유리하다는 용어를 사용하여 소비자를 오인시킬 우려가 있는 표시광고.

[예시 1] '최초'를 입증할 수 없음에도 불구하고 "국내 최초로 개발한 ○○제품", "국내 최초로 수출한 ××회사" 등의 방법으로 표시광고하는 경우

[예시 2] 조사대상, 조사기관, 기간 등을 명백히 명시하지 않고 "고객만족도 1위", "국내 판매 1위" 등을 표시광고하는 경우

또한 객관적인 근거 없이 자기 또는 자기의 식품 등을 다른 영업자나 다른 영업자의 식품 등과 부당하게 비교하는 다음의 표시 또는 광고는 허용되지 않는다.

① 비교 표시광고의 경우 그 비교대상 및 비교기준이 명확하지 않거나 비교내용 및 비교방법이 적정하지 않은 내용인 경우

② 제품의 제조방법, 품질, 영양가, 원재료, 성분 또는 효과와 직접적인 관련이 적은 내용이나 사용하지 않은 성분을 강조함으로써 다른 업소의 제품을 간접적으로 다르게 인식하게 하는 내용의 표시광고

이제 사람들이 자주 묻는 사례 몇 가지를 살펴보겠다.

'식물성크림'을 사용하고 제품명의 일부로 "생크림"을 표시할 수 있을까? 「식품의 기준 및 규격」에서 '크림'은 '우유, 달걀, 유크림, 식용유지를 주원료로 이에 식품이나 식품첨가물을 가하여 혼합 또는 공기혼입 등의 가공공정을 거친 것', '식물성크림'은 '식물성 유지를 주원료로 하여 이에 당류 등 식품 또는 식품첨가물을 가하여 가공한 것', '유크림류'는 '원유 또는 우유류에서 분리한 유지방분 또는 이에 식품이나 식품첨가물 등을 가한 것'으로 설명하고 있다. 표준국어대사전(국립국어원)에서는 '크림'을 '달걀, 우유, 설탕 따위로 만든 옅은 노란색의 끈적끈적한 식품'으로, '생크림'을 '우유에서 비중이 적은 지방분을 분리하여 살균한 식품'으로 정의하고 있다. 따라서 '식물성크림'만 사용한 경우라면 "크림" 표시는 가능하나 생크림은 보통의 주의력을 지닌 소비자의 기대에 부합하지 않는다.

소고기로 만든 함박스테이크 제품에 "돼지고기를 섞지 않은"이라 표시하고 싶은데 가능할까? 해당 제품에 사용하지 않은 원재료를 강조함으로써 다른 업소의 제품을 간접적으로 다르게 인식하게 하는 표현으로 "돼지고기를 넣지 않은" 등의 표시는 적절하지 않으며, 돼지고기가 함유되지 않았다는 문구표시보다는 "소고기로 만든" 등으로 표시하는 것이 바람직하다.

수입식품에 "경화유 무첨가(No hydrogenated fats)"를 표시하고 싶은데 가능할까? "No hydrogenated fats" 표시는 다른 업체나 다른 업체의 제품을 간접적으로 다르게 인식하게 되는 부당한 표시에 해당되어 사용할 수 없다. 이 표시는 해당 제품의 신고관청에 승인을 받아 스티커 등으로 가릴 수 있다.

원재료B를 사용한 제품에서 "원재료A보다 더 쫄깃한 원재료B"를 사용했다라고 표시하고

싶은데 가능할까? 앞서 설명했듯이 다른 업체나 다른 업체의 제품을 비방하는 표시 또는 광고나 객관적인 근거 없이 자기 또는 자기의 식품 등을 다른 영업자나 다른 영업자의 식품 등과 부당하게 비교하는 표시 또는 광고는 금지되어 있다.

7. 상표·로고 표시

사례 68. 양봉업자가 채취한 벌꿀을 수집하여 소분포장한 제품에 판매업소의 상표 표시 가능 여부

벌꿀은 자연산물에 해당하므로 추가로 표시하는 판매업소의 상표 또는 로고 표시도 가능하다.
(근거: 「식품등의 부당한 표시 또는 광고의 내용 기준」 제2조, 제3호)

식품제조가공업, 유통전문판매업, 축산물가공업, 식육포장처리업, 축산물유통전문판매업, 건강기능식품제조업, 건강기능식품유통전문판매업 및 「수입식품안전관리 특별법」에 따른 주문자상표부착방식 위탁생산 식품 등에서 위탁자 이외의 상표나 로고 등을 사용한 표시광고는 소비자를 기만하는 표시 또는 광고로 본다. 다만, 최종 소비자에게 판매되지 아니하는 식품 등 및 자연상태의 농산물, 임산물, 축산물, 수산물의 경우나, 「상표법」에 따른 상표권을 소유한 자가 상표 사용권뿐만 아니라 해당 제품에 안전, 품질에 관한 정보, 기술을 제조사에게 제공한 경우는 제외한다.

이제 사례 몇 가지를 살펴보겠다.

식품제조업소에서 제조한 제품에 판매업소의 로고 또는 영업소명을 표시해도 될까? 로고 표시와 관련하여 유통전문판매업소가 아닌 경우, 판매업소의 상표 또는 로고 표시는 불가하다. 다만, 판매업소가 상표 또는 로고에 대한 사용권뿐만 아니라 해당 제품(상표 또는 로고를 표시하고자 하는 제품)에 대한 안전, 품질에 관한 정보, 기술을 식품제조가공업소에 제공한 경우에는 판매업소의 상표 또는 로고 표시는 가능하다. 영업소명 표시와 관련하여 식품제조가공업소에서 제조한 제품에 유통전문판매업소가 아닌 판매업소의 영업소명 표시는 가능하다. 이 경우 판매업소의 영업소명은 식품제조가공업소의 영업소명의 글씨 크기와 같거나 작게 표시하여야 한다.

한글 표시사항이 인쇄된 포장지를 수출국 제조업소에 제공하여 만든 제품을 수입하는 경우 수입업소의 상표를 표시할 수 있을까? 「수입식품안전관리 특별법」 제18조에 따른 주문자 상표부착방식 위탁생산 식품이 아닌 경우 수입판매업소의 상표 또는 로고를 표시할 수 없다. 다만, 수입판매업소가 상표 또는 로고에 대한 사용권뿐만 아니라 해당 제품(상표 또는 로고를 표시하고자 하는 제품)에 대한 안전, 품질에 관한 정보, 기술을 수출국 제조업소에 제공한 경우에는 수입판매업소의 상표 또는 로고 표시는 가능하다.

상표 사용 계약을 체결한 원재료를 사용한 제품에 원료사의 상표를 사용해도 될까? 「식품등의 부당한 표시 또는 광고의 내용 기준」 제2조에 따라 상표를 사용할 수 있는 영업자 외의 상표 사용은 상표권자가 상표 사용권뿐만 아니라 제품에 안전, 품질에 관한 정보, 기술을 제조사에게 제공한 경우 상표 사용이 가능하다. 단순히 해당 원료에 대한 상표 사용 계약을 체결한 사실만으로는 제품에 안전, 품질에 관한 정보, 기술을 제공한 것으로 보기 어렵기 때문에 원료사의 상표는 부당한 표시광고에 해당한다.

캐릭터 사용권을 취득한 경우 해당 캐릭터를 표시할 수 있을까? 「식품등의 부당한 표시 또는 광고의 내용 기준」에 따른 상표 표시 관련 규정은 지적재산권인 캐릭터 등 명칭, 그림 등을 제품에 표시하는 것을 규정하고 있지 않다. 캐릭터 등 상표표시는 지적재산권과 관련한 법률(디자인보호법, 저작권법, 상표법, 민법, 형법 등)에 적합한 경우 사용할 수 있다.

8. 부당한 표시광고의 예외

사례 69. 부당한 표시광고 규정 예외 식품

식품접객업 영업소에서 조리하여 판매하는 제품에 대한 예외 규정이며 식품제조가공업에서 만든 품목제조보고된 가공식품을 식품접객업소 매장에서 그대로 판매하는 경우에는 해당하지 않는다.
[예시] 일반음식점에서 렌틸콩, 병아리콩을 슈퍼곡물로 칭하고 "항산화 효능", "피로회복 효능"으로 포스터 광고하는 것은 부당한 표시 또는 광고로 보고 있지 않다.
(근거: 「식품 등의 표시·광고에 관한 법률 시행령」 [별표 1] 비고)

식품접객업 영업소에서 조리, 판매, 제조, 제공하는 식품에 대한 표시광고 또는 영업신고 대상에서 제외되거나 영업등록 대상에서 제외되는 경우(식품첨가물이나 다른 원료를 사용하지 아니하고 농산물, 임산물, 수산물)로서 가공과정 중 위생상 위해가 발생할 우려가 없고 식품의 상태를 관능검사(官能檢査)로 확인할 수 있도록 가공하는 식품에 대한 표시광고는 부당한 표시광고로 보지 않는다. 다만, 집단급식소에 식품을 판매하기 위하여 가공하는 경우 및 신선편의식품을 판매하기 위하여 가공하는 경우는 제외한다.

이제 사람들이 자주 묻는 사례 몇 가지를 살펴보겠다.

버섯에 "항암성분 함유"라고 표시할 수 있을까? 일반식품에는 "항암" 표시와 같은 질병의 예방, 치료에 효능이 있는 것으로 인식할 우려가 있는 표시 또는 광고를 하여서는 안 된다. 다만, 영업신고 대상이 아닌 자연상태 농산물인 경우라면 "항암성분 함유" 표시는 객관적 근거에 입각하여 표시 가능하다.

브랜드 명칭으로 "슈퍼 ○○"을 사용할 수 있을까? 브랜드명에 대하여 별도로 규정하고 있지 아니하나, 식품의 브랜드명으로서 "슈퍼 ○○"의 경우 제조사의 책임하에 표시하는 것은 가능하다.

일반식품에 "에너지"를 표시할 수 있을까? '에너지'라는 문구에 대해서는 별도 규정하고 있지 않아 단순히 해당 문구를 제품명 또는 주표시면에 표시하는 것은 가능하다. 다만, 이와 연계하여 「식품 등의 표시·광고에 관한 법률」 제8조에 따른 부당한 표시광고에 저촉되는 표시를 하여서는 안 된다.

일반식품에 "건강" 표시를 할 수 있을까? 건강기능식품 등으로 오인할 우려가 없는 범위에서 단순히 "건강"이라는 문구를 표시하는 것은 가능하다.

제품에 "refreshing", "speedy" 또는 "30 sec" 영어문구를 표시할 수 있을까? 「식품 등의 표시·광고에 관한 법률」 제4조부터 제6조까지에 따른 표시가 아닌 추가로 표시하는 문구에 대해서는 사실에 입각하여 표시 가능하다. 다만, 같은 법 시행령 [별표 1] 5.에 따라 외국어의 남용 등으로 인하여 외국 제품 또는 외국과 기술 제휴한 것으로 혼동하게 할 우려가 있는 경우 부당한 표시에 해당되니 이에 저촉되지 않도록 하여야 한다.

V.

기능성 표시 일반식품 표시광고

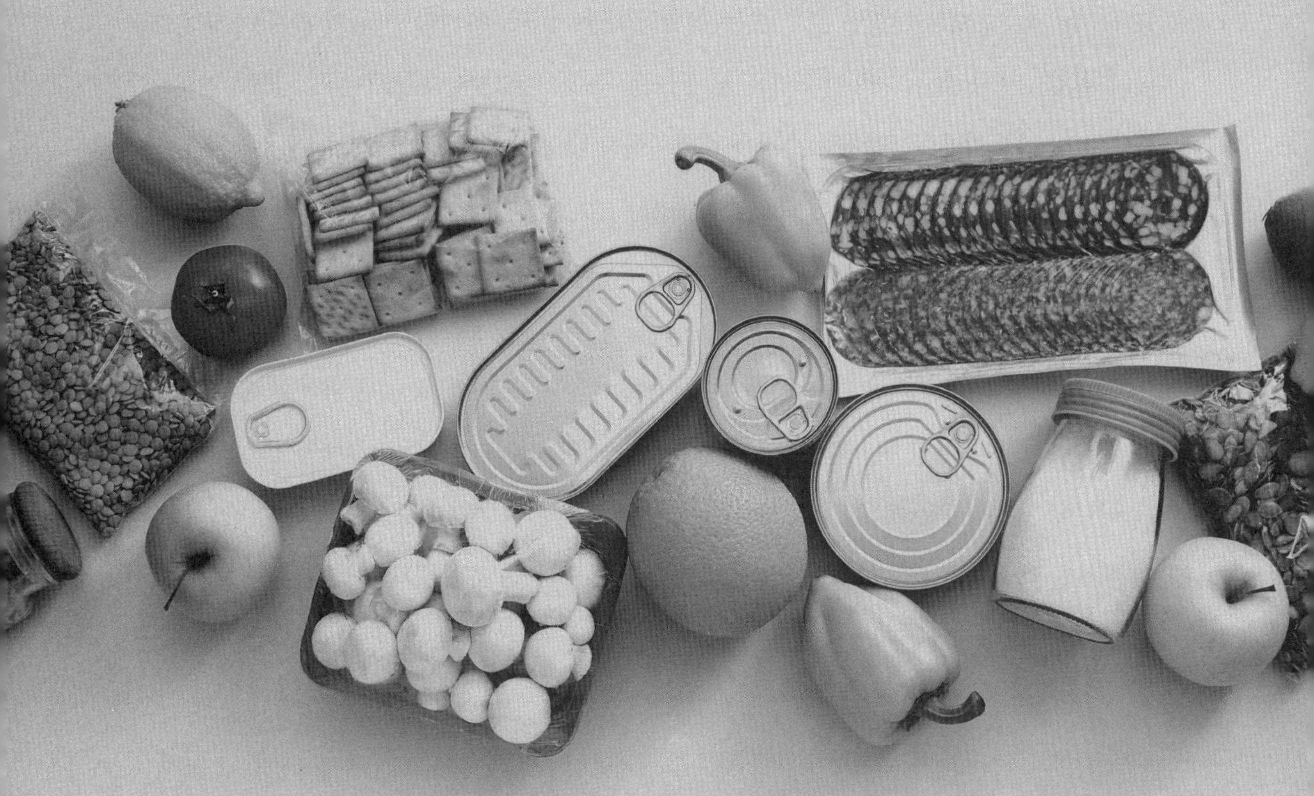

〈TIP〉

기능성 표시 일반식품의 내용은 이 책 II. 일반식품 등 표시광고 8. 영양성분 표시 및 VI. 건강기능식품을 먼저 공부하고 보는 것이 좋다!

1. 적용 범위

사례 70. 어린이, 아동 대상 판매 일반식품에 기능성 표현 가능 여부

"어린이", "아동" 또는 이와 유사한 표현을 하거나, 이미지를 사용하여 아동(18세 미만)이 섭취하는 식품 등은 기능성 표현을 할 수 없다. 다만, 「어린이 식생활안전관리 특별법」 제14조제1항에 따라 품질인증을 받은 어린이 기호식품에 해당되는 경우라면 어린이 표방 식품이라 하더라도 기능성 표시가 가능하다.
(근거: 「부당한 표시 또는 광고로 보지 아니하는 식품등의 기능성 표시 또는 광고에 관한 규정」 제3조)

건강기능식품이 아닌 것을 건강기능식품으로 인식할 우려가 있는, 기능성이 있는 것으로 표현하는 표시광고는 부당한 표시 또는 광고의 내용에 해당하지만, 제품에 함유된 영양성분이나 원재료가 '신체조직과 기능의 증진에 도움을 줄 수 있다는 내용'(이하 "기능성"이라 한다)으로서 식품의약품안전처장이 정하여 고시하는 내용의 표시 또는 광고는 제외하고 있다.

이와 같이 일반식품에 기능성 표현을 허용하고 있지만 「식품의 기준 및 규격」에서 정한 주류 및 특수의료용도 등의 식품, 다음의 표 33의 기능성 표시 식품 등의 영양성분 함량 기준에 적합하지 않은 식품 등, 36개월 이하 영·유아를 섭취대상으로 하는 식품 등 및 "어린이", "아동" 또는 이와 유사한 표현이나 이미지를 사용하여 「아동복지법」에 따른 아동이 섭취하는 것으로 표시 또는 광고한 식품 등(다만, 「어린이 식생활안전관리 특별법」에 따라 품질인증을 받은 어린이 기호식품은 제외한다), 임산부 또는 수유중인 여성을 대상으로 한 식품 등(임신 계획용 표방 식품등을 포함한다) 및 정제, 캡슐, 과립 또는 분말(과립과 분말의 경우 바로 섭취하는 스틱, 포 형태에 한함), 액상(이 경우 스프레이형, 앰플형 및 이와 유사한 형태, 인삼, 홍삼에 대한 기능성을 나타낸 농축액 100 ㎖ 이하 파우치 형태에 한함)에 해당하는 형태의 식품 등은 제외한다.

기능성 표시 식품 등은 표 33에 나와 있는, 식품유형별 영양성분의 함량 기준에 적합하여야 한다. 식품유형별 영양성분 함량 기준은 「식품등의 표시기준」에 따른 해당 식품의 1회 섭취참고량을 기준 단위로 한다. 다만, 1회 섭취참고량이 30 g 이하이면 50 g(㎖)으로 하고, 1회 섭취참고량이 없는 경우와 식용유지류 중 트랜스지방의 경우는 100 g(㎖)으로 한다. 표 33에서 일반식품은 「식품의 기준 및 규격」으로 관리하고 있는 가공식품 중 농축과채즙, 과채주스, 김치류, 장류, 식용유지류, 소스, 마요네즈, 우유, 가공유, 치즈, 초콜릿을 제외한 가공식품을 말한다.

표 33. 기능성 표시 식품 등의 영양성분 함량 기준

구분 / 영양성분	「식품의 기준 및 규격」에 따른 식품유형							
	일반식품	농축과채즙, 과채주스	김치류, 장류	식용유 지류	소스, 마요네즈	우유, 가공유	치즈	초콜릿
총지방	10.0 g 이하	10.0 g 이하	10.0 g 이하	-	-	10.0 g 이하	15.0 g 이하	-
포화지방	3.0 g 이하	3.0 g 이하	3.0 g 이하	20.0 g 이하	3.0 g 이하	5.0 g 이하	10.0 g 이하	-
트랜스지방	0.2 g 이하	0.2 g 이하	0.2 g 이하	2.0 g 이하	0.2 g 이하	0.5 g 이하	0.8 g 이하	0.2 g 이하
당류	20.0 g 이하	26.0 g 이하	20.0 g 이하	20.0 g 이하	20.0 g 이하	20.0 g 이하	20.0 g 이하	20.0 g 이하
나트륨	400.0 ㎎ 이하	400.0 ㎎ 이하	-	400.0 ㎎ 이하	400.0 ㎎ 이하	400.0 ㎎ 이하	400.0 ㎎ 이하	400.0 ㎎ 이하

또한, 원재료 또는 성분별 기능성을 표시 또는 광고하려는 식품 등은 다음 표 34의 영양성분 "저" 표시기준을 충족하여야 한다. 이 경우 "저" 표시기준은 「식품등의 표시기준」 영양성분 함량 강조 표시기준(표 23)에 적합하여야 한다. 예를 들어, 홍삼을 원료로 사용하고 "혈소판

응집억제를 통한 혈액흐름에 도움을 줄 수 있음"의 기능성을 표현한 경우 「식품등의 표시기준」의 '저포화지방', '저트랜스지방' 기준에도 적합하여야 한다. 다만, 홍삼의 "면역력 증진"이라고 기능성을 표현한 경우 "저" 표시기준은 충족하지 않아도 된다.

표 34. 기능성 원재료 또는 성분별 기능성에 따른 영양성분 "저" 표시기준

연번	기능성 원재료 또는 성분	기능성	영양성분 개별 기준
1	인삼	면역력 증진, 피로 개선, 뼈 건강 개선에 도움을 줄 수 있음	-
2	홍삼	면역력 증진, 피로 개선, 항산화, 갱년기 여성의 건강에 도움을 줄 수 있음	-
		혈소판 응집 억제를 통한 혈액 흐름에 도움을 줄 수 있음	저포화지방, 저트랜스지방
3	클로렐라	피부 건강, 항산화, 면역력 증진에 도움을 줄 수 있음	-
		혈중 콜레스테롤 개선에 도움을 줄 수 있음	저포화지방, 저트랜스지방
4	스피루리나	피부 건강, 항산화에 도움을 줄 수 있음	-
		혈중 콜레스테롤 개선에 도움을 줄 수 있음	저포화지방, 저트랜스지방
5	프로폴리스 추출물	항산화·구강에서의 항균작용에 도움을 줄 수 있음 ※ 구강 항균작용은 구강에 직접 접촉할 수 있는 형태에 한하며, 섭취량을 적용하지 않음	저당류
6	구아바잎추출물	식후 혈당 상승 억제에 도움을 줄 수 있음	저당류
7	바나바잎추출물	식후 혈당 상승 억제에 도움을 줄 수 있음	저당류
8	EPA 및 DHA 함유 유지	혈중 중성지질 개선, 혈행 개선에 도움을 줄 수 있음	저포화지방, 저트랜스지방
		건조한 눈을 개선하여 눈 건강에 도움을 줄 수 있음	-
9	매실추출물	피로 개선에 도움을 줄 수 있음	-
10	구아검/ 구아검 가수분해물	혈중 콜레스테롤 개선에 도움을 줄 수 있음	저포화지방, 저트랜스지방
		식후 혈당 상승 억제에 도움을 줄 수 있음	저당류
		장내 유익균 증식·배변활동 원활에 도움을 줄 수 있음	-

11	난소화성 말토덱스트린	식후 혈당 상승 억제에 도움을 줄 수 있음	저당류
		혈중 중성지질 개선에 도움을 줄 수 있음	저포화지방, 저트랜스지방
		배변활동 원활에 도움을 줄 수 있음	-
12	대두식이섬유	혈중 콜레스테롤 개선에 도움을 줄 수 있음	저포화지방, 저트랜스지방
		식후 혈당 상승 억제에 도움을 줄 수 있음	저당류
		배변활동 원활에 도움을 줄 수 있음	-
13	목이버섯 식이섬유	배변활동 원활에 도움을 줄 수 있음	-
14	밀식이섬유	식후 혈당 상승 억제에 도움을 줄 수 있음	저당류
		배변활동 원활에 도움을 줄 수 있음	-
15	보리식이섬유	배변활동 원활에 도움을 줄 수 있음	-
16	옥수수겨 식이섬유	혈중 콜레스테롤 개선에 도움을 줄 수 있음	저포화지방, 저트랜스지방
		식후 혈당 상승 억제에 도움을 줄 수 있음	저당류
17	이눌린/치커리 추출물	혈중 콜레스테롤 개선에 도움을 줄 수 있음	저포화지방, 저트랜스지방
		식후 혈당 상승 억제에 도움을 줄 수 있음	저당류
		배변활동 원활에 도움을 줄 수 있음	-
18	차전자피 식이섬유	혈중 콜레스테롤 개선에 도움을 줄 수 있음	저포화지방, 저트랜스지방
		배변활동 원활에 도움을 줄 수 있음	-
19	호로파종자 식이섬유	식후 혈당 상승 억제에 도움을 줄 수 있음	저당류
20	알로에겔	피부 건강, 장 건강, 면역력 증진에 도움을 줄 수 있음	-
21	프락토올리고당	장내 유익균 증식 및 배변활동 원활에 도움을 줄 수 있음	-
22	프로바이오틱스	유산균 증식 및 유해균 억제, 배변활동 원활, 장 건강에 도움을 줄 수 있음	-
23	홍국	혈중 콜레스테롤 개선에 도움을 줄 수 있음	저포화지방, 저트랜스지방
24	대두단백	혈중 콜레스테롤 개선에 도움을 줄 수 있음	저포화지방, 저트랜스지방

25	폴리감마 글루탐산	체내 칼슘 흡수 촉진에 도움을 줄 수 있음	-
26	마늘	혈중 콜레스테롤 개선에 도움을 줄 수 있음	저포화지방, 저트랜스지방
27	라피노스	장내 유익균의 증식과 유해균의 억제 도움을 줄 수 있음, 배변활동을 원활히 하는 데 도움을 줄 수 있음	-
28	분말한천	배변활동에 도움을 줄 수 있음	-
29	유단백가수 분해물	스트레스로 인한 긴장 완화에 도움을 줄 수 있음	-

주정처리한 일반식품에 기능성 표현의 제한을 두는 이유는 뭘까?「식품의 기준 및 규격」에서 정한 식품유형이 '주류'인 경우에만 기능성 표현을 제한하는 것이며, 주정처리한 면류 등은 기능성 표현을 제한하지 않는다.

환 형태를 스틱, 포에 담은 경우 기능성 표현이 제한될까? 기능성 표시 일반식품에서 스틱, 포 형태는 과립 또는 분말에 한해 제한하는 것이므로 환(식품을 작고 둥글게 만든 것)을 스틱, 포에 담아 기능성을 표시하는 것은 가능하다. 환 형태의 제품에 대한 기능성 표현을 제한하지 않는다.

"숙취해소" 기능성 표시식품에서 제품 형태의 제한이 있을까? "숙취해소"라고 표현한 식품의 경우 건강기능식품의 기능성과 차이가 있으므로「부당한 표시 또는 광고로 보지 아니하는 식품등의 기능성 표시 또는 광고에 관한 규정」 제3조에 따른 식품의 형태*를 제한하지 않는다.

* 정제, 캡슐, 과립 또는 분말(과립과 분말의 경우 바로 섭취하는 스틱, 포 형태에 한함), 액상(이 경우 스프레이형, 앰플형 및 이와 유사한 형태, 인삼, 홍삼에 대한 기능성을 나타낸 농축액 100 ㎖ 이하 파우치 형태에 한함)에 해당하는 형태의 식품 등

2. 기능성 범위

사례 71. 건강기능식품 고시형 원료 일부에 대해서만 기능성을 허용한 이유

건강기능식품으로 허용된 고시형 원료 중 식품의 제조기준, 원료기준에 적합하고 과잉섭취 방지를 위해 노출량 등을 고려하여 안전성에 문제가 없는 원료를 목록화(Positive List, 인삼 등 29개)하여 그 기능성을 허용한 것이다. 69개 중 29개 이외 고시형 원료의 기능성은 추후 노출량 등 평가를 통해 확대해 나갈 계획이다.
참고로, 비타민, 무기질 등 영양성분 28개에 대해서는 이 고시와 별개로 기능성 표현을 할 수 있다.
(근거: 「부당한 표시 또는 광고로 보지 아니하는 식품등의 기능성 표시 또는 광고에 관한 규정」 제4조)

식품 등에 표현(사용)할 수 있는 기능성은 3가지 분류가 있다. 첫째는 인삼, 홍삼, 클로렐라 등 「건강기능식품의 기준 및 규격」에서 정한 69개 중 29개의 고시형 기능성 원재료 또는 성분이다. 이를 원재료 또는 성분별 기능성 및 1일 섭취기준량을 표 35에 나타내었다.

둘째는 「건강기능식품 기능성 원료 및 기준·규격 인정에 관한 규정」에 따라 인정받은 개별 인정형 기능성 원료 중 식품의약품안전처장이 일반식품에 사용할 수 있다고 인정한 기능성이다. 이 경우는 인정받은 기능성 원료의 제조자 또는 수입자가 기능성을 나타내는 원재료를 일반식품에 사용하겠다고 식품의약품안전처장에게 신청하여 그림 16의 의사결정도에 따라 인정받은 원재료의 기능성이다.

마지막으로는 실증에 관한 것이다. 「식품등의 표시 또는 광고 실증에 관한 규정」의 인체적용시험 또는 인체적용시험 결과에 대한 정성적 문헌 고찰(체계적 고찰, SR: Systematic Review)을 통해 과학적 자료로 입증한 기능성이다. 시험결과 실증을 위해 시험·검사기관의 독립성, 전문성 및 시험절차와 방법의 적합성 등을 검토한다. 특정 영양성분의 대체, 제거 또는 감소로 인한 기능성, 숙취해소와 관련된 기능성, 「식품의 기준 및 규격」에 따른 발효유류에 대한 장건강·위건강 기능성은 2024.12.31.까지만 유효하므로 건강기능식품의 개별인정형 원료로 인정받은 후 의사결정도에 따라 식품의 원료로 사용할 수 있다고 인정받은 경우에 표현이 가능하다.

표 35. 원재료 또는 성분별 기능성 및 1일 섭취기준량

순번	기능성 원재료 또는 성분	기능성	1일 섭취기준량
1	인삼	면역력 증진, 피로 개선에 도움을 줄 수 있음	진세노사이드 Rg1과 Rb1의 합계로서 3~80 ㎎
		뼈 건강에 도움을 줄 수 있음	진세노사이드 Rg1과 Rb1의 합계로서 25 ㎎
2	홍삼	면역력 증진, 피로 개선에 도움을 줄 수 있음	진세노사이드 Rg1, Rb1 및 Rg3의 합계로서 3~80 ㎎
		혈소판 응집 억제를 통한 혈액 흐름 개선, 항산화에 도움을 줄 수 있음	진세노사이드 Rg1, Rb1 및 Rg3의 합계로서 2.4~80 ㎎
		갱년기 여성의 건강에 도움을 줄 수 있음	진세노사이드 Rg1, Rb1 및 Rg3의 합계로서 25~80 ㎎
3	클로렐라	피부 건강, 항산화에 도움을 줄 수 있음	총 엽록소로서 8~150 ㎎
		면역력 증진, 혈중 콜레스테롤 개선에 도움을 줄 수 있음	총 엽록소로서 125~150 ㎎
4	스피루리나	피부 건강, 항산화에 도움을 줄 수 있음	총 엽록소로서 8~150 ㎎
		혈중 콜레스테롤 개선에 도움을 줄 수 있음	총 엽록소로서 40~150 ㎎
5	프로폴리스 추출물	항산화, 구강에서의 항균작용에 도움을 줄 수 있음 ※ 구강 항균작용은 구강에 직접 접촉할 수 있는 형태에 한하며, 섭취량을 적용하지 않음	총 플라보노이드로서 16~17 ㎎
6	구아바잎 추출물	식후 혈당 상승 억제에 도움을 줄 수 있음	총 폴리페놀로서 120 ㎎
7	바나바잎 추출물	식후 혈당 상승 억제에 도움을 줄 수 있음	코로솔산으로서 0.45~1.3 ㎎
8	EPA 및 DHA 함유 유지	혈중 중성지질 개선, 혈행 개선에 도움을 줄 수 있음	EPA와 DHA의 합으로서 0.5~2 g
		건조한 눈을 개선하여 눈 건강에 도움을 줄 수 있음	EPA와 DHA의 합으로서 0.6~1 g
9	매실추출물	피로 개선에 도움을 줄 수 있음	구연산으로서 1~1.3 g
10	구아검/구아검 가수분해물	혈중 콜레스테롤 개선, 식후 혈당 상승 억제, 배변활동 원활에 도움을 줄 수 있음	구아검/구아검가수분해물식이섬유로서 9.9~27 g
		장내 유익균 증식에 도움을 줄 수 있음	구아검/구아검가수분해물식이섬유로서 4.6~27 g

11	난소화성 말토덱스트린	식후 혈당 상승 억제에 도움을 줄 수 있음	난소화성말토덱스트린식이섬유로서 4.0~30 g(액상원료는 4.0~44 g)
		혈중 중성지질 개선에 도움을 줄 수 있음	난소화성말토덱스트린식이섬유로서 5.0~30 g(액상원료는 5.0~44 g)
		배변활동 원활에 도움을 줄 수 있음	난소화성말토덱스트린식이섬유로서 4.2~30 g(액상원료는 4.2~44 g)
12	대두 식이섬유	혈중 콜레스테롤 개선, 배변활동 원활에 도움을 줄 수 있음	대두식이섬유로서 20~60 g
		식후 혈당 상승 억제에 도움을 줄 수 있음	대두식이섬유로서 10~60 g
13	목이버섯 식이섬유	배변활동 원활에 도움을 줄 수 있음	목이버섯식이섬유로서 12 g
14	밀식이섬유	식후 혈당 상승 억제에 도움을 줄 수 있음	밀식이섬유로서 6~36 g
		배변활동 원활에 도움을 줄 수 있음	밀식이섬유로서 36 g
15	보리식이섬유	배변활동 원활에 도움을 줄 수 있음	보리식이섬유로서 20~25 g
16	옥수수겨 식이섬유	혈중 콜레스테롤 개선, 식후 혈당 상승 억제에 도움을 줄 수 있음	옥수수겨식이섬유로서 10 g
17	이눌린/ 치커리추출물	혈중 콜레스테롤 개선, 식후 혈당 상승 억제에 도움을 줄 수 있음	이눌린/치커리추출물 식이섬유로서 7.2~20 g
		배변활동 원활에 도움을 줄 수 있음	이눌린/치커리추출물식이섬유로서 6.4~20 g
18	차전자피 식이섬유	혈중 콜레스테롤 개선에 도움을 줄 수 있음	차전자피식이섬유로서 5.5 g 이상
		배변활동 원활에 도움을 줄 수 있음	차전자피식이섬유로서 3.9 g 이상
19	호로파종자 식이섬유	식후 혈당 상승 억제에 도움을 줄 수 있음	호로파종자식이섬유로서 12~50 g
20	알로에겔	피부 건강, 장 건강, 면역력 증진에 도움을 줄 수 있음	총 다당체 함량으로서 100~420 ㎎
21	프락토올리고당	장내 유익균 증식 및 배변활동 원활에 도움을 줄 수 있음	프락토올리고당으로서 3~8 g
22	프로바이오틱스	유산균 증식 및 유해균 억제, 배변활동 원활, 장 건강에 도움을 줄 수 있음	100,000,000 CFU
23	홍국	혈중 콜레스테롤 개선에 도움을 줄 수 있음	총 모나콜린 K로서 4~8 ㎎
24	대두단백	혈중 콜레스테롤 개선에 도움을 줄 수 있음	대두단백으로서 15 g 이상
25	폴리감마 글루탐산	체내 칼슘 흡수 촉진에 도움을 줄 수 있음	폴리감마글루탐산으로서 60~70 ㎎

26	마늘	혈중 콜레스테롤 개선에 도움을 줄 수 있음	마늘 분말로서 0.6~1.0 g
27	라피노스	장내 유익균의 증식과 유해균의 억제에 도움을 줄 수 있음, 배변활동을 원활히 하는 데 도움을 줄 수 있음	라피노스로서 3~5 g
28	분말한천	배변활동에 도움을 줄 수 있음	분말한천으로서 2~5 g (총 식이섬유로서 1.6~4.0 g)
29	유단백 가수분해물	스트레스로 인한 긴장 완화에 도움을 줄 수 있음	유단백가수분해물로서 150 ㎎ [알파에스1카제인(αS1-casein) (f91-100)으로서 2.7~4.1 ㎎]

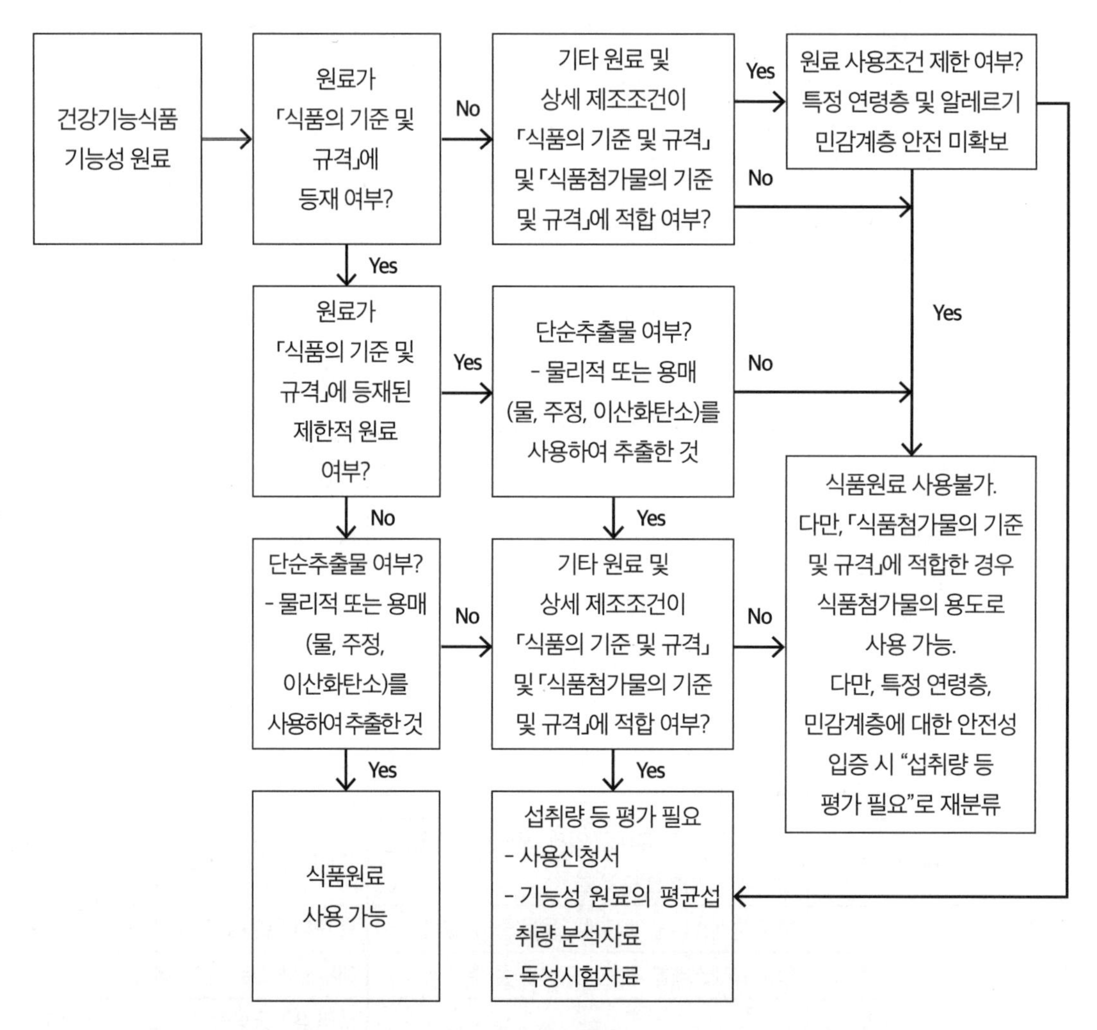

그림 16. 개별인정형 원료의 일반식품 원료 사용 가능 여부 의사결정도

소비자 오인, 혼동 방지를 위해 기능성의 범위에 포함해서는 안 되는 내용이 있다. 수험생 기억력 개선, 어린이 키 성장, 노인 인지능력 개선 등과 같이 어린이, 임산·수유부, 노인 등 건강민감 계층과 관련된 내용, 정자운동성, 질 건강 등과 같은 남성, 여성의 성기능 또는 생식기 건강과 관련된 내용, 「건강기능식품의 기준 및 규격」의 질병 발생 위험 감소 기능과 「건강기능식품 기능성 원료 및 기준·규격 인정에 관한 규정」에서 정한 질병 발생 위험 감소 기능에 대한 내용 등이 기능성 범위에 포함되지 않는 내용이다.

건강기능식품 개별인정형 원료의 기능성은 해당 원료 제조자 또는 수입자만 사용 가능할까? 「건강기능식품 기능성 원료 및 기준·규격 인정에 관한 규정」 제10조 제1항에 따라 인정받은 기능성 원료의 제조자 또는 수입자가 식약처로부터 일반식품에 사용 가능하도록 인정받은 경우라면 해당 기능성 원료의 제조자 또는 수입자뿐만 아니라, 이를 구매, 사용하는 HACCP 인증업소에서도 일반식품의 기능성 표시가 가능하다.

건강기능식품 개별인정형 원료의 기능성을 일반식품에 사용하려 하는데 어떻게 신청해야 할까? 「건강기능식품 기능성 원료 및 기준·규격 인정에 관한 규정」 제10조에 따라 인정받은 기능성 원료의 제조자 또는 수입자가 '기능성을 나타내는 원재료의 일반식품 사용신청서'를 작성 후 '건강기능식품 기능성원료 인정서'를 첨부하여 우편 또는 '문서24'로 신청 가능하다.

'충치 예방'과 같은 질병 감소 기능성을 실증하여 표현할 수 있을까? 특정 영양성분의 대체, 제거 또는 감소로 인한 기능성에 한정하여 실증을 통해 기능성 표시광고가 가능하다. 건강기능식품을 제외한 일반식품에 질병 위험 감소에 도움이 된다는 등의 기능성 표시광고는 부당한 표시광고에 해당되어 사용할 수 없다. 따라서, 실증과 관계없이 충치 예방 등 질병 감소 기능성 표현을 사용할 수 없다.

[예시]

설탕을 자일리톨로 대체 시: "충치 예방"(×), "치아 건강"(O)

일반식품에 "숙취해소" 기능성 표현을 할 수 있을까? 일반식품에 "숙취해소" 표현과 관련한 과학적 근거 등에 대해 별도로 정하고 있지 아니하나, 문헌 등 자체적으로 보유하고 있는 객관적, 과학적 근거에 따라 실제 해당 제품이 숙취해소에 효과가 있는 점 등을 입증할 수 있는 경우라면, 영업자의 책임하에 "숙취해소"의 표시 또는 광고는 2024.12.31.까지 가능하다. 다만, 2025.1.1.부터는 「식품등의 표시 또는 광고 실증에 관한 규정」 제4조에 따라 인체적용시험 또는 인체적용시험 결과에 대한 정성적 문헌 고찰(체계적 고찰, SR: Systematic Review)을 통해 과학적 자료를 갖춘 경우 표현이 가능하다. 그 밖의 문구의 사용 여부와 관련하여서는 전반적인 이미지, 문구 등을 고려하여 종합적으로 판단하여야 하는 바, 자율심의기구로 등록된 한국식품산업협회 심의를 받아 심의결과에 따라 표시광고하여야 한다.

「식품 등의 표시·광고에 관한 법률」 제10조(자율심의)에서는 식품 등에 관하여 표시 또는 광고하려는 자는 해당 표시광고(제4조부터 제6조까지의 규정에 따른 표시사항만을 그대로 표시광고하는 경우는 제외한다)에 대하여 식품의약품안전처장에게 등록한 기관 또는 단체(이하 "자율심의기구"라 한다)로부터 미리 심의를 받아야 하며 표시광고의 심의를 받은 자는 심의 결과에 따라 식품 등의 표시광고를 하여야 한다. 모든 식품이 자율심의의 대상은 아니고 기능성 표시 식품을 포함하여 특수영양식품, 특수의료용도식품, 건강기능식품이 대상식품이다.

현재 기능성 표시 식품은 자율심의기구인 한국식품산업협회에서 미리 자율심의를 받아야 한다. 참고로, 자율심의기구에 미리 심의를 받아야 하는 대상 식품 및 심의기관은 표 36과 같다.

일반식품에 "장 건강" 및 "위 건강" 기능성을 표현할 수 있을까? 발효유류의 "위 건강" 또는 "장 건강" 표현은 「식품등의 표시 또는 광고 실증에 관한 규정」에 따라 과학적 자료를 갖춘 경우 2024.12.31.까지 가능하며, 2025.1.1.부터는 건강기능식품의 개별인정형 원료로 인정받은 후 의사결정도에 따라 식품의 원료로 사용할 수 있다고 인정받은 경우에 표현이 가능하다.*

* 기능성 원료 '프로바이오틱스'를 사용한 발효유류는 유효기한과 관계없이 "장 건강" 표시 가능

표 36. 자율심의기구에 미리 심의를 받아야 하는 대상 식품 및 심의 기관

구분		심의대상 식품	심의기관
식품	특수영양식품	영아 · 유아, 비만자 또는 임산부 · 수유부 등을 위한 식품	한국식품산업협회
	특수의료용도식품	정상적으로 섭취, 소화, 흡수 또는 대사할 수 있는 능력이 제한되거나 질병 또는 수술 등의 임상적 상태로 인하여 일반인과 생리적으로 특별히 다른 영양요구량을 가지고 있는 사람에게 필요한 식품	한국식품산업협회
	기능성표시식품	제품에 함유된 영양성분이나 원재료가 신체조직과 기능의 증진에 도움을 줄 수 있다는 내용으로서 식품의약품안전처장이 정하여 고시하는 내용을 표시광고하는 식품	한국식품산업협회
건강기능식품			한국건강기능식품협회

3. 제조관리 요건

사례 72. 음료류에 대해서만 HACCP을 받은 업체가 기타가공품에 기능성 표현이 가능한지 여부

기능성 표시 식품을 HACCP 인증 업소에서 제조하도록 하는 것은 기능성을 표시한 식품에 대해 HACCP 기준을 적용하여 식품에 함유된 기능성 원료에 대한 품질관리 및 안전관리를 통해 소비자를 보호하기 위해서이다. 음료류에 대해 HACCP을 받은 업체에서 기타가공품을 제조하면서 해당 제품에 기능성을 표시하려는 경우 기타가공품에 대해서도 HACCP 인증을 받아야 한다.
(근거: 「부당한 표시 또는 광고로 보지 아니하는 식품등의 기능성 표시 또는 광고에 관한 규정」 제5조)

기능성 표시 식품은 일반식품보다 좀 더 까다로운 제조관리 요건을 충족하도록 규정되어 있다. 기능성 표시 일반식품은 식품안전관리인증기준적용업소로 인증(HACCP) 받은 업소 또는 축산물 안전관리인증업소로 인증(HACCP) 받은 업소에서 제조·가공되어야 한다. 다만, 수입식품 등은 제외한다.

식품 등에 사용된 기능성을 나타내는 원재료 또는 성분은 우수건강기능식품제조기준 적용

업소(GMP)에서 제조·가공된 것이어야 한다. 다만, 수입식품 등은 제외한다.

기능성을 나타내는 원재료 또는 성분을 사용한 식품 등은「건강기능식품의 기준 및 규격」의 제3 개별 기준 및 규격 중 기능성분의 표시량 기준 또는「건강기능식품 기능성 원료 및 기준·규격 인정에 관한 규정」에 따라 인정된 기능성분 함량 기준 및 규격 중 기능성분의 표시량 기준에 적합하여야 한다. 이 경우 시험절차와 방법은「건강기능식품의 기준 및 규격」또는「건강기능식품 기능성 원료 및 기준·규격 인정에 관한 규정」에 따른다. 다만, 식품 등의 특성상 기능성을 나타내는 성분의 표시량 시험방법을 적용하기 어려운 경우에는「식품등의 표시 또는 광고 실증에 관한 규정」제4조에서 정하고 있는 시험절차와 방법에 적합하여야 한다.

[예시]

- 원료(국내) + 제조·가공(국내): GMP 원료 + HACCP 제조·가공
- 원료(수입) + 제조·가공(국내): 수입신고된 건강기능식품 기능성원료 + HACCP 제조·가공
- 수입완제품: GMP 원료사용 및 HACCP 제조·가공 적용 대상 아님. 다만,「건강기능식품의 기준 및 규격」에 충족하는 기능성원료를 사용하여 제조·가공되어야 함

식품 등에 함유된 기능성을 나타내는 원재료 또는 성분의 함량은 소비기한까지 유지되어야 하며, 제조일 또는 수입일 기준으로 6개월마다 검사하여 기능성분 표시량 기준에 적합하여야 한다.

업체가 기능성 표시 일반식품을 제조·가공하기 위해서는 식품안전관리인증기준적용업소이나 축산물안전관리인증업소로 인증(HACCP)을 받아야 하나, 제조하는 제품 자체, 즉 기능성 표시 일반식품에 대해 인허가를 필요로 하지는 않는다. 수입신고한 일반식품에 경우에도 별도의 인허가 절차는 필요하지 않다.

위탁 제조 제품의 기능성 성분 함량을 검사하는 경우 검사 주체는 누구일까? 식품 등 제조·가공업자가 제조시설 등이 부족하여 다른 제조·가공업체에 위탁하였을 경우 기능성 성

분 함량 검사는 위탁자가 실시하며, 위탁자와 수탁자 간의 계약에 의하여 수탁자가 실시하는 것도 가능하다. 유통전문판매업자가 식품 등 제조·가공업체에 위탁하였을 경우에는 위탁자나 수탁자가 실시 가능하다.

HACCP 업체에서 제조한 원료를 기능성 표시 일반식품의 원료로 사용할 수 있을까? 기능성 표시식품에 사용된 기능성을 나타내는 원재료 또는 성분은 「건강기능식품에 관한 법률」에 따른 GMP 적용업소에서 제조된 것만 사용할 수 있으므로, HACCP 업체에서 제조·가공한 원료는 사용할 수 없다.

수입 일반식품은 기능성 표시대상에서 제외될까? 「부당한 표시 또는 광고로 보지 아니하는 식품 등의 기능성 표시 또는 광고에 관한 규정」에서 정하는 요건을 갖춘 경우라면 수입식품 등도 기능성 표시가 가능하다. 다만, 수입식품 등의 경우에는 GMP 원료를 사용하여 HACCP 업체에서 제조·가공해야 하는 요건의 적용대상이 아니다.

기능성 표시 일반식품의 수입 통관 시 구비 서류는 무엇일까? 「부당한 표시 또는 광고로 보지 아니하는 식품등의 기능성 표시 또는 광고에 관한 규정」에서 정하는 요건을 갖추었는지 여부를 수입 통관 단계에서 서류검사 등으로 확인하므로 관련 입증자료를 구비하여야 한다.

① 건강기능식품 원료 요건 충족 관련 자료(건강기능식품 원료 기능성 성분 함량 시험 성적서, 제조방법 설명서)
② 최종 제품에 대한 기능성 성분 함량 시험 성적서

"숙취해소" 기능성 표시 일반식품을 HACCP 업체에서 제조하여야 할까? 모든 기능성 표시식품은 HACCP 업체에서 제조·가공되어야 한다. 다만, "숙취해소" 표시 식품의 경우에는 '2024. 12. 31.'까지는 종전대로 제조·가공할 수 있다.

기능성 성분 함량 검사를 6개월마다 해야 할까? 기능성 성분 함량 검사는 소비자 피해를 예방하고 정확한 정보를 제공하기 위해 식품에 사용된 기능성원료 또는 성분의 함량이 소비기한까지 유지되도록 관리하라는 의미이며, 소비기한까지 기능성 원료 또는 성분의 함량이 유지되는지 여부는 영업자가 제조일 또는 수입일 기준으로 6개월마다 검사하여야 한다. 이 경우 식품유형별 또는 제조단위(Lot)별 검사가 아닌 기능성을 표시한 제품별로 검사하여야 한다.

영업자가 기능성 성분 함량 검사를 직접 할 수 있을까? 기능성 성분 함량 검사에 필요한 기계, 기구 및 시약류가 구비된 검사실을 갖추고 검사능력이 있는 검사자가 검사를 실시할 때에는 직접 검사를 할 수 있다.

그러면, 기능성 성분 함량 검사를 공인검사기관에 위탁할 수도 있을까? 식품, 축산물시험·검사기관에 위탁하여 검사를 실시할 수 있다. 식품, 축산물시험·검사기관은 '식품의약품안전처 홈페이지(www.mfds.go.kr)'에서 확인할 수 있다.

만약 「건강기능식품의 기준 및 규격」의 표시량 시험방법 적용이 어려운 경우 다른 방법이 있을까? 「식품등의 표시 또는 광고 실증에 관한 규정」 제4조*에서 정하고 있는 시험절차와 방법에 따라 시험하면 된다.

* 일반시험의 경우에는 정부, 국제기관·기구·학회[국제식품규격위원회(Codex Alimentrarius Commission, CAC), 국제분석화학회(Association of Official nalytical Chemists, AOAC), 국제표준화기준(International Standards Organization, ISO) 등]에서 정하고 있는 시험절차와 방법일 것

참고로, 「부당한 표시 또는 광고로 보지 아니하는 식품등의 기능성 표시 또는 광고에 관한 규정」 고시와 관련된 기준 및 규격 등의 내용으로 「건강기능식품의 기준 및 규격」 또는 「식품등의 표시기준」에 변경된 사항이 있는 경우에는 변경된 사항을 우선 적용한다.

4. 기능성 원료 충족 요건

사례 73. 분말스프에 기능성 원료를 사용하는 라면에서 1회 섭취참고량 기준 적용 방법

라면과 기능성 원료를 사용한 분말스프가 1개의 제품으로 품목제조보고가 되어 있는 경우라면, 품목제조보고되어 있는 식품유형(예시: 유탕면류)의 1회 섭취참고량(예시: 봉지 120 g)을 적용한다.
(근거: 「부당한 표시 또는 광고로 보지 아니하는 식품 등의 기능성 표시 또는 광고에 관한 규정」 제5조)

기능성 표시 식품에 기능성을 나타내는 원재료 또는 성분의 함량은 1일 섭취기준량 또는 식품원료로 사용 가능한 것으로 인정받은 기능성 원료의 1일 섭취기준량 또는 식품원료로 사용 가능한 것으로 인정받은 기능성 원료의 1일 섭취기준량의 30% 이상을 충족하고 최대함량 기준을 초과하지 않아야 한다. 이 경우 1일 섭취기준량 적용은 표 17의 1회 섭취참고량을 기준으로 하지만, 1회 섭취참고량의 기준이 없는 경우와 식용유지류 중 트랜스지방의 경우는 100 g(㎖) 기준으로 한다.

[예시]

탄산음료에 인삼 기능성을 표시하는 경우 200 ㎖당 진세노사이드 Rg1과 Rb1의 합계로서 0.9 ㎎ 이상 80 ㎎ 이하로 함유되어야 함(탄산음료 1회 섭취참고량 200 ㎖, 인삼의 1일 섭취기준량 진세노사이드 Rg1과 Rb1의 합계로서 3~80 ㎎)

1일 섭취기준량의 최대함량기준 예시는 다음과 같다. 다만, 프로바이오틱스의 경우에는 1회 섭취기준량이 단일 값임에도 불구하고 최대함량기준을 적용하지 않으며, 그 이상 사용이 가능하다.

[예시]

- **1일 섭취기준량이 최소~최대함량기준 범위가 정해진 경우**

(매실추출물의 1일 섭취 기준량이 '구연산으로서 1~1.3 g'이므로 최대함량기준은 1.3 g임)

- 1일 섭취기준량이 단일값만 있는 경우
  (구아바잎추출물의 1일 섭취 기준량이 '총 폴리페놀로서 120 ㎎'이므로 최대함량기준은 120 ㎎임)
- 1일 섭취기준량이 단일값 이상인 경우
  (대두단백의 1일 섭취 기준량이 '대두단백으로서 15 g 이상'이므로 최대함량기준은 없음)

기능성 원료로 마늘분말을 사용[기능성분: 알리인(Alliin)]하여 마늘 기능성을 표시하는 액상차의 제조 요건, 기능성 성분 함량 검사 및 표시방법은 다음과 같다.

① 제조 요건: '마늘'의 기능성을 표시하는 '액상차'의 경우에는 제조·가공 시 건강기능식품 기능성 원료인 '마늘분말'을 사용하고, '마늘분말'의 함량은 200 ㎖당 0.18 g 이상 1.0 g 이하로 함유하도록 함(액상차 1회 섭취참고량 200 ㎖, 마늘의 1일 섭취기준량 마늘분말로서 0.6~1.0 g)
② 기능성 성분 검사: 제조·가공한 제품은 「건강기능식품의 기준 및 규격」에 따른 '마늘'의 기능성 성분인 '알리인(Alliin)'의 함량을 검사
③ 표시방법: 제품에 기능성 성분 함량은 "마늘분말로서 ○○ g(알리인 ○○ g)"으로 표시

기능성 원료로 대두식이섬유를 사용(기능성분: 식이섬유)하여 대두식이섬유 기능성을 표시하는 혼합음료의 제조 요건, 기능성 성분 함량 검사 및 표시방법은 다음과 같다.

① 제조 요건: '대두식이섬유'의 "혈중 콜레스테롤 개선" 기능성을 표시하는 '혼합음료'의 경우에는 제조·가공 시 건강기능식품 기능성 원료인 '대두식이섬유'을 사용하고, '대두식

이섬유'의 함량은 200 ㎖당 6 g 이상 60 g 이하로 함유하도록 함(혼합음료 1회 섭취참고량 200 ㎖, 대두식이섬유의 1일 섭취기준량 대두식이섬유로서 20~60 g)

② 기능성 성분 검사: 제조·가공한 제품은 「건강기능식품의 기준 및 규격」에 따른 '대두식이섬유'의 기능성 성분인 '식이섬유'의 함량을 검사

③ 표시방법: 제품에 기능성 성분 함량은 "대두식이섬유로서 ○○ g(식이섬유 ○○ g)"으로 표시

분말커피의 경우 1회 섭취참고량 기준을 어떻게 적용해야 할까? 분말커피와 같이 희석, 용해, 침출 등을 통하여 음용하는 제품의 경우, 「식품등의 표시기준」에 따른 식품유형별의 1회 섭취참고량을 만드는 데 필요한 용량(㎖) 또는 중량(g)을 1회 섭취참고량으로 할 수 있다.

[예시]

분말커피 1봉지(15 g)를 뜨거운 물(200 ㎖)을 부어 용해해서 음용하도록 한 제품에 홍삼을 기능성 원료로 사용하여 "갱년기 여성의 건강" 기능성을 표시하는 경우라면, 분말커피 1봉지(15 g)당 진세노사이드 Rg1과 Rb1 및 Rg3의 합계로서 7.5 ㎎ 이상 80 ㎎ 이하로 함유되어야 함

(커피 1회 섭취참고량 200 ㎖, 홍삼의 1일 섭취기준량 진세노사이드 Rg1과 Rb1 및 Rg3의 합계로서 25~80 ㎎)

프로폴리스 추출물을 사용한 껌에 "구강 항균작용에 도움을 줄 수 있음" 기능성을 표시할 수 있을까? 프로폴리스 추출물을 사용하여 "구강 항균작용에 도움을 줄 수 있음"의 기능성을 표시하는 경우에는 구강에 직접 접촉할 수 있는 형태에 한하여 표시할 수 있으므로, 껌, 젤리 등 씹어 먹는 형태의 제품이라면 표시 가능하다.

[예시]

프로폴리스 추출물의 기능성 및 1일 섭취기준량: 항산화, 구강에서의 항균작용에 도움을 줄 수 있음
(구강 항균작용은 구강에 직접 접촉할 수 있는 형태에 한하며, 섭취량을 적용하지 않음, 총 플라보노이드로서 16~17 ㎎)

프로폴리스 추출물을 사용한 과채주스에서 원재료에서 기인한 총 플라보노이드 함량이 포함되어야 할까? '프로폴리스 추출물'을 기능성 원료로 사용하여 일반식품에 기능성을 표시하고자 하는 경우 원재료의 함량이 1일 섭취 기준량 또는 식품원료로 사용 가능한 것으로 인정받은 기능성 원료의 1일 섭취기준량의 30% 이상을 충족하고 최대함량기준을 초과하지 않아야 하므로, 과채주스 1회 섭취참고량당 기능성 원재료인 '프로폴리스 추출물'에 포함된 총 플라보노이드 함량이 1일 섭취량 범위 내(4.8~17 ㎎)에서 제조·가공되어야 한다.

기능성 성분과 시험·검사를 위한 지표성분이 다른 경우 어떻게 해야 할까? 기능성 성분이 1일 섭취기준량 또는 식품원료로 사용 가능한 것으로 인정받은 기능성 원료의 1일 섭취기준량의 30% 이상이 되는지 시험·검사로 확인하여야 하나, 「건강기능식품의 기준 및 규격」에 따른 시험법상 기능성 원재료 또는 성분과 지표성분이 다른 경우에는 지표성분으로 검사하되, 해당 지표성분도 제품에 표시하여 관리하여야 한다.

5. 표시광고 방법

사례 74. 인삼을 사용한 제품에 "면역력 증진", "피로 개선", "뼈 건강에 도움을 줄 수 있음" 기능성을 모두 표시하는 경우 1일 섭취기준량 표시방법

제품에 표시하고자 하는 기능성의 1일 섭취기준량이 각각 다른 경우에는 기능성별 1일 섭취기준량을 구분하여 표시하거나, 가장 높은 1일 섭취기준량 기준으로 표시 가능하다.

[예시]

- 면역력 증진 · 피로 개선: 진세노사이드 Rg1과 Rb1의 합계로서 3~80 ㎎
- 뼈 건강: 진세노사이드 Rg1과 Rb1의 합계로서 25 ㎎
- 면역력 증진 · 피로 개선 · 뼈 건강: 진세노사이드 Rg1과 Rb1의 합계로서 25~80 ㎎

(근거: 「부당한 표시 또는 광고로 보지 아니하는 식품등의 기능성 표시 또는 광고에 관한 규정」 제6조)

기능성 표시 식품도 일반식품에 해당되므로 「식품등의 표시기준」에 따른 제품명, 내용량, 업소명 및 소재지, 원재료명, 유통기한, 품목보고번호 등 의무표시사항을 기본적으로 표시하여야 하며, 다음의 표시가 있는 식품 등에 한하여 기능성 광고를 할 수 있다. 이 경우 "본 제품은 건강기능식품이 아닙니다"라는 문구를 포함하여야 한다.

① 기능성에 도움을 줄 수 있다고 알려진 또는 보고된 기능성 원재료 또는 성분이 식품 등에 들어 있다는 내용

[예시] 본 제품에는 A(기능성)에 도움을 줄 수 있다고 알려진(또는 보고된) B(기능성 원재료 또는 성분)가 들어 있습니다.

② 기능성 성분 함량. 이 경우 가능성 성분 함량 표시 단위는 표 22의 영양성분별 단위 및 표시방법을 준용한다.

③ 1일 섭취기준량

④ 섭취 시 주의사항(건강기능식품 공전 상 해당 원료에 대한 주의문구 등)

⑤ "본 제품은 건강기능식품이 아닙니다."라는 문구

⑥ 질병 예방 · 치료 제품이 아니라는 문구

⑦ 균형 잡힌 식생활을 권장하는 문구

⑧ 이상사례가 있는 경우 섭취를 중지하고 전문가와 상담이 필요하다는 문구

기능성 표시 식품은 「식품등의 표시기준」에 따라 그림 17의 예시와 같이 주표시면에 제품명, 내용량 및 내용량에 해당하는 열량(영양성분 표시대상만 해당)을 표시하여야 하며, 기능성에 도움을 줄 수 있다고 알려진(또는 보고된) 기능성 원재료(또는 성분)가 식품 등에 들어 있다는 내용과 "본 제품은 건강기능식품이 아닙니다."라는 문구를 추가로 표시하여야 한다.

[주표시면]

○○음료

배변 활동에 원활한 도움을 줄 수 있다고 보고된 대두식이섬유가 들어 있습니다.

본 제품은 건강기능식품이 아닙니다.

200 ㎖(100 ㎉)

[정보표시면]

식품유형	혼합음료
품목보고번호	○○○○○○○○○○○-○○○
업소명 및 소재지	○○사, 서울 마포구
소비기한	○○○○년○○월○○일
원재료명	○○, ○, ○○, ○○○
포장재질	폴리프로필렌
보관방법	실온보관
주의사항	부정불량 식품신고는 국번없이 1399, 이 제품은 ○○을 사용한 제품과 같은 시설에서 제조
기능성 성분 함량 (총 내용량 당)	대두식이섬유로서 ○ g(식이섬유 ○ g)
1일 섭취 기준량	대두식이섬유로서 20~60 g
대두에 알레르기를 나타내는 사람은 섭취에 주의하세요. 균형 잡힌 식생활을 권장합니다. 이상사례가 있는 경우 섭취를 중단하고 전문가와 상담하세요. 본 제품은 질병 예방·치료 제품이 아닙니다.	

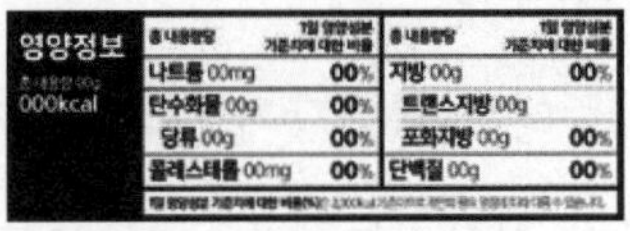

영양정보 000kcal			
나트륨 00mg	00%	지방 00g	00%
탄수화물 00g	00%	트랜스지방 00g	
당류 00g	00%	포화지방 00g	00%
콜레스테롤 00mg	00%	단백질 00g	00%

그림 17. 기능성 표시 식품에 표시하여야 하는 사항

제품 용기포장에 기능성 성분 함량 표시는 표 22의 영양성분별 단위 및 표시방법을 준용한다. 아래는 탄산음료 1,000 ㎖(총 내용량)에 인삼 기능성 표시하려는 경우 충족 기준이다.

① 제조기준: 탄산음료 1회 섭취참고량 200 ㎖당 인삼의 1일 섭취기준량(진세노사이드 Rg1 및 Rb1의 합계로서 3~80 ㎎)의 30% 이상이어야 하므로, 1,000 ㎖(총 내용량)에는 인삼 기능성 성분은 4.5 ㎎ 이상 400 ㎎ 이하로 함유하도록 함

② 표시방법: 총 내용량(1,000 ㎖) 또는 100 ㎖당 인삼 기능성 성분 함량 표시 가능하므로 "총 내용량당 진세노사이드 Rg1 및 Rb1의 합계로서 4.5 ㎎" 또는 "100 ㎖당 진세노사이드 Rg1 및 Rb1의 합계로서 0.45 ㎎"로 표시

여러 기능성 원료(프락토올리고당, 홍국)를 사용한 일반식품에 여러 기능성 표현이 가능할까? 「부당한 표시 또는 광고로 보지 아니하는 식품등의 기능성 표시 또는 광고에 관한 규정」에 따라 「건강기능식품의 기준 및 규격」의 고시형 원료 중 표 35의 29개에 해당하는 기능성 원료는 인삼, 홍삼, 클로렐라, 스피루리나, 프로폴리스추출물, 구아바잎추출물, 바나나잎추출물, EPA 및 DHA 함유 유지 등 이다. 일반식품에 기능성을 표시할 수 있는 여러 개의 기능성 원료를 사용한 경우에는 해당하는 기능성 내용을 표시할 수 있다.

매실추출물을 사용한 제품에 해당 원료의 기능성인 "피로 개선"을 제품명의 일부로 표시할 수 있을까? 기능성 표시 일반식품에는 기능성에 도움을 줄 수 있다고 알려진(또는 보고된) 기능성 원재료 또는 성분이 식품 등에 들어 있다는 내용에 한하여 표시 가능하므로, 기능성을 나타내는 원료 또는 성분의 기능성을 제품명 등 기타 표시에 사용할 수 없다.

[예시]

"본 제품은 피로 개선에 도움을 줄 수 있다고 알려진 매실추출물이 들어 있습니다."

섭취 시 주의사항이 없는 경우에도 이를 표시해야 할까? 「건강기능식품의 기준 및 규격」과

「건강기능식품 기능성 원료 및 기준·규격 인정에 관한 규정」에서 해당 기능성을 나타내는 원료에 대한 섭취 시 주의사항을 모두 표시하여야 하나, 섭취 시 주의사항을 정하고 있지 않은 경우라면 표시하지 않을 수 있다.

[예시]

- **기능성 원료로 홍삼 사용 시: '의약품(당뇨치료제, 혈액항응고제) 복용 시 섭취에 주의'가 있으므로 섭취 시 주의사항 표시하여야 함**
- **기능성 원료로 알로에겔 사용 시: 별도의 섭취 시 주의사항 없으므로, 미표시 가능**

특정 영양성분을 대체, 제거 또는 감소시킨 기능성 표시 일반식품의 기능성 내용을 표시하는 방법은 무엇일까? 예를 들어 설탕을 자일리톨로 대체한 제품의 경우 "본 제품은 치아건강에 도움을 주기 위해 설탕 대신 자일리톨을 사용한 제품입니다."로 기능성 내용을 표시할 수 있다.

기능성 표시 일반식품을 광고할 수 있을까? 기능성 표시 일반식품의 의무표시 기준을 준수한 경우에 한하여 기능성 광고가 가능하며, 이 경우 "본 제품은 건강기능식품이 아닙니다."라는 문구를 포함하여야 한다.

영양성분의 기능성 중 질병 발생 위험 감소 표현이 가능할까? 일반식품에 사용한 영양성분 29종에 대해 기능성은 「건강기능식품의 기준 및 규격」에서 정한 기능성과 동일하게 표현할 수 있다.

[예시]

칼슘: 뼈와 "치아 형성에 필요", "신경과 근육 기능 유지에 필요" 등

다만, 비타민D와 칼슘의 기능성 내용 중 "골다공증 발생 위험 감소에 도움을 줌"이라는 질병의 발생 위험을 감소하는 표현은 할 수 없다. 이는 건강기능식품의 기능성 원료로 인정받은 원료 성분에 한하여 허용하고 있기 때문이다.

영양성분의 기능성을 표현한 식품의 제형 제한이 있을까? 그리고 "본 제품은 건강기능식품이 아닙니다"를 표시해야 할까? 영양성분 기능성 표시는 「부당한 표시 또는 광고로 보지 아니하는 식품등의 기능성 표시 또는 광고에 관한 규정」 적용 대상이 아니므로, 분말, 과립 등 제품의 형태에 제한이 없으며, "본 제품은 건강기능식품이 아닙니다." 문구도 표시하지 않아도 된다.

기능성 표시 일반식품을 표시 또는 광고하려는 영업자는 한국식품산업협회의 인터넷 홈페이지(www.kfia.or.kr)에 제품명, 업소명, 기능성 성분명과 그 함량, 1일 섭취기준량 및 기능성 성분 함량의 1일 섭취기준량에 대한 비율, 기능성 표시 내용, 과학적 근거자료를 공개하여야 한다.

그렇다면 기능성 표시 일반식품의 자료를 공개할 과학적 근거 자료는 무엇일까? 건강기능식품 고시형 원료를 사용한 경우 「건강기능식품의 기준 및 규격」 내용을 근거자료로 한다. 건강기능식품 개별인정형 원료를 사용한 경우 「건강기능식품 기능성 원료 및 기준·규격 인정에 관한 규정」에 따른 건강기능식품 기능성 원료 인정서를 근거자료로 한다.

VI.

건강기능식품 표시광고

1. 개요

사례 75. **건강기능식품의 특징**

건강기능식품은 일반식품과 다르게 인체에 유용한 기능성 원료 또는 성분을 함유하고 있으며, 기능성과 안전성을 확보할 수 있는 권장섭취량을 정하고 있다. 건강기능식품은 식품의약품안전처장이 고시(告示形)하거나 민원인이 신청한 원료에 대해 안전성, 기능성 심사를 통해 인정(個別認定形)한 기능성 내용을 표시하여야 한다. 참고로, 영업허가를 받은 제조업소에서 의무적으로 GMP를 적용하여야 하고, 품질관리인 배치 및 자가품질검사 등 품질, 안전관리를 통해 제조하여야 한다.
(근거: 「건강기능식품의 기준 및 규격」, 「건강기능식품 기능성 원료 및 기준규격 인정에 관한 규정」)

건강기능식품은 급속한 고령화로 건강 관심이 고조되는 시기에 일상 식생활로 건강을 유지, 증진한다는 점에서 소비자 선호도가 높은 제품이다. 기대수명 연장과 함께 유병기간도 늘어 '건강한 삶'에 대한 욕구가 갈수록 커지고, 이는 건강기능식품에 대한 관심 증대로 이어지고 있다. 미국, EU 등은 잠재적 의료비 절감 효과에 주목하면서, 건강기능식품이 고령화 인구의 복지 향상에 기여한다고 평가하고 있다.

건강기능식품 관리는 인정 단계, 제조 단계, 유통·판매 단계, 수입 단계로 나누어 볼 수 있다. 인정 단계에서 건강기능식품 원료에 대해서는 식품의약품안전처장이 기능성 원료를 고시(告示形)하거나 민원인이 신청한 원료에 대해 안전성, 기능성 심사를 통해 인정(個別認定形)한다. 기능성 원료로 제조한 제품이 기준규격에 맞다면 별도 허가절차 없이 품목제조신고하여 건강기능식품으로 인정된다.

제조 단계에서는 영업허가를 받은 제조업소에서 의무적으로 GMP를 적용하여야 하고, 품질관리인 배치 및 자가품질검사 등 품질, 안전관리를 통해 제조하여야 한다. 식품, 의약품 업소라도 건강기능식품에 적합한 시설을 갖추어 제조업 허가를 받게 하여 고유의 제조분야로 독립, 운영하고 있다.

유통·판매 단계에서 건강기능식품은 신고된 영업소(개설약국은 신고의무 면제)에서 판매토록 하고, 매년 안전위생교육을 실시하고 있으며, 주기적으로 또는 이상사례 발생 등 필요한 경우 시중 유통제품을 수거, 검사하여 위해제품의 유통을 차단하고 있다. 표시광고 자율 심의제를 운영하고 교육홍보 등을 통해 허위과대광고 등 불법행위를 엄격히 차단하고 있다.

수입 단계에서는 「수입식품특별법」에 따라 관리되며, '식품 등 수입판매업(상업적 수입)', '구매대행업(개인직구 대행)'으로 등록, 신고가 필요하다. 기능성 원료를 사용하고 규격기준에 맞는 경우, 등록된 해외제조공장에서 제조된 제품은 건강기능식품으로 수입 가능하며 최초 정밀검사(기준규격 검사) 실시 후에는 일반식품 수입검사와 그 절차가 같다(국산의 자가품질검사 의무 미적용). 위해한 해외직구 식품 등을 효과적으로 차단하기 위해 관세청과의 협업검사는 물론 마약류, 전문·일반 의약품, 식품에 사용할 수 없는 원료 등 반입 차단 대상 원료·성분이 포함된 해외직구 식품 등은 지정을 해제하고 있다. 또한, 인터넷 구매 대행업자 대상 영업자 준수사항에서 반입 차단 대상으로 지정된 원료·성분이 포함된 수입식품 등을 구매대행하지 않도록 하고 있다.

건강기능식품의 형태는 캡슐, 정제, 분말, 액상, 편상, 페이스트상, 시럽 등 다양하며, 특히, 캡슐, 정제 등은 의약품과 유사하지만 의약품처럼 환자에게 질병의 예방 및 치료의 목적으로 만들어진 것이 아니며 건강 증진을 위해 인체에 영양을 보급하거나 유용한 기능성을 가진 식품이다. 여기서, 기능성은 인체의 구조 및 기능에 대하여 영양성분을 조절하거나 생리학적 작용 등과 같은 보건용도에 유용한 효과를 얻는 것을 말한다. 주 섭취대상이 의약품은 환자이고 건강기능식품은 일반인(건강인)이다. 의약품은 질병의 예방 및 치료에 효능, 효과가 있는 반면, 건강기능식품은 정상기능을 유지 개선시키는 식품이다.

건강기능식품에 "시식용" 또는 "증정용"이 표시된 경우에도 건강기능식품의 표시사항을 표시해야 할까? 「건강기능식품에 관한 법률」 제3조에서 '영업'이라 함은 건강기능식품을 판매의 목적으로 제조·가공 또는 수입하거나 이를 판매(불특정 다수인에 대한 무상 제공을 포함)하는 업을 말하고 있는 것으로, "증정용", "시식용" 제품에 대해서도 「건강기능식품의 표시기준」에 따른 표시를 하여야 한다.

2. 표시방법

사례 76. 건강기능식품 온라인 광고 시 "심의필", "심의번호" 게시 여부

건강기능식품 표시광고 시 "심의필", "심의번호" 문구는 반드시 표시(게시)하여야 하는 것은 아니다.
(근거: 「식품 등의 표시·광고에 관한 법률」 제4조 및 제5조, 「건강기능식품의 표시기준」 제4조)

건강기능식품에는 제품명, 내용량 및 원료명, 영업소 명칭 및 소재지, 소비기한 및 보관방법, 섭취량, 섭취방법 및 섭취 시 주의사항, 건강기능식품이라는 문자 또는 건강기능식품임을 나타내는 도안, 질병의 예방 및 치료를 위한 의약품이 아니라는 내용의 표현, 기능성에 관한 정보 및 원료 중에 해당 기능성을 나타내는 성분 등의 함유량, 원료의 함량, 소비자 안전을 위한 주의사항을 표시하여야 한다.

위의 사항들은 소비자에게 판매하는 제품의 최소판매단위별 용기포장에 표시해야 한다. 다만, 낱알모음을 하여 한 알씩 사용하는 건강기능식품은 그 낱알모음 포장에 제품명과 제조업소명을 표시해야 한다. 이 경우 건강기능식품 유통전문판매업소가 위탁한 제품은 건강기능식품 유통전문판매업소명을 표시할 수 있다.

표시는 한글로 표시하는 것을 원칙으로 하되, 한자나 외국어를 병기하거나 혼용하여 표시할 수 있으며, 한자나 외국어의 글씨 크기는 한글의 글씨 크기와 같거나 한글의 글씨 크기보다 작게 표시해야 한다.

표시는 소비자가 쉽게 알아볼 수 있도록 바탕색의 색상과 대비되는 색상을 사용하여 주표시면 및 정보표시면을 구분해서 표시해야 한다. 다만, 소비기한 등 일부 표시사항의 변조 등을 방지하기 위해 각인 또는 압인(壓印: 찍힌 부분이 도드라져 나오거나 들어가도록 만든 도장) 등을 사용하여 그 내용을 알아볼 수 있도록 한 건강기능식품에는 바탕색의 색상과 대비되는 색상으로 표시하지 않을 수 있다.

표시를 할 때에는 지워지지 않는 잉크, 각인 또는 소인 등을 사용해야 한다. 다만, 탱크로리, 드럼통, 병 제품 또는 합성수지제 용기, 소비자에게 직접 판매되지 아니하는 원료용의 종이·가공지제 또는 합성수지제 포장 등 용기포장의 특성상 인쇄, 각인 또는 소인 등으로 표시하기가 곤란한 경우에는 표시사항이 인쇄 또는 기재된 라벨(Label) 등을 사용할 수 있다.

글씨 크기는 10포인트 이상으로 해야 한다. 정보표시면(제품설명서를 포함한다)에 글자 비율(장평)을 90% 이상, 글자 간격(자간)을 -5% 이상으로 표시해야 한다. 다만, 정보표시면 면적이 100 ㎠(슬라이스 치즈 크기) 미만인 경우에는 글자 비율을 50% 이상, 글자 간격을 -5% 이상으로 표시할 수 있다.

용기나 포장은 다른 제조업소의 표시가 있는 것을 사용하여서는 아니 된다. 다만, 건강기능식품에 유해한 영향을 미치지 아니하는 용기로서 다른 업소의 제품원료로 제공할 목적으로만 사용하는 경우에는 그러하지 아니할 수 있다.

영업허가·신고 또는 품목제조신고한 내용이 변경되어 허가·신고관청에 변경 허가·신고 수리된 경우와 제조연월일, 소비기한을 제외한 다음의 어느 하나에 해당하는 경미한 사항은 표시사항이 인쇄 또는 기재된 라벨 등을 사용하여 변경사항만을 변경 처리할 수 있다. 여기서 경미한 사항은 표시내용의 오탈자, 영양·기능(또는 지표)성분의 단위 및 캅셀기제 표시의 누락, 용기·포장재질 표시의 누락, 섭취량을 정수로 표시하지 아니한 경우(예 : 1회 1~3정), 법령 및 관련 규정 개정 등에 따라 변경이 필요한 원재료명, 표시변경 등의 사항 등이다.

시각장애인을 위하여 제품명, 소비기한 등 표시사항에 대하여 알기 쉬운 장소에 점자 표기, 바코드 또는 점자, 음성변환용 코드를 병행할 수 있다. 이 경우 스티커 등을 이용하여 표시할 수 있다.

주문자 상표를 부착한 건강기능식품은 주표시면에 14포인트 이상의 글자로 "원산지: ○○(위탁생산제품)", "○○산(위탁생산제품)", "원산지: ○○(위탁생산)", "○○산(위탁생산)", "원산지: ○○(OEM)" 또는 "○○산(OEM)"과 같이 「대외무역법」에 따른 원산지 표시의 국가명 옆에 괄호로 위탁생산제품임을 표시하여야 한다.

표시는 소비자가 쉽게 알아볼 수 있는 곳에 하여야 한다. 그림 18과 같이 건강기능식품 포장지의 주표시면에는 건강기능식품이라는 문자 또는 건강기능식품임을 나타내는 도안, 제품명 및 내용량을 반드시 표시하여야 하고, 정보표시면에는 소비기한 및 보관방법, 영양정보(명칭, 영양성분함량, 영양성분 기준치), 기능정보(명칭, 기능성분 함량, 기능성 내용), 섭취량 및 섭취방법, 섭취 시 주의사항을 표시하여야 한다. 업소명 및 소재지, 원료명 및 함량, 질병의 예방 및 치료를 위한 의약품이 아니라는 내용의 표현 및 소비자 안전을 위한 주의사항은 자유롭게 표시면을 선택할 수 있다. 다만, 1개의 영양성분 또는 기능성 원료를 사용한 제품의 경우에는 영양정보[열량, 탄수화물, 단백질, 지방 나트륨, 다만, 1일 영양성분 기준치에 대한 비율(%)은 제외] 또는 기능정보(기능성원료의 기능성분 또는 지표성분의 명칭과 1회 분량 또는 1일 섭취량당 함량)의 표시사항을 주표시면에도 표시하여야 한다. 여기서 '1개의 영양성분 또는 기능성 원료를 사용한 제품'은 해당 건강기능식품에 사용된 원료가 1개인 것이 아니라 다른 기타원료들은 있으나 기능성 영양성분 또는 원료가 1개인 단일 기능성 건강기능식품의 경우를 말한다.

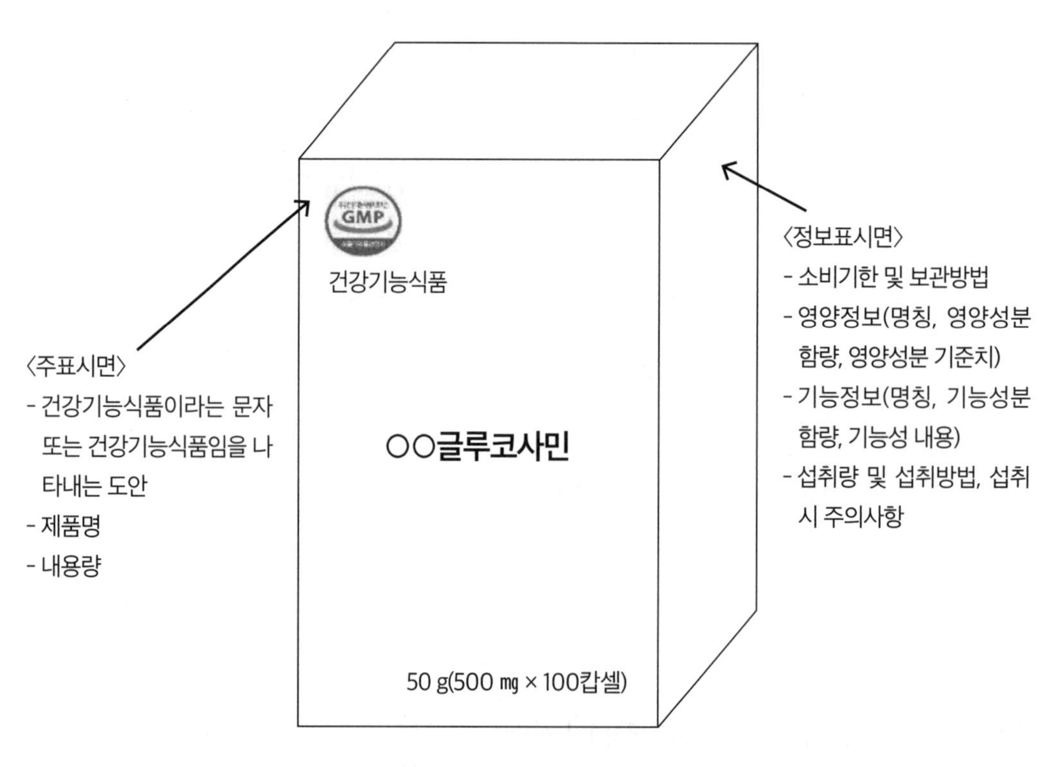

그림 18. 건강기능식품의 표시사항 및 표시위치

이번에는 낱알모음 포장과 최소판매단위의 사례를 살펴보겠다.

건강기능식품 스틱 10개를 박스에 담아 판매할 때 스틱 표시사항이 무엇일까? 「식품 등의 표시·광고에 관한 법률 시행규칙」 [별표 3]에 따라, 표시는 소비자에게 판매되는 최소판매단위별 용기포장에 하여야 한다. 다만, 낱알모음 * 하여 한 알씩 사용하는 제품은 그 낱알모음 포장에 제품명과 제조업소명을 표시하여야 한다.(다만, 유통전문판매업소에서 위탁한 제품은 유통전문판매업소명을 표시할 수 있음)

* PTP 포장, 사면포장, 스틱포장, 파우치 포장 등

제품이 최소판매단위인 박스 안에 낱알포장(스틱)이 들어 있는 형태라면, 이 경우 스틱은 낱알모음에 해당되어 낱알포장에 표시하여야 하는 사항(제품명과 제조업소명)을 10포인트 이상의 글씨 크기로 표시하여야 한다.

병제품을 소매용 포장(종이상자)에 재포장하여 판매할 때 병에도 표시해야 할까? 소비자에게 판매되는 최소판매단위가 '소매용 포장'이라면 해당 소매용 포장에 표시기준에 따른 표시사항을 표시하여야 하고, 내포장인 병에 표시 의무는 없다. 다만, 소비자 알 권리 및 오·남용 방지를 위해 병에도 동일하게 표시사항을 표시하도록 권고하고 있으며, 이 경우 10포인트 이상 글씨 크기를 준수하지 않아도 된다.

건강기능식품의 특성을 고려한 다음의 적용특례가 있다. 주표시면에 표시하여야 하는 사항을 부득이한 사유로 정보표시면에 표시하고자 하는 경우에는 12포인트 이상의 글씨 크기로 표시하여야 한다. 수출국 제조업자가 그 나라 표시사항을 표시하여 제조한 제품에 이 규정에 따라 표시를 할 경우에는 제품포장의 특성에 무관하게 표시사항이 한글로 인쇄 또는 기재된 라벨을 사용할 수 있다. 이 경우 그 나라의 표시사항 중 제품명, 원료명 및 함량, 영양, 기능정보, 소비기한 등 일자표시에 관한 사항 등 주요 표시시항을 가려서는 안 된다. 수출하는 건강기능식품은 수입국 표시기준에 따라 표시할 수 있다.

수입 건강기능식품에 한글 표시사항을 스티커로 붙여도 될까? 수입하는 건강기능식품에 한글 표시사항이 인쇄된 라벨(스티커)을 부착하고자 하는 경우 해외 제조사에서 표시한 제품명, 원료명 및 함량, 영양, 기능정보, 소비기한 등 일자표시, 해외제조업소명을 가려서는 안

되며, 스티커의 주표시면 또는 정보표시면에 건강기능식품이라는 문자 또는 건강기능식품임을 나타내는 도안 등 「건강기능식품의 표시기준」에서 정하고 있는 표시사항들을 일괄 인쇄하여 부착할 수 있다.

수입 건강기능식품의 현지 GMP 마크 표시를 표시해도 될까? 「건강기능식품에 관한 법률」에 따른 우수건강기능식품제조기준(GMP) 적용지정업소의 제품에는 "GMP 적용업소"라는 문구 또는 우수건강기능식품제조기준(GMP) 적용지정업소임을 나타내는 도안(GMP 도안)을 표시할 수 있다. 따라서, 해외 GMP 마크 표시는 소비자들이 국내 GMP 적용 지정업소에서 생산된 건강기능식품으로 오인, 혼동의 여지가 있어 적절하지 않다

3. 제품명

사례 77. 건강기능식품의 제품명에 기준규격상의 명칭이 포함되지 않은 경우 제품명 주변에 표시하는 기준규격상 명칭의 글씨 크기

건강기능식품의 제품명에 기준규격상의 명칭이 포함되지 않았을 경우 제품명 주변(바로 위, 아래, 옆)에 해당 기준규격상의 명칭 등이 뚜렷이 보이도록 가장 큰 제품명의 2분의 1 이상 크기로 표시하여야 하며, 건강기능식품의 주표시면에는 10포인트 이상의 글씨 크기로 표시를 하여야 하므로 가장 큰 제품명 글씨 크기의 2분의 1이 10포인트 미만에 해당하는 경우에도 10포인트 이상의 크기로 표시하여야 한다.
(근거: 「식품 등의 표시·광고에 관한 법률 시행규칙」[별표 3] 5., 「건강기능식품의 표시기준」 제6조)

제품명은 그 제품의 특성을 나타내는 고유명칭으로서, 영업허가 또는 신고관청에 품목제조신고서 또는 수입신고서에 기재한 명칭을 표시하여야 한다. 「건강기능식품의 기준·규격」에서 정하고 있는 영양성분, 기능성 원료 명칭(해당 제품의 특성을 나타내는 명칭의 일부만 사용할 수도 있다) 또는 식품의약품안전처장이 영업의 허가를 받은 자 등으로부터 자료를 제

출받아 검토한 후 건강기능식품의 기준과 규격으로 인정한 명칭을 사용하여야 한다. 이 경우 상호 또는 상표나 가상의 명칭을 함께 사용할 수 있다.

제품의 특성과 제조상의 처리조건 등을 함께 사용하고자 하는 경우에는 소비자가 오인, 혼동하지 않도록 필요한 부가적인 용어(건조, 농축, 환원, 훈연 등)를 제품명과 함께 사용하거나 제품명 주변에 표시하여야 한다.

제품명 주변(바로 위, 아래, 옆)에 해당 기준규격상의 명칭 등이 뚜렷이 보이도록 가장 큰 제품명의 2분의 1 이상 크기로 표시하는 경우에는 기준규격상의 명칭을 제품명에 포함하지 아니할 수 있다.

제품명 표시와 관련하여 몇 가지 사례를 살펴보겠다.

건강기능식품의 제품명 일부로 '청소년'을 사용할 수 있을까? 건강기능식품의 제품명은 제품에 사용된 기능성 원료가 인정받은 기능성 내용을 벗어나지 않는 범위 내에서 표시하여야 하며, 건강기능식품의 제품명의 일부로 "청소년" 등을 표시하여 섭취 대상을 정하는 경우에는 영양성분의 기준*에 적합한 경우에 한하여 표시 가능할 것으로 판단되며, 「건강기능식품의 표시기준」에 따른 영양, 기능정보 표기 시 한국인 영양섭취기준을 적용하였다는 사실과 적용한 연령대를 함께 표시하여야 한다.

* 비타민과 무기질의 최소함량은 1일 영양성분 기준치의 30% 이상으로 한다. 다만, 섭취 대상을 특별히 정하는 경우에는 한국인 영양소 섭취기준에서 정한 대상 연령군의 권장섭취량 또는 충분섭취량의 30% 이상이어야 하며, 대상 연령군에 해당하는 권장섭취량 또는 충분섭취량이 2개 이상인 경우 그중 높은 값을 사용한다.

건강기능식품의 주원료(추출물 포함)를 제품명의 일부로 사용할 때 함량을 표시하여야 할까? 건강기능식품의 경우 제품명에 포함된 주원료에 대한 함량을 반드시 주표시면에 표시하도록 규정하고 있지 않다. 다만, 주원료인 추출물의 함량을 주표시면에 표시하고자 하는 경우라면, 해당 추출물의 함량이 기능성분의 함량으로 소비자가 오인, 혼동하지 않도록 주표시면에 추출물의 함량, 고형분의 함량과 함께 기능성분의 명칭과 함량도 표시하여야 한다.

"비타민C 3000"과 같이 건강기능식품의 제품명에 수치를 사용하고 싶다. 어떻게 표시하면 될까? 제품명으로 기능성 원료와 그 함량을 내포하는 수치(숫자)를 함께 표시할 경우, 소비자는 해당 숫자를 기능성 원료의 함량으로 인식할 수 있으므로 건강기능식품에 대한 올바른 정보 제공 및 소비자 오인, 혼동을 방지할 수 있도록 해당 숫자를 1일 섭취량당 기능성 원료의 함량으로 표시하는 것이 적절하다.

주원료가 비타민인 건강기능식품에 제품명 일부로 “멀티(Multi-)” 또는 “종합”을 사용할 경우 어떤 기준이 있을까? 「건강기능식품의 표시기준」에는 “멀티”, “종합”에 대하여 별도로 규정하고 있지 않으나, 소비자 오인, 혼동을 방지하기 위하여 제품의 주원료가 「건강기능식품의 기준 및 규격」에 적합하도록 2종 이상의 비타민 또는 무기질을 사용하여 제조, 가공한 제품인 경우 “멀티”, 5종 이상의 비타민 또는 무기질을 사용하여 제조, 가공한 제품인 경우 “종합” 명칭을 제품명 또는 제품명의 일부로 사용할 수 있다.

[예시]

- 멀티, 혼합, 복합: 비타민A + 비타민D, 비타민C + 비타민 B1, 칼슘 + 아연
- 종합: 비타민A, B, C, D, E, K 6종 중 5종 이상의 결합
- 비타민B군 중 2종 이상 결합이나 5종 이상의 결합은 멀티 또는 종합으로 보기 어려움

4. 원재료명

사례 78. 건강기능식품 주원료명과 함량을 함께 표시할 때 표시방법

건강기능식품의 원료명 및 함량란에 주원료 함량을 표시하는 경우 기능성분(또는 지표성분)의 명칭과 함량을 표시하여야 하고, 원료로서 사용한 추출물(또는 농축액)의 함량을 표시하는 때에는 제품 중에 함유된 각각의 원료 고형분 함량(백분율)을 함께 표시하여야 한다. 다만, 고형분 함량의 측정이 어려운 경우 배합량으로 표시할 수 있다.
(근거: 「건강기능식품의 표시기준」 제6조)

원료명은 해당 제품의 기능성을 나타내는 주원료를 우선 표시하고 그 외의 원료는 제조 시 많이 사용한 순서에 따라 표시하여야 한다. 다만, 최종 제품에 남아 있지 아니한 원료명은 표시하지 아니할 수 있다.

주원료의 함량을 표시하는 경우에는 기능성분(또는 지표성분)의 명칭과 함량을 함께 표시하여야 한다.

기타원료의 함량을 표시하려는 경우에는 원료명을 주원료와 기타원료로 구분하여 많이 사용한 순서대로 표시하여야 한다. 이 경우 기타원료의 성분명칭을 함께 표시하여서는 아니 된다. 건강기능식품의 기능성원료가 아닌 기타원료에 대하여 강조하여 표시할 경우 소비자가 기타원료가 기능성이 있는 것으로 오인, 혼동할 우려가 있기 때문에 기타 원료(성분)의 명칭 또는 함량을 별도로 표시하거나, 기타 원료의 사진, 이미지 등의 표시를 하여서는 안 되도록 규정하고 있다.

[예시]

기타원료 D의 함량을 표시하고자 하는 경우

- 주원료: "A, B"
- 기타원료: "C, D ○○%"

복합원료(2종류 이상의 원료를 사용하여 제조한 제품)를 원료로 사용한 때에는 그 복합원료명을 표시하고 괄호 속에 많이 사용한 원료명을 순서에 따라 표시하여야 한다. 다만, 복합원료가 해당 제품의 5% 미만에 해당되거나 복합원료 명칭에서 그 원료가 분명할 경우에는 해당 원료명을 표시하지 아니할 수 있다.

제조 시 사용한 물은 원료로 표시하여야 한다. 다만, 그 사용한 물이 최종 제품에 남아 있지 아니한 경우와 소금물, 시럽 또는 육수 등으로 표시한 경우에는 이에 사용한 물을 따로 표시하지 아니할 수 있다.

'명칭과 용도를 함께 표시하여야 하는 식품첨가물'「식품등의 표시기준」 [표 4] 명칭과 용도를 함께 표시하여야 하는 식품첨가물{식의약법령정보(https://www.mfds.go.kr/law)에서 '식품 등의 표시기준'을 검색하여 일부 개정고시 고시 전문} 참조]에 해당하는 용도로 건강기능식품을 제조·가공 시에 직접 사용, 첨가하는 식품첨가물은 그 명칭과 용도를 함께 표시하여야 한다.

'식품첨가물의 간략명 및 주용도'에 해당하는 식품첨가물[「식품등의 표시기준」 [표 5] 명칭 또는 간략명을 표시하여야 하는 식품첨가물 및 [표 6] 명칭, 간략명 또는 주용도를 표시하여야 하는 식품첨가물 {식의약법령정보(https://www.mfds.go.kr/law)에서 '식품 등의 표시기준'을 검색하여 일부 개정고시 고시 전문} 참조]의 경우 간략명 또는 그 식품첨가물에 해당하는 주용도로 표시하여야 한다. 다만, 건강기능식품의 주원료로 사용한 경우에는 고시된 명칭만을 사용하여야 하고, '식품첨가물의 간략명 및 주용도'에서 규정한 주용도가 아닌 다른 용도로 사용한 경우에는 고시된 명칭 또는 간략명으로 표시하여야 한다.

식품첨가물 중 향료를 사용한 경우에는 명칭 옆에 괄호로 용도를 "천연향료" 또는 "합성향료"로 구분하여 표시할 수 있다.

건강기능식품에 사용된 기타원료의 글씨를 강조해도 될까? 기타원료의 명칭 또는 함량을 별도로 표시하거나, 기타원료의 사진, 이미지 등의 표시를 하여서는 안 된다. 원재료명을 표시함에 있어서 특정 원재료명을 크게 표시하거나 굵게 표시하여야 하는 규정을 별도로 정하고 있지 아니하나, 원료명 및 함량란에 기타원료의 함량만을 굵게 표시하거나, 글씨 크기를 크게 표시하는 것은 소비자가 기타원료가 기능성이 있는 것으로 오인, 혼동할 우려가 있어 적절하지 않다.

건강기능식품에 복합원료를 사용할 때 어떻게 표시해야 할까? 「건강기능식품의 표시기준」에 따라 복합원료(2종류 이상의 원료를 사용하여 제조한 제품)을 원료로 사용한 때에는 그 복합원료명을 표시하고 괄호 속에 많이 사용한 원료명을 순서에 따라 표시하여야 한다. 다만, 복합원료가 해당 제품의 5% 미만에 해당되거나 복합원료 명칭에서 그 원료가 분명할 경우에는 해당 원료명을 표시하지 않아도 된다.

5. 내용량

사례 79. 수입 액체 건강기능식품의 수출국 표시 중 내용량이 '100 g'일 때 한글 표시사항에 중량단위로 표시 가능한지 여부

건강기능식품은 내용물의 성상에 따라 중량·용량 또는 개수로 표시하여야 하며, 이 경우 내용물이 고체 또는 반고체일 경우 중량으로, 액체일 경우 용량으로, 고체와 액체의 혼합물일 경우 중량 또는 용량으로 표시하고, 개수로 표시할 때에는 중량 또는 용량을 괄호 속에 함께 표시하여야 하므로 건강기능식품의 내용물이 액체인 경우라면 용량(㎖)으로 표시하여야 한다.
(근거: 「건강기능식품의 표시기준」 제6조)

내용물의 성상에 따라 중량, 용량 또는 개수로 표시하여야 한다. 이 경우 내용물이 고체 또는 반고체일 경우 중량으로, 액체일 경우 용량으로, 고체와 액체의 혼합물일 경우 중량 또는 용량으로 표시하고, 개수로 표시할 때에는 중량 또는 용량을 괄호 속에 함께 표시하여야 한다.

정제 형태로 제조된 제품의 경우에는 판매되는 한 용기포장 내의 정제 수와 총중량을, 캅셀 형태로 제조된 제품의 경우에는 캅셀 수와 피포제 중량을 제외한 내용량을 표시하여야 한다.

표 37. 표시된 양과 실제량의 부족량 허용오차(범위)

품목	표시된 양	허용오차
인삼, 홍삼제품	3 g 이하	5%
	3 g 초과 100 g 이하	3%
	100 g 초과 1,000 g 이하	2%
	1,000 g 초과	1%
인삼, 홍삼 이외의 건강기능식품	50 g(㎖) 이하	4%
	50 g(㎖) 초과 100 g(㎖) 이하	3%
	100 g(㎖) 초과 1,000 g(㎖) 이하	2%
	1,000 g(㎖) 초과	1%

6. 업소명

사례 80. 건강기능식품벤처제조업에서 건강기능식품전문제조업에 제조 의뢰한 제품의 '제조원' 표시

건강기능식품벤처제조업자가 건강기능식품전문제조업자에게 의뢰하여 생산한 제품의 제조원은 건강기능식품벤처제조업자에 해당하므로, 해당 제품의 '제조원'에는 건강기능식품벤처제조업 영업허가증에 기재된 제조업소의 명칭과 소재지를 표시하여야 한다.
(근거: 「건강기능식품에 관한 법률 시행령」 제2조, 「건강기능식품의 표시기준」 제6조)

건강기능식품 영업의 종류는 크게 건강기능식품제조업과 건강기능식품판매업으로 나눌 수 있다. 건강기능식품제조업에는 건강기능식품을 전문적으로 제조하는 건강기능식품전문제조업과, 벤처기업이 건강기능식품을 건강기능식품전문제조업자에게 위탁하여 제조하는 건강기능식품벤처제조업이 있다. 건강기능식품판매업에는 건강기능식품을 판매하는 건강기능식품일반판매업과, 건강기능식품전문제조업자에게 의뢰하여 제조한 건강기능식품을 자신의 상표로 유통·판매하는 건강기능식품유통전문판매업이 있다.

건강기능식품제조업소의 명칭과 소재지는 영업허가증에 기재된 업소명 및 소재지를 표시하여야 한다. 이 경우 제조업소의 소재지 대신 반품·교환업무를 대표하는 소재지를 표시할 수 있다.

우수건강기능식품 적용업소에서 건강기능식품을 소분하여 재포장하는 경우에는 원래 표시사항을 그대로 표시하여야 하며, 해당 우수건강기능식품제조기준 적용업소의 명칭(소분재포장 업소명) 및 소재지도 표시하여야 한다. 이 경우 우수건강기능식품제조기준 적용업소의 소재지 대신 반품·교환 업무를 대표하는 소재지를 표시할 수 있다.

수입식품 등 수입판매업소의 명칭과 소재지는 영업등록증에 기재된 업소명 및 소재지(또는 반품·교환업무를 대표하는 소재지, 이 경우 반품·교환업무 소재지임을 표시하여야 한다)를 표시하고, 수입신고한 해당 제품의 제조업소명을 병행하여 표시하여야 한다. 이 경우 제조업소명이 외국어로 표시되어 있으면 한글로 따로 표시하지 아니할 수 있다.

건강기능식품판매업소가 업소명 및 소재지, 상표 또는 로고 등을 추가하여 표시하고자 하는 때에는 해당 제품의 제조업소명 및 소재지, 상표 또는 로고 등의 글씨 크기와 같거나 작게 표시하여야 한다.

식품제조가공업, 유통전문판매업, 축산물가공업, 식육포장처리업, 축산물유통전문판매업, 건강기능식품제조업, 건강기능식품유통전문판매업 및 주문자상표부착방식 위탁생산 식품 등의 위탁자 이외의 수입판매업소 및 건강기능식품일반판매업소의 상표나 로고 등을 사용한 표시광고는 부당한 표시광고에 해당한다. 다만, 최종 소비자에게 판매되지 아니하는 식품 등 및 자연상태의 농산물, 임산물, 수산물, 축산물의 경우와 「상표법」에 따른 상표권을 소유한 자가 상표 사용권뿐만 아니라 해당 제품에 안전·품질에 관한 정보·기술을 제조사에게 제공한 경우는 제외한다.

그렇다면 건강기능식품에 건강기능식품일반판매업소의 소재지 및 로고를 추가해도 될까? 건강기능식품판매업소(건강기능식품일반판매업 및 건강기능식품유통전문판매업)가 업소명 및 소재지, 상표 또는 로고 등을 추가하여 표시하고자 하는 때에는 해당 제품의 제조업소명 및 소재지, 상표 또는 로고 등의 글씨 크기와 같거나 작게 표시하여야 한다. 식품제조가공업, 유통전문판매업, 축산물가공업, 식육포장처리업, 축산물유통전문판매업, 건강기능식품제조업, 건강기능식품유통전문판매업 및 주문자상표부착방식 위탁생산식품 등의 위탁자 이외의 상표나 로고 등을 사용한 표시광고는 부당한 표시광고에 해당한다. 따라서, 해당 제품에 건강기능식품일반판매업소를 추가로 표시하고자 하는 경우 해당 제조업소명 및 소재지의 글씨 크기와 같거나 작게 표시하여야 하며, 수입판매업소 및 건강기능식품일반판매업소의 상표나 로고 등을 사용한 표시광고는 위의 규정에 따라 부당한 표시광고에 해당된다.

건강기능식품유통전문판매업의 회사명이 변경된 경우 기존 제품 표시를 변경해야 할까? 유통전문판매업소의 명칭이 변경된 경우, 변경사항에 대하여 관할 허가·신고관청에 변경허가가 신고 수리된 날을 기준으로 생산되는 제품에는 변경된 업소의 명칭을 표시하여야 하며, 변경 전의 업소명으로 표시된 사항에 대해서는 제품의 관할관청(지방식약청)의 승인하에 위 규정에 따라 스티커 등을 사용하여 수정할 수 있다. 다만, 「자원의 절약과 재활용 촉진에 관한 법률」에서도 제조자는 원부자재가 폐기물이 되는 것을 억제하도록 노력해야 됨을 명시하고 있으므로, 유통전문판매업소의 명칭이 변경되었으나 영업자의 책임하에 구입처 또는 표시된 소재지, 연락처 등을 통해 소비자가 반품 및 교환 업무를 하는 데에 불편함이 없다면 별도의 스티커 수정 없이 관할관청의 승인하에 변경 전 영업소 명칭이 표시된 포장재를 소진 시까지 사용할 수 있다.

건강기능식품판매업소의 소재지가 변경된 경우 기존 제품 표시를 변경해야 할까? 건강기능식품판매업소의 소재지가 변경된 경우 변경되기 전 제조한 제품은 제조 당시의 소재지로 표시하고 유통하는 것은 가능할 것이며, 변경 이후에 제조·가공한 제품에는 변경된 소재지를 표시하여야 하며, 신고관청에 승인을 받은 후 변경된 소재지를 스티커 등을 사용하여 변경 가능하다. 다만, 「자원의 절약과 재활용 촉진에 관한 법률」에서 제조자는 원부자재가 폐기물로 되는 것을 억제하도록 노력해야 함을 명시하고 있으므로, 기존의 포장지에 표시된 구입처 또는 연락처를 통해 소비자가 반품, 교환 등 처리에 불편함이 없는 경우에는 신고관청 승인하에 변경 전 포장지를 소진 시까지 사용할 수 있다.

7. 영양정보 및 기능정보

사례 81. 홍삼 건강기능식품의 기능성 내용 "갱년기 여성의 건강에 도움을 줄 수 있음"에서 '여성' 단어 제외 가능 여부

「건강기능식품의 표시기준」 제6조(세부표시기준 및 방법)에 따라 기능성 표시는 「건강기능식품에 관한 법률」 제14조 또는 제15조에 따른 기준규격에서 정한 기능성이나 기타 식품의약품안전처장이 인정한 기능성을 표시하여야 한다.
따라서 기능성 내용은 "갱년기 여성의 건강에 도움을 줄 수 있음"을 그대로 표시하여야 하며, 내용을 임의로 변경하여 표시할 수 없다.
기능성 내용 이외의 표시면에는 인정받은 기능성 범위 내에서 일부 수정 가능하다.
(근거: 「건강기능식품의 표시기준」 제6조)

영양정보와 관련하여 열량, 탄수화물, 당류(캡슐·정제·환·분말 형태의 건강기능식품은 제외), 단백질, 지방, 나트륨과 1일 영양성분 기준치의 30% 이상을 함유하고 있는 비타민 및 무기질은 그 명칭, 1회 분량 또는 1일 섭취량당 함량 및 영양성분 기준치(또는 한국인 영양섭취기준)에 대한 비율(%, 열량, 당류는 제외한다)을 표시하여야 한다(주원료로 사용한 비타민 및 무기질 제외). 다만, 1일 영양성분 기준치의 30% 미만을 함유하고 있는 비타민, 무기질과 식이섬유, 포화지방, 불포화지방, 콜레스테롤, 트랜스지방은 임의로 표시할 수 있으며, 이 경우 해당 영양성분의 명칭, 함량 및 영양성분 기준치(또는 한국인 영양섭취기준)에 대한 비율(%, 불포화지방, 트랜스지방은 제외한다)을 표시하여야 한다.

열량의 단위는 킬로칼로리(㎉)로 표시하되, 그 값을 그대로 표시하거나 그 값에 가장 가까운 5 ㎉ 단위로 표시하여야 하며, 5 ㎉ 미만은 "0"으로 표시할 수 있다. 열량의 계산은 표시된 각 영양성분의 함량("○○ g 미만"으로 표시되어 있는 경우에는 그 실제 값으로 한다)을 기준으로 계산하며, 각 성분 1 g당 탄수화물과 단백질은 각각 4 ㎉, 지방은 9 ㎉, 알코올은 7 ㎉, 유기산은 3 ㎉, 당알코올은 2.4 ㎉(에리스리톨은 0 ㎉), 식이섬유는 2 ㎉를 곱한 값의 합으로 한다. 다만, 탄수화물 중 당알코올 및 식이섬유의 함량을 별도로 표시하는 경우의 탄수화물에 대한 열량 산출은 당알코올은 1 g당 2.4 ㎉(에리스리톨은 0 ㎉)를, 식이섬유는 1 g당 2 ㎉를, 당알코올과 식이섬유를 제외한 탄수화물은 1 g당 4 ㎉를 각각 곱한 값의 합으로 한다.

탄수화물의 단위는 그램(g)으로 표시하되, 그 값을 그대로 표시하거나 그 값에 가장 가까운 1 g 단위로 표시하여야 하며, 1 g 미만은 "1 g 미만"으로, 0.5 g 미만은 "0"으로 표시할 수 있다. 이 경우 탄수화물의 함량은 건강기능식품 중량에서 조단백질, 조지방, 수분 및 조회분의 함량을 뺀 값을 말한다. 식이섬유 또는 당류의 표시는 탄수화물 바로 아래에 탄수화물의 표시방법에 준하여 표시하여야 한다.

단백질의 단위는 그램(g)으로 표시하되, 그 값을 그대로 표시하거나 그 값에 가장 가까운 1 g 단위로 표시하여야 하며, 1 g 미만은 "1 g 미만"으로, 0.5 g 미만은 "0"으로 표시할 수 있다.

지방의 단위는 그램(g)으로 표시하되, 그 값을 그대로 표시하거나 5 g 이하는 그 값에 가장 가까운 0.5 g 단위로, 5 g을 초과한 경우에는 그 값에 가장 가까운 1 g 단위로 표시하여야 하며, 0.5 g 미만은 "0"으로 표시할 수 있다. 포화지방 또는 불포화지방의 표시는 지방 바로 아래에 지방의 표시방법에 준하여 표시하여야 한다. 콜레스테롤의 표시는 지방 바로 아래에 미리그램(㎎)으로 표시하되, 그 값을 그대로 표시하거나 그 값에 가장 가까운 5 ㎎ 단위로 표시하여야 한다. 이 경우 2 ㎎ 이상 5 ㎎ 미만은 "5 ㎎ 미만"으로, 2 ㎎ 미만은 "0"으로 표시할 수 있다. 트랜스지방의 표시는 지방 바로 아래에 그램(g)으로 표시하되 그 값을 그대로 표시하거나 0.5 g 미만은 "0.5 g 미만"으로 표시할 수 있으며, 0.2 g 미만은 "0"으로 표시할 수 있다. 다만, 식용유지류 유형으로 제조된 건강기능식품에서는 100 g당 2 g 미만일 경우 "0"으로 표시할 수 있다.

나트륨의 단위는 미리그램(㎎)으로 표시하되, 그 값을 그대로 표시하거나 5 ㎎ 이상 120 ㎎ 이하인 경우에는 그 값에 가장 가까운 5 ㎎ 단위로, 120 ㎎을 초과하는 경우에는 그 값에 가장 가까운 10 ㎎ 단위로 표시하여야 하며, 5 ㎎ 미만은 "0"으로 표시할 수 있다.

열량, 탄수화물, 당류, 단백질, 지방, 콜레스테롤, 트랜스지방 및 나트륨의 함량을 "0"으로 표시하는 경우에는 그 표시를 생략할 수 있다.

영양성분 기준치에 대한 비율(%)은 제품에 표시된 각 영양성분의 함량을 사용하여 영양성분 기준치에 대한 비율을 산출한 후 이를 반올림하여 정수로 표시하여야 한다. 다만 함량이 "○○ g 미만"으로 표시되어 있는 경우에는 그 실제 값을 그대로 사용하여 영양성분 기준치에 대한 비율을 산출하여야 한다.

영양성분 표시량과 실제측정값의 허용범위와 관련하여, 영양성분의 실제측정값은 「건강기능식품 기준 및 규격」에 적합하여야 한다. 「건강기능식품 기준 및 규격」에서 정하지 않는 열량, 당류, 지방, 포화지방, 콜레스테롤, 트랜스지방, 나트륨의 실제측정값은 표시량의 120% 미만이어야 하고, 탄수화물의 실제측정값은 표시량의 80% 이상이어야 한다. 영양성분의 실제 측정값이 규정범위를 벗어나더라도 그 양이 가목의 영양성분별 단위 표시방법에서 정하는 범위 이내인 경우에는 허용범위를 벗어난 것으로 보지 아니한다.

기능정보와 관련하여 해당 제품에 사용된 기능성원료의 기능성분 또는 지표성분의 명칭과 1회 분량 또는 1일 섭취량당 함량을 표시하여야 한다. 단, 소비자에게 직접 판매되지 아니하는 원료용 제품은 단위값에 함유된 최종함량으로 표시할 수 있다. 기능성 표시는「건강기능식품의 기준 및 규격」에서 정한 기능성이나 기타 식품의약품안전처장이 인정한 기능성을 표시하여야 한다.「건강기능식품 기준 및 규격」에 따른 프로바이오틱스 기능성분(또는 지표성분)의 1회 분량 또는 1일 섭취량 함량을 표시하는 경우에는 숫자와 한글을 병행 표시하거나 한글로 표시하여야 한다.

[예시]

"100,000,000(1억) CFU/g" 또는 "1억 CFU/g" 등

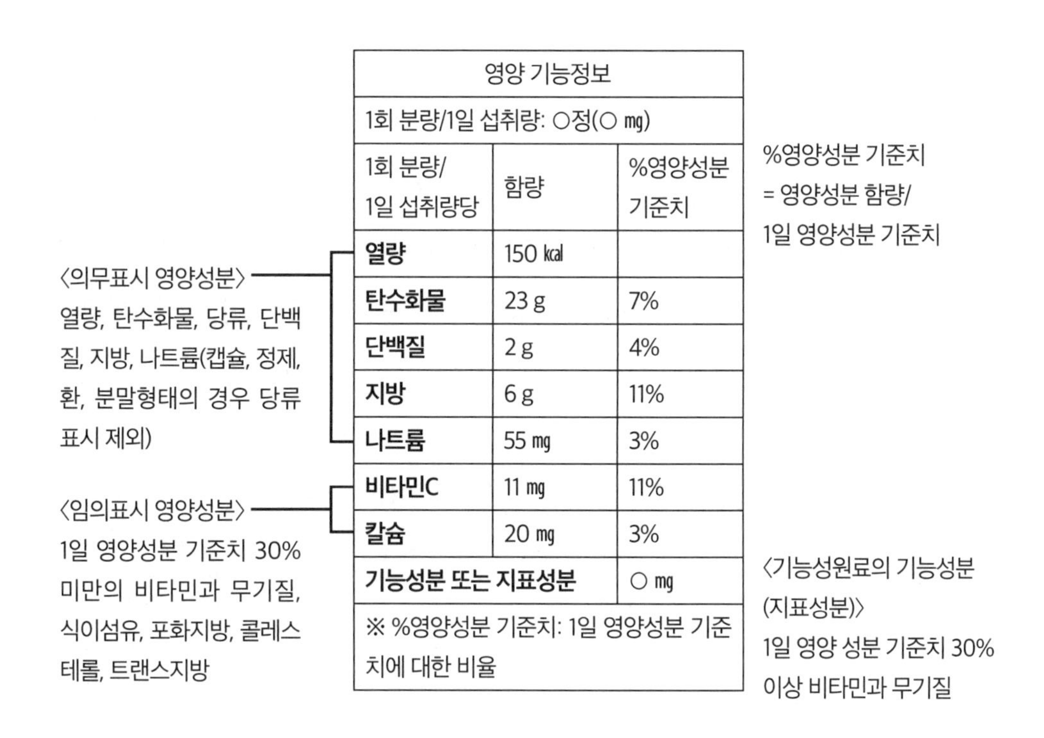

영양 기능정보		
1회 분량/1일 섭취량: ○정(○ ㎎)		
1회 분량/ 1일 섭취량당	함량	%영양성분 기준치
열량	150 ㎉	
탄수화물	23 g	7%
단백질	2 g	4%
지방	6 g	11%
나트륨	55 ㎎	3%
비타민C	11 ㎎	11%
칼슘	20 ㎎	3%
기능성분 또는 지표성분		○ ㎎
※ %영양성분 기준치: 1일 영양성분 기준치에 대한 비율		

그림 19. 영양정보 및 기능정보 표시방법

그림 19의 영양정보 및 기능정보 표시방법과 관련하여, 글자 모양은 8포인트 이상의 고딕체류로, 열량, 영양성분 명칭, 기능성분 명칭은 굵게 표시하여야 한다. 1회 분량/1일 섭취량은 제품의 1회 분량 또는 1일 섭취량당 중량 또는 용량과 섭취 개수 등을 표시한다. 열량, 탄수화물, 지방 및 나트륨은 영양성분의 종류별로 명칭, 1회 분량 또는 1일 섭취량당 함량, 1일 영양성분 기준치(또는 한국인 영양섭취기준)에 대한 비율을 표시하여야 한다. 이 경우 탄수화물은 당류와 식이섬유로 구분하여 표시할 수 있으며, 지방은 포화지방산, 불포화지방산, 트랜스지방으로 구분하여 표시할 수 있다. 비타민 및 칼슘은 제품에 첨가하거나 함유된 비타민 또는 무기질을 강조하고자 하는 때에는 각각의 명칭, 1회 분량 또는 1일 섭취량당 함량, 1일 영양성분 기준치에 대한 비율을 표시하여야 한다. 기능성분 또는 지표성분 표시와 관련하여 영양성분 외의 기능성분 표시는 해당 제품의 대표적인 기능성분명칭(또는 기능성원료의 지표성분명칭)과 1회 분량 또는 1일 섭취량당 함량을 표시하여야 한다. 다만, 기능성분 또는 지표성분의 구분이 곤란한 경우에는 기능성 원료의 명칭과 함량을 표시할 수 있다. "%영양성분 기준치"는 1일 영양성분 기준치에 대한 비율이라는 것을 안내 표시를 하여야 한다. 열량, 탄수화물, 지방 및 나트륨은 영양성분의 종류 상단에는 1.0~1.5 ㎜ 내외의 굵은 구분선을 사용하고, 비타민 및 칼슘 상단과 하단에는 0.5~0.8 ㎜ 내외의 중간 정도의 구분선을 사용하여야 한다.

표 38. 영양성분 및 기능성 원료의 기능성 표시

구분		영양성분	기능성 원료	비고
영양성분, 기능성분 명칭 및 함량		표시	표시	기능성원료 및 영양성분 기준치의 30% 이상을 함유하는 영양성분은 영양기능정보에 표시하여야 함
기능성 표시	기능성 내용의 일부 표시 (A원료의 기능성 중 1개 표시)	가능	가능	표시공간 부족 등으로 기능성 내용 일부만 표시 허용
	기능성 내용의 일부 표시 (A, B, C 중 A, B의 기능성만 표시)	가능	불가능	건강기능식품의 기준규격 중 "표시한 영양성분의 기능성 내용을 모두 표시할 필요는 없다" 규정에 근거하여 영양성분에 한하여 허용

영양성분 '비타민C'의 기능성인 '결합조직 형성과 기능유지에 필요', '철의 흡수에 필요', '유해산소로부터 세포를 보호하는 데 필요' 중 "유해산소로부터 세포를 보호하는 데 필요"만 표시해도 될까? 건강기능식품의 기능성 표시는 기준규격에서 정한 기능성이나 식품의약품안전처장이 인정한 기능성을 표시하여야 하며, 기능성 원료에 설정된 기능성 내용이 두 가지 이상인 경우 한 가지 내용만 표시하는 것은 가능하다.

연질캡슐에 담긴 건강기능식품에서 영양성분을 분석할 때 캡슐 외피도 포함하여야 할까? 이 경우 캡슐의 외피를 제거한 내용량을 기준으로 영양성분을 분석한다. 참고로, 「건강기능식품의 기준 및 규격」 제4. 건강기능식품 시험법 1. 일반원칙의 시료채취 방법에 따라, 미생물 및 부정물질의 경우에는 캡슐의 외피를 포함하여 시험의 시료로 사용하나, 이를 제외한 규격항목의 경우에는 캡슐 외피를 제거하고 내용량을 취하여 균질화한 후 시험의 시료로 사용하도록 규정하고 있다.

8. 섭취량, 섭취방법 및 섭취 시 주의사항

사례 82. 개별인정형 프로바이오틱스 원료를 사용한 건강기능식품에 1일 섭취량에 대한 균수를 표시할 때 균수 기준

건강기능식품의 섭취량은 해당 기능성 원료의 원료인정서에 기재되어 있는 1일 섭취량과 동일하게 설정하여야 하며, 기능정보 표시에도 정해진 1일 섭취량을 초과하여 표시할 수 없다.
(근거: 「식품 등의 표시·광고에 관한 법률」 제8조, 「건강기능식품의 표시기준」 제6조제7호)

건강기능식품에는 해당 제품에 대한 섭취 대상별 1회 섭취하는 양과 1일 섭취횟수 및 섭취방법을 표시하여야 한다. 해당 제품의 섭취 시 이상증상이나 부작용 우려대상, 과다 섭취 시 부작용 가능성 및 그 양 등 주의해야 할 사항이 있을 경우 이를 표시하여야 한다.

건강기능식품의 1일 섭취량을 10~20 g과 같은 범위로 설정하여 표시해도 될까? 건강기능식품에는 해당 제품에 대한 섭취 대상별 1회 섭취하는 양과 1일 섭취횟수 및 섭취방법을 표시하여야 하며, 섭취량을 정수로 표시하지 아니한 경우(예시: 1회 1~3정)를 표시 오류에 따른 사항으로 정하고 있다. 따라서 건강기능식품의 1일 섭취량을 '10~20 g'과 같이 범위로 설정하여 표시하는 것이 아닌 정확한 중량으로 표시하여야 한다.

2가지 이상의 기능성 원료를 사용하여 제조한 건강기능식품의 경우 해당 기준규격에서 정한 '섭취 시 주의사항'에 중복된 내용이 있는 경우 하나로 통일하여 표시해도 될까? 2종 이상의 주원료를 사용함에 따라 각 기능성 원료의 기준규격에서 정한 '섭취 시 주의사항'을 표시함에 있어서 중복된 내용에 대하여 소비자의 오인, 혼동할 우려가 전혀 없는 경우라면, 객관적인 사실에 입각하여 영업자 책임하에 하나로 통일하여 표시하는 것은 가능하다. 다만, '섭취 시 주의사항' 내용을 통합함에 있어서 기능성 원료별로 정해진 '섭취 시 주의사항'의 내용과 조금이라도 다른 의미로 소비자가 오인, 혼동할 우려가 있는 경우라면 각각의 주의사항을 명확하게 표시하는 것이 적절하다.

철분 제품의 임산부와 수유부의 철분 요구치가 달라 섭취량 및 섭취방법에 "임산부: 1일 1회 30 ㎖를 용량 컵을 이용해 섭취하십시오", "수유부: 1일 1회 15 ㎖를 용량 컵을 이용해 섭취하십시오"를 병기해도 될까? 철분을 주원료로 한 건강기능식품의 섭취대상을 임산부 및 수유부로 설정하여 「건강기능식품의 기준 및 규격」에 적합하도록 제조한 경우라면, 섭취량 및 섭취방법은 임산부, 수유부로 구분하여 함께 표시하는 것은 가능하며, 섭취대상에 따른 1일 섭취량 및 1일 섭취량에 따른 영양성분 함량이 상이하므로 영양, 기능정보 표시를 섭취대상에 따라 각각 표시하여야 한다.

「건강기능식품의 기준 및 규격」에서 정한 '섭취 시 주의사항'이 없는 경우, 표시를 생략해도 될까? 「건강기능식품의 표시기준」에 따라 해당 제품의 섭취 시 이상증상이나 부작용 우려 대상, 과다 섭취 시 부작용 가능성 및 그 양 등 주의해야 할 사항이 있을 경우 이를 표시하여야 한다. 건강기능식품에 사용된 영양성분 및 기능성 원료에 대해 「건강기능식품의 기준 및 규격」에서 정한 '섭취 시 주의사항'이 있는 경우 반드시 표시하여야 하며, 정하여진 '섭취 시 주의사항'이 없는 경우라면 최소판매단위별 용기포장에 해당 내용을 생략 가능하다.

건강기능식품의 기타원료로 인하여 최종 제품에 카페인이 0.15 ㎎/㎖ 이상 함유한 경우에도 카페인 관련 주의사항을 표시해야 할까? 건강기능식품의 기능성 원료 또는 기타원료 사용으로 인하여 최종 건강기능식품에 총카페인 함량이 1 ㎖, 0.15 ㎎ 이상인 액체 건강기능식품인 경우라면 주표시면에 "고카페인 함유"와 "총카페인 함량 ○○○ ㎎"을 표시하여야 하며, "어린이, 임산부, 카페인 민감자는 섭취에 주의해 주시기 바랍니다" 등의 문구를 표시하여야 한다.

건강기능식품도 일반식품과 같이 1 ㎖당 0.15 ㎎ 이상의 카페인을 함유한 액체의 경우에는 고카페인의 함유 표시 의무가 있다. 이때 실제 총카페인 함량은 주표시면에 표시된 총카페인 함량의 90% 이상 110% 이하의 범위에 있어야 한다. 다만, 커피, 다류(茶類) 또는 커피, 다류를 원료로 한 액체 식품 등의 경우에는 주표시면에 표시된 총카페인 함량의 120% 미만의 범위에 있어야 한다.

9. 소비기한

사례 83. 세트포장 소비기한 표시 여부

소비자가 세트 제품을 구성하고 있는 각 제품의 소비기한 표시를 명확히 확인할 수 있도록 세트포장한 경우 세트포장에는 소비기한을 표시하지 않을 수 있다.

(근거: 「건강기능식품의 표시기준」 제9조, 「식품등의 표시기준」 II. 1. 아.)

「건강기능식품의 표시기준」에 관하여 이 규정으로 정하지 아니한 '식품첨가물', '기구 또는 용기포장', '방사선조사', '포장재질', '인삼의 유래 기본문안', '한국인 영양섭취기준', '명칭과 용도를 함께 표시하여야 하는 식품첨가물', '식품첨가물의 간략명 및 주용도' 등에 대하여는 「식품등의 표시기준」을 준용한다.

10. 표시광고 심의

사례 84. 건강기능식품을 SNS 등 온라인 광고할 때 심의 필요 여부 및 심의 후 사전심의필 마크 추가 여부

건강기능식품에 관하여 광고를 하려는 자는 모두 자율심의기구에서 광고 심의를 받아야 하고, 광고의 심의를 받은 자는 심의 결과에 따라 광고하여야 한다.
참고로, 자율심의기구에 따라 심의받은 내용에 대하여 광고하는 경우 광고심의필 번호나, 마크를 반드시 표시하도록 규정하고 있지 않다.
[예시] 건강기능식품의 라이브 커머스(실시간 동영상 스트리밍으로 통해 상품을 판매하는 온라인 채널) 광고도 심의 대상
(근거: 「식품 등의 표시·광고에 관한 법률」 제8조, 제10조)

건강기능식품은 '자율심의기구'에 미리 심의를 받아야 할 대상이다(표 36 참조).

예를 들어 건강기능식품 프로바이오틱스 제품에 "여성유산균" 표시광고를 할 수 있을까? "여성유산균" 등의 문구는 프로바이오틱스의 「건강기능식품의 기준 및 규격」에서 인정받은 기능성*을 벗어나는 내용이다.

* 유산균 증식 및 유해균 억제, 배변활동 원활, 장 건강에 도움을 줄 수 있음

또한, 섭취대상연령군을 '여성'으로 설정하는 경우, '여성'의 표시 자체는 위반으로 보기 어려우나, 이와 연계하여 특정 계층에게만 특별한 기능성이 있고, 해당 제품이 질병의 예방, 치료에 효능, 효과가 있거나 의약품이나 다른 기능성이 있는 것으로 오인, 혼동될 우려가 있는 부당한 표시광고가 될 수 있다. 아울러, 동 문구에 대한 사용 가능 여부에 대해서는 자율심의기구로 등록된 기관에 미리 심의를 받아 심의결과에 따라 표시광고하여야 한다.

「식품 등의 표시·광고에 관한 법률」 제10조(자율심의)에서는 식품 등에 관하여 표시 또는 광고하려는 자는 해당 표시광고(제4조부터 제6조까지의 규정에 따른 표시사항만을 그대로 표시광고하는 경우는 제외한다)에 대하여 식품의약품안전처장에게 등록한 기관 또는 단체(이하 "자율심의기구"라 한다)로부터 사전에 미리 심의를 받도록 하고 있다. 이 조항이 제정 당시 건강기능식품은 '심의받은 내용과 다른 광고'에 대해 허위광고로 보고 그 행위에 대한 벌칙, 행정처분을 해 왔다. 그런데 헌법재판소에서 이 내용 모두가 헌법이 금지하는 사전검열에 해당, 표현의 자유를 침해하며, 기능성 광고 사전심의는 행정권에 의한 사전검열에 해당된다고 결정하여 무효화했다. 따라서 표시광고 심의 제도는 사전심의가 아닌 자율심의로 바뀌었다.

11. 부당한 표시광고의 금지

1) 일반사항

사례 85. 홍삼, 홍경천추출물을 기능성 원료로 사용한 제품의 제품명으로 "수험생 프로젝트" 가능 여부

제품명 "수험생 프로젝트"의 경우 해당 제품이 마치 특정 집단(수험생)에 더 효능이 있는 것처럼 강조하는 표현이고, 해당 제품 기능성 원료(홍삼, 홍경천추출물)가 인정받은 기능성에서 벗어난 내용이며, 아울러 같은 품목의 다른 제품을 간접적으로 다르게 인식되게 하는 것으로서 제품명으로 사용하기에 적합하지 않다.

(근거: 「식품 등의 표시·광고에 관한 법률」 제8조)

질병의 예방, 치료에 효능이 있는 것으로 인식할 우려가 있는 표시 또는 광고, 식품 등을 의약품으로 인식할 우려가 있는 표시 또는 광고, 거짓, 과장된 표시 또는 광고, 소비자를 기만하는 표시 또는 광고, 다른 업체나 다른 업체의 제품을 비방하는 표시 또는 광고, 객관적인 근거 없이 자기 또는 자기의 식품 등을 다른 영업자나 다른 영업자의 식품 등과 부당하게 비교하는 표시 또는 광고, 사행심을 조장하거나 음란한 표현을 사용하여 공중도덕이나 사회윤리를 현저하게 침해하는 표시 또는 광고, 식품 등이 아닌 물품의 상호, 상표 또는 용기포장 등과 동일하거나 유사한 것을 사용하여 해당 물품으로 오인, 혼동할 수 있는 표시 또는 광고, 심의를 받지 아니하거나 심의 결과에 따르지 아니한 표시 또는 광고는 부당한 표시 또는 광고의 내용에 해당된다.

소비자를 기만하는 표시 또는 광고로 의사, 치과의사, 한의사, 수의사, 약사, 한약사, 대학교수 또는 그 밖의 사람이 제품의 기능성을 보증하거나, 제품을 지정, 공인, 추천, 지도 또는 사용하고 있다는 내용의 표시광고가 해당된다. 다만, 의사 등이 해당 제품의 연구개발에 직접 참여한 사실만을 나타내는 표시광고는 제외한다.

다음 사례와 같이 심의 결과에 따르지 아니한 표시 또는 광고는 부당한 표시광고의 내용에 해당된다.

심의 결과	실제 광고: 심의와 다른 광고
관절과 연골 건강에 도움을 줄 수 있는 MSM + 칼슘의 만남!	
MSM 1,500 ㎎ + 해조칼슘 270 ㎎	MSM + 칼슘 (젖산칼슘+해조칼슘)
해조칼슘이란?	**MSM**이란?
식약처 인정 기능성 소재	식약처 인정 기능성 소재
○○ 주원료 **해조칼슘**	○○ 주원료 **해조칼슘**
∨ 뼈와 치아 형성에 필요 ∨ 신경과 근육 기능 유지에 필요 ∨ 골다공증 발생위험 감소에 도움	∨ 관절 및 연골 건강에 도움 ∨ 관절의 연골 및 인대조직을 구성하는 물질 ∨ 신체의 정상적인 기능과 구조 유지

그림 20. 건강기능식품 자율심의와 다른 광고 위반 사례

건강기능식품 판매처가 부당한 표시광고를 하여 적발된 경우 제조업체도 행정처분 대상일까? 위반행위에 대한 행정처분은 그 원인제공자에 대하여 처분하므로, 건강기능식품 판매업소가 관리하는 온라인 상세페이지의 내용이 「식품 등의 표시·광고에 관한 법률」에 위반되는 광고에 해당되고, 위반행위의 원인제공자가 건강기능식품 판매업 영업자인 경우라면 해당 영업자가 처분 대상이다.

건강기능식품 마케팅으로 의사, 영양학 박사 등 전문가의 자문영상을 활용해도 될까? 의사, 약사 및 대학교수가 건강정보 등을 알려주는 것 외에 일정 수수료 등을 제공받고 직접적으로 소비자에게 특정 건강기능식품의 제품의 정보를 알려주거나 홍보(추천)하는 경우 일반 소비자가 해당 광고를 의사 등이 제품의 기능성을 보증하거나, 제품을 지정, 공인, 추천, 지도 또는 사용하고 있다는 내용으로 인식할 우려가 있어 소비자를 기만하는 광고에 해당할 수 있다.

건강기능식품의 브랜드명으로 제품 개발에 참여한 의사의 이름을 사용해도 될까? 브랜드 명칭을 제품에 표시하고자 하는 경우, 특정인(의사)의 이름을 사용 시 특정인이 해당 제품의 연구개발에 직접 참여한 사실을 의미하는 것이라면 객관적인 사실에 근거하여 표시하는 것은 가능할 것으로 판단된다. 다만, 이와 연계하여 해당 제품이 질병의 예방 및 치료에 효능, 효과가 있거나 의약품이나 다른 기능성이 있는 것으로 오인, 혼동될 우려가 있는 표시광고를 하는 경우 종합적으로 판단하여 허위 표시, 과대광고로 처벌 대상이 될 수 있다.

페이스북, 유튜브 등에 고객이 직접 체험후기를 올리는 것과 고객이 올린 체험후기를 이용하여 광고하는 행위가 위반에 해당될까? 개인의 블로그나 SNS(소셜네트워크서비스) 등은 표현의 자유가 있는 사적 공간이기는 하나, 해당 공간에서 일반 소비자가 특정 식품 등의 정보를 알수 있도록 나타내거나 알리는 행위 등은 '광고'에 해당한다. 따라서, 개인 SNS에 체험후기 등을 이용하여 특정 제품에 대해 질병의 예방, 치료에 효능 또는 효과가 있는 것으로 인식할 우려가 있는 표현 등을 하는 경우 사이트 차단 등의 행정조치를 취할 수 있다. 또한, 영업자가 개인의 SNS에 표현된 내용을 인용하여 상품의 판매페이지나 상세페이지에 링크 또는 게시하는 것도 '광고'에 해당하며 「식품 등의 표시·광고에 관한 법률」에 위반되는 표현이 있는 경우 행정처분 대상이다.

건강기능식품의 제품명 일부로 '기타원료(부원료)' 명칭을 표시하고 싶은데 가능할까? 건강기능식품의 제품명 일부로 기능성을 나타내는 주원료가 아닌 기타원료(부원료) 명칭을 표시하는 것은 마치 기타원료가 기능성이 있는 것으로 소비자가 오인, 혼동할 우려가 있다. 따라서 기타원료의 명칭을 건강기능식품의 제품명으로 사용해서는 안 된다. 다만, 건강기능식품에 맛을 나타내는 기타원료(착향료, 색소 제외)로 합성향료를 사용할 경우에는 제품명의 일부로 "○○향"을 표시하는 것은 가능하겠으나, 그 향을 뜻하는 그림, 사진 등의 표시는 적절치 않다.

영양성분 또는 기능성 원료가 아닌 기타원료(부원료)의 명칭, 함량, 이미지, 사진 등을 표시하고 싶은데 가능할까? 영양성분 또는 기능성 원료가 아닌 기타원료(부원료)의 명칭, 함량, 이미지, 사진 등을 제품에 표시할 경우 건강기능식품의 특성상 소비자가 해당 제품에 기타원료(부원료)의 기능성이 있는 것으로 오인, 혼동할 가능성이 있어 적절하지 않다.

2) 기능성 인정

사례 86. 건강기능식품에 "헤어 비타민", "머릿결 개선에 도움" 표현 가능 여부

"헤어 비타민" 문구의 경우 해당 원료(비타민)에 인정되지 아니한 기능성 내용을 표시한 것으로 판단되어 적절하지 않다. 한편, "머릿결 개선에 도움"에 대한 기능성을 표시하고자 하는 경우 「건강기능식품 기능성 원료 및 기준·규격 인정에 관한 규정」에 따라 해당 기능성 내용을 인정받아야 표시광고가 가능하다.
(근거: 「식품 등의 표시·광고에 관한 법률」 제8조, 「식품 등의 표시·광고에 관한 법률 시행령」 [별표 1])

질병의 특징적인 징후 또는 증상에 예방, 치료 효과가 있다는 내용의 표시광고, 질병 및 그 징후 또는 증상과 관련된 제품명, 학술자료, 사진 등을 활용하여 질병과의 연관성을 암시하는 표시광고 및 식품의약품안전처장이 인정하지 않은 기능성을 나타내는 내용의 표시광고는 부당한 표시광고에 해당한다. 다만 식품의약품안전처장이 고시하거나 안전성 및 기능성을 인정한 건강기능식품의 원료 또는 성분으로서 질병의 발생 위험을 감소시키는 데 도움이 된다는 내용의 표시광고와 질병정보(질병 및 그 징후 또는 증상과 관련된 제품명, 학술자료, 사진 등을 활용하여 질병과의 연관성을 암시하는 표시광고)를 제품의 기능성 표시광고와 명확하게 구분하고, "해당 질병정보는 제품과 직접적인 관련이 없습니다."라는 표현을 병기한 표시광고는 부당한 표시광고에 해당하지 않는다.

3) 영업자 책임

사례 87. 건강기능식품의 업소명 및 소재지란에 '기술제휴 및 원료공급원' 업소 추가 기재 가능 여부

기술제휴 및 원료공급원의 업소를 객관적인 사실에 입각하여 영업자 책임하에 표시하는 것은 가능하다.
(근거: 「건강기능식품의 표시기준」 제6조)

수입 제품에 "Vegetable-Derived Capsules" 즉 식물 유래 캡슐 표시를 할 수 있을까? "Vegetable-Derived Capsules" 표현은 해당 제품의 캡슐이 「건강기능식품의 기준 및 규격」 제조기준에 적합하고, 식물성 식품원료에서만 유래되어 적합하게 제조·가공하였다면 사용 가능하다.

VII.

유전자변형식품(GMO) 표시

1. 표시대상 식품

사례 88. 이집트콩, 잠두, 렌즈콩의 유전자변형식품 표시대상 여부

현재 유전자변형식품 표시대상에 해당하는 대두는 '*Glycine max*'의 학명을 갖는 것이며, 그 외의 두류는 유전자변형식품 표시대상에 해당되지 않는다.

[참고]

식품용으로 승인된 유전자변형 농·축·수산물(6종): 대두, 옥수수, 면화, 카놀라, 사탕무, 알팔파

(근거: 「유전자변형식품등의 표시기준」 제3조)

유전자변형이란 인위적으로 유전자를 재조합하거나 유전자를 구성하는 핵산을 세포 또는 세포내 소기관으로 직접 주입하는 기술, 분류학에 의한 과의 범위를 넘는 세포융합기술 등 현대생명공학기술을 이용 또는 활용하여 농산물, 축산물, 수산물, 미생물의 유전자를 변형시킨 것을 말한다. 유전자변형기술을 활용하여 만든 생물체를 유전자변형생물체(GMO, Genetically Modified Organism)라고 한다. GMO에는 유전자변형농산물, 유전자변형미생물, 유전자변형동물 등이 있으며, 인슐린을 생산하는 세균, 인간의 질환을 연구하기 위한 모델 동물 등 다양한 분야에 유전자변형 기술이 적용되고 있다. 예로 유전자변형농산물에는 해충저항성 옥수수, 유전자변형미생물에는 인슐린을 생산하는 세균, 유전자변형동물에는 의약용혈전용해제를 생산하는 염소 등이 있다.

유전자변형식품이란 유전자변형 농산물, 축산물, 수산물, 미생물을 원재료로 하거나 또는 이용하여 제조·가공된 식품, 건강기능식품, 식품첨가물을 말한다. 유전자변형농산물의 개발에는 입자총법, 아그로박테리움법 등이 이용되고 있으며, 주로 미생물인 아그로박테리움을 이용하여 유전자를 식물체에 도입하는 방법을 사용하여 유전자변형식품을 만들고 있다. 가뭄에 잘 견디는 옥수수가 만들어지는 과정을 사례로 살펴보면 ① 미생물에서 가뭄에 잘 견디는 유전자를 분리한다. ② 아그로박테리움에 유전자를 이식한다. ③ 가뭄에 잘 견디는 미생물 유전자를 옥수수에 넣는다. ④ 유전자가 변형된 옥수수를 선발한다. ⑤ 가뭄에 잘 견디는

옥수수 탄생이다.

유전자변형식품은 전 세계적으로 콩, 옥수수, 면화, 카놀라가 대부분이며, 사탕무, 알팔파, 감자, 파파야, 사과 등도 개발되어 있다. 우리나라에서는 「식품위생법」 제18조에 따라 유전자변형식품 등에 대하여 안전성을 심사하여, 승인된 유전자변형식품만 국내에 수입·유통될 수 있다. 국내의 안전성 심사 승인을 받은 농산물은 콩, 옥수수, 면화, 카놀라, 사탕무, 알팔파가 있으며, 우리나라는 아직 유전자변형농산물의 재배가 허용되지 않고 있다.

표 39. 유전자변형식품 표시대상

구분	표시를 해야 하는 경우	표시를 하지 않는 경우
농산물, 수산물, 축산물	식약처가 식용으로 승인한 GM 농산물(대두, 옥수수, 카놀라, 면화, 사탕무, 알팔파)	• 구분 관리된 농산물* - 구분유통증명서 또는 정부증명서 또는 시험·검사 성적서 * 3% 이하 비의도적 혼입치 인정
가공식품, 건강기능식품 등	유전자변형농·축·수산물을 원재료로 사용하여 제조·가공 후에도 유전자변형 DNA 또는 유전자변형 단백질이 남아 있는 식품 또는 식품첨가물, 건강기능식품	• 구분 관리된 농산물을 사용한 경우* - 구분유통증명서 또는 정부증명서 또는 시험·검사 성적서 * 3% 이하 비의도적 혼입치 인정(원료농산물) • 가공보조제(식품의 제조·가공 중 특정 기술적 목적을 달성하기 위하여 의도적으로 사용된 물질), 부형제(식품성분의 균일성을 위하여 첨가하는 물질), 희석제(식품의 물리화학적 성질을 변화시키지 않고, 그 농도를 낮추기 위하여 첨가하는 물질), 안정제(식품의 물리화학적 변화를 방지할 목적으로 첨가하는 물질)의 용도로 사용하는 것은 제외 • 고도의 정제과정 등으로 유전자변형 DNA 또는 유전자변형 단백질이 전혀 남아 있지 않아 검사불능인 당류, 유지류 등 제외

식품용으로 승인된 유전자변형 농·축·수산물과 이를 원재료로 하여 제조·가공 후에도 유전자변형 DNA 또는 유전자변형 단백질이 남아 있는 유전자변형식품 등은 표시대상이다. 다만, 유전자변형 농산물이 비의도적으로 3% 이하인 농산물과 이를 원재료로 사용하여 제조·가공한 식품 또는 식품첨가물 또는 고도의 정제과정 등으로 유전자변형 DNA 또는 유전자변형 단백질이 전혀 남아 있지 않아 검사불능인 당류, 유지류 등은 유전자변형식품임을 표시하지 아니할 수 있다. 여기서, 비의도적으로 3% 이하인 농산물과 이를 원재료로 사용하여

제조·가공한 식품 또는 식품첨가물의 경우에는 구분유통증명서, 정부증명서 또는 시험·검사기관에서 발행한 유전자변형식품 등 표시대상이 아님을 입증하는 시험·검사성적서를 제출하여 입증받아야 한다.

일반적으로 '원재료'란 인위적으로 가하는 물을 제외한 식품 또는 식품첨가물의 제조·가공에 사용되는 물질로서 최종 제품 내에 들어 있는 것을 말하는데, 유전자변형식품에서 가공보조제(「식품첨가물의 기준 및 규격」에 따른 가공보조제로서 식품의 제조 과정에서 기술적 목적을 달성하기 위하여 의도적으로 사용되고 최종 제품 완성 전 분해, 제거되어 잔류하지 않거나 비의도적으로 미량 잔류할 수 있는 식품첨가물), 부형제(식품성분의 균일성을 위하여 첨가하는 물질), 희석제(식품의 물리·화학적 성질을 변화시키지 않고, 그 농도를 낮추기 위하여 첨가하는 물질), 안정제(식품의 물리·화학적 변화를 방지할 목적으로 첨가하는 물질)의 용도로 사용한 것은 표시의무에서 제외한다.

식품 등의 GMO 표시와 관련하여 몇 가지 사례를 살펴보겠다.

첫 번째, 옥수수전분을 원재료로 사용한 포도당 및 덱스트린 제품의 경우 구분유통증명서를 구비해야 할까? 옥수수전분을 원료로 제조한 덱스트린, 포도당과 같은 당류는 고도의 정제과정 등으로 유전자변형 DNA 또는 유전자변형 단백질이 남아 있지 않아 구분유통증명서 구비 여부와 관계없이 유전자변형식품임을 표시하지 아니할 수 있으며, 고도의 정제과정 등으로 유전자변형 DNA가 남아 있지 않은 식품의 예로는 식용류, 당류(포도당, 과당, 엿류, 당시럽류 올리고당류 등), 간장, 변성전분 등이 해당된다. (예시: GMO 옥수수로 제조한 식품첨가물 시클로덱스트린)

두 번째, 대두단백을 사용하여 제조한 식품의 시험·검사 결과 검사불능인 경우 유전자변형식품임을 표시하지 않아도 될까? 「식품·의약품분야 시험·검사 등에 관한 법률」에 따라 지정된 시험·검사기관에서 해당 제품을 검사한 결과, 검사불능인 경우 유전자변형식품임을 표시하지 않을 수 있다.

"GMO 대두 포함 가능성 있음" 표시가 있는 원재료를 사용한 제품의 시험·검사 결과 GMO 성분이 검출되지 않은 경우 유전자변형 대두임을 표시하지 않아도 될까? 유전자변형식품 표시는 유전자변형 성분(DNA 또는 단백질)이 남아 있는 경우라면 유전자변형식품임을 표시하도록 규정하고 있으므로 최종 제품의 원재료로 사용한 제품에 "유전자변형 대두 포함" 등의 표시가 있는 경우 최종 제품에도 해당 원재료명 바로 옆에 괄호로 GMO임을 표시하여야 하나, "유전자변형 대두 포함 가능성 있음"이라는 표시는 해당 대두의 유전자변형 여부를 확인할 수 없는 경우에 표시하는 사항이므로 「식품의약품 분야 시험·검사 등에 관한 법률」에 따라 지정된 시험·검사기관의 검사결과를 통해 최종 제품이 유전자변형식품 등 표시대상이 아님을 입증하는 경우라면 영업자 책임하에 유전자변형 관련 표시를 하지 않아도 무방하다.

세 번째, 대두 레시틴을 유화제의 용도로 사용할 때 유전자변형식품임을 표시해야 할까? 유전자변형식품 표시대상 원재료가 가공보조제, 부형제, 희석제, 안정제의 용도로 사용되었음을 입증하는 제조업체의 용도증명서, 세부제조공정도 등을 제출하여 확인되는 경우에는 표시대상 원재료에서 제외하고 있다. (예시: 식품첨가물인 대두 레시틴을 안정제 용도로 사용)

네 번째, 대두 레시틴에 "유전자변형 대두 포함 가능성 있음"으로 표시해서 수입통관된 제품에 해당 표시를 삭제해도 될까? 대두 레시틴 등을 유화제 용도로 사용한 경우 제조사의 용도증명서, 세부제조공정도 등을 통해 해당 용도로 사용하였음을 입증하면 GMO 표시를 하지 않을 수 있으나, 이미 "유전자변형 대두 포함 가능성 있음"으로 표시해서 수입통관된 제품은 해당 표시사항을 임의로 삭제할 수 없다.

다섯 번째, 유전자변형 옥수수를 원재료로 제조한 식품용 기구 및 용기포장에 유전자변형식품임을 표시해야 할까? 유전자변형농산물을 원재료로 제조한 식품용 기구 및 용기포장은 현행 「유전자변형식품등의 표시기준」에 따른 유전자변형식품 표시대상에 해당하지 않는다.

2. 표시 의무자

사례 89. 가수분해대두단백질이 포함된 외화획득용 원료 수입 시 "GMO" 표시 여부

유전자변형식품 표시의무자는 식품제조가공업자 등의 영업을 하는 자로 규정하고 있으나, 수입 후 국내에서 유통하지 않고 전량 수출하는 식품에 대해서는 유전자변형식품임을 표시하지 않아도 된다.
(근거: 「유전자변형식품등의 표시기준」 제4조)

유전자변형식품 표시 의무자는 유전자변형 농·축·수산물을 생산하여 출하·판매하는 자, 또는 판매할 목적으로 보관·진열하는 자이다. 유전자변형식품과 관련하여서는 식품제조가공업, 즉석판매제조가공업, 식품첨가물제조업, 식품소분업, 유통전문판매업 영업을 하는 자, 수입식품 등 수입판매업 영업을 하는 자, 건강기능식품제조업, 건강기능식품유통전문판매업 영업을 하는 자 또는 축산물가공업, 축산물유통전문판매업 영업을 하는 자이다.

3. 표시방법

사례 90. 유전자변형 포함 가능성 표시방법

유전자변형 농·축·수산물이 포함되어 있을 가능성이 있거나 유전자변형 여부를 확인할 수 없는 경우에는 주표시면에 "유전자변형 OO 포함가능성 있음"으로 표시하거나, 원재료명 바로 옆에 괄호로 "유전자변형 OO 포함가능성 있음"으로 표시할 수 있다.
표시는 지워지지 아니하는 잉크 등을 사용하거나 떨어지지 아니하는 스티커 등을 사용하여 해당 용기포장 등의 바탕색과 뚜렷하게 구별되는 색상으로 12포인트 이상의 활자 크기로 선명하게 표시하여야 한다.
(근거: 「유전자변형식품 등의 표시기준」 제3조)

유전자변형 농·축·수산물의 표시는 "유전자변형 ○○(농·축·수산물 품목명)"로 표시하고, 유전자변형 농산물로 생산한 채소의 경우에는 "유전자변형 ○○(농산물 품목명)로 생산한 ○○○(채소명)"로 표시하여야 한다.

유전자변형 농·축·수산물이 포함된 경우에는 "유전자변형 ○○(농·축·수산물 품목명) 포함"으로 표시하고, 유전자변형 농산물로 생산한 채소가 포함된 경우에는 "유전자변형 ○○(농산물 품목명)로 생산한 ○○○(채소명) 포함"으로 표시하여야 한다.

유전자변형 농·축·수산물이 포함되어 있을 가능성이 있는 경우에는 "유전자변형 ○○(농·축·수산물 품목명) 포함가능성 있음"으로 표시하고, 유전자변형 농산물로 생산한 채소가 포함되어 있을 가능성이 있는 경우에는 "유전자변형 ○○(농산물 품목명)로 생산한 ○○○(채소명) 포함가능성 있음"으로 표시할 수 있다.

유전자변형 여부를 확인할 수 없는 경우에는 당해 제품의 주표시면에 "유전자변형 ○○ 포함가능성 있음"으로 표시하거나, 제품에 사용된 당해 제품의 원재료명 바로 옆에 괄호로 "유전자변형 ○○ 포함가능성 있음"으로 표시할 수 있다.

유전자변형 농·축·수산물 표시와 관련하여 몇 가지 사례를 살펴보겠다.

첫 번째, 유전자변형 대두를 원재료로 사용한 경우 유전자변형식품 관련 내용을 어떻게 표시해야 할까? 유전자변형식품 표시는 제품의 주표시면에 "유전자변형 ○○ 포함"으로 표시하거나, 원재료명 바로 옆에 괄호로 "유전자변형된 ○○"으로 표시하여야 한다. 표시는 지워지지 아니하는 잉크 등을 사용하거나 떨어지지 아니하는 스티커 등을 사용하여 해당 용기포장 등의 바탕색과 뚜렷하게 구별되는 색상으로 12포인트 이상의 활자 크기로 선명하게 표시하여야 한다.

두 번째, 복합원재료에 옥수수전분이 포함되어 있는 경우 유전자변형식품 포함 가능성 표시를 해야 할까? 유전자변형식품의 표시는 함량 순위와 관계없이 GMO 성분(DNA 또는 단백질)이 남아 있는 경우라면 모두 표시하여야 하므로, 복합원재료에 사용된 옥수수전분의 유전자변형 여부를 정확하게 확인할 수 없는 경우라면 제품의 주표시면에 "유전자변형 ○○ 포함가능성 있음"으로 표시하거나 해당 제품의 원재료명 바로 옆에 괄호로 "유전자변형 ○○ 포함가능성 있음"으로 표시하여야 한다.

세 번째, 대두를 원재료로 제조한 제품에 "Non-GMO" 표시를 위한 충족 기준 및 구비서류는 무엇일까? 유전자변형 대두를 사용하지 않은 경우로서(Non-GMO 대두), 해당 원재료 함량이 50% 이상이거나 원료 함량이 1순위로 사용한 제품에서 GMO 성분이 검출되지 않는 경우라면 경우에는 "비유전자변형식품, 무유전자변형식품, Non-GMO, GMO-free" 표시를 할 수 있다. 이 경우에는 비의도적 혼입치가 인정되지 않는다. 구비서류의 경우 해당 대두가 Non-GMO임을 증명할 수 있는 구분유통증명서 등을 구비하여야 하며, 비의도적 혼입치가 인정되지 않으므로 GMO 성분이 검출되지 않음을 입증할 수 있는 「식품의약품분야 시험·검사 등에 관한 법률」 제6조 및 제8조에 따른 시험·검사기관에서 발행한 시험·검사성적서를 구비하여야 한다.

네 번째, 주류(일반증류주)에 "GMO FREE" 표시를 할 수 있을까? 「식품 등의 부당한 표시 또는 광고의 내용기준」에서 대두, 옥수수 등 표시대상 유전자변형 농·임·수·축산물이 아닌 농산물, 임산물, 수산물, 축산물 또는 이를 사용하여 제조·가공한 식품 등에 "비유전자변형식품, 무유전자변형식품, Non-GMO, GMO-free" 또는 이와 유사한 용어 및 표현을 사용한 표시광고는 소비자를 기만하는 부당한 표시 또는 광고에 해당된다. 따라서 "주류(일반증류주)"는 일반적으로 고도의 정제과정 등으로 유전자변형 성분(DNA 또는 단백질)이 전혀 남아 있지 않아 검사불능인 식품으로 유전자변형식품 표시대상에 해당하지 않아 "GMO-FREE" 등과 같은 표시는 할 수 없다.(예시: 국내산 쌀)

참고로, 유전자변형식품의 분석절차와 판정을 알아보겠다. 유전자변형식품의 분석은 원료 농산물이나 가공식품으로부터 DNA를 추출하여 정성 PCR과 정량 PCR을 거쳐 판정하는데, 판정기준은 다음과 같다. 첫째, 2회 반복 추출하여 정성분석한 결과로부터 판정하며, 반응대조군에서 적합한 결과가 나와야 한다. 둘째, 2회 반복 추출한 DNA 중 하나 이상에서 내재유전자와 재조합유전자가 모두 검출된 경우 GMO가 검출된 것으로 판정한다. 셋째, 정성분석에서 'GMO 검출로 판정된 경우 구분유통증명서 등의 구비 여부를 확인하여 표시제도 위반 여부를 확인하며, 농산물에 대해서는 정량분석을 별도로 실시하여 3% 이하인지 확인하여야 한다. 다만 스타링크 옥수수(CBH 351)와 같이 식용으로 부적합하다고 평가받은 품목, 해충 저항성 Bt 쌀과 같이 안전성평가심사를 받지 않은 품목의 검사인 경우 구분유통증명서 확인이나 정량분석을 실시하지 않는다.

VIII.

어린이 기호식품 표시광고

1. 영양성분 표시

사례 91. 식품제조업소에서 제조한 제품을 식품접객업소에서 판매하는 경우 어린이 기호식품 영양성분 및 알레르기 유발성분 표시대상 여부

주로 어린이기호식품*을 조리, 판매하는 업소로 가맹사업의 직영점과 가맹점을 포함한 점포 수가 50개 이상인 경우 영업자는 조리, 판매하는 식품의 영양성분과 알레르기 유발 식품을 표시하도록 하고 있다.

* 제과, 제빵류, 아이스크림류, 햄버거, 피자, 그 밖에 영양성분 표시를 하려는 조리, 판매 식품

여기에 해당하는 식품접객업소에서 영양성분과 알레르기 유발 식품이 표시된 가공식품(PET 콜라 등)을 판매하는 경우에는 메뉴 등 또는 모바일 앱, 홈페이지에 별도로 영양성분과 알레르기 유발식품을 표시하지 않을 수 있다.

(근거: 「어린이 식생활안전관리 특별법」 제11조, 같은 법 시행령 제8조, 「어린이기호식품 등의 영양성분과 고카페인 함유 식품 표시기준 및 방법에 관한 규정」 제3조)

「어린이 식생활안전관리 특별법」 제11조 및 제11조2에 따라, 영양성분 및 알레르기 유발 식품 표시 의무자는 식품접객영업자(휴게음식점 영업, 일반음식점 영업 및 제과점 영업) 중 주로 표 40의 어린이 기호식품을 조리·판매하는 업소로서, 「가맹사업거래의 공정화에 관한 법률」에 따른 가맹사업이고, 그 가맹사업의 직영점과 가맹점을 포함한 점포수가 50개 이상 경우는 영양성분을 표시하여야 하며, 조리, 판매하는 식품에 알레르기를 유발할 수 있는 성분, 원료가 포함된 경우 그 원재료명을 표시하여야 한다. 이때 이 기준에 해당하는 업소는 어린이기호식품뿐 만이 아니라 영업자가 조리판매하는 모든 식품에 영양성분 표시를 하여야 한다.

참고로, 점포수가 50개 이상 경우 이외의 업체의 경우 영양성분을 의무적으로 표시해야 하는 것은 아니나 자율적으로 영양성분 표시를 할 수 있다. 커피 등 음료전문점을 시작으로 고속도로 휴게소 내 음식점, 패밀리레스토랑, 어린이동산, 대형 영화관, 백화점, 대형마트 푸드코트 등이 자율적으로 영양성분 표시를 하고 있다.

프랜차이즈 점포 50개 중 3개만이 어린이 기호식품을 조리, 판매하는 영업자는 어린이기호식품 영양성분과 알레르기 유발성분을 표시해야 할까? 식품접객영업자(휴게음식점 영업, 일

반음식점 영업 및 제과점 영업) 중 주로 어린이 기호식품(제과제빵류, 아이스크림류, 햄버거, 피자)을 조리, 판매하는 업소로서, 가맹사업 점포 수 50개 이상인 경우라면 표시 의무 대상에 해당한다. 다만, 운영하는 프랜차이즈 점포 중 주로 어린이 기호식품(제과제빵류, 아이스크림류, 햄버거, 피자)을 조리, 판매하는 점포가 3개만 해당되는 경우라면, 위 규정에 따른 영양성분 및 알레르기 유발 식품 표시 의무 대상에 해당되지 않는다.

〈TIP〉

중소 또는 영세 영업자를 위해 점포 수를 정해 제한하는 경우가 많으며, 일반적으로는 해가 지남에 따라 점포 수를 줄이는 경향이 있어 확인이 필요하다!

표 40. 어린이 기호식품의 범위

가공식품	조리식품
기준 및 규격이 고시된 식품, 축산물 - 과자류 중 과자(한과류는 제외한다) 및 캔디류 - 빵류 - 초콜릿류 - 유가공품 중 가공유류 및 발효유류 (발효버터유 및 발효유분말은 제외한다) - 어육가공품 중 어육소시지 - 면류(용기면만 해당한다) - 음료류 중 과채주스, 과채음료, 탄산음료, 유산균 음료, 혼합음료, 다만, 주로성인이 마시는 음료임을 제품에 표시하거나 광고하는 탄산음료 및 혼합음료는 제외한다. - 즉석섭취식품 중 김밥, 햄버거, 샌드위치 - 빙과류 중 빙과 및 아이스크림류	식품접객업의 영업소에서 조리하여 판매 - 제과·제빵류 - 아이스크림류 - 햄버거, 피자 - 어린이 식품 안전보호구역에서 조리하여 판매하는 라면, 떡볶이, 꼬치류, 어묵, 튀김류, 만두류, 핫도그

표시대상 영양성분은 열량, 당류, 단백질, 포화지방, 나트륨, 그 밖에 강조 표시를 하고자 하는 영양성분이다.

영양성분은 그 명칭 및 함량을 표시하여야 한다. 영양성분 함량단위는 표 20의 1일 영양성분 기준치의 영양성분 단위로 표시하여야 하고, 1회 섭취참고량, 총 내용량(또는 1 포장) 또는 단위 내용량당 등을 함께 표시하는 때에는 그 단위를 동일하게 표시하여야 한다. 이 경우 1일 영양성분 기준치에 대한 비율(%)을 함께 표시할 수 있다.

영양성분 함량은 총 내용량(또는 1 포장)당 함유된 값으로 표시하여야 한다. 다만, 총 내용량이 100 g(㎖)을 초과하고 표 17의 1회 섭취참고량의 3배를 초과하는 식품은 총 내용량당 대신 100 g(㎖)당 함량으로 표시할 수 있다. 이때 컵, 개 또는 조각 등으로 나눌 수 있는 단위(이하 "단위"라 한다) 제품에서 그 단위 내용량이 100 g(㎖) 이상이거나 1회 섭취참고량 이상인 경우에는 단위 내용량당 영양성분 함량으로 표시하여야 한다. 이 경우 총 내용량(또는 1 포장) 및 단위 제품의 중량(g) 또는 용량(㎖)을 표시하고 단위 제품의 개수를 표시하여야 한다. 또한 이때, 단위 내용량이 100 g(㎖) 미만이고 1회 섭취참고량 미만인 경우 단위 내용량당 영양성분 함량을 표시할 수 있다. 이 경우 총 내용량(또는 1 포장)당 영양성분 함량을 함께 표시하여야 한다.

위 영양성분의 함량, 총 내용량(또는 1 포장)당 함유된 값, 100 g(㎖)당 함량, 단위 내용량당 함량 이외에 영양성분 함량을 1회 섭취참고량당 영양성분 함량으로 표시할 수 있다. 이 경우 총 내용량(또는 1 포장)당 영양성분 함량을 함께 표시하여야 한다. 다만, 총 내용량이 100 g(㎖)를 초과하고 1회 섭취참고량의 3배를 초과하는 식품은 100 g(㎖)당 영양성분 함량을 함께 표시할 수 있다.

두 종류 이상의 식품으로 구성된 세트(set)의 경우에는 해당 조합의 총 열량을 표시하여야 한다. 다만, 해당 조합이 여러 가지일 경우에는 총 열량의 최소값과 최대값의 범위로써 표시할 수 있다[예시: 100~500 ㎉/1식(○ ○ g)].

영업자가 매장에서 식품을 조리, 판매하는 경우에는 메뉴 등에 열량, 당류, 단백질, 포화지방, 나트륨 등의 영양성분을 표시하여야 하며, 이 중 열량은 메뉴 등의 식품명이나 가격 표시 주변에 이들 활자 크기의 80% 이상으로 표시하여야 한다. 다만, 매장에 영양성분을 표시한 리플릿, 포스터 등 소비자가 위 정보를 쉽게 알 수 있는 별도의 자료를 비치하는 경우에는 메뉴 등에 열량만을 표시할 수 있다.

영업자가 홈페이지, 모바일앱 등 온라인, 전화 등을 통해 주문받아 식품을 소비자에게 배달하는 경우에는 열량, 당류, 단백질, 포화지방, 나트륨 등의 영양성분을 표시한 리플릿, 스티커 등을 함께 제공하여야 한다. 다만, 홈페이지, 모바일앱 등 온라인으로만 주문받아 배달되는 식품에 대하여 홈페이지, 모바일앱 등 온라인으로 영양성분 정보를 제공하는 경우에는 생략할 수 있다.

영업자가 홈페이지, 모바일앱 등 온라인상에 조리, 판매하는 식품의 정보를 제공하는 경우에는 식품명이나 가격 표시 주변에 열량, 당류, 단백질, 포화지방, 나트륨 영양성분을 표시하여야 한다.

어린이 기호식품(햄버거) 프랜차이즈에서 판매하는 캔음료, PET병 주스에도 영양성분을 표시해야 할까? 식품접객영업자 중 주로 어린이 기호식품(제과·제빵류, 아이스크림류, 햄버거, 피자)을 조리, 판매하는 업소로서, 가맹사업 점포 수 50개 이상인 경우 표시 의무 대상에 해당된다. 표시 의무 대상자에 해당하는 경우라면 영업장 내 조리하여 판매하는 모든 식품에 대하여 영양성분과 알레르기 유발 식품을 표시하여야 한다. 다만, 가공식품을 소분, 개봉하지 않고 소비자에게 그대로 제공하는 경우라면 표시 의무 대상에 해당되지 않는다.

2. 광고의 제한 및 금지

사례 92. 인터넷 뉴스기사의 어린이 기호식품 구매 부추김 광고 해당 여부

「어린이 식생활안전관리 특별법」 제10조(광고의 제한·금지 등)에 따르면 어린이 기호식품 중 고열량, 저영양 식품 및 고카페인 함유 식품을 제조, 가공, 수입, 유통, 판매하는 자는 방송, 라디오 및 인터넷을 이용하여 식품이 아닌 장난감이나 그 밖에 어린이의 구매를 부추길 수 있는 물건을 무료로 제공한다는 내용이 담긴 광고를 하여서는 아니 된다고 규정하고 있다.

고열량, 저영양 식품 및 고카페인 함유 식품을 제조, 가공, 수입, 유통, 판매하는 자가 인터넷 뉴스기사 등을 이용하여 식품이 아닌 장난감이나 그 밖에 어린이의 구매를 부추길 수 있는 물건을 무료로 제공한다는 광고를 한 경우라면 구매 부추김으로 광고 위반에 해당될 수 있다.

또한 어린이 구매 부추김 광고 제한의 취지가 식품 외 다른 요인에 의해 고열량, 저영양 식품을 구매, 섭취하는 것을 최소화하여 어린이들의 건강 증진에 기여하고자 하는 것을 고려할 때, 광고의 주체가 고열량, 저영양 식품 및 고카페인 함유 식품을 제조, 가공, 수입, 유통, 판매하는 자가 아닐지라도, 영업자는 인터넷 기사 등을 통해 구매를 부추기는 광고가 이루어지지 않도록 하는 것이 바람직할 것으로 판단된다.

(근거: 「어린이 식생활안전관리 특별법」 제10조)

어린이 기호식품 중 고열량, 저영양 식품 및 고카페인 함유 식품을 제조, 가공, 수입, 유통, 판매하는 자는 지상파(중앙·지방), 종합유선(케이블TV)방송 등 방송, 음성 음향 등으로 이루어진 방송프로그램을 송신하는 라디오 방송 및 홈페이지, 앱(애플리케이션), SNS 등의 형태로 프로모션, 이벤트, 새소식, 홍보자료, 배너 광고, 팝업창 광고 등 모든 광고 인터넷을 이용하여 식품이 아닌 장난감이나 그 밖에 어린이의 구매를 부추길 수 있는 물건을 무료로 제공한다는 내용이 담긴 광고를 하여서는 안 된다. 여기서 "어린이"는「어린이 식생활안전관리 특별법」에 따라 학교의 학생(초중고등학교, 특수학교) 또는「아동복지법」에 따른 아동(18세 미만)을 말하며, 고열량, 저영양 식품은 식품의약품안전처장이 정한 기준보다 열량이 높고 영양가가 낮은 식품으로서 비만이나 영양불균형을 초래할 우려가 있는 어린이기호식품을 말한다.

참고로, 안전하고 영양을 고루 갖춘 어린이 기호식품의 제조·가공, 유통·판매를 권장하기 위하여 식품의약품안전처장이 정한 품질인증 기준(「어린이 식생활안전관리 특별법」 제15조,「어린이 기호식품 품질인증기준」)에 적합한 어린이 기호식품에 대하여 품질인증을 해 주는 '품질인증식품' 제도를 운영하고 있다. 품질 인증을 받은 어린이 기호식품은 용기포장 등에 일정한 도형 또는 문자로 품질인증식품 표시를 할 수 있다.

위의 어린이 기호식품 중 고열량, 저영양 식품 및 고카페인 함유 식품을 제조, 가공, 수입, 유통, 판매하는 자는 어린이 기호식품을 한 가지 품목 이상 취급하는 자로 방송, 라디오, 인터넷에 광고를 행한 주체로 식품제조가공업, 즉석판매제조가공업 등, 수입식품 등수입판매업, 식품판매업(식품자동판매기영업, 유통전문판매업, 기타 식품판매업) 등 관련 사업자 등록을 한 자 등이 포함된다.

또한 위의 식품은 식품만 구매, 교환 가능한 상품권, 시식권(식품 추가 증정 또는 용량 업그레이드 등의 행위도 포함) 등이 포함되며, 장난감은 일반적으로 어린이가 놀이에 사용할 용도(정상적인 사용의 경우뿐 아니라 합리적으로 예견할 수 있는 오용도 내포)로 고안되었거나, 명백히 그러한 용도로 사용되는 제품 또는 재질. 교육을 목적으로 사용하는 교구를 포함하는 아이들이 가지고 노는 여러 가지 물건이다. 그 밖에 어린이의 구매를 부추길 수 있는 물건은 고열량, 저영양 식품 및 고카페인 함유 식품의 구매와 상관없이 진행되는 광고는 제외하며 광고에 직접 구매사항을 명시하지 않더라도 사실상 구매해야만 행사에 응모하여 경품을 받을 수 있다면 어린이 구매를 부추기는 것으로 본다. 물건은 일정 형체를 갖춘 모든 물질(현금카드, 도서상품권, 연예인 브로마이드, 콘서트 입장권 등) 또는 재화적 성격을 가지는 무형상품(마일리지, 포인트, 게임머니, 기프티콘 등)을 통칭한다. 무료로 제공한다는 내용에서 '무료'는 대가 없이 무상으로 제공하는 것을 말하며 특정 가격이 책정되어 있지 않은 경우이다.

이렇게 금지하는 이유는 어린이들이 식품을 선택할 때 식품 자체 외에 다른 요인으로 식품을 선택하는 것을 방지하고 분별력이 부족한 어린이의 무분별한 구매 및 필요 이상의 식품 섭취로 인한 비만이나 영양 불균형 초래를 방지하기 위해서이다.

"고열량, 저영양 식품"은 기준보다 열량이 높고 영양가(營養價)가 낮은 식품으로서 비만이나 영양 불균형을 초래할 우려가 있는 다음 표 41의 어린이 기호식품이며, 고카페인 함유 식품은 1 ㎖당 0.15 ㎎ 이상의 카페인을 함유한 액체 식품 등을 말한다.

표 41. 고열량 저영양 식품 영양성분 기준

	간식용	식사 대용
대상	• 가공식품: 과자류 중 과자(한과류는 제외한다)/캔디류, 빵류, 초콜릿류, 유가공품 중 가공유류/발효유류(발효버터유 및 발효유분말은 제외한다)/아이스크림류, 어육가공품 중 어육소시지, 음료류 중 과·채음료/탄산음료/유산균 음료/혼합음료 • 조리식품: 제과제빵류 및 아이스크림류	• 가공식품: 면류(용기면만 해당한다) 중 유탕면류/국수, 즉석섭취식품 중 김밥/햄버거/샌드위치 • 조리식품: 햄버거, 피자
기준	• 1회 섭취참고량당 열량 250 ㎉를 초과하고 단백질 2 g 미만인 식품 • 1회 섭취참고량당 포화지방 4 g을 초과하고 단백질 2 g 미만인 식품 • 1회 섭취참고량당 당류 17 g을 초과하고 단백질 2 g 미만인 식품	• 1회 섭취참고량당 열량 500 ㎉를 초과하고 단백질 9 g 미만인 식품 • 1회 섭취참고량당 열량 500 ㎉를 초과하고 나트륨 600 ㎎을 초과하는 식품. 다만, 면류(용기면만 해당한다) 중 유탕면류/국수는 나트륨 1,000 ㎎을 적용한다.

	• 위의 기준 어느 하나에 해당하지 아니한 식품 중 1회 섭취참고량당 열량 500 ㎉를 초과하거나 포화지방 8 g을 초과하거나 당류 34 g을 초과하는 식품 ※ 단, 1회 섭취참고량이 30 g 미만인 식품(식품 등의 표시기준에 따른 양갱·푸딩을 제외한 캔디류, 초콜릿가공품을 제외한 초콜릿류, 과자 중 강냉이·팝콘에 한함)의 경우에는 30 g으로 환산하여 적용하여야 하며, 그 외 총 내용량이 1회 섭취참고량보다 적은 식품의 경우 총 내용량을 기준으로 적용한다.	• 1회 섭취참고량당 포화지방 4 g을 초과하고 단백질 9 g 미만인 식품 • 1회 섭취참고량당 포화지방 4 g을 초과하고, 나트륨 600 ㎎을 초과하는 식품. 다만, 면류(용기면만 해당한다) 중 유탕면류/국수는 나트륨 1,000 ㎎을 적용한다. • 위의 기준 어느 하나에 해당하지 아니한 식품 중 1회 섭취참고량당 열량 1,000 ㎉ 초과하거나 포화지방 8 g을 초과하는 식품

사실상 고열량 저영양 또는 고카페인 식품을 구매할 때에만 포인트 등을 제공하는 경우가 아닌 리워드, 페이백, 더블 적립 등과 같이 일반적으로 제품 구매에 따른 포인트 자동 적립 등을 제공한다는 광고, 직접 광고에 구매사항을 명시하지 않더라도 사실상 구매해야만 행사에 응모하여 경품을 받을 수 있는 경우가 아닌 SNS 공유, 제품 관련 사진 공모 댓글 이벤트 등 제품 구매 행위와 관련 없이 진행되는 행사 광고, "위 광고는 성인만 참여할 수 있는 광고이다", "위 이벤트에 참여하기 위해서는 성인 인증 절차를 거쳐야 합니다" 등 이벤트 참여를 위해서는 성인인증 절차를 거쳐야 하거나 성인 대상으로 참여 대상을 명시하여 광고하는 경우, 자동차, 주유상품권 등 제품 구매 시 제공하는 물품의 제한연령, 사용 대상자를 고려했을 시 명확히 성인 대상으로 확인되는 경우 및 식생활 개선캠프, 공익 캠페인 참여 기회 제공 등 물건의 제공 목적이 정부정책 홍보 등 공익성이 있는 경우는 구매 부추김 광고에 해당하지 않는 사례에 해당한다.

3. 영양성분 함량 표시 색상 및 모양

표 40의 어린이 기호식품 중 가공식품[다만, 가공유류 및 발효유류(발효버터유 및 발효유

분말은 제외한다)의 경우 원유 함량이 82.5% 이상인 식품은 제외한다]에 들어 있는 총지방, 포화지방, 당(糖), 나트륨 등 영양성분의 함량에 따라 높음, 보통, 낮음 등의 등급을 정하여 그 등급에 따라 어린이들이 알아보기 쉽게 녹색, 황색, 적색 등의 색상과 원형 등의 모양으로 표시하도록 식품 제조, 가공, 수입업자에게 권고할 수 있다. 색상, 모양 표시를 하게 하는 경우 원형 등의 모양에 어린이 기호식품이 함유하고 있는 각각의 해당 영양성분이 하루 권장 섭취량에서 차지하는 비율을 명기하여야 한다.

단, 영양성분의 함량 색상, 모양을 제외한 손바닥 도안 및 문구는 생략이 가능하다

당 류
00g
낮음
보통
높음

그림 21. 영양성분의 함량에 따른 모양 표시 도안

4. 고카페인 함유 식품 색상 표시

고카페인 함유 식품에 어린이들이 알아보기 쉽게 눈에 띄는 적색의 모양으로 표시하도록 식품 제조, 가공, 수입업자에게 권고할 수 있다.

고카페인 함유 OOOmg

IX.

원산지 표시

1. 표시대상자

사례 93. 원산지 표시대상자

원산지 표시대상 품목을 수입하는 자, 생산·가공하여 출하하거나 판매(통신판매를 포함) 또는 판매할 목적으로 보관·진열하는 자는 누구든지 원산지를 표시해야 한다.*

* 영업점 형태와 상관없이 원산지 표시대상 농축산물(가공품) 품목을 판매하거나 가공하는 경우는 원산지 표시

(근거: 「농수산물의 원산지 표시 등에 관한 법률」 제5조)

2. 표시대상 품목

사례 94. 원산지 표시대상 농·식품

국산 농산물 222개 품목, 수입 농산물과 그 가공품 또는 반입 농산물과 그 가공품 161개 품목, 농산물 가공품 280개 품목에 대하여 원산지를 표시해야 한다.
(근거: 「농수산물의 원산지표시 요령」 제2조)

원산지 표시대상 농산물 가공품 280개 품목에 대해서 알아보고자 한다. 이 품목은 별도의 정의가 있는 경우를 제외하고는 「식품위생법」 제7조에 따른 「식품의 기준 및 규격」에 따른다.

표 42. 원산지 표시대상 농산물 가공품

가. 식품의 기준 및 규격 정의 품목(225개)	
과자류, 빵류 또는 떡류(4)	과자, 캔디류(양갱), 빵류, 떡류
빙과류(2)	아이스크림류, 아이스크림믹스류
코코아가공품류 또는 초코릿류(9)	코코아가공품류(코코아매스, 코코아버터, 코코아분말, 기타코코아가공품), 초콜릿류(초콜릿, 밀크초콜릿, 화이트초콜릿, 준초콜릿, 초콜릿가공품)

당류(3)	엿류(물엿, 기타엿, 덱스트린)
잼류(2)	잼, 기타잼
두부류 또는 묵류(4)	두부, 유바, 가공두부, 묵류
식용유지류(30)	식물성유지류[콩기름(대두유), 옥수수기름(옥배유), 채종류(유채유 또는 카놀라유), 미강유(현미유), 참기름, 추출참깨유, 들기름, 추출들깨유, 홍화유(사플라워유 또는 잇꽃류), 해바라기유, 목화씨기름(면실류), 땅콩기름(낙화생유), 올리브유, 팜유류, 야자유, 고추씨기름, 기타식물성유지], 동물성유지류(식용우지, 식용돈지, 원료우지, 원료돈지, 기타동물성유지), 식용유지가공품(혼합식용유, 향미유, 가공유지, 쇼트닝, 마가린, 모조치즈, 식물성크림, 기타 식용유지가공품)
면류(4)	생면, 숙면, 건면, 유탕면
음료류(18)	다류(침출차, 액상차, 고형차), 커피(볶은커피, 인스턴트커피, 조제커피, 액상커피), 과일·채소류음료[농축과·채즙(또는 과·채분), 과·채주스, 과·채음료], 두유류(원액두유, 가공두유), 발효음료류(유산균음료, 효모음료, 기타발효음료), 인삼·홍삼음료, 기타음료(혼합음료, 음료베이스)
특수용도식품(9)	조제유류(영아용 조제유, 성장기용 조제유), 영아용 조제식, 성장기용 조제식, 영·유아용 이유식, 특수의료용도 식품, 체중조절용 조제식품, 임산·수유부용 식품, 고령자용 영양조제식품
장류(14)	한식메주, 개량메주, 한식간장, 양조간장, 산분해간장, 효소분해간장, 혼합간장, 한식된장, 된장, 고추장, 춘장, 청국장, 혼합장, 기타장류
조미식품(9)	식초(발효식초, 희석초산), 소스류(소스, 마요네즈, 토마토케첩, 복합조미식품), 카레(커리), 고춧가루 또는 실고추, 향신료가공품
절임류 또는 조림류(5)	김치류(김칫속, 김치), 절임류(절임식품, 당절임), 조림류
주류(11)	탁주, 약주, 청주, 맥주, 과실주, 소주, 위스키, 브랜디, 일반증류주, 리큐르, 기타주류
농산가공식품류 (14)	전분류(전분, 전분가공품), 밀가루류(밀가루, 영양강화 밀가루), 땅콩 또는 견과류가공품(땅콩버터, 땅콩 또는 견과류가공품), 시리얼류, 찐쌀, 효소식품, 기타 농산가공품류(과·채가공품, 곡류가공품, 두류가공품, 서류가공품, 기타 농산가공품)
식육가공품 및 포장육(12)	햄류, 소시지류, 베이컨류, 건조저장육류, 양념육류(양념육, 분쇄가공육제품, 갈비가공품, 천연케이싱), 식육추출가공품, 식육함유가공품, 식육간편조리세트, 포장육
알가공품류(9)	알가공품(전란액, 난황액, 난백액, 전란분, 난황분, 난백분, 알가열제품, 피단), 알함유가공품
유가공품(35)	우유류, 가공유류(강화우유, 유산균첨가우유, 유당분해우유, 가공유), 산양유, 발효유류(발효유, 농후발효유, 크림발효유, 농후크림발효유, 발효버터유, 발효유분말), 버터유, 농축유류(농축우유, 탈지농축우유, 가당연유, 가당탈지연유, 가공연유), 유크림유(유크림, 가공유크림), 버터류(버터, 가공버터, 버터오일), 치즈류(자연치즈, 가공치즈), 분유류(전지분유, 탈지분유, 가당분유, 혼합분유), 유청류(유청, 농축유청, 유청단백분말), 유당, 유단백가수분해식품, 유함유가공품

동물성가공식품류(5)	기타식육, 기타알제품, 기타 동물성가공식품, 추출가공식품, 곤충가공식품
벌꿀 및 화분가공품류(4)	로열젤리류(로열젤리, 로열젤리제품), 화분가공식품(가공화분, 화분함유제품)
즉석식품류(17)	생식류, 즉석섭취식품(도시락, 김밥, 햄버거, 선식 등), 신선편의식품(샐러드, 콩나물, 숙주나물, 무순, 메밀순, 새싹채소 등), 즉석조리식품(국, 탕, 스프 등), 만두류(만두, 만두피), 간편조리세트
기타식품류(2)	효모식품, 기타가공품
장기보존식품(3)	병·통조림식품, 레토르트식품, 냉동식품
나. 건강기능식품의 기준 및 규격 정의 품목(55개)	
영양성분(3)	식이섬유, 단백질, 필수지방산
기능성원료 (51)	인삼(백삼, 태극삼), 홍삼, 엽록소함유식물, 녹차추출물, 알로에전잎, 프로폴리스추출물, 대두이소플라본, 구아바잎추출물, 바나바잎추출물, 은행잎추출물, 밀크씨슬(카르투스 마리아누스)추출물, 달맞이꽃종자추출물, 레시틴, 식물스테롤/식물스테롤에스테르, 옥타코사놀함유유지, 매실추출물, 공액리놀레산, 뮤코다당·단백(축산물을 원료로 한 것), 구아검/구아검가수분해물, 글루코만난(곤약, 곤약만난), 귀리식이섬유, 난소화성말토덱스트린, 대두식이섬유, 목이버섯식이섬유, 밀식이섬유, 보리식이섬유, 아라비아검(아카시아검), 옥수수겨식이섬유, 이눌린/치커리추출물, 차전자피식이섬유, 호로파종자식이섬유, 알로에겔, 영지버섯자실체추출물, 홍국, 대두단백, 홍경천, 빌베리, 마늘, 유단백가수분해물, 상황버섯추출물, 토마토추출물, 곤약감자추출물, 회화나무열매추출물, 감마리놀렌산 함유 유지, 가르시니아캄보지아 추출물, 마리골드꽃추출물, 쏘팔메토 열매 추출물, 포스파티딜세린, 라피노스
기타(1)	「건강기능식품에 관한 법률」 제15조제2항에 따라 인정한 품목 중 농산물 또는 그 가공품을 원료로 사용하는 품목
• 원산지표시대상 건강기능식품의 기준 및 규격 정의 품목을 주원료 또는 주성분으로 사용하여 「건강기능식품에 관한 법률」 제7조에 따라 품목제조신고를 하여 생산된 건강기능식품을 표시대상으로 하며, 영 제3조에 따라 표시하여야 한다. 원산지 표시대상 수산물 가공품 73품목에 대해서 알아보고자 한다. 이 품목은 별도의 정의가 있는 경우를 제외하고는 「식품위생법」 제7조에 따른 「식품의 기준 및 규격」 및 「건강기능식품에 관한 법률」 제14조에 따른 「건강기능식품의 기준 및 규격」에 따른다.	

표 43. 원산지 표시대상 수산물 가공품

가. 식품의 기준 및 규격 정의 품목(57개)	
두부류 또는 묵류(3)	묵류(전분질원료, 해조류 또는 곤약, 다당류)
식용유지류(2)	동물성 유지류(어유), 기타 동물성유지
음료류(5)	다류(침출차, 액상차, 고형차), 기타 음료(혼합음료, 음료베이스)

특수용도식품(7)	영아용 조제식, 성장기용 조제식, 영·유아용 이유식, 특수의료용도 등 식품, 체중조절용 조제식품, 임산·수유부용 식품, 고령자용 영양조제식품
조미식품류(7)	소스류(복합조미식품, 소스), 식염(재제소금, 태움·용융소금, 정제소금, 기타 소금, 가공소금),
절임류 또는 조림류(3)	절임류(절임식품, 당절임), 조림류
수산가공식품류(16)	어육가공품류(어육살, 연육, 어육반제품, 어묵, 어육소시지, 기타 어육가공품), 젓갈류(젓갈, 양념젓갈, 액젓, 조미액젓), 건포류(조미건어포, 건어포, 기타 건포류), 조미김, 한천, 기타 수산가공품
동물성가공식품류(4)	추출가공식품, 자라가공식품(자라분말, 자라분말제품, 자라유제품)
즉석식품류(5)	생식류, 즉석섭취·편의식품류(즉석섭취식품, 신선편의식품, 즉석조리식품, 간편조리세트)
기타식품류(2)	기타 가공품, 효모식품
장기보존식품(3)	통·병조림식품, 레토르트식품, 냉동식품
나. 건강기능식품의 기준 및 규격 정의 품목(16개)	
영양성분(3)	식이섬유, 단백질, 필수지방산
기능성원료(12)	엽록소 함유 식물, 클로렐라, 알콕시글리세롤 함유 상어간유, 스피루리나, EPA 및 DHA 함유 유지, 스쿠알렌, 글루코사민, NAG(N-아세틸글루코사민), 뮤코다당·단백, 키토산/키토올리고당, 헤마토코쿠스추출물, 분말한천
기타(1)	「건강기능식품에 관한 법률」 제15조제2항에 따라 인정한 품목 중 수산물 또는 그 가공품을 원료로 사용한 품목

3. 원산지 표시방법

사례 95. 국내 가공품의 원산지 표시방법

국내 가공품의 표시기준은 물, 식품첨가물, 주정 및 당류(당류를 주원료로 하여 가공한 당류가공품 포함)를 배합 비율 순위와 표시대상에서 제외하고, 배합 비율이 높은 순서의 3순위까지의 원료에 대하여 표시해야 한다.

다만, 98% 이상인 원료가 있는 경우는 그 원료, 두 가지 원료의 배합 비율 합이 98% 이상인 원료가 있는 경우에는 배합 비율이 높은 순서의 2순위까지의 원료에 대하여 원산지를 표시해야 한다.

(근거: 「농수산물의 원산지 표시 등에 관한 법률 시행령」 제3조)

농수산물 가공품의 원료에 대한 원산지 표시대상은 표 42, 표 43과 같다. 다만, 물, 식품첨가물, 주정(酒精) 및 당류(당류를 주원료로 하여 가공한 당류 가공품을 포함한다)는 배합 비율의 순위와 표시대상에서 제외한다.

원료 배합 비율에 따라 사용된 원료의 배합 비율에서 한 가지 원료의 배합 비율이 98% 이상인 경우 그 원료를 표시한다.

[예시]

부침가루: 밀가루 98%, 식염 2% → "부침가루: 밀가루(밀: 미국산)"

사용된 원료의 배합 비율에서 두 가지 원료의 배합 비율의 합이 98% 이상인 원료가 있는 경우 배합 비율이 높은 순서의 2순위까지의 원료를 표시한다.

[예시]

찹쌀떡: 국내산 찹쌀가루 75%, 중국산 팥앙금 24%, 식염 1%를 혼합하여 떡을 제조한 경우

→ "찹쌀떡: 찹쌀가루(찹쌀: 국내산), 팥앙금(중국산)"

두 가지 원료의 합이 98% 미만인 경우 3순위까지의 원료에 대하여 원산지를 표시한다.

[예시]

빵: 호주산 밀가루 70%, 중국산 팥앙금 20%, 중국산 동부 5%, 정제소금 4%, 유당 1%를 혼합하여 빵을 제조한 경우

→ "빵: 밀가루(호주산), 팥앙금(중국산), 동부(중국산)"

배합 비율이 높은 순서 3순위까지의 원료 원산지 표시방법 예시는 다음과 같다.

[예시]

- A원료 30%(1순위), B원료 30%(1순위), C원료 25%(3순위), D원료 15%(4순위)인 경우

  → 1순위(A, B), 3순위(C) 원료의 원산지를 표시

- A원료 30%(1순위), B원료 20%(2순위), C원료 20%(2순위), D원료 20%(2순위), E원료10%(5순위)인 경우

  → 1순위(A), 2순위(B, C, D) 원료의 원산지를 표시

- A원료 35%(1순위), B원료 20%(2순위), C원료 15%(3순위), D원료 15%(3순위), E원료 15%(3순위)인 경우

  → 1순위(A), 2순위(B), 3순위(C, D, E) 원료의 원산지를 표시

원료 농수산물 명칭을 제품명 또는 제품명의 일부로 사용하는 경우 원산지를 어떻게 표시해야 할까? 원료 농수산물 명칭을 제품명 또는 제품명의 일부로 사용하는 경우에는 표시대상이 아니더라도 추가로 원산지를 표시해야 한다.*

* 농산물 명칭: 「농·축·수산물표준코드」 또는 「축산물 위생관리법」 등에 정의된 품목에 따른 명칭으로 농산물 명칭인 것은 쌀, 고추, 소고기, 사과, 당근, 고구마, 우유 등이며, 농산물 명칭이 아닌 것은 김치, 한과, 치즈, 고기, 과일, 야채 등이다.

[예시]

제품명의 일부로 "고추장" 사용: 국산 찹쌀 50%, 호주산 밀가루 30%, 중국산 혼합양념 15%, 중국산 고춧가루 5% 등을 혼합하여 제조한 경우

→ "고추장: 찹쌀(국산), 밀가루(호주산), 혼합양념(중국산), 고춧가루(고추: 중국산)"

고춧가루는 배합 비율에 따른 표시대상이 아니어도 "고추"라는 명칭을 제품명으로 사용하였기 때문에 고추의 원산지를 추가로 표시해야 한다. 원산지 표시대상 원료가 수입 완제품인

경우 가공품 자체(혼합양념)의 원산지를 표시한다.

원료 농수산물이 원산지 표시대상에 해당하지 않는 경우, 식품첨가물, 주정, 당류(당류를 주원료로 하여 가공한 당류 가공품을 포함)의 원료로 사용된 경우 및 「식품 등의 표시·광고에 관한 법률」 제4조의 표시기준에 따라 원재료명 표시를 생략할 수 있는 경우*는 원산지 표시를 생략할 수 있다.

* 「식품등의 표시기준」 [별지 1]에서 복합원재료를 사용한 경우에는 그 복합원재료를 나타내는 명칭(제품명을 포함한다) 또는 식품의 유형을 표시하고 괄호로 물을 제외하고 많이 사용한 순서에 따라 5가지 이상의 원재료명 또는 성분명을 표시해야 한다. 다만, 복합원재료가 해당 제품의 원재료에서 차지하는 중량 비율이 5% 미만에 해당하는 경우 또는 복합원재료를 구성하고 있는 복합원재료의 경우에는 그 복합원재료를 나타내는 명칭(제품명을 포함한다) 또는 식품의 유형만을 표시할 수 있다.

제품명이 "사과주스"이고 배합 비율 3순위 안에 5% 이상 복합원재료가 포함되어 있으며, 그 복합원재료 내 배합 비율 7순위 원료가 사과추출분말인 경우 사과에 대해 원산지 표시를 해야 할까? 원료 농수산물인 "사과" 명칭을 제품명의 일부로 사용하는 경우에는 표시대상이 아니더라도 추가로 원산지를 표시해야 한다. 다만, 「식품등의 표시기준」에 따라 5% 이상 복합원재료라고 하더라도 복합원재료 내 원재료명을 표시하지 않는 경우(5가지 이상 원재료명 표시 규정)에는 원산지 표시를 생략할 수 있다.

다음으로 국내에서 가공한 완제품 김치류 및 절임류에 고춧가루와 소금을 사용할 경우 다음과 같이 원산지를 표시해야 한다.

① 김치류 중 고춧가루(고춧가루가 포함된 가공품을 사용하는 경우에는 그 가공품에 사용된 고춧가루를 포함)를 사용하는 품목은 고춧가루 및 소금을 제외한 원료 중 배합 비율이 가장 높은 순서의 2순위까지의 원료와 고춧가루 및 소금

② 김치류 중 고춧가루를 사용하지 아니하는 품목은 소금을 제외한 원료 중 배합 비율이 가장 높은 순서의 2순위까지의 원료와 소금

③ 절임류는 소금을 제외한 원료 중 배합 비율이 가장 높은 순서의 2순위까지의 원료와 소

금. 다만, 소금을 제외한 원료 중 한 가지 원료의 배합 비율이 98% 이상인 경우에는 그 원료와 소금

배추김치의 원산지를 표시하는 방법은 아래와 같다.

[예시]

배추김치: 국내산 절임배추 70%, 국내산 무 10%, 중국산 고춧가루 4%, 찹쌀풀 4%, 대파 3%, 마늘 2%, 국내산 소금 2%, 젓갈 2%를 혼합하여 배추김치를 제조한 경우

→ 배추김치: 배추(국내산), 무(국내산), 고춧가루(중국산), 소금(국내산)

1순위 원료 2순위 원료 의무표시 의무표시

국내 가공품의 원료로 사용되는 복합원재료의 표시는 어떻게 해야 할까? 국내에서 가공된 경우 복합원재료 내의 원료 배합 비율이 높은 2가지 원료를 표시해야 한다. 다만, 복합원재료 중 한 가지 원료의 배합 비율이 98% 이상인 경우 그 원료만 표시할 수 있다. 복합원재료가 고춧가루를 사용한 김치류인 경우에는 고춧가루와 고춧가루 외의 배합 비율이 가장 높은 원료 1가지 원산지 표시하고, 복합원재료 내에 다시 복합원재료를 사용하는 경우는 복합원재료 내에 원료 배합 비율이 가장 높은 1가지 원산지 표시한다. 여기서 복합원재료는 「식품등의 표시기준」 정의와 같이 2종류 이상의 원재료 또는 성분으로 제조·가공하여 다른 식품의 원료로 사용되는 것으로써 행정관청에 품목제조보고되거나 수입신고된 식품을 말한다.

[예시]

- 양념장의 원료 배합 비율: 된장 40%(미국산 콩 60%, 호주산 밀가루 40%), 고추장 30%(국산 찹쌀 40%, 중국산 고춧가루 40%, 밀가루 20%), 콩 15%, 양파 5%, 마늘 5%, 고추 5%일 경우

→ 된장(콩 미국산, 밀가루 호주산), 고추장(찹쌀 국산, 고추 중국산), 콩(중국산)

1순위 복합원재료 2순위 복합원재료 3순위 원료

• 김치만두 원료 배합 비율: 밀가루 40%(미국산 밀 60%, 호주산 밀 40%), 포기김치 20%(국산 배추 60%, 국산 무 25%, 국산 고춧가루 10%, 국산 소금 5%), 돼지고기 20%(국산), 빵가루 5%, 고구마당면 5%, 대파 5%, 두부 5%일 경우

→ 밀가루[밀(미국산 60%, 호주산 40%)], 포기김치(배추 국산, 고춧가루 국산), 돼지고기(국산)

1순위 원산지가 다른 동일 원료 2순위 고춧가루를 사용한 복합원재료 3순위 원료

(복합원재료 내의 국산 소금은 의무표시대상 아님)

국내 가공품에 수입 원료를 사용했다면 "외국산(○○국, ○○국, ○○국 등)" 또는 "외국산(국가명은 △△에 별도 표시)"으로 표시할 수 있을까? 수입 원료를 사용 시 원산지 표시대상인 특정 원료의 원산지 국가가 최근 3년 이내에 연평균 3개국 이상 변경된 경우(최근 1년 동안 3개국 이상 변경 포함)와 신제품의 경우 원산지 표시대상인 특정 원료의 원산지 국가가 최초 생산일로부터 1년 이내에 3개국 이상 원산지 변경이 예상되는 경우이다. 다만, 포장재에 직접 표시한 국가 이외의 원산지 원료로 변경된 경우에는 변경 사항이 발생한 날부터 1년의 범위 내에서 기존 포장재 사용 가능하다.

변경 사항 발생 후 1년의 범위 내 기존 포장재 사용 예시는 다음과 같다.

[예시]

대두의 원산지가 '미국, 캐나다, 호주 → 미국, 캐나다, 중국'으로 변경된 경우

: 변경 사항이 발생한 날(중국산 대두를 사용한 시점)부터 1년의 범위 내에서 "대두(외국산: 미국, 캐나다, 호주 등)"로 표시된 기존 포장재를 사용할 수 있음(QR코드나 홈페이지에 원산지를 표시하는 경우에는 원산지 변경 시 변경 사항 발생 1개월 이내에 변경사항을 추가해야 하며, 원산지 표시 내용은 생산된 제품의 소비기한이 종료될 때까지 유지되어야 함. 별도 표시는 포장재에 QR코드나 홈페이지를 통해 해당 국가명을 표시해야 함)

[예시]

원산지: "오렌지[외국산(국가명은 QR코드에 별도 표시)]" 또는 "오렌지[외국산(국가명은 홈페이지에 별도 표시)]"		www. ○○○○.co.kr

그렇다면 QR코드로 연결하여 홈페이지에 원산지를 별도 표시하는 방법은 무엇일까?

[예시]

소비기한이 3년, 제조일 기준 2024년 1월부터 12월까지 생산한 제품

- 제조일 2024.1.1.~5.31.: 원재료명(○○산)
- 제조일 2024.6.1.~9.30.: 원재료명(△△산)
- 제조일 2024.10.1.~12.31.: 원재료명(□□산)

(위와 같이 "원재료명: 원산지"로 표시하며, 홈페이지에 해당 제품의 소비기한까지 원산지 표시를 유지. 원료의 원산지가 자주 변경될 경우에만 별도 표시를 할 수 있는 것으로 단일 국가일 경우 QR코드 및 별도 표시를 사용할 수 없음)

"외국산"으로 표시할 수 있는 경우가 있을까? 위의 규정에도 불구하고 원산지 표시대상인 특정 원료의 원산지 국가가 최근 3년 이내에 연평균 6개국을 초과하여 변경된 경우, 정부가 가공품 원료로 공급하는 수입쌀을 사용하는 경우, 복합원재료 내 표시대상인 특정 원료의 원산지 국가가 최근 3년 이내에 연평균 3개국 이상 변경된 경우(최근 1년 동안 3개국 이상 변경 포함)에는 해당 원료의 원산지를 "외국산"으로 표시할 수 있다.

6개국 초과 원산지 변경 예시는 다음과 같다.

[예시]

최근 3년 동안 연평균 7개국이 바뀐 경우(1년 단위로 평균치가 7개국 이상 변경된 경우)

: 미국 → 중국 → 호주 → 캐나다 → 태국 → 필리핀 → 일본

정부가 가공품 원료로 공급하는 수입현미 사용 원산지 표시방법 예시는 다음과 같다.

[예시]

정부가 공급한 수입현미를 가공품의 원료로 사용하는 경우, 원산지 표시대상 수입쌀(HS번호: 1006)에는 현미(HS번호: 1006.20)가 포함됨에 따라 "현미: 외국산"으로 원산지 표시 가능

국내 가공품에 원산지가 다른 동일 원료를 혼합하여 사용한 경우는 어떻게 표시해야 할까? 국내 가공품의 원료로 원산지가 다른 동일 원료를 혼합하여 가공품을 제조한 경우, 혼합 비율이 높은 순서로 2개 국가의 원산지와 그 혼합 비율을 각각 표시해야 한다.

혼합 비율 표시방법 예시는 다음과 같다.

[예시]

고춧가루: 건고추(중국산 50%, 베트남산 30%, 멕시코산 20%를 혼합하여 제조한 경우)

→ "고춧가루: 건고추(중국산 50%, 베트남산 30%)"

국내 가공품의 원료 혼합 비율을 생략할 수 있는 경우가 있을까? 국내 가공품의 원료로 원산지가 다른 동일 원료를 혼합하여 사용하는 경우로서 최근 3년 이내에 연평균 3회 이상 혼합 비율이 변경된 경우(최근 1년 동안 3회 이상 혼합 비율이 변경된 경우 포함), 연 3회 이상 포장재 교체가 예상되는 경우에 혼합 비율 표시를 생략하고 혼합 비율이 높은 순으로 2개 이상의 원산지를 표시할 수 있다. 다만, 원산지 표시 중 국내산의 혼합 비율을 생략하기 위해서는 혼합 비율이 최소 30% 이상이어야 한다.

혼합 비율 표시를 생략할 수 있는 원산지 표시방법 예시는 다음과 같다.

[예시]

고춧가루의 원산지가 '미국 30%, 중국 70% → 미국 50%, 중국 50% → 미국 70%, 중국 30%'로 최근 1년 동안 혼합 비율 변경이 3회 이상일 때

→ "고춧가루(미국산, 중국산)"

포장재 원산지 표시방법 및 글자 크기 규격은 어떻게 해야 할까? 포장재에 인쇄하는 것을 원칙으로 하되 지워지지 않는 잉크, 각인, 소인 등을 사용하여 표시하거나 스티커, 전자저울에 의한 라벨지 등으로도 표시할 수 있다. 포장재에 원산지를 표시하기 어려운 경우에는 푯말, 안내표시판, 일괄 안내표시판, 상품에 붙이는 스티커 등을 이용하여 소비자가 쉽게 알아볼 수 있도록 표시한다. 문자는 한글로 하되 필요한 경우에는 한글 옆에 한문 또는 영문 등으로 추가하여 표시할 수 있다. 수입, 반입 농수산물 가공품 제외한 농수산물 가공품의 글씨 크기는 10포인트 이상의 활자로 진하게(굵게) 표시해야 한다. 다만, 표시면적이 부족한 경우에는 10포인트보다 작게 표시할 수 있으나 「식품 등의 표시·광고에 관한 법률」 제4조에 따른 원재료명의 표시와 동일한 크기로 진하게(굵게) 표시해야 한다. 글씨는 장평 90% 이상, 자간 -5% 이상 표시해야 한다. 다만, 정보표시면 면적이 100 ㎠ 미만인 경우에는 장평 50% 이상, 자간 -5% 이상으로 표시할 수 있다.

지역명칭을 제품명으로 사용할 수 있을까? 국산 농산물은 "국산"이나 "국내산" 또는 그 농산물을 생산한 지역의 "시·도명"이나 "시·군·구명"으로 원산지를 표시해야 한다. 이천 쌀, 평창 한우 등으로 표시할 경우에는 그 지역 농산물인 경우에 표시 가능하다. 국내 가공품에 지역명칭을 제품명으로 사용할 경우에는 그 지역에서 생산되는 농산물을 사용하여야 한다. 예를 들어, "이천 쌀 막걸리"와 같이 지역명과 농산물명을 함께 사용할 경우에는 이천 지역에서 생산된 쌀을 사용하여야 하며, 그 지역에서 생산되지 않은 농산물을 사용한다면 원산지 혼동 우려 표시로 형사처벌될 수 있다.*

*「상표법」에서도 지역명 사용을 규제하여 지리적단체표장 등으로 관리하고 있으므로 확인 후 사용

지역명(산청)과 가공품 명칭(막걸리)을 함께 제품명으로 사용하는 경우 막걸리가 산청 지

역에서 제조·가공된 경우에는 원산지 혼동우려 표시에 해당되지 않는다. 다만, 지역명을 제품명으로 사용 시「상표법」,「식품 등의 표시광고에 관한 법률」,「농수산물 품질관리법」등 다른 법률의 위반 여부를 확인할 필요가 있다.

4. 대상품목별 원산지 표시방법

당류 중 엿류(물엿, 기타엿, 덱스트린)를 생산할 경우에는 원료(전분 등)의 원산지를 표시해야 한다.* 다만, 당류**를 국내 가공품 원료의 일부로 사용하는 경우 원산지 표시대상에서 제외하므로 원산지를 표시하지 않아도 된다.

* 국내 가공품의 원료 중 물, 식품첨가물, 주정 및 당류(당류를 주원료로 하여 가공한 당류가공품을 포함)는 배합 비율 순위와 표시대상에서 제외

** 당류: 설탕류, 당시럽류, 올리고당류, 포도당, 과당류, 엿류, 당류가공품

국내에서 생산하는 주류 11개 품목(탁주, 약주, 청주, 맥주, 과실주, 소주, 위스키, 브랜디, 일반증류주, 리큐르, 기타주류)은 원산지 표시대상이며, 가공품 원산지 표시 규정에 따라 원산지를 표시해야 한다.*

* 주정은 원산지 배합 비율 순위와 원산지 표시대상에서 제외됨

새싹채소와 어린잎채소는 어떻게 구분하며 원산지 표시는 어떻게 해야 할까? 새싹채소는 종자의 싹을 틔워 재배한 어린 떡잎(줄기 포함)을 이용하는 것으로 이는 국내 가공품으로 원료(종자)의 배합 비율에 따라 원산지를 표시해야 한다.*

* 종류: 콩나물, 숙주나물, 무순, 메밀순, 브로콜리 새싹 등

[예시]

무순(무종자: 중국산) 또는 무순(중국산)

어린잎채소는 본잎이 나와 어느 정도 자라 작물체를 구분할 수 있는 채소를 말하며, 종자를 수입하여 작물체를 생산한 경우에는 작물체가 생산된 "국가명" 또는 "시·도명", "시·군·구명"으로 원산지를 표시해야 한다.

[예시]
청경채(국내산), 시금치(국내산)

5. 통신판매할 때 표시방법

사례 96. 전자매체를 이용하여 통신판매할 때 원산지 표시방법

전자매체의 경우 글자로 표시할 수 있는 경우(인터넷, PC통신, 케이블TV, IPTV, TV 등) 표시위치는 제품명 또는 가격 표시 주위에 표시하거나 제품명 또는 가격 표시 주위에 원산지를 표시한 위치를 표시하고 매체의 특성에 따라 자막 또는 별도의 창을 이용하여 원산지를 표시할 수 있다.
글씨 크기는 제품명 또는 가격 표시와 같거나 그보다 커야 하며, 별도의 창을 이용하여 표시할 경우에는 「전자상거래 등에서의 상품 등의 정보제공에 관한 고시」*에 따라 표시할 수 있다.

* 소비자에게 제공되는 상품 등의 정보는 색상의 차별화, 테두리의 이용, 전체 화면 크기를 고려하여 소비자가 알아보기 쉽도록 위치, 글씨 크기 등을 선택하여 명확하게 제공하여야 함

전자매체의 경우 글자로 표시할 수 없는 경우(라디오 등)는 1회당 원산지를 두 번 이상 말로 표시해야 한다.
(근거: 「농수산물의 원산지 표시에 관한 법률 시행령」 제2조, 「농수산물의 원산지 표시에 관한 법률 시행규칙」 [별표 3] 제2호, 제3호 「전자상거래 등에서의 상품 등의 정보제공에 관한 고시」 Ⅳ. 1.)

"통신판매"란 「전자상거래 등에서의 소비자보호에 관한 법률」 제2조에 따른 통신판매(전자상거래로 판매되는 경우 포함) 중 같은 법 제12조에 따라 신고한 통신판매업자의 판매 또는 같은 법 제20조에 따른 통신판매중개업자가 운영하는 사이버몰을 이용한 판매를 말한다.

① 통신판매: 우편, 전기통신, 광고물, 광고시설물, 방송, 신문 및 잡지 등(전단지 제외)의 방법으로 판매에 관한 정보를 제공하고 소비자 청약을 받아 재화를 판매하는 것을 말하며, 전화권유 판매는 제외됨

② 통신판매업자: 통신판매를 업(業)으로 하는 자 또는 그와의 약정에 따라 통신판매업무를 수행하는 자를 말함

③ 통신판매중개: 사이버몰의 이용을 허락하여 거래 당사자 간에 통신판매를 알선하는 행위

인쇄매체를 이용하여 통신판매할 때 원산지 표시를 어떻게 해야 할까? 인쇄매체의 경우(신문, 잡지 등) 표시위치는 제품명 또는 가격 표시 주위에 표시하거나 제품명 또는 가격 표시 주위에 원산지 표시한 위치를 명시하고 그 장소에 표시할 수 있으며, 글씨 크기는 제품명 또는 가격 표시 글씨 크기의 1/2 이상으로 표시하거나 광고 면적을 기준으로 크기를 달리하여 표시해야 한다.*

* 광고 면적 기준 글씨 크기: 3,000 ㎠ 이상인 경우 20포인트 이상, 50 ㎠ 이상~3,000 ㎠ 미만인 경우 12포인트 이상, 50 ㎠ 미만인 경우 8포인트 이상

통신판매로 주문받은 농수산물 가공품을 소비자에게 배송할 때 원산지 표시는 어떻게 해야 할까? 통신판매로 주문받은 농수산물 가공품을 소비자에게 배송할 시에는 가공품에 사용된 원료의 배합 비율 순위에 따른 원산지를 제품 포장재에 표시해야 한다. 다만, 통신판매하는 농수산물 가공품의 판매단위가 세트 상품으로 상품의 포장재에 원산지를 표시하기 어려운 경우에는 개별 상품의 안내 전단지(리스트), 스티커 또는 영수증 등에 원산지를 표시하여 함께 제공해야 한다.

6. 건강기능식품

건강기능식품의 원산지는 어떻게 표시해야 할까? 건강기능식품은 「농수산물의 원산지표시 요령」 [별표 1] 건강기능식품의 기준 및 규격 정의 품목을 주원료 또는 주성분으로 사용하여 「건강기능식품에 관한 법률」 제7조에 따라 품목제조 신고를 하여 생산된 건강기능식품을 표시대상으로 한다. 원산지 표시방법은 국내 가공 농수산물 가공품 원산지 표시 규정에 따라 표시해야 한다.

[예시]

은행잎추출물을 기능성 원료로 품목신고한 건강기능식품의 원료 배합 비율이 은행잎추출물 65%, 포도씨유 20%, 밀납 7%, 레시틴 5%, 우엉 2%, 호박씨유 1%인 경우

→ 1순위(은행잎추출물), 2순위(포도씨유), 3순위(우엉) 원료가 원산지 표시대상

(식품첨가물(밀납, 레시틴)은 원산지 표시대상과 순위에서 제외되며, 4순위 원료(호박씨유)는 원산지 표시를 하지 않아도 됨. 건강기능식품은 정의 품목을 주원료 사용한 경우 원산지 표시대상(농산물 가공품)이 되므로 「농수산물의 원산지 표시에 관한 법률 시행령」 제3조에 따라 원산지를 표시해야 함)

원산지가 변경된 경우 기존 포장재의 원산지를 스티커로 수정하여 사용할 수 있을까? 포장재에 표시된 원산지가 변경된 경우는 스티커를 이용하여 변경 사용이 가능하다. 다만, 기존 포장재의 원산지가 보이지 않도록 정확하게 부착해야 하며, 소비자의 혼선을 막기 위해 가능한 빨리 소진시켜 추후 원산지가 직접 기재된 포장재를 사용하여야 한다.

X.

위생용품 표시광고

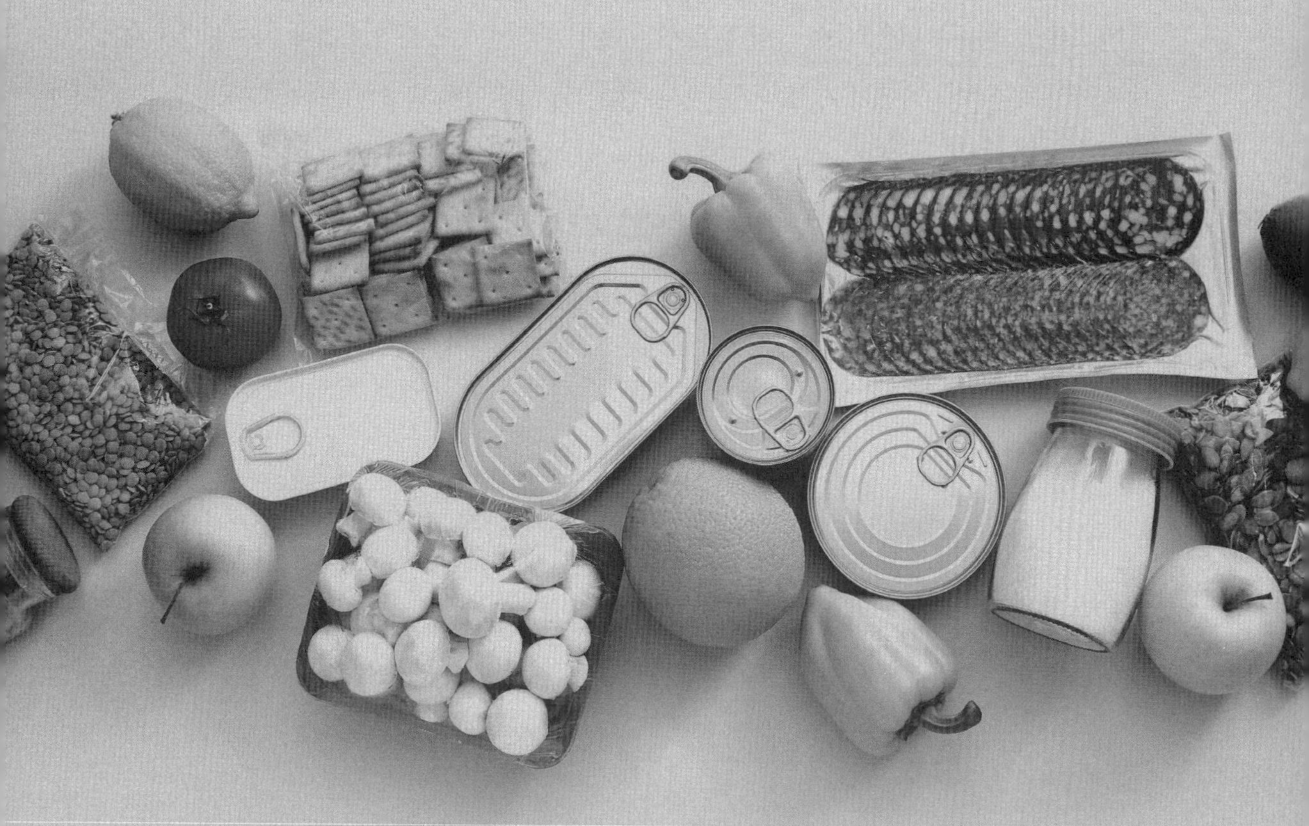

1. 표시대상

사례 97. 위생용품 표시내용과 타 법에 따른 표시내용 병행 표시 가능 여부

「위생용품 관리법」에서 정의하는 19종에 대해 관리하고 있으나, 이 법에 따른 표시대상이라고 하여 타 법으로 관리하는 것이 배제되는 것은 아니므로 「위생용품 관리법」에 따른 표시사항과 타 법령에 따른 표시사항을 구분하여 표시하는 것이 바람직하다.
(근거: 「위생용품의 표시기준」 [별표] 제7호)

「위생용품 관리법」에서 관리하고 있는 19종의 "위생용품"은 세척제, 헹굼보조제, 일회용 컵, 일회용 숟가락, 일회용 젓가락, 일회용 포크, 일회용 나이프, 일회용 빨대, 화장지, 일회용 행주, 일회용 타월, 일회용 종이냅킨, 식품접객업의 영업소에서 손을 닦는 용도 등으로 사용할 수 있도록 포장된 물티슈, 일회용 이쑤시개, 일회용 면봉, 일회용 기저귀, 식품접객업의 영업소에서 손을 닦는 용도 등으로 사용할 수 있도록 포장된 물수건, 「약사법」에 따른 의약외품을 제외한 일회용 팬티라이너, 손을 닦는 용도 등으로 사용할 수 있도록 포장된 마른 티슈로서 최종 단계에서 물을 첨가하여 사용하는 제품 등이 있다. 세척제에는 과일·채소용 세척제(사람이 그대로 먹을 수 있는 야채, 과일 등을 씻는 데 사용되는 세척제)와 식품용 기구용기용 세척제(식품의 용기나 가공기구, 조리기구 등을 씻는 데 사용되는 세척제) 및 식품 제조·가공장치용 세척제(식품의 제조·가공장치 등을 씻는 데 사용되는 세척제)로 구분된다. 헹굼보조제는 자동식기세척기의 최종 헹굼과정에서 식기류에 남아 있는 잔류물 제거, 건조 촉진 등 보조적 역할을 위하여 사용되는 제제이다.

2. 표시내용

사례 98. **유통기한 의무표시대상 여부**

「위생용품 관리법」에 따른 19개의 위생용품에는 제조연월일을 의무적으로 표시하여야 하나, 유통기한 관련 규정은 별도로 정하고 있지 않아 의무표시사항에 해당하지 않는다. 다만, 유통기한을 표시하고자 하는 경우에는 「위생용품의표시기준」[별표] 제6호에 따라 표시하도록 규정하고 있다.*

* 유통기한이 소비기한으로 변경되는 사항은 「식품 등의 표시·광고에 관한 법률」에 따른 식품 등에 해당되는 것이며, 「위생용품 관리법」에서 관리되고 있는 위생용품까지 그 의무가 연계되지 않는다.

(근거: 「위생용품의 표시기준」[별표] 제6호)

위생용품에는 "위생용품"이라는 글자, 제품명, 영업소의 명칭 및 소재지, 내용량, 제조연월일, 원료명 또는 성분명, 위생용품의 유형, 주의사항 등을 표시하여야 한다. 다만, 위생물수건의 경우에는 "위생용품"이라는 글자 및 영업소의 명칭 및 소재지 만 표시할 수 있다. 표 44에 위생용품의 종류별 표시내용을 나타내었다.

표 44. 위생용품 종류별 표시내용

종 류	표시내용
세척제	"위생용품"이라는 글자, 제품명, 영업소의 명칭 및 소재지, 내용량, 제조연월일, 성분명, 위생용품의 유형,* 사용 및 보관상 주의사항(해당되는 경우에 한함), 사용기준,** 사용방법*** * 과일·채소용 세척제, 식품용 기구용기용 세척제 또는 식품 제조·가공장치용 세척제) ** ① 과일·채소용 세척제의 경우 세척제의 용액에 과일 혹은 채소를 5분 이상 담가서는 아니 된다. ② 과일·채소용 세척제의 경우 세척제의 용액으로 과일, 채소, 음식기 또는 조리기구 등을 씻은 후에는 반드시 음용에 적합한 물로 씻어야 한다. 이때 흐르는 물을 사용할 때에는 과일 혹은 채소를 30초 이상, 식기류는 5초 이상 씻고 흐르지 않는 물을 사용할 때는 물을 교환하여 2회 이상 씻어야 한다. ③ 식품용 기구·용기용, 식품 제조·가공장치용 세척제에 사용한 후에는 음식기, 조리기구 등에 세척제가 잔류하지 않도록 음용에 적합한 물로 씻거나 기타 적절한 방법으로 세척제가 잔류하지 않도록 해야 한다. ④ 식품용 기구·용기용, 식품 제조·가공장치용 세척제를 사용하는 경우에는 용도이외로 사용하거나 규정사용량 이상을 사용하여서는 아니 된다.

	⑤ 과일·채소용 세척제는 식품용 기구·용기용 또는 식품 제조·가공장치용 세척제, 식품용 기구·용기용 세척제는 식품 제조·가공장치용 세척제의 목적으로 사용할 수 있으나, 식품 제조·가공장치용 세척제는 과일·채소용 또는 식품용 기구·용기용 세척제, 식품용 기구·용기용 세척제는 과일·채소용 세척제의 목적으로 사용하여서는 아니 된다. *** 제품별 표준사용농도와 사용방법을 표시(단, 분사형 제품 등 제품 특성상 별도 희석 없이 그대로 사용하거나 고체형 비누, 일체형 세척제 제품 등 표준사용농도를 명확하게 정하기 어려운 경우 표준사용농도 생략 가능)
헹굼보조제	"위생용품"이라는 글자, 제품명, 영업소의 명칭 및 소재지, 내용량, 제조연월일. 성분명, 위생용품의 유형, 사용 및 보관상 주의사항(해당되는 경우에 한함), 사용기준 및 사용방법* * 제품별 표준사용농도와 사용방법을 표시(단, 제품 특성상 별도 희석 없이 그대로 사용하거나 표준사용농도를 명확하게 정하기 어려운 경우 표준사용농도 생략 가능)
위생물수건	"위생용품"이라는 글자, 영업소의 명칭 및 소재지
일회용 컵, 숟가락, 젓가락, 포크, 나이프, 빨대	"위생용품"이라는 글자, 제품명, 영업소의 명칭 및 소재지, 내용량, 제조연월일, 재질명, 위생용품의 유형, 사용 및 보관상 주의사항(해당되는 경우에 한함)
화장지	"위생용품"이라는 글자, 제품명, 영업소의 명칭 및 소재지, 내용량, 제조연월일, 원료명, 위생용품의 유형,* 사용 및 보관상 주의사항(해당되는 경우에 한함), 재활용에 대한 표시 * 화장실용 화장지, 미용 화장지
일회용 행주, 일회용 종이냅킨, 식품접객업소용 물티슈, 물티슈용 마른 티슈	"위생용품"이라는 글자, 제품명, 영업소의 명칭 및 소재지, 내용량, 제조연월일, 원료명, 위생용품의 유형, 사용 및 보관상 주의사항(해당되는 경우에 한함), 재활용에 대한 표시
일회용 타월	"위생용품"이라는 글자, 제품명, 영업소의 명칭 및 소재지, 내용량, 제조연월일, 원료명, 위생용품의 유형,* 사용 및 보관상 주의사항(해당되는 경우에 한함), 재활용에 대한 표시 * 키친타월, 핸드타월
일회용 이쑤시개	"위생용품"이라는 글자, 제품명, 영업소의 명칭 및 소재지, 내용량, 제조연월일, 재질명, 위생용품의 유형, 사용 및 보관상 주의사항(해당되는 경우에 한함)
일회용 면봉	"위생용품"이라는 글자, 제품명, 영업소의 명칭 및 소재지, 내용량, 제조연월일, 원료명, 위생용품의 유형,* 사용 및 보관상 주의사항** * 성인용 면봉, 어린이용 면봉 ** 어린이용의 경우, "영·유아의 귀, 코 안쪽 깊이 넣지 마십시오", "영·유아가 직접 사용하지 않게 하십시오"의 문구 표시

일회용 기저귀	"위생용품"이라는 글자, 제품명, 영업소의 명칭 및 소재지, 내용량, 제조연월일, 원료명 및 성분명,* 위생용품의 유형,** 사용 및 보관상 주의사항(해당되는 경우에 한함), 적용대상*** * 안감, 흡수층, 방수층, 고정(테이프)로 구분하여 사용된 원료와 성분의 명칭을 구분하여 표시. 다만, 방수층 및 고정(티이프)에 사용된 색소는 일반 총칭명인 색소로 표시 가능 ** 성인용 기저귀(팬티형, 테이프형, 일자형), 어린이용 기저귀(팬티형, 테이프형, 일자형, 기저귀라이너), 성인용 위생깔개(매트), 어린이용 위생깔개(매트) *** 성인용 기저귀(팬티형, 테이프형)는 허리둘레길이를 "○○~○○ ㎝" 등의 범위로 표시, 어린이용 기저귀는 크기에 따라 사용가능한 표준체형의 유아 및 어린이 체중을 "○○~○○ ㎏" 등의 범위로 표시, 신체치수에 의해 제품을 구분하지 않는 성인용 기저귀(일자형), 위생깔개(매트) 등 제품의 경우 적용대상을 "전 성인", "전 유아 및 어린이용"으로 표시 [예시] 체중(유아), 허리둘레(성인) 등
일회용 팬티라이너	"위생용품"이라는 글자, 제품명, 영업소의 명칭 및 소재지, 내용량, 제조연월일, 원료명 및 성분명,* 위생용품의 유형,* 사용 및 보관상 주의사항(해당되는 경우에 한함) * 안감, 흡수층, 방수층, 고정(테이프)로 구분하여 사용된 원료와 성분의 명칭을 구분하여 표시. 다만, 방수층 및 고정(티이프)에 사용된 색소는 일반 총칭명인 "색소"로 표시 가능

제품명은 그 제품의 고유명칭으로 표시한다. 다만 품목제조보고 또는 수입신고를 한 위생용품은 신고관청에 보고 또는 신고한 명칭으로 표시하여야 한다. 제품명은 상호, 로고 또는 상표 등의 표현을 함께 사용할 수 있다.

위생용품제조업소의 영업소의 명칭("업체명" 또는 "업소명"으로 표시할 수 있다. 이하 같다)과 소재지는 영업신고증에 기재된 영업소의 명칭(상호)과 소재지를 표시하되, 영업신고증에 기재된 소재지 대신 반품·교환업무를 대표하는 소재지를 표시할 수 있다. 다만, 위생용품제조업자가 다른 위생용품제조업자에게 위탁하여 위생용품을 제조한 경우에는 위탁을 의뢰한 영업소의 명칭 및 소재지로 표시하여야 한다.

위생물수건처리업소의 영업소의 명칭과 소재지는 영업신고증에 기재된 영업소의 명칭(상호)과 소재지(또는 반품·교환업무를 대표하는 소재지)를 표시하여야 한다. 다만, 위생물수건처리업자가 다른 위생물수건처리업자에게 위탁하여 위생물수건을 위생처리한 경우에는 위탁을 의뢰한 영업소의 명칭 및 소재지로 표시하여야 한다.

위생용품수입업소의 영업소의 명칭과 소재지는 영업신고증에 기재된 영업소의 명칭(상호)과 소재지(또는 반품·교환업무를 대표하는 소재지)를 표시하되, 해당 수입 위생용품의 제조업소명을 모두 표시하여야 한다. 이 경우 제조업소명이 외국어로 표시되어 있으면 한글로 따로 표시하지 아니할 수 있다.

[예시]

- 수입업소: 영업소의 명칭, 소재지
- 제조업소: 영업소의 명칭

위생용품수입업소에서 수입한 위생용품을 단순히 소분하여 재포장하는 위생용품제조업소의 경우 위생용품제조업소의 영업소의 명칭(상호)과 소재지(또는 반품·교환업무를 대표하는 소재지), 수입신고한 해당 제품 원료의 국외 제조업소명을 모두 표시하여야 한다.

[예시]

- 제조(소분)업소: 영업소의 명칭, 소재지
- 제조(수출)업소: 영업소의 명칭

유통을 전문으로 판매하는 자가 다른 위생용품제조업소에서 제조한 위생용품을 자신의 상표로 유통·판매하는 경우에는 해당 위생용품제조업소와 판매자의 영업소의 명칭(상호)과 소재지(또는 반품·교환업무를 대표하는 소재지)를 모두 표시하여야 한다.

[예시]

- 제조업소: 영업소의 명칭, 소재지
- 판매업소: 영업소의 명칭, 소재지

표 45. 사례별 영업소의 명칭 및 소재지 표시기준

구분	사례	영업소의 명칭 및 소재지 표시
제조	제조업	제조업소명, 소재지
	국내제조[A] → 국내제조[B] 위탁(제조 · 가공 · 소분)	제조업소명(A), 소재지
수입	해외제조[D] → 수입업체[A]	수입업소: 업소명(A), 소재지 제조업소: 업소명(D)
	해외제조[D] → 수입 · 제조[A] → 소분제조위탁[B]	제조(소분)업소: 업소명(A), 소재지 제조(수출)업소: 업소명(D)
소분	국내제조[A] → 소분제조[B]	제조(소분)업소: 업소명(B), 소재지 제조업소: 업소명(A)
기타	판매[A]: 국내제조[B]	제조업소: 업소명(B), 소재지 판매업소: 업소명(A), 소재지
	판매[A]: 국내제조[B] → 소분제조[C]	제조업소: 업소명(C), 소재지 판매업소: 업소명(A), 소재지

내용량은 내용물의 성상에 따라 중량, 용량 또는 수량(매수, 개수), 길이 등으로 표시하여야 한다. 화장지, 일회용 행주, 일회용 타월, 일회용 종이냅킨의 내용량은 제품 형태에 따라 길이 또는 수량으로 표시하되 다음 표 46에 따른다.

표 46. 화장지, 일회용 행주, 일회용 타월, 일회용 종이냅킨의 내용량 표시방법

구분	표시방법	사례
길이를 표시할 때	너비와 겹 수를 함께 표시	길이: ○○ m (너비: ○○ ㎜, 0겹)
수량(매수)를 표시할 때	가로, 세로와 겹 수를 함께 표시	수량: ○○매 (○○ ㎜(가로) × ○○ ㎜(세로), 0겹)
• 여러 개를 함께 포장할 때에는 위의 길이 및 수량(매수) 표시사항과 포장된 수량을 표시하여야 한다.		

표 47. 용기포장에 표시된 양과 실제량의 부족량 허용오차(범위)

적용분류	표시량	허용부족량
중량 또는 용량	50 g(㎖) 이하	9%
	50 g(㎖) 초과 100 g(㎖) 이하	4.5 g(㎖)
	100 g(㎖) 초과 200 g(㎖) 이하	4.5%
	200 g(㎖) 초과 300 g(㎖) 이하	9 g(㎖)
	300 g(㎖) 초과 500 g(㎖) 이하	3%
	500 g(㎖) 초과 1 ㎏(L) 이하	15 g(㎖)
	1 ㎏(L) 초과 10 ㎏(L) 이하	1.5%
	10 ㎏(L) 초과 15 ㎏(L) 이하	150 g(㎖)
	15 ㎏(L) 초과 50 ㎏(L) 이하	1%
길이	5 m 이하	허용하지 않음
	5 m 초과	표시량의 2%
수량	50개(매) 이하	허용하지 않음
	50개(매) 초과	표시량의 1%를 반올림한 정수값

- %로 표시된 허용부족량(오차)은 표시량에 대한 백분율임. 단, 화장지, 일회용 행주, 일회용 타월, 일회용 종이냅킨의 경우 내용량을 길이로 표시할 때 함께 표시하여야 하는 너비의 오차는 3 ㎜까지, 내용량을 수량(매수)으로 표시할 때 함께 표시하여야 하는 가로 및 세로의 오차는 각각 5 ㎜까지 허용한다.
- 두루마리(롤)의 길이 및 그 허용오차 규정은 2겹 이상 겹친 두루마리인 것에 대하여는 겹친 대로 적용함

제조연월일은 "○○년 ○○월 ○○일", "○○.○○.○○.", "○○○○년 ○○월 ○○일" 또는 "○○○○.○○.○○."의 방법으로 표시하여야 한다. 수입되는 위생용품에 표시된 수출국의 제조연월일의 "연월일"의 표시방법이 가목의 기준과 다를 경우에는 소비자가 알아보기 쉽도록 "연월일"의 표시 순서 또는 읽는 방법을 예시하여야 하며, "연월"만 표시되었을 경우에는 "연월일" 중 "일"의 표시는 제품의 표시된 해당 "월"의 1일로 표시하여야 한다. 제조연월일 표시가 의무가 아닌 국가로부터 제조연월일이 표시되지 않은 제품을 수입하여 제조연월일을 표시하고자 하는 경우 그 수입자는 제조국, 제조회사로부터 받은 제조연월일에 대한 증명자료를 토대로 하여 한글 표시사항에 제조연월일을 표시하여야 한다. 제조연월일을 주표시면 또는 정보표시면에 표시하기 곤란한 경우에는 해당 위치에 제조연월일의 표시위치를 명시하거나, "별도표시" 등의 안내문구를 표시하여야 한다.

유통기한(해당되는 제품에 한함)은 "○○년 ○○월 ○○일까지", "○○.○○.○○.까지", "○○○○년 ○○월 ○○일까지", "○○○○.○○.○○.까지" 또는 "유통기한: ○○○○년 ○○월 ○○일"로 표시하여야 한다. 제조연월일을 사용하여 유통기한을 표시하는 경우에는 "제조일로부터 ○○일까지", "제조일로부터 ○○월까지" 또는 "제조일로부터 ○○년까지", "유통기한: 제조일로부터 ○○일"로 표시할 수 있다. 수입되는 위생용품에 표시된 수출국의 유통기한의 "연월일"의 표시방법이 가목의 기준과 다를 경우에는 소비자가 알아보기 쉽도록 "연월일"의 표시순서 또는 읽는 방법을 예시하여야 하며, "연월"만 표시되었을 경우에는 "연월일" 중 "일"의 표시는 제품의 표시된 해당 "월"의 1일로 표시하여야 한다. 유통기한 표시가 의무가 아닌 국가로부터 유통기한이 표시되지 않은 제품을 수입하여 유통기한을 표시하고자 하는 경우 그 수입자는 제조국, 제조회사로부터 받은 유통기한에 대한 증명자료를 토대로 하여 한글 표시사항에 유통기한을 표시하여야 한다. 유통기한의 표시는 사용 또는 보존에 특별한 조건이 필요한 경우 이를 함께 표시하여야 한다. 유통기한이 서로 다른 각각의 여러 가지 제품을 함께 포장하였을 경우에는 그중 가장 짧은 유통기한을 표시하여야 한다. 유통기한을 주표시면 또는 정보표시면에 표시하기 곤란한 경우에는 해당 위치에 유통기한의 표시위치를 명시하거나, "별도표시" 등의 안내문구를 표시하여야 한다.

위생용품 제조에 사용된 모든 원재료명 및 성분명을 구체적으로 표시하여야 한다(예시: 녹색 201호). 원료명 또는 성분명은 「위생용품의 기준 및 규격」, 표준국어대사전 등을 기준으로 대표명을 선정한다. 원료명 또는 성분명을 제품명의 일부로 사용하거나 주표시면에 표시하는 경우 해당 원료명 또는 성분명과 그 함량을 표시하여야 한다. 위생용품의 제조과정 중 첨가되어 최종 제품에서 불활성화되는 효소나 제거되는 원료, 성분의 경우에는 그 명칭을 표시하지 아니할 수 있다. 재질명 표시는 식품과 직접 접촉하는 부분의 재질만을 표시할 수 있고, 재질명을 표시하는 경우 합성수지제는 「기구 및 용기·포장의 기준 및 규격」에 등재된 염화비닐수지, 폴리에틸렌, 폴리프로필렌, 폴리스티렌, 폴리염화비닐리덴, 폴리에틸렌테레프탈레이트, 페놀수지, 실리콘 고무 등으로 각각 구분하여 표시하여야 하며, 이 경우 약자로 표시할 수 있다. 향료를 사용한 경우 그 향의 명칭(예시: ○○향)만을 표시할 수 있다. 다만, 해당 향료에 「화장품법 시행규칙」 제19조 및 [별표 4]에 따른 「화장품 사용 시의 주의사항 및 알레르기 유발성분 표시에 관한 규정」에서 정하는 알레르기 유발성분이 포함되어 있는 경우에는 해당 성분의 명칭을 함께 표시하여야 한다[예시: ○○향(명칭)]. 몇 가지 사례는 아래와 같다.

위생용품		원료명 및 성분명 표시 예시
화장지		펄프(천연펄프), 합지용풀(초산비닐수지), 색소(녹색 201호), 로션(글리세롤, 라우릴베타인, 시어버터)
일회용 행주		부직포(레이온), 색소(녹색 201호)
일회용 타월		펄프(천연펄프), 합지용풀(초산비닐수지)
일회용 종이냅킨		펄프(천연펄프), 색소(녹색 201호)
일회용 면봉		솜(면), 축(폴리프로필렌), 접착제(폴리비닐알콜)
일회용 기저귀 및 일회용 팬티라이너	안감	부직포(폴리에틸렌, 폴리프로필렌), 로션(미네랄오일, 스테아릴알코올, 알로에베라잎즙), 색소(적색 202호), 고무줄(폴리우레탄, 색소(청색 404호)
	흡수층	고분자흡수층(폴리아크릴산나트륨), 부직포(폴리에틸렌, 폴리프로필렌), 접착제(탄화수소소지), 색소(적색 202호)
	방수층	부직포(폴리프로필렌), 색소, 필름(폴리에틸렌, 탄산칼슘)
	고정(테이프)	테이프(폴리프로필렌), 색소

원료명 또는 성분명에 대한 함량을 표시해야 할까? 위생용품 제조에 사용된 모든 원료명 또는 성분명을 표시하여야 한다. 다만, 원료명 또는 성분명을 제품명의 일부로 사용하거나 주표시면에 표시하는 경우 해당 원료명 또는 성분명과 그 함량을 표시하여야 하며, 이 경우 "함량"은 제품 전체에서 해당 원료명 또는 성분명에 해당하는 함량을 말한다.

알레르기 유발성분 표시방법은 어떨까? 「위생용품의 표시기준」 [별표] 제7호에 따라 향료를 사용한 경우 그 향의 명칭(예시: ○○향)만을 표시할 수 있으며, 다만 해당 향료에 「화장품법 시행규칙」 제19조 및 [별표 4]에 따른 「화장품 사용할 때의 주의사항 및 알레르기 유발성분 표시에 관한 규정」에서 정하는 알레르기 유발성분이 포함되어 있는 경우에는 해당 성분의 명칭을 함께 표시[예시: ○○향(명칭)]하여야 한다. 알레르기 유발성분이 기준(사용 후 씻어 내는 제품에서 0.01% 초과, 사용 후 씻어 내지 않는 제품에서 0.001% 초과)을 초과하지 아니한다면, 향료만(예시: ○○향) 표시할 수 있다.

「위생용품의 기준 및 규격」에 위생용품의 유형이 분류된 위생용품은 그 유형(「위생용품의 기준 및 규격」에 유형이 없는 경우에는 위생용품의 종류를 말한다)을 표시하여야 한다. 다만, 위생용품의 유형을 제품명이나 제품명의 일부로 사용한 때에는 이를 표시하지 아니할 수 있다.

재생원료를 사용한 경우 "본 제품은 자원재활용을 위해 재생원료를 사용한 제품입니다"라는 문구를 표시하여야 한다. 다만, 「기구 및 용기포장의 기준규격」에 따른 종이제 또는 가공지제를 재생원료로 사용한 경우에는 그러하지 아니하다.

세척제 표시기준 중 사용기준을 전부 표시하여야 하여야 할까? 과일·채소용 세척제, 식품용 기구용기용 세척제 또는 식품 제조·가공장치용 세척제 등 세척제 유형에 맞게 사용기준을 확인할 수 있도록 제품에 다음 표의 내용을 표시하면 된다.

표 48. 세척제 종류별 사용기준

세척제의 유형	사용기준
과일·채소용 세척제	• 세척제의 용액에 과일 혹은 채소를 5분 이상 담가서는 아니 된다. • 세척제의 용액으로 과일, 채소, 음식기 또는 조리기구 등을 씻은 후에는 반드시 음용에 적합한 물로 씻어야 한다. 이때 흐르는 물을 사용할 때에는 과일 혹은 채소를 30초 이상, 식기류는 5초 이상 씻고 흐르지 않는 물을 사용할 때는 물을 교환하여 2회 이상 씻어야 한다. • 식품용 기구용기용 또는 식품 제조·가공장치용 세척제의 목적으로 사용할 수 있다.
식품용 기구용기용 세척제	• 세척제에 사용한 후에는 음식기, 조리기구 등에 세척제가 잔류하지 않도록 음용에 적합한 물로 씻거나 기타 적절한 방법으로 세척제가 잔류하지 않도록 해야 한다. • 세척제를 사용하는 경우에는 용도 이외로 사용하거나 규정 사용량 이상을 사용하여서는 아니 된다. • 식품 제조·가공장치용 세척제의 목적으로 사용할 수 있다. • 과일·채소용 세척제의 목적으로 사용하여서는 아니 된다.
식품 제조·가공장치용 세척제	• 세척제에 사용한 후에는 음식기, 조리기구 등에 세척제가 잔류하지 않도록 음용에 적합한 물로 씻거나 기타 적절한 방법으로 세척제가 잔류하지 않도록 해야 한다. • 세척제를 사용하는 경우에는 용도 이외로 사용하거나 규정 사용량 이상을 사용하여서는 아니 된다. • 과일·채소용 또는 식품용 기구용기용 세척제의 목적으로 사용하여서는 아니 된다.

세척제 제조에 극소량만 투입되는 원료의 경우도 품목제조보고를 하고 제품에도 표시를

하여야 할까? 「위생용품 관리법」 제3조에 따라 품목제조보고는 제조에 사용된 모든 원료를 보고하여야 하며 혼합원료는 혼합된 개별 성분의 명칭을 모두 보고하여야 한다. 또한, 위생용품의 원료명 또는 성분명의 표시는 「위생용품의 표시기준」 [별표] 표시사항별 세부표시기준에 따라 위생용품의 제조에 사용된 모든 원료명 또는 성분명을 표시하여야 하나, 위생용품의 제조과정 중 첨가되어 최종 제품에서 불활성화되는 효소나 제거되는 원료, 성분의 경우에는 그 명칭을 표시하지 아니할 수 있도록 규정하고 있다. 아울러, 위생용품의 품목제조보고 및 원료, 성분명의 표시는 제조에 사용되는 양과 관계없이 모두 보고 및 표시하여야 한다.

3. 표시방법

사례 99. 일회용 종이컵에 "위생용품"과 "식품용 기구 도안" 모두 표시 여부

일회용 컵은 「위생용품 관리법」에 따른 위생용품으로 「위생용품의 표시기준」에 따라 표시하여야 하고, "식품용 기구 도안" 표시는 「식품 등의 표시·광고에 관한 법률」 및 「식품등의 표시기준」에 따른 표시규정이므로, 위생용품은 "식품용 기구 도안" 표시대상이 아니다.
(근거: 「위생용품 관리법」 제11조)

소비자에게 판매, 대여하는 제품의 최소판매·대여단위별 용기포장에는 위생용품별로 규정된 개별표시사항 및 표시기준에 따른 표시를 하여야 한다. 표시는 지워지지 아니하는 잉크로 인쇄하거나 각인 또는 소인 등을 사용하여야 한다. 제품포장의 특성상 잉크, 각인 또는 소인 등으로 표시하기가 불가능한 경우, 소비자에게 직접 판매되지 아니하고 위생용품제조업소에서 원료로 사용될 목적으로 공급되는 원료용 제품의 경우, 신고관청에서 변경신고를 수리한 영업소의 명칭 및 소재지를 표시하는 경우, 제조연월일, 유통기한을 제외한 위생용품의 안전과 관련이 없는 경미한 표시사항으로 관할 신고관청에서 승인한 경우에는 스티커, 라벨

(Label) 또는 꼬리표(Tag)를 사용할 수 있으나 이를 떨어지지 아니하게 부착하여야 한다.

표시는 한글로 하여야 하나, 소비자의 이해를 돕기 위하여 한자나 외국어를 혼용하거나 병기하여 표시할 수 있으며, 이 경우 한자나 외국어는 한글 표시의 활자와 같거나 작은 크기의 활자로 표시하여야 한다. 다만, 수입되는 위생용품과 「상표법」에 따라 등록된 상표는 한자나 외국어를 한글 표시 활자보다 크게 표시할 수 있다.

표시사항을 표시할 때는 소비자가 쉽게 알아볼 수 있도록 눈에 띄게 주표시면 및 정보표시면으로 구분하여 바탕색의 색상과 구분되는 색상으로 다음 표 49에 따라 표시하여야 한다.

표 49. 주표시면, 정보표면별 표시내용

표시면 구분	표시내용
주표시면	"위생용품"이라는 글자, 제품명, 내용량. 다만, 주표시면에 "위생용품"이라는 글자, 제품명, 내용량 이외의 사항을 함께 표시한 경우에는 정보표시면에 그 표시사항을 생략 가능
정보표시면	영업소의 명칭 및 소재지, 제조연월일, 유통기한, 원료명 또는 성분명, 위생용품의 유형, 주의사항 등을 표시사항별로 표 또는 단락 등으로 나누어 표시. 다만, 정보표시면 면적이 100 ㎠ 미만인 경우에는 표 또는 단락 등으로 나누어 표시하지 않아도 됨
• 위 규정에도 불구하고 수입 위생용품 중 주표시면에 표시하여야 하는 사항이 수출국의 언어로 주표시면에 모두 표시되어 있는 경우 주표시면에 표시하여야 하는 사항을 정보표시면에 표시할 수 있다.	

표시사항을 표시함에 있어 "위생용품"이라는 글자, 제품명, 영업소의 명칭 및 소재지, 내용량, 제조연월일, 원료명 또는 성분명의 활자 크기는 7포인트 이상이어야 하고, 이 이외의 글씨 크기는 6포인트 이상이어야 한다. 다만, 정보표시면의 면적이 이 고시에서 정한 표시사항(다른 법령에서 표시하도록 정해진 사항 포함)만을 표시하기에도 부족한 경우에는 정해진 활자 크기를 따르지 아니할 수 있으며, 다른 법령에서 표시사항 및 활자 크기를 규정하고 있는 경우에는 그 법령에서 정하는 바를 따른다.

다른 제조업소의 표시가 있는 용기나 포장을 제품에 사용하여서는 아니 된다. 다만, 위생용품에 유해한 영향을 미치지 아니하는 용기로서 일반 시중에 유통·판매할 목적이 아닌 다른 회사의 제품의 원료로 제공할 목적으로 사용하는 경우와 「자원의 절약과 재활용촉진에 관한 법률」에 따라 재사용되는 유리병(같은 위생용품의 유형 또는 유사한 품목으로 사용된 것에 한한다)의 경우는 제외한다.

시각장애인을 위하여 제품명, 제조연월일 등의 표시사항을 보기 쉬운 위치에 점자로 표시할 수 있다. 이 경우 점자 표시는 스티커 등을 이용할 수 있다.

원료명 등 표시사항은 QR 코드 또는 음성변환용 코드를 함께 표시할 수 있다.

세트포장(두 종류 이상의 각각 다른 제품을 함께 판매할 목적으로 포장한 제품을 말함) 형태로 구성한 경우, 세트포장 제품의 외포장지에는 이를 구성하고 있는 각 제품에 대한 표시사항을 각각 표시하여야 한다. 다만, 소비자가 완제품을 구성하는 각 제품의 표시사항을 명확히 확인할 수 있는 경우에는 그러하지 아니하다.

최소판매단위 한 박스에 개별포장된 정제형태 세척제 100개가 들어 있을 때 정제 포장지에도 표시해야 할까? 위생용품의 표시는 소비자에게 판매, 대여하는 제품의 최소판매·대여단위별 용기포장에 하여야 한다. 따라서, 제품의 최소판매단위가 박스인 경우, 해당 박스에만 위생용품 관리법령에 따른 한글 표시가 기재되고 내포장에는 한글 표시가 없어도 된다. 단, 해당 최소판매단위 제품을 해포하여 낱개 내포장 제품을 판매해서는 안 된다.

위생용품제조업자가 위생용품을 소분하여 재포장한 경우 해당 위생용품의 원래 표시사항을 변경하여서는 아니 된다. 다만, 내용량, 영업소의 명칭 및 소재지를 소분된 사항에 맞게 표시하여야 한다.

수입 위생용품 표시와 관련하여 수출국에서 유통되고 있는 위생용품의 경우에는 수출국에서 표시한 표시사항이 있어야 하고, 한글이 인쇄된 스티커를 사용할 수 있으나 떨어지지 아니하게 부착하여야 하며, 원래의 용기포장에 표시된 제품명, 원료명 또는 성분명, 제조연월일, 유통기한 등 주요 표시사항을 가려서는 아니 된다. 한글로 표시된 용기포장으로 포장하여 수입되는 위생용품의 표시사항은 잉크, 각인 또는 소인 등을 사용하여야 한다. 수출국 제조업체의 표시는 한글 표시 스티커에 해당 제품 수출국의 언어로 표시할 수 있다. 자사제품 제조·가공에 사용하기 위해 수입하는 위생용품은 제품명, 제조업소의 명칭과 제조연월일만을 표시할 수 있고, 그 위생용품에 수출국의 언어 등으로 된 표시가 있는 경우에는 해당하는 한글 표시를 생략할 수 있다. 「대외무역법 시행령」에 따라 외화획득용으로 수입하는 위생용품은 한글 표시를 생략할 수 있다. 다만, 관광사업용으로 수입되는 위생용품은 그러하지 아니하다. 연구조사에 사용하기 위해 수입하는 위생용품은 한글 표시를 생략할 수 있다.

수출 위생용품에 대하여는 수입자의 요구에 따라 표시할 수 있다.

수입 위생용품 제품의 선적 후 수입업소 소재지가 변경될 예정인 경우 제품 표시사항을 언제 변경해야 할까? 「위생용품의 표시기준」에 따라 소비자에게 판매, 대여하는 단위별 용기포장에는 개별 표시사항 및 표시기준에 따른 표시를 하여야 한다. 표시사항 변경 시 적용시점에 대하여 위 기준에서 별도로 규정하고 있지 않으나, 위생용품수입업의 영업소의 소재지가 변경된 경우라면 '변경 신고' 이후에 최초로 수입(선적일 기준)한 위생용품부터 적용하여야 한다. 아울러, 「위생용품의 표시기준」에 따라 표시는 지워지지 아니하는 잉크로 인쇄하거나 각인 또는 소인 등을 사용하여야 하며, 신고관청에서 변경 신고를 수리한 영업소의 명칭 및 소재지를 표시하는 경우에는 스티커, 라벨(Label) 또는 꼬리표(Tag)를 사용할 수 있으나 이를 떨어지지 아니하게 부착하여야 한다. 따라서, 변경 전 영업소 소재지로 표시된 포장지 재고가 많아 기존 포장지를 사용하고자 하는 경우 상기 규정에 따라 스티커를 사용할 수 있다. 다만, 「위생용품의 표시기준」 [별표] 표시사항별 세부표시기준에 따라 위생용품수입업소의 영업소의 명칭과 소재지는 영업신고증에 기재된 영업소의 명칭(상호)과 소재지(또는 반품·교환업무를 대표하는 소재지)를 표시하도록 하고 있으니, 변경 전 소재지에서 반품 또는 교환업무를 수행할 경우는 기존 포장지의 소재지를 변경하지 아니할 수 있다.

여러 개의 폴리백으로 구성된 벌크 형태 박스를 수입하여 국내에서 폴리백으로 소분할 때 제품의 표시사항은? 「위생용품의 표시기준」에 따라 표시는 소비자에게 판매, 대여하는 제품의 최소판매·대여단위별 용기포장에 하여야 하며, 자사제품 제조·가공에 사용하기 위해 수입하는 위생용품은 제품명, 제조업소의 명칭과 제조연월일만을 표시할 수 있고, 그 위생용품에 수출국의 언어 등으로 된 표시가 있는 경우에는 해당하는 한글 표시를 생략할 수 있다. 수입하고자 하는 위생용품이 여러 개의 폴리백 제품으로 구성된 박스 제품으로서 수입 통관 당시의 최소판매단위가 박스 제품이라면 해당 박스에 위생용품의 제품명, 제조업소의 명칭과 제조연월일이 표시되어 있어야 하고, 그 위생용품에 수출국의 언어 등으로 된 표시가 있는 경우에는 해당하는 한글 표시를 생략할 수 있다. 아울러, 해당 박스 제품을 국내 수입통관 이후 소분하여 판매하는 경우에는 최소판매단위 제품(예시: 폴리백 단위 또는 여러 폴리백 묶음 박스포장 등)에 한글 표시사항이 기재되어야 한다. 이 경우, 「위생용품의 표시기준」에 따라 위생용품제조업자가 위생용품을 소분하여 재포장한 경우 해당 위생용품의 원래 표시사항을 변경하여서는 아니 되고, 다만 내용량, 영업소의 명칭 및 소재지를 소분된 사항에 맞게 표시하도록 규정하고 있다.

도시락에 동봉된 젓가락, 음료에 부착된 빨대에 대한 위생용품 표시방법은 무엇일까? 일회용 젓가락, 빨대를 식품 제조·가공용 원자재로 사용하여 식품(도시락), 음료와 함께 제조되는 경우에는 「식품 등의 표시·광고에 관한 법률」에 따라 표시하고, 해당 위생용품(일회용 젓가락, 빨대)은 재질만 표시한다.

4. 부당한 표시광고 금지

사례 100. "항균"이라는 문구 표시광고 가능 여부

「위생용품 관리법」 제12조 및 같은 법 시행규칙 제19조에 따라 누구든지 위생용품의 성분, 용도, 효과에 관하여 사실과 다르거나 과장된 표시광고, 소비자를 기만하거나 오인, 혼동시킬 우려가 있는 표시광고, 다른 업체 또는 그 업체의 제품을 비방하는 표시광고 등을 금지한다.
위생용품은 항균에 대한 세부 규정은 없으나, 그 사실관계가 명확하고 객관적인 자료를 통해 입증할 수 있는 경우라면 영업자 책임하에 표시 가능하다(이 경우 상기 규정에 저촉되지 않도록 명확히 표시광고하는 것이 바람직).
(근거: 「위생용품 관리법」 제12조, 「위생용품 관리법 시행규칙」 [별표 4] 제2호)

누구든지 위생용품의 성분, 용도, 효과에 관하여 사실과 다르거나 과장된 표시광고, 소비자를 기만하거나 오인, 혼동시킬 우려가 있는 표시광고, 다른 업체 또는 그 업체의 제품을 비방하는 표시광고에 해당하는 표시광고를 해서는 안 된다.

금지되는 표시광고는 용기포장, 라디오, 텔레비전, 신문, 잡지, 음악, 영상, 인쇄물, 간판, 인터넷, 그 밖의 방법으로 위생용품의 명칭, 제조방법, 품질, 원료, 성분 또는 사용에 대한 정보를 나타내거나 알리는 행위 중 다음 표 50의 어느 하나에 해당하는 경우로 한다.

표 50. 허위 표시광고의 내용

구분	허위 표시광고
사실과 다르거나 과장된 표시광고	1. 신고(수입신고 포함)한 사항과 다른 내용의 표시광고, 해당 위생용품의 명칭, 원료, 제조방법, 성분, 용도, 품질 등과 다른 내용의 표시광고 2. 제조연월일을 표시함에 있어서 사실과 다른 내용의 표시광고 3. 효과를 표시함에 있어서 사실과 다른 내용의 표시광고
소비자를 기만하거나 오인, 혼동시킬 우려가 있는 표시광고	1. 외국어의 사용 등으로 외국제품으로 혼동할 우려가 있는 표시광고 또는 외국과 기술 제휴한 것으로 혼동할 우려가 있는 내용의 표시광고, 화학적 합성품을 사용하는 경우 그 원료의 명칭 등을 사용하여 화학적 합성품이 아닌 것으로 혼동할 우려가 있는 표시광고 2. 경쟁상품과 비교하는 표시광고의 경우 그 비교대상 및 비교기준이 명확하지 않거나 비교내용 및 비교방법이 적정하지 않은 내용의 표시광고 3. 위생용품 시험 · 검사기관이 아닌 기관에서 기준 및 규격에서 정한 검사항목을 검사한 결과를 이용한 표시광고 4. 제조방법에 관하여 연구하거나 발견한 사실로서 화학 등의 분야에서 공인된 사항 외의 표시광고. 다만, 제조방법에 관하여 연구하거나 발견한 사실에 대한 화학 등의 문헌을 인용하여 문헌의 내용을 정확히 표시하고, 연구자의 성명, 문헌명, 발표 연월일을 명시하는 표시광고는 제외한다. 5. 소비자 안전에 관한 사항에 대하여 각종 상장, 감사장 등을 이용하거나 "인증", "보증" 또는 "추천"을 받았다는 내용을 사용하거나 이와 유사한 내용을 표현하는 표시광고. 다만, 다음의 어느 하나에 해당하는 내용을 사용하는 경우는 제외한다. 1) 제품과 직접 관련하여 받은 상장 2) 「정부조직법」에 따른 중앙행정기관, 특별지방행정기관 및 그 부속 기관, 「지방자치법」에 따른 지방자치단체, 「공공기관의 운영에 관한 법률」에 따른 공공기관 또는 관계 법령에 따라 소비자 안전에 관한 사항에 대해 정당한 권한을 가지고 있는 기관, 단체로부터 받은 인증, 보증 3) 외국의 정부기관, 지방자치단체 또는 외국의 법령에 따라 소비자 안전에 관한 사항에 대해 정당한 권한을 가지고 있는 기관 · 단체로부터 받은 인증, 보증

다른 업소 또는 그 제품을 비방하는 표시광고	1. 다른 업소 또는 그 제품에 관하여 객관적인 근거가 없는 내용을 나타내어 비방하는 표시광고 2. 해당 제품의 제조방법·품질·원료·성분 또는 효과와 직접 관련이 적은 내용을 강조함으로써 다른 업소의 제품을 간접적으로 다르게 인식되게 하는 광고

사실과 다르거나 과장된 표시광고에서 신고(수입신고 포함)한 사항과 다른 내용의 표시광고와 관련된 사례로 휴업, 폐업 및 재개업의 신고 시 신고한 사항과 다른 내용의 광고를 하는 경우가 있었다.

해당 위생용품의 명칭이 다른 내용의 표시광고하여서는 아니 된다. 광고 내용 중 위생용품의 명칭은 식약처에 신고한 명칭을 사용하는 것을 원칙이나 광고 내용 중 위생용품의 명칭이 신고한 내용과 다르더라도 일반적으로 통용되거나 과장의 여지가 없는 경우 신고 명칭과 병기(또는 병용)하여 사용하는 것은 가능하다.

[예시]

통용되는 명칭 병기: "물티슈용 마른티슈" = "코인티슈", "일회용 숟가락" = "위생수저"

해당 위생용품의 원료 및 성분이 다른 내용의 표시광고하여서는 아니 된다. 실제 위생용품에 사용되지 않은 원료나 성분이 포함된 것처럼 과장하거나 반대로 사용된 성분을 사용하지 않았다고 축소하는 기만행위(예시: 곡물추출물을 사용하지 않은 제품에 곡물추출물을 사용하였다는 광고), 제품의 일부 부자재만을 국내에서 제조한 사실만을 강조하여 국내에서 완제품을 생산한 것처럼 거짓으로 광고하는 행위, 수입 원료를 사용하지 아니하였음에도 불구하고 수입 원료를 사용한 것처럼 광고하는 행위(예시: 제품 중 일부 부자재의 원료가 미국산인 것을 미국산 완제품인 것처럼 광고), 실제 사용되지 않았거나 혹은 일부 사용된 성분을 강조하여 제품의 장점이 그 성분으로 인하여 나타나는 것처럼 광고하는 경우와 같이 부된 원료나 성분을 가지고 주된 성분인 것처럼 광고하는 행위(예시: 코코넛과 옥수수추출물이 소량 포함된 것을 주원료인 것처럼 광고), 제품에 함유된 성분의 성능이나 기능을 거짓으로 과장하여 광고하는 행위가 이에 해당한다.

또한 해당 위생용품의 제조방법이 다른 내용을 표시광고하여서는 아니 된다. 통상적인 제조공정을 거쳤음에도 불구하고 "특수공법", "첨단기술", "인체공학의 제조공법" 등 거짓으로 과장하여 광고하는 행위(예시: 일반적인 공정을 첨단기술의 제조공정을 거쳐 만든 것처럼 광고)가 이에 해당한다.

해당 위생용품의 품질(성능 포함)이 다른 내용을 표시광고하여서는 아니 된다. 품질 또는 성능이 일정한 수준에 해당하지 아니함에도 불구하고 당해 수준에 해당한다고 하거나 당해 수준에 해당하는 것처럼 광고하는 행위(예시: 흡수력이 일정한 수준에 해당하지 아니함에도 불구하고 당해 수준에 해당한다고 하거나 당해 수준에 해당하는 것처럼 광고), 광고된 상품의 성능이 객관적으로 확인될 수 없거나 확인되지 아니하였는데도 불구하고 확실하게 발휘되는 것처럼 광고하는 행위(예시: 유해세균을 제거하는지에 대한 객관적 확인이 어려움에도 불구하고 유해세균을 제거하는 것처럼 광고, 품질에 대한 과학적 근거나 객관적 기준 없이 과장된 광고)가 이에 해당한다.

마찬가지로 객관적인 증거 없이 제품의 효과를 거짓 또는 과대, 과장되게 표시광고하여서는 아니 된다. 과학적으로 증명할 수 없거나 객관적으로 사실 여부를 확인할 수 없는 추상적인 표현은 사용하지 않아야 하며 관련 논문, 학술자료, 특허 등을 입증하여 광고하는 경우, 연구자료(그래프, 도표, 그림 등)는 원료 자료를 그대로 또는 원문 고유의 의미가 변화되지 않는 범위 내에서 객관적 사실에 근거하여 표현하여야 한다(예시: 제품의 효과에 대하여 과학적 근거 없이 "피부 노화 방지"에 탁월하다고 광고, "높은", "탁월한" 등 과학적 근거나 객관적 기준이 없는 광고).

외국어의 사용 등으로 외국 제품으로 혼동할 우려가 있는 표시광고 또는 외국과 기술 제휴한 것으로 혼동할 우려가 있는 내용을 표시광고하여서는 아니 된다. 국내산 제품을 외국어로만 표시광고하여 소비자를 기만하거나 오인, 혼동시킬 우려가 있는 표시광고 행위, 불법적으로 외국 상표, 상호를 사용하는 광고나 거짓으로 외국과의 기술제휴 등을 표현하는 광고하는 행위, 외국회사와 기술 제휴하여 국내에서 생산, 판매하는 상품을 외국 상표나 제조회사 명칭만 표시광고하여 소비자가 외국 제품으로 오인, 혼동할 우려가 있는 당해 상품의 원산지와 관계없는 국가의 문자, 국기 등을 사용하여 표시광고하면서 실제 원산지를 표시광고하지 아니하거나 소비자가 이를 식별하기 곤란하게 표시광고하는 행위(예시: 국내산 제품을 외국어로만 표시광고하여 외국산 제품으로 소비자를 기만하거나 오인, 혼동시킬 우려가 있는 표시광고)가 이에 해당한다.

화학적 합성 방법을 통해 생산된 제품임에도 불구하고, 단순히 "천연 추출물 원료 사용 제품"이라고 표시광고하여서는 아니 된다.

비교 대상 및 비교기준이 명확하지 않거나 비교내용 및 비교방법이 적정하지 않은 내용을 표시광고하여서는 아니 된다. 비교기준이 상이하거나 서로 다른 환경, 기간, 계절 등 동일하지 아니한 조건에서 비교한 결과로 소비자를 기만하거나 오인, 혼동시킬 우려가 있는 표시광고 행위(예시: 수율을 비교함에 있어 자사 제품은 습도가 적은 겨울에, 타사 제품은 여름에 실험한 것을 직접 비교하여 자사 제품이 우월하다고 광고), 비교내용이 유의적으로 차이가 없거나 아주 근소하여 성능이나 품질 등에 미치는 영향이 미미한데도 불구하고 경쟁상품의 성능이나 품질 등이 열등한 것으로 광고하는 행위(예시: 실험 결과가 객관적으로 의미가 없거나 아주 근소함에도 사업자의 상품을 실제 이상으로 열등한 것처럼 광고), 객관적이고 공정하지 않은 비교 방법으로 시험조사한 결과를 그대로 인용하여 자사 상품이 우수한 것으로 왜곡된 광고를 하는 행위(예시: 타사 일반형 제품과 자사 롱타입 제품을 비교하는 광고 행위, 객관적 기준이나 과학적 근거 없이 비교 대상 제품이 불명확한 비교광고는 부당한 광고 행위), 경쟁상품에 관한 비교 광고 시 배타성을 띤 "최고" 또는 "최상" 등의 절대적 표현의 광고를 하는 경우(다만, 사업자가 명백히 입증(실증)할 수 있거나 또는 객관성이 있는 자료에 의해 절대적 표현이 사실에 부합되는 것으로 판단되는 경우에는 부당광고가 아님), 위생용품 시험·검사기관이 아닌 기관에서 위생용품의 기준 및 규격에서 정한 검사항목을 검사한 결과를 이용한 표시광고하여서는 아니 된다. 기준 및 규격에서 정한 검사한 결과를 이용한 표시광고는 위생용품 관리법상 지정된 시험·검사기관의 결과만을 활용할 수 있다.

제조방법에 관하여 연구하거나 발견한 사실로서 화학 등의 분야에서 공인된 사항 외의 표시광고하여서는 아니 된다. 위생용품과 관련된 신기술 개발이나 연구 결과 등을 표시광고하는 경우 학술 논문에 등재되어야 하고 학술 논문명, 발표연도, 주요 논문 내용 등을 정확히 인용하여야 하며, 학술 문헌의 연구 결과 중 문구, 표(Table) 또는 그림(Figure) 등을 인용하여 광고할 경우, 특정 부분만을 발췌하거나 확대하는 등의 수정 없이 사용하여야 한다.

소비자 안전에 관한 사항에 대하여 수상, 인증, 선정, 특허 등의 획득 의미를 사실과 다르게 표시광고하거나 수상, 인증, 선정 등의 사실을 객관적으로 인정된 것보다 높은 가치로 또는 격을 높여서 표시광고하여서는 아니 된다.

또한, 특정 부문에 한정되어 우수 또는 요건에 합당함을 인정받아 수상, 인증, 선정, 특허 등을 받았음에도 다른 부문 또는 전체에 대해 우수 또는 요건에 합당함을 인정받아 수상, 인증, 선정, 특허 등을 받은 것으로 표시광고하여서는 아니 되며 일정 기간의 수상, 선정의 사실을 가지고 그 이상의 기간 동안 수상 선정된 것처럼 표시광고하여서는 아니 된다. 제품의 친환경성, 기업의 경영과 관련된 인증 등에 대하여 제품의 품질이나 안전 인증으로 표시광고하는 행위, 특허(실용신안, 의장, 상표)를 출원한 사실만으로 "특허권(실용신안권, 의장권, 상표권) 획득 또는 등록"이라고 표시광고하는 행위나 효능과 관계없는 생산방법에 대해 '공정특허'를 획득하였음에도 불구하고, '물질특허'로 "○○ 효능을 인정받았다"라고 표시광고하는 행위, 참가상 또는 순번상을 품질이 우수함으로 인하여 수상한 것처럼 표시광고하여 수상, 인증, 선정 등의 사실을 객관적으로 인정된 것보다 높은 가치로 또는 격을 높여서 표시광고하는 행위(예시: 품질관리와 관련된 시험내용을 가지고 인증을 받았다고 광고), 민간단체의 인증 사실을 공공기관으로부터 인증받은 것처럼 표시광고하거나 인증기관이 아닌 기관(인증기관으로 지정된 사실이 없거나 인증을 하지 않는 기관)으로부터 인증을 받은 제품이라고 표시광고하는 행위, 수상, 인증, 보증, 선정, 추천 등의 기한이 지난 후에도 계속해서 표시광고하거나 인증마크 사용 기간이나 특허 기간이 만료된 마크나 특허를 계속 표시광고하는 행위는 부당한 표시광고에 해당한다.

소비자 안전과 관한 사항에 대하여 추천·보증 등과 관련된 내용을 포함하여 행하는 표시·광고는 소비자, 유명인이 당해 상품을 실제로 사용하여 추천, 보증 등의 내용이 실제 발생한 경험적 사실에 부합해야 하며, 표시·광고 내용의 전체 의미상 전문가로 인식될 수 있는 자는 추천, 보증 등을 한 내용에 대해 실제 전문지식을 보유하고 있어야 한다.

또한, 단체·기관이 해당 상품이나 용역의 품질성능에 대해 평가를 할 수 있는 지위에 있고, 추천, 보증 등의 내용이 단체, 기관의 공식의사를 반영하는 것으로 볼 수 있는 합당한 내부절차를 거친 것으로서 실제 단체, 기관의 의사에 부합하는 것이어야 한다. 전문가, 연구기관, 유명 단체에 의한 추천, 권장, 수상 등의 사실이 없음에도 불구하고 동 사실이 있는 것처럼 표시광고하는 행위는 부당한 표시광고, 당해 상품 등을 실제로 구입하여 사용해 본 사실이 없는 소비자의 추천이나 SNS, 인터넷 블로그, 카페 등에서 조작된 Q&A나 체험기로 표시광고하는 행위는 부당한 표시광고에 해당한다.

추천, 보증 등의 내용이 '전문적 판단'에 근거한 경우, 해당 분야의 전문적 지식을 보유한 전문가의 전문적이고 합리적인 판단, 유명인이 특정 상품을 추천, 보증 등을 하는 표시광고하는 경우(예시: 실제 상품을 사용하지 않은 유명인이 거짓으로 해당 상품을 추천하여 광고), 동 유명인이 당해 상품을 실제로 사용한 경험적 사실에 부합하는 것이어야 한다. 당해 상품 등을 실제로 구입하여 사용해 본 사실이 없는 소비자의 추천이나 SNS, 인터넷 블로그, 카페 등에서 조작된 Q&A나 체험기로 표시광고하는 행위[예시: 인터넷 블로그, 카페, SNS 또는 포털사이트 문답식(Q&A) 서비스 등에 특정 제품을 추천하면서 당해 제품을 실제로 구입하여 사용한 사실이 없음에도 이용 후기 또는 사진을 올려 마치 실제 사용한 것처럼 게재하는 것은 부당한 광고 행위, 민간기관 인증마크를 국가 공인인증으로 광고하거나 본사 직영 인증마크 등]는 부당한 표시광고이다. 수상, 인증, 선정 등의 사실에 대한 광고 시 해당 연도, 주관기관명, 수상 분야 등을 명확히 기재하여야 한다. 「위생용품 관리법」에서는 별도의 인증제도가 없다.

다른 사업자 등 또는 다른 사업자 등의 상품 등을 객관적인 근거가 없는 내용으로 비방하는 표시광고는 하여서는 아니 된다. 객관적 근거 없이 다른 사업자 또는 다른 사업자의 상품에 관한 단점을 부각함으로써, 다른 사업자의 상품이 실제보다 현저히 열등 또는 불리한 것처럼 소비자가 오인할 수 있도록 하는 광고 행위(예시: 과학적 근거 없이 타사 제품의 인체 유해성을 강조하여 비방하는 표현을 게재하는 것은 부당한 광고 행위, 근거 없이 타사가 사용하는 자작나무보다 자사의 대나무가 훨씬 월등하다고 광고, 별도의 근거 자료 없이 타사의 일본산 부자재보다 자사의 미국산 부자재가 월등하다는 광고)는 부당한 표시광고 행위이다. 다만, 사업자가 명백히 입증하거나 객관성이 있는 자료에 의해 절대적 표현이 사실에 부합되는 것으로 판단되고 경쟁사업자 또는 소비자에게 피해를 주지 않으면 이를 사용할 수 있다.

위생용품의 제조방법, 품질, 원료, 성분, 효과에 관하여 다른 사업자 등 또는 다른 사업자 등의 상품 등을 비방하거나 불리한 사실만을 광고하여 비방하는 표시광고를 하여서는 아니 된다. 과학적 근거 없이 타사 제품의 인체 유해성을 강조하여 소비자의 공포감을 조성하여 다른 업소의 제품을 간접적으로 다르게 인식되게 하는 부당한 광고 행위(예시: "10배 세척력", "소량", "높은 탈취력", "다른 저가제품과 비교불가" 등 과학적 근거나 객관적 기준 없이 타 제품보다 비교 우위를 소비자에게 인식시킬 우려가 있는 부당한 광고 내용, "우리는 부적합한 제품을 절대로 팔지 않는다" 등의 표현을 사용하여 마치 다른 업체는 부적합한 제품을 판매하는 것처럼 광고하는 행위), "걱정 성분", "자연유래성분", "식물유래성분" 등 객관적 기준이 없는 모호한 용어 사용은 지양하고 정확한 물질명을 사용해야 한다. 피부 접촉에 의한 위해성을 강조할 경우에는 피부 자극 시험 등 인체적용시험 결과 등의 객관적, 과학적 근거자료를 마련하여야 한다.

미국 FDA 로고 및 Ecocert 인증 표시광고를 할 수 있을까? 「위생용품 관리법 시행규칙」 [별표 4] 제2호에 따라 소비자 안전에 관한 사항에 대하여 각종 상장, 감사장 등을 이용하거나 "인증", "보증" 또는 "추천"을 받았다는 내용을 사용하거나 이와 유사한 내용을 표현하는 표시광고는 금지하고 있으나, 다음 어느 하나에 해당하는 경우 사용할 수 있도록 규정하고 있다.

① 제품과 직접 관련하여 받은 상장

② 「정부조직법」 제2조부터 제4조까지의 규정에 따른 중앙행정기관·특별지방행정기관 및 부속 기관, 「지방자치법」 제2조에 따른 지방자치단체, 「공공기관의 운영에 관한 법률」 제4조에 따른 공공기관 또는 관계 법령에 따라 소비자 안전에 관한 사항에 대해 정당한 권

한을 가지고 있는 기관·단체로부터 받은 인증·보증

③ 외국의 정부기관, 지방자치단체 또는 외국의 법령에 따라 소비자 안전에 관한 사항에 대해 정당한 권한을 가지고 있는 기관·단체로부터 받은 인증·보증. 'FDA 로고' 사용은 FDA에서 권한을 지니고 있고, FDA에서는 민간에서의 로고 사용을 금하고 있으므로 FDA에서 허용하는 범위 내에서 사용하여야 할 것으로 판단되며, 해당 로고를 사용함으로써 FDA에서 제품 승인, 인증 등을 받은 것으로 소비자의 오인, 혼동할 우려가 없도록 명확하게 표시광고하여야 한다. 'Ecocert 인증'의 경우 EU 규정에 따라 유기농 생산물을 감시하는 국제단체 에코써트(ECO-CERT)가 시험·검사·발급하는 유기농 인증을 의미하며, 제품의 원료가 되는 재료들이 친환경기준을 충족했다는 사실을 보여 주는 것으로 판단되는 바, 본 인증을 통해 천연 등의 문구를 표시광고하고자 하는 경우, 제품 내 원료에 대한 인증임을 명시하여 전체 제품에 대한 인증으로 오인, 혼동하지 아니하도록 하는 것이 바람직함

일회용 팬티라이너와 일회용 기저귀(성인용)의 제품명에 "항균", "안심", "정화", "플러셔블" 4개 단어를 각각 사용할 수 있을까?「위생용품 관리법」제12조 및 같은 법 시행규칙 제19조에 따라 위생용품의 명칭, 성분, 용도, 효과에 관하여는 사실과 다르거나 과장된 표시광고, 소비자를 기만하거나 오인, 혼동시킬 우려가 있는 표시광고는 금지하고 있다. 따라서, "항균", "안심", "정화", "플러셔블"을 제품명에 사용하고자 할 경우 상기 규정에 저촉되어서는 아니 되며 객관적 사실에 입각하여 영업자 책임하에 표시하여야 한다.

위생용품(수세미, 일체형 세척제)에 대하여 포름알데히드 외 10종 유해물질 검사를 받고 안전성 확인 후 마케팅 포인트로 "유해물질 11종 불검출" 표시가 가능할까?「위생용품 관리법 시행규칙」제19조 [별표 4] 제2호에 따라 위생용품 시험·검사기관이 아닌 기관에서 위생용품의 기준 및 규격에서 정한 검사항목을 검사한 결과를 이용한 표시광고는 금지하고 있다. 따라서 "유해성분에 대해 불검출" 등의 표시광고를 하고자 하는 경우, 해당 성분이 위생용품의 기준 및 규격에서 정한 검사항목이라면「식품·의약품분야 시험·검사 등에 관한 법률」제6조

에 따른 위생용품 시험·검사기관에서 검사한 결과여야 하며, 위생용품의 기준 및 규격에서 정한 검사항목이 아닌 성분에 대하여 표시광고하고자 하는 경우 객관적인 사실(검사기관, 검사결과 등)으로 입증할 수 있다면 표시광고가 가능하다. 다만, 「위생용품 관리법」에서는 「위생용품의 기준 및 규격」에서 정한 규격 이외에 별도로 유해물질을 규정하고 있지 않으므로, '유해물질'이라는 표현보다는 정확한 성분의 명칭을 표시하는 것이 바람직하며, 「위생용품 관리법」에서는 야채, 과일, 식품의 기구용기, 식품 제조·가공용 기구 등을 씻는 용도로 사용되는 제제인 세척제만을 관리하므로, 귀하께서 표시광고하고자 하는 내용이 수세미의 광고로서 소비자들이 오인, 혼동하지 않도록 명확히 표시광고하여야 한다.

XI .

법률 및 고시 제·개정 과정

소비자는 식품에 대한 그들의 알 권리를 위해 식품 포장지에 더 많은 정보가 표시되기를 바라지만 제한된 포장지 면적으로 글씨가 작아지는 등 가독성(可讀性)이 영향을 받으므로 무한정 표시 내용을 늘릴 수도 없는 일이다. 소비자단체, 언론, 국회 등이 소비자 알 권리를 위해 표시 내용의 강화를 요구하는 대표적인 주체가 되는 경우가 많다. 반면, 식품업체는 표시내용이 많아짐에 따른 비용 상승, 영업비밀 침해 및 표시 내용 관리의 어려움 등으로 표시내용 축소를 지속적으로 요구하고 있다.

부당 표시광고와 관련하여 거짓, 과장되거나 소비자를 기만하는 내용의 표시광고를 한 업체에 대해 소비자는 강력한 처벌 및 규정 강화를 바라지만 식품업체는 오히려 제품의 마케팅을 위해 현재 부당한 표시광고로 규정된 내용을 완화하도록 요구하고 있다.

소비자 인식의 변화, 사회·문화·산업 환경의 변화, 국외 표시 기준의 변화 등에 따라 법률 및 고시의 제·개정 수요는 끊임없이 제기되고 있다.

소비자를 위하여 표시규정을 강화하는 경우, 식품의약품안전처 등 정부 부처는 그 내용의 타당성 및 합리성, 식품업체가 정보를 표시함으로써 발생하는 비용, 식품업체의 수용 가능성, 정부의 규제비용 등을 종합적으로 분석하여 규제비용을 산출한다. 표시규정을 완화하는 경우에는 소비자의 알 권리 침해 여부, 식품업체의 편익 등을 검토한다. 여기에 국외정책 동향까지 고려하여 정부부처가 법률 및 고시 제·개정 계획을 수립하게 된다.

수립된 법률 및 고시 제·개정 계획에 대해 정부 부처 내 관련 부서의 의견을 받고 소비자단체, 식품업체, 학계, 타 부처 등으로 구성된 정책자문위원회나 전문가 자문회의를 통해 각 이해관계자의 의견을 수렴하여 제·개정 초안을 마련한다.

이렇게 마련된 제·개정 초안은 「행정절차법」에 따라 입법예고 또는 행정예고를 하게 된다. 식품 등의 표시광고 내용의 개정은 국제무역, 특히 외국의 입장에서는 수출에 장애로 작용할 수 있기 때문에 국내는 물론 WTO를 통해 전 세계에도 알려 의견을 받는다.

식품업체, 소비자단체, 타 부처 등으로부터 접수된 제·개정(안) 의견은 다시 식품업체, 소비자단체, 학계, 타 부처 등으로 구성된 정책자문위원회나 전문가 자문회의를 통해 각 이해관계자의 의견을 수렴하여 수정한다.

마지막으로 최종 수정된 제·개정(안)은 제안 부처 내 자체규제심사와 국무총리실의 규제심사를 받는다. 국무총리실은 규제의 정도에 따라 국무총리실 자체 검토 또는 규제개혁위원회 규제심사를 통해 제·개정 가능 여부 또는 제·개정 내용의 수정 여부 등을 제안한다. 이러한 행정절차를 모두 거친 후 법률, 고시를 최종 제·개정하고 홈페이지나 언론을 통해 공개, 홍보한다.

사례 목차

사례 1. 식품에 표시 의무를 부여하는 이유 16
사례 2. 식품의 부당한 표시광고 내용을 제한하는 이유 17
사례 3. 식품 등에 표시광고할 때 「식품 등의 표시 · 광고에 관한 법률」 규정만 준수해도 되는지 여부 18
사례 4. 일반음식점에서 알레르기 유발물질이 포함된 식품을 고객에게 제공하는 경우 알레르기 유발물질 표기 여부 30
사례 5. 제품명을 주표시면에 표시하고 정보표시면에도 표시하는지 여부 42
사례 6. 여러 개의 최소판매단위별 제품을 큰 박스에 담아 판매할 때 해당 박스에도 표시사항을 표시하는지 여부 47
사례 7. 표시사항이 모두 표시된 개별 낱개포장 제품 여러 개를 투명한 비닐 팩에 넣어 판매하는 경우 비닐팩(외포장)에 표시사항을 표시하는지 여부 50
사례 8. 수입제품에 한글 표시사항을 스티커로 표시하는 경우 가리지 말아야 하는 주요 표시사항 51
사례 9. 식품제조가공업소에서 과자를 일반음식점에 납품할 때 표시사항을 모두 기재하는지 여부 54
사례 10. 소분할 때 표시규정이 개정되어 원제품의 표시사항이 개정 전의 내용일 경우 소분업자의 표시 변경 의무 여부 57
사례 11. 식품의 용기포장 재질명으로 “LDPE” 표시 가능 여부 57
사례 12. “○○과자”로 품목제조보고된 제품명 앞 또는 뒤에 “A”, “B” 등의 기호 추가 가능 여부 58
사례 13. 원제품 “○○과자”를 소분하고 그 제품명으로 “상큼한 ○○과자”라고 표시 가능한지 여부 60
사례 14. 제품명의 일부로 “채소”를 사용하고 주표시면에 일부 채소만 원재료명 및 함량 표시 가능한지 여부 60
사례 15. 복분자즙 제품에 ‘안토시안’ 함유 표시 가능 여부 68
사례 16. 품목제조보고서상에 원재료로 “밀 90%, 물 10%”를 기재하고 제조과정 중 물이 증발하는 경우 표시방법 69
사례 17. 홍삼 2%, 물 98%로 제조한 홍삼추출액에 “홍삼추출액 100%”라는 원재료명 표시 가능 여부 75
사례 18. 천도복숭아를 원재료로 사용하고 원재료명을 “넥타린”으로 표시 가능한지 여부 77
사례 19. 조미액(물, 소금, 산도조절제)을 채운 삶은 달걀의 경우 원재료명에 “조미액” 표시 여부 79
사례 20. 생강액의 원재료가 생강 40%, 물 60%인 경우 복합원재료 해당 여부 81
사례 21. 산도조절제 용도의 식품첨가물을 여러 종류 사용하는 경우 원재료명 표시방법 84
사례 22. 레몬농축액을 희석하여 원상태로 환원한 후 천연향료(사과향)를 추가하는 경우 “100% 레몬 주스” 표시 가능 여부 89

사례 23. 제품 원재료에 함유된 '안토시안' 표시를 위한 함량 충족 기준 여부 91
사례 24. 사발면(건면, 액상소스, 분말스프, 건더기스프로 구성)의 나트륨 함량 비교 표시 세부분류 100
사례 25. 영양성분 표시 의무대상 식품이 아닌 '한천'에 '칼슘' 함량 강조 표시방법 103
사례 26. 음료에 영양성분인 비타민 함량 표시방법 105
사례 27. 달걀 장조림의 영양성분 함량 산출 시 간장소스 포함 여부 112
사례 28. 제품의 영양성분 표시값과 실제 제품 분석값의 항상 일치 여부 114
사례 29. 60 g 베이글이 6개 묶음으로 포장된 빵의 표시가능단위(1회 섭취참고량: 70 g) 116
사례 30. 저항성 전분을 사용한 제품의 열량 계산 시 g당 적용 열량 118
사례 31. 1일 영양성분 기준치에 대한 비율 표시방법 121
사례 32. 영양성분 표시서식 도안 사용 의무 여부 124
사례 33. 식이섬유 2.5 g이 함유된 음료 240 ㎖(10 ㎉)에 "식이섬유 함유" 기재 가능 여부 130
사례 34. 전처리, 세척, 급속동결 공정 후 3일 뒤 포장하는 냉동수산물 가공품의 제조연월일 138
사례 35. 제조일자가 2024.6.7.이고 소비기한이 제조일로부터 60일일 때 소비기한 140
사례 36. 소비기한이 서로 다른 2가지 제품을 세트로 포장하여 판매할 때 소비기한 145
사례 37. 소분제품의 소비기한을 원제품과 다르게 변경 표시 가능한지 여부 146
사례 38. 수입 현품에 소비기한이 표시되지 않은 경우 수입 가능 여부 147
사례 39. 품목제조보고서의 소비기한보다 더 짧게 표시 가능한지 여부 148
사례 40. 소비기한을 "2025.2.29.까지"로 표시 149
사례 41. 품질유지기한을 경과한 제품을 판매 또는 제조에 사용 150
사례 42. 농산물의 내용량을 개수로 표시할 때 중량 표시 여부 151
사례 43. 제조업소에서 제조시설 일부 또는 생산능력이 부족하여 다른 제조업소에 위탁하여 제조할 때 업소명 표시방법 155
사례 44. 유통전문판매업소에서 제조업소에 생산을 의뢰하여 판매하는 제품에 중간 판매업소의 업소명 추가 표시 가능 여부 159
사례 45. 소분제품에 소분업소명 및 제조업소명 외에 추가로 판매업소명 표시 가능 여부 162
사례 46. 2개의 국외 제조업소에서 만든 동일한 제품을 수입할 경우 하나의 한글 표시사항 스티커로 사용 가능한지 여부 164
사례 47. 농산물을 구매하여 절단, 건조, 박피가공(「식품위생법」에 따른 영업신고 대상이 아닌 경우)한 경우 업소명 표시방법 165
사례 48. 식용란 최소판매단위에 생산농가(농장)명 추가 표시 가능 여부 166
사례 49. 양고기를 우유에 담근 후 건져 내어 그 고기를 식품 제조에 사용할 때 우유의 알레르기 유발물질 표시 여부 167

사례 50. 소고기 포장육 제품에 '소고기'에 대한 알레르기 유발물질 표시 여부 171
사례 51. 제조시설 교차 사용에 따른 혼입 가능 알레르기 유발물질을 표시할 때 제조시설에서 사용하지 않는 물질 표시 가능 여부 174
사례 52. 제품에 무수아황산을 사용한 경우 알레르기 유발물질 표시방법 176
사례 53. 식품첨가물 카페인을 사용하지 않은 제품에서 카페인이 검출되는 경우 카페인 표시 여부 178
사례 54. 제품의 보관방법 표시 의무 여부 182
사례 55. 냉동 과채주스를 해동하여 유통할 경우 표시사항 및 표시방법 185
사례 56. 양념육의 식육 함량 표시방법 188
사례 57. 탄산가스를 사용하지 않은 과실주에 발효과정 중 생성된 탄산가스 함유 표시 여부 193
사례 58. 가격 정보만을 제공하는 다품목 광고 전단지에 제품명과 업소명 포함 여부 197
사례 59. "국내 최초", "국내 유일" 표시 문구 사용 가능 여부 200
사례 60. 유산균 사균(死菌)을 사용한 제품의 제품명 일부로 "유산균" 또는 "유산균 ○○억 투입" 표시 가능 여부 207
사례 61. 코코아파우더를 사용한 제품의 제품명의 일부로 "카카오" 표시 가능 여부 209
사례 62. 생강차 제품에 "생강은 예로부터 감기, 소화에 효과적인 것으로 알려져 있다" 등 문구 표시 가능 여부 213
사례 63. 일반식품의 제품명으로 "소화대장", "국민환" 사용 가능 여부 215
사례 64. 일반식품 제품명에 "이뮨(immune, 면역)" 사용 가능 여부 218
사례 65. "본 제품은 건강기능식품이 아닙니다", "병의 예방 및 치료를 위한 의약품이 아닙니다"가 표시된 일반식품의 제품명으로 "목케어" 사용 가능 여부 220
사례 66. 식품에 "MSG", "방부제" 표시 가능 여부 222
사례 67. 우유를 사용하지 않은 제품에 "Dairy-free" 표시 가능 여부 235
사례 68. 양봉업자가 채취한 벌꿀을 수집하여 소분포장한 제품에 판매업소의 상표 표시 가능 여부 237
사례 69. 부당한 표시광고 규정 예외 식품 239
사례 70. 어린이, 아동 대상 판매 일반식품에 기능성 표현 가능 여부 242
사례 71. 건강기능식품 고시형 원료 일부에 대해서만 기능성을 허용한 이유 247
사례 72. 음료류에 대해서만 HACCP을 받은 업체가 기타가공품에 기능성 표현이 가능한지 여부 253
사례 73. 분말스프에 기능성 원료를 사용하는 라면에서 1회 섭취참고량 기준 적용 방법 257
사례 74. 인삼을 사용한 제품에 "면역력 증진", "피로 개선", "뼈 건강에 도움을 줄 수 있음" 기능성을 모두 표시하는 경우 1일 섭취기준량 표시방법 261
사례 75. 건강기능식품의 특징 268
사례 76. 건강기능식품 온라인 광고 시 "심의필", "심의번호" 게시 여부 270

사례 77. 건강기능식품의 제품명에 기준규격상의 명칭이 포함되지 않은 경우 제품명 주변에 표시하는 기준규격상 명칭의 글씨 크기 274
사례 78. 건강기능식품 주원료명과 함량을 함께 표시할 때 표시방법 276
사례 79. 수입 액체 건강기능식품의 수출국 표시 중 내용량이 '100 g'일 때 한글 표시사항에 중량단위로 표시 가능한지 여부 279
사례 80. 건강기능식품벤처제조업에서 건강기능식품전문제조업에 제조 의뢰한 제품의 '제조원' 표시 280
사례 81. 홍삼 건강기능식품의 기능성 내용 "갱년기 여성의 건강에 도움을 줄 수 있음"에서 '여성' 단어 제외 가능 여부 282
사례 82. 개별인정형 프로바이오틱스 원료를 사용한 건강기능식품에 1일 섭취량에 대한 균수를 표시할 때 균수 기준 287
사례 83. 세트포장 소비기한 표시 여부 289
사례 84. 건강기능식품을 SNS 등 온라인 광고할 때 심의 필요 여부 및 심의 후 사전심의필 마크 추가 여부 290
사례 85. 홍삼, 홍경천추출물을 기능성 원료로 사용한 제품의 제품명으로 "수험생 프로젝트" 가능 여부 291
사례 86. 건강기능식품에 "헤어 비타민", "머릿결 개선에 도움" 표현 가능 여부 294
사례 87. 건강기능식품의 업소명 및 소재지란에 '기술제휴 및 원료공급원' 업소 추가 기재 가능 여부 295
사례 88. 이집트콩, 잠두, 렌즈콩의 유전자변형식품 표시대상 여부 298
사례 89. 가수분해대두단백질이 포함된 외화획득용 원료 수입 시 "GMO" 표시 여부 302
사례 90. 유전자변형 포함 가능성 표시방법 302
사례 91. 식품제조업소에서 제조한 제품을 식품접객업소에서 판매하는 경우 어린이 기호식품 영양성분 및 알레르기 유발성분 표시대상 여부 308
사례 92. 인터넷 뉴스기사의 어린이 기호식품 구매 부추김 광고 해당 여부 311
사례 93. 원산지 표시대상자 318
사례 94. 원산지 표시대상 농·식품 318
사례 95. 국내 가공품의 원산지 표시방법 321
사례 96. 전자매체를 이용하여 통신판매할 때 원산지 표시방법 331
사례 97. 위생용품 표시내용과 타 법에 따른 표시내용 병행 표시 가능 여부 336
사례 98. 유통기한 의무표시대상 여부 337
사례 99. 일회용 종이컵에 "위생용품"과 "식품용 기구 도안" 모두 표시 여부 346
사례 100. "항균"이라는 문구 표시광고 가능 여부 350

To the Lord,

family, friends and colleagues

for their assiatance and understanding